U0220813

中国
天然产物发现的
十年攀登

国家自然科学基金委员会化学科学部／组织编写

岳建民 张国林 张 艳／主编

科学出版社

北 京

内 容 简 介

　　本书对国际天然产物的发展概况和未来发展趋势进行了介绍，主要总结了我国天然产物 2009～2018 年的亮点研究进展，通过系列研究范例对天然产物的发现、结构、功能、获取和应用等的研究策略和方法进行阐述。

　　本书可供本科生和研究生阅读，也可供相关领域的科研人员在研究选题和科研管理人员在决策时参考。

图书在版编目（CIP）数据

中国天然产物发现的十年攀登 / 国家自然科学基金委员会化学科学部组织编写；岳建民，张国林，张艳主编. —北京：科学出版社，2023.4

ISBN 978-7-03-075336-6

Ⅰ. ①中… Ⅱ. ①国… ②岳… ③张… ④张… Ⅲ. ①天然有机化合物-研究进展-中国 Ⅳ. ①O629

中国国家版本馆CIP数据核字（2023）第057761号

责任编辑：朱萍萍　高　微 / 责任校对：韩　杨
责任印制：徐晓晨 / 封面设计：有道文化

科 学 出 版 社 出版
北京东黄城根北街 16 号
邮政编码：100717
http://www.sciencep.com
北京建宏印刷有限公司印刷
科学出版社发行　各地新华书店经销
＊
2023 年 4 月第 一 版　开本：720×1000　1/16
2023 年 4 月第一次印刷　印张：19
字数：272 000

定价：128.00元
（如有印装质量问题，我社负责调换）

前　言

　　天然产物化学是研究源自动物、植物和微生物的天然物质结构、功能、生源途径、化学合成及其应用的学科，是有机化学的重要组成部分。对天然产物化学的研究，不断拓展人类对于有机化合物种类、结构、功能的认识，促进有机化学理论、方法和技术的发展，同时也为有机合成化学、药理学、合成生物学和化学生物学等提供了研究的问题、目标分子和探针分子，推动了相关学科的发展。近十多年来，我国天然产物的基础研究已走在世界前列。天然产物研究是创新药物研发的重要驱动力和源泉，国际上超过一半的现有临床药物来源于天然分子或与其有关，其中青蒿素类药物的成功研发和临床应用是我国天然药物研究举世瞩目的成就。天然产物研究也是中药现代化的基础和不可或缺的方法与手段。我国天然产物研究队伍庞大，科研体系完整，取得了长足发展和举世瞩目的成绩。天然产物研究的专利申请数量和文章发表数量增加最快，总数目前分别列国际第一位和第二位；2020 年，我国医药工业规模以上企业主营业务收入为 27 960 亿元，其中与天然药物相关的品种约占其半壁江山，已成为国民经济和人民健康保障的重要组成。

　　虽然我国天然产物研究在近年来取得了不少成绩，但多数属于在某一点或某一面上的进展与突破，系统和原创性重大成果的数量有限。研究的策略和模式相对单一，研究人员普遍重视天然分子的发现和结构研究，而对其功能、获取和应用的研究较薄弱，原因是后续研究投入较大且周期长，一般在短期内难以发表有影响力的论文。在科研项目设立和运行方面，顶层设计、大团队协作和多学科交叉的研究理念薄弱，导致研究目标不明确，力量分散，难以实现重大突破。因此，建议围绕天然产物研究前沿重点和国家重大需求，加强政策引导和经费投入力度，不断实施研究平台体系的建设和升级，开展多学科联合攻关，突破科学和技术瓶颈，提高综合创新能力；借鉴青蒿素研发的成功经验，组织实施天然产物研究的重大项目，开展重要生物活性天然分子的发现和应用的研究，以获得具有重大国际影响力的成果。

本书是在国家自然科学基金委员会化学科学部的组织和指导下，特别邀请我国天然产物化学研究领域的学科带头人和一线科研工作者，在系统调研、广泛论证的基础上，引用原始文献撰写而成的反映天然产物领域新进展、前沿研究和未来十年科研工作重点方向或趋势的专著，以供科研人员在选择科研课题及科研管理人员在决策时参考，也是从事天然产物研究的青年科研人员和研究生的优秀参考书。希望本书的出版，能够对我国天然产物化学的持续健康发展起到推进作用。

本书共分 7 章，首先对当今国际天然产物化学的研究概况和发展态势进行了概括介绍，然后重点展示了 2009~2018 年我国天然产物的研究进展。各章撰稿人依据自己对相应领域的理解选择了系列研究范例，对天然产物的发现、结构、功能、获取和应用等的研究策略与方法进行阐述，从而勾画出今后的发展重点和趋势，希望相关研究人员和读者能够从中受到启迪，而又不受限于此。衷心感谢参与本书撰写的人员，他们在百忙中参与本书的选材和写作，正是由于他们的辛勤劳动和认真工作，使得本书得以顺利完成。同时，我们感谢科学出版社的朱萍萍编辑对本书的编辑和提出的宝贵修改意见。

本书原计划在 2020 年出版，但由于新冠疫情等因素影响，延迟至今，我们深表歉意和遗憾。

岳建民　张国林　张　艳

2022 年 5 月

目　录

第一章
天然产物化学研究概况
和发展态势

第一节　天然产物化学研究的意义和发展趋势

一、科学意义

天然产物化学研究以天然产物的发现为核心，并在此基础上探索其生物来源、生物功能、潜在价值等。多学科交叉、多手段共用也使得天然产物研究的范围越来越广泛，与其他学科之间的联系越来越紧密，对科学发展的影响也越来越突出。天然产物化学研究促进化学、生物、医学、食品、农林等相关学科的发展，具有突出的科学价值。天然产物化学研究是药物（包括农药）发现、资源合理高效利用与保护、食品开发等的基础，具有重要的现实意义。天然产物的科学意义具体表现为：①天然产物研究促进化学学科的发展，特别是合成化学、化学生物学、化学测量和材料化学。例如，新颖结构天然产物的发现、天然产物功能和生物合成过程的阐释、天然产物在体内变化规律的认识、天然产物规模高效获取手段的建立等不断提出新问题和新挑战，进而为相关领域的发展提供动力。②作为生物代谢产物，天然产物是研究生命过程的切入点。研究天然产物的产生过程、生理功能和机制是了解生命现象的重要途径之一，包括生物自身（生命周期和状态）、生物与生物之间或者生物与环境之间的相互作用（关系）。因此，天然产物化学研究对生命科学的发展具有重要的推动作用。③对天然产物的生物合成、转运与代谢动态过程的了解为合成生物学和生物技术提供新原理、新技术和新方法。④发现具有新颖结构、功能独特的天然产物，通过化学生物学手段研究它们对生理过程的调控作用，是了解疾病发生、发展机制的重要途径，也可为发展新的治疗药物与手段提供物质基础和理论指导。⑤研究生物代谢产物组成、含量及其随时空变化的规律促进中医药、农林等相关学科的发展，对资源的挖掘、保护、有效合理利用及品种繁育和改良有重要指导作用。

在合成化学研究方面，天然产物的合成与转化是合成化学的重要研究内容之一。天然产物的发现与合成化学相互促进，天然产物的结构确证、功能研究及规模高效获取促进合成方法与合成策略的发展。天然产物结构复杂，因此天然产物合成时面临诸多挑战，如骨架结构的构建、选择性的实现、多样性的合成效率等。2009~2018 年，研究人员从我国生物资源中发现了大量结构新颖和生物活性独特的天然产物。这些天然产物的发现及功能研究极大地促进了我国合成化学的发展。针对天然产物的合成、功能、低成本（高效）规模制备，我国科学家在合成方法、反应选择性与适应性、新颖骨架结构构建、合成策略等方面取得瞩目的成绩[1-6]。

在化学测量研究方面，天然产物的分离纯化与结构确证（包括平面结构、构型构象分析）是首要内容。就结构分析而言，尽管目前已经有非常多的技术供选择，但是天然产物的特点（如微量、结构复杂、含多个手性中心等）导致结构分析具有相当大的难度，且效率低下。因此针对天然产物的高效结构分析，我国科学家在新的分析方法及与分析相关材料方面开展了颇有成效的研究，如基于液相色谱-质谱法（LC-MS）的微量成分快速结构分析[7]和基于核磁共振残留偶极耦合（residual dipolar coupling，RDC）的结构鉴定[8-10]。另外，天然产物研究中涉及去重复化技术（dereplication）、混合物的分析及从混合物中快速发现目标化合物，促进了色谱、色谱-波谱联用技术的发展和应用[11-13]。

在化学生物学研究方面，天然产物具有结构丰富多样、生物活性广泛等特点，是化学生物学研究的良好工具。一方面，天然产物为生物代谢物，其产生、功能发挥、代谢和降解过程与生物存在状态（阶段）、与生物共存的物理化学和生物因子密切相关，所以天然产物与生物学问题有天然联系。另一方面，具有新颖结构和活性的天然产物发现极大地促进了探针构建、标记、成像、化学蛋白质组学等化学生物学方法的发展，以及天然产物作用靶点的确定[14-16]。天然产物的作用机制研究也加深了对人体生理病理的理解[17-19]。我国在天然产物化学领域具有的优势和特色必将带动相关化学生物学研究的发展。

　　天然产物化学促进生命科学、生物技术相关学科的发展。在天然产物研究中，广泛持续研究天然产物如何生成、为何生成，促进了生命科学与技术的发展。天然产物生物合成研究加深了对酶的结构和功能的理解，促进结构生物学的发展[20-22]。天然产物生源验证、骨架形成与后修饰、合成逻辑、基因挖掘[23, 24]及针对特定天然产物的从头合成（如维生素 B_{12} 的从头合成）[25]研究不仅是实现天然产物生物合成异源表达、代谢途径优化等的途径，而且是合成生物学和生物技术发展的动力。通过蛋白质修饰手段实现天然产物多样性的获取，也将加深对表观遗传生物学效应的理解[26, 27]。在天然产物生成原因的探究中，研究者不仅探索了相应天然产物对其来源生物的影响，而且通过对这些天然产物的研究发现并阐明其共存生物之间的相互关系与相互作用，促进了生理学和化学生态学的发展[28-30]。

　　天然产物化学促进医药相关学科的发展。结构和功能新颖的天然产物是药物发现的源泉之一，也是天然产物化学发展的重要动力。研究者在探索这些有效物质的作用机制的过程中，发现并验证新的靶点或者明确靶点结构，为药物理性设计提供分子结构与新靶点[31]。另外，活性天然产物作用机制研究也可加深对生理病理的认识，为改善药物的药效、提高安全性和发展新的治疗手段奠定了物质基础[32-36]。此外，研究药材（特别是中药材）中毒效物质及其随加工和时空变化的规律，为中药材种植、加工、生产和质量控制提供依据[37, 38]。

二、社会需求

　　天然产物研究是创新药物发展的必然要求。具有自主知识产权的创新药物研究与开发的关键之一在于发现具有新结构与新作用机制的活性化合物。自 20 世纪 90 年代开始，研究者们通过从头设计和组合化学高通量合成化合物库，从中筛选先导化合物并进一步开发创新药物，这一模式一直沿用至今。但这一模式并不能像预期那样大幅提高药物研发的成功率，其根本原因在于从头设计的化合物骨架中可以引入不同基团，合成数目巨大的化合物样品，但药效、安全性、成药性等不十分理想。以天然产物为基础进行药物设计，尽管能合成的化合物数量相对有限，但其成功率比较高。因此，从天然产物出发进行创新药物研究开始重新受到国际制药界的重视。特色生物资源往往蕴藏着具有特殊结构和活性多样的天然产物，我国生物多样性丰富，由此带来的天然产物具有化学结构的独特性和多样性。从这些活性天然产物出发发现先导化合物并进行进一步的创新药物研究，是药物创新的重要途径之一。

天然产物研究是中药现代化的必要前提。中药是随着对其有效性、安全性、可控性的重视，随着标准化、规范化、规模化、国际化的要求而发展的。中药材的毒效物质基础是中药材生产与加工（如炮制）、中药生产与质控过程的指针。药材毒效物质的时空变化，如随季节和产地的变化（道地性）、随炮制和提取工艺的变化，是中药生产全过程不可回避的关键问题。近年来，在中药相关的天然产物研究中，对污染真菌代谢物的安全性研究也受到越来越多的重视。因此，天然产物研究特别是中药毒效物质及其变化规律、毒效物质功能及相互作用的研究是中药现代化的基础。

天然产物研究是食品科技研究的必然内容。随着社会的发展，人们对食品的安全性、功能性和风味等的要求更高。天然产物研究贯穿食品加工、营养和功能分析、食品新资源发掘、食品添加剂（如甜味剂、香料、色素等）开发全过程，包括天然产物成分、含量、变化、转化、功能等研究。食品的加工改变了食品的色、香、味与营养，其中天然小分子的作用非常突出。阐释天然小分子随加工的变化是食品研究的重要内容，这些变化是特定条件下的转化及相互反应。天然产物的准确、微量、实时、在线分析等成为食品研究与生产中的重要问题。在食品加工、生产、储藏过程中，添加剂、微生物和可能产生污染的真菌代谢产物及其相互作用与转化研究直接关系到食品的营养价值、安全性和风味。

天然产物研究是生物资源利用与保护的关键基础。生物资源利用涉及食品、化工、能源、材料、农业、环保等产业。生物资源利用与保护是诸多产业特别是医药产业发展中的重大课题。植物自身繁育难度大或者药用植物过度采挖造成的资源枯竭对资源保护提出了要求。因此，针对拟替代药材的近缘植物开展某种或某类天然产物的研究从而发现目标天然产物或者类似物，是植物保护的途径之一。生物资源的有效利用涉及资源保护、环境污染问题，更直接与经济社会效益相关联。例如，中药材的综合利用不但引起全社会的高度关注，而且得到国家的大力支持。在绝大多数情况下，生物资源的利用建立在系统阐明其化学物质的基础上，因而针对资源利用的天然产物研究不仅涉及小分子化合物，而且涉及聚合物如淀粉、纤维素、木质素等。对资源生物成分与结构及其随遗传和时空的变化、定向转化、性能（化学性质、物理或生物学功能）等研究是生物资源利用的基础。

三、学科发展趋势

随着天然产物化学本身及相关学科的发展与技术的进步，天然产物化学研究的内容、方法、目标等也在逐渐发生变化，主要体现在如下几个方面：①研究范围不断扩大，从陆生生物到海洋生物，从一般条件下的生物到极端环境中的生物[39]，从自然存在的生物到人工改造的生物[40, 41]；研究目标从小分子拓展至大分子，从自然存在的化合物扩展到人为设计的类天然产物[42]。②研究尺度从生物整体到局部乃至细胞器[43-45]，从单一种属到相互作用的多种属，如共生微生物[46, 47]。③研究方法体现出综合和学科交叉态势，如活性天然分子发现及靶标鉴定，需要多学科交叉才能完成[48-51]。④研究内容越来越广泛，研究结果也更趋系统，包括天然产物的生物合成途径、获取、结构表征、功能、机制与应用的研究等。⑤研究目的与其他学科的研究目的逐渐融合，天然产物化学的研究结果和方法已被多个学科直接应用与借鉴，推动了相关学科的发展，如有机化学、化学生物学、合成生物学、药物学、农林学、食品学、生态学等[52-54]。⑥随着研究的不断深入和新技术的出现，天然产物化学不仅重视天然产物分子的静态特征，而且越来越注重天然产物合成、转运与代谢的动态过程。

四、国内外研究概况

从研究论文发表与发明专利申报数量来看，2008～2017 年国际天然产物研究呈现稳定增长的态势（图 1-1）。美国仍然是天然产物研究最活跃的国家，中国次之。印度和日本等亚洲国家的天然产物研究也较活跃，均进入前五强（图 1-2）。从学科分类来看，药理学、生物化学、药物化学、生物技术微生物学和有机化学是天然产物研究领域的主要基础学科。从药物研究角度来看，神经系统疾病、免疫性疾病、肿瘤、内分泌代谢疾病等是天然产物功能研究的热点疾病领域（图 1-3）。

图 1-1　2008～2017 年国内外天然产物《科学引文索引》（SCI）论文增长趋势

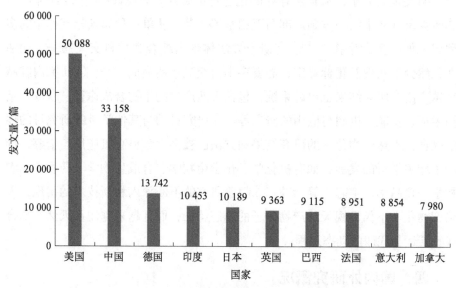

图 1-2　天然产物 SCI 论文发文量排名前十位的国家

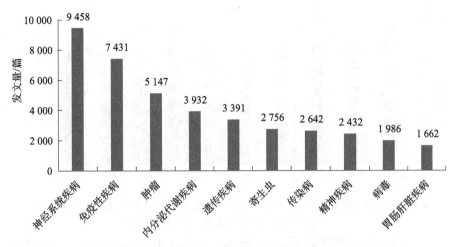

图 1-3　天然产物 SCI 论文发文量排名前十位的疾病领域

从申报专利的情况来看，2008～2017 年，国内外天然产物应用研究呈上升趋势，中国的全球专利申请量占比已超过 50%。中国在 2008～2017 年的专利申请量增速迅猛，已是全球最大的专利申请国；优先权国家、地区分布反映专利战略布局，中国是天然产（药）物最主要战略市场。专利申请类型涉及最多的为活性天然产物的发现，其次为使用方法、制剂和组合物、药用物质和制备过程。从专利申请涉及的治疗领域分类来看，抗肿瘤、抗感染、糖尿病治疗、抗炎和抗高血压是重点领域。

第二节　我国天然产物化学的发展概况

中国天然产物研究高速发展，2017 年的发文量已与美国相当，巴西、印度的天然药物研究增势迅猛，其论文发表复合增长率都高于 8.5%。虽然中国学者在该领域的影响力在不断扩大，在金砖国家中位居首位，但与欧美国家相比，高被引论文的占比还不够高。我国在新颖结构（新骨架）活性天然化合物的发现方面处于国际领先地位，如在 2007～2016 年入选国际天然产物研究重要进展的数量占全球总量的一半（图 1-4）。

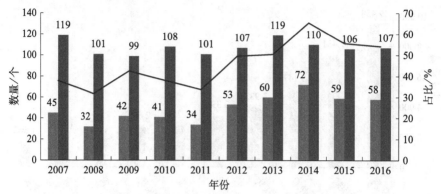

图 1-4　入选《天然产物报告》（*Natural Product Reports*）中"hot off the press"专栏的天然产物研究

英国皇家化学会的天然产物研究领域的国际权威评论杂志 *Natural Product Reports*（简称 NPR）不定期（每月或每季度）对全世界范围内发表的有关天然产物化学研究的重要论文（包括天然化合物的结构、化学或生物合成、生物活性等）进行遴选，以确定重要进展（significant advances），并收录在"hot off the press"专栏

一、发展优势

我国生物多样性丰富，为天然产物研究奠定了坚实的资源基础。天然产物的结构多样性及其潜在的丰富功能是天然产物研究的价值体现。而天然产物结构多样性与生物多样性密切相关。我国地跨寒温带、中温带、暖温带、亚热带和热带，是全球生物多样性最丰富的十个国家之一，生物多样性丰富程度列全球第八位，居北半球第一位。

生物多样性包括三个层面，即遗传多样性、物种多样性和生态系统多样性。仅就物种多样性而言，我国生物种类约占世界总数的 10%。①《中国植物志》记录了中国境内 301 科 3408 属 31 142 种维管植物，居世界第三位。其中苔藓植物 106 科，蕨类植物 52 科 2600 种，木本植物 8000 种，其中乔木约2000 种。全世界裸子植物 15 科 850 种中，我国就有 11 科 34 属 240 多种，是世界上裸子植物最多的国家。针叶树的总种数占世界同类植物的 37.8%，被子植物分别占世界总科、属的 54% 和 24%。在 3 万多种高等植物中，50%～60%为我国所特有。②据估计微生物占地球物种数的 50%，目前仅知道 1%～10%，且只有 0.1% 得到应用。全球培养物收藏信息（Culture Collections Information

Worldwide，CCINFO）显示我国仅 35 个菌种库收集 199 808 种微生物，排世界第三位 [55]。我国真核微生物（菌物）约 14 700 种，其中包括真菌约 14 060 种、卵菌约 300 种、黏菌约 340 种，而真菌中有药用菌 473 种、食用菌 966 个分类单元。我国可培养种类约占全世界报道的可培养（细菌约 11 010 种、古菌 503 种）的 10%[56]。③我国动物多样性居世界第八位，其中一些类群世界领先，如原尾目 120 种，占世界的 33%；蝴蝶绢蝶科 34 种，占世界的 64%，脊椎动物 5393 种（其中兽类 645 种、鸟类 1294 种、爬行类 380 种、两栖类 270 种、鱼类 2804 种），约占世界脊椎动物的 10%，昆虫种类约 15 万种，占世界的 25%，800 余种淡水鱼类中，约有 80% 为中国或东亚地区特有 [57]。估计我国昆虫有 15 万余种，目前我国共记录的昆虫有 67 000 万余种 [58]。总之，我国丰富的生物多样性不仅为我国天然产物研究和发展提供了独特的资源，而且为具有我国特色的天然产物研究提供了不同的视角、不同的层次和不同的需求。

我国中药和民族民间药物广泛使用，为天然产物研究提供了机会与需求。《中药大辞典》共收载中药 5767 味（其中植物药 4773 味，动物药 740 味）。据《全国中医图书联合目录》统计，从战国至 1949 年，存留于世的中医药图书共计 12 124 种。历代中医的方剂数量惊人，《中医方剂大辞典》收方近 10 万个。这些信息与经验尚待进一步科学研究和评价。另外，我国 55 个少数民族人口占全国总人口的 8.5%，少数民族区域自治地方面积占全国国土总面积的 64%。在这广袤的土地上，拥有丰富的天然药物资源。少数民族医药是中医药的重要组成部分，是具有悠久历史传统和独特理论及技术方法的医药学体系。2017 年版《国家基本医疗保险、工伤保险和生育保险药品目录》增加少数民族药物品种 43 个，增幅达 95%，远超整体目录 17.1% 的增幅 [59]。《中国民族药辞典》一书共收载了 53 个少数民族所使用的传统药物总数为 7736 种，其中植物药 7022 种，动物药 551 种，矿物药 163 种 [60]。全国民族医药医院和床位数不断增加。截至 2016 年底，全国少数民族医院由 1995 年的 121 所发展到 266 所，实有床位从 1995 年的 4432 张发展到 23 294 张 [61, 62]。民族药企业逾百家，民族成药发展至今约 1000 种 [63]。这些条件与经验为天然产物研究进而进行药物创新提供了独特的经验与信息。同时由于民族药物独特的加工方式及其标准化、规范化、规模化生产的需要，对天然产物研究提出了特别的需求。

我国药用植物的规模化和标准化种植，为天然产物研究提供了资源保障与内生动力。我国有长期的药材种植历史，对中药材的繁育积累了非常丰富的经验。随着我国对生态环境的重视，退耕还林措施的实施，药材种植面积逐步扩大。国中医药医政发〔2018〕15号文《关于加强新时代少数民族医药工作的若干意见》强调加强少数民族药资源保护利用，推进少数民族药材规范化种植养殖。这些措施使少数民族地区中药材和其他植物的种植面积逐渐扩大。可以获得的资源种类增多与储藏量的增加为天然产物研究与产业化提供了资源保障。另外，中药的产业化发展要求药材种植、加工等环节规范化、标准化和规模化，这些要求的实现也是天然产物研究的动力。

我国拥有完善的学科教育体系，为天然产物研究提供了充分的人才保障。我国是生物资源大国，社会经济发展离不开生物资源的有效利用。生物资源的利用与产业化需要不同学科的配合与协作。生物资源利用涉及的各个环节需要不同专业的科研协作。我国教育特别是高等教育的学科覆盖面广，层次分明。高等院校、研究单位中化学、生物、药学及食品的各个系科均培养天然产物化学研究的人才，为天然产物研究提供了人才保障。《2016年全国中医药统计摘编》中的数据显示，2016年，我国有高等中医药院校42所，设置中医药专业的高等西医药院校有107所，设置中医药专业的高等非医药院校有145所[64, 65]，为中药、中药制药、中草药栽培与鉴定、中药资源与开发、蒙药和藏药等研究提供了专业队伍。

二、研究力量与条件

我国资源丰富，中药为法定药物，民族民间药物也得到广泛使用。这些因素吸引研究人员从资源利用、创新药物发展、功能食品开发等各个方面的各个环节广泛参与天然产物化学研究。我国天然产物化学研究队伍学科齐全，包括化学、药学、生命科学、医学、资源、繁育栽培等方面。中国化学会第十二届全国天然有机化学学术会议的参会人员达到1500余名，反映出我国天然产物研究参与力量的广泛性。科研院所、大专院校、企业从不同侧面、不同层次参与天然产物的研究。

天然产物研究需要多学科交叉、有效的资源整合与共享。例如，基于天然产物的创新药物研究涉及资源、信息、靶标发现、模型建立、活性化合物发现、化合物库、活性筛选、化学合成与修饰、药代动力学、药效学、安全性评价、临床试验等诸多环节。但是各研究单元之间及研究单元内部的实质性合作尚需加强。另外，研发平台和技术体系发展不平衡、不完善，缺乏有效的资源整合，特别是优势资源的整合，产学研衔接不够，技术成果转化效率低。因此，在广泛参与天然产物研究的基础上，有效整合生物资源、平台、经费、研究力量和研究成果，将形成集群优势，使我国天然产物研究更上一个新台阶，引领世界天然产物化学的发展。

三、国家自然科学基金对天然产物化学发展的作用

天然产物化学作为基础学科之一，是诸多学科发展的动力与基础。国家自然科学基金委员会从基础与应用基础角度，对天然产物化学研究的指导与支持是天然产物化学学科发展的根本保证。天然产物化学研究与诸多学科交叉，与资源有效利用和保护密切联系。近十年来，国家自然科学基金委员会各部门从不同侧面，以不同方式（各种项目）对天然产物研究进行了全方位的支持与指导，由此我国天然产物研究取得了巨大的进步，得到迅猛的发展，在世界上占有重要的地位。也由于国家自然科学基金委员会对天然产物研究的大力支持，我国参与天然产物研究的力量逐渐壮大，人才逐渐成长。正是由于国家自然科学基金委员会各部门对天然产物研究的协同支持，天然产物研究学科交叉的鲜明特色加强，天然产物研究的深度、广度及辐射面得以拓展，研究成果显示度得以提升。

第三节　天然产物化学发展的指导思想与战略目标

一、指导思想

2018 年，国家自然科学基金委员会提出新时代科学基金资助导向：鼓励探索，突出原创；聚焦前沿，独辟蹊径；需求牵引，突破瓶颈；共性导向，交叉融合。因而，以学科发展为导向，以国家需求为牵引应该是天然产物化学发展的指导思想。

二、战略目标

预计到 2030 年左右，我国天然产物研究整体科研活跃度、竞争力和学术影响力将达到世界领先水平；传统领域优势显著提升，部分领域取得突破性进展，具有引领地位；对学科发展和社会经济发展的贡献度极大提高。

第四节　天然产物化学的发展方向
与近期重点发展领域建议

一、结构新颖、作用机制独特的活性天然产物发现研究

天然产物是天然产物化学研究的基本对象。结构新颖、作用机制独特的天然产物是天然产物研究的核心。由于天然产物结构多样性、复杂性，以及生物活性的多样性均源于生物多样性，因而天然产物化学研究从源头上需要拓展生物资源来源的广泛性，针对生物多样性的三个层次（遗传多样性、物种多样性、生态系统多样性）考虑研究的侧重点与针对性。一方面，以阐释与生物多样性相关的科学问题和应用问题为出发点，发现结构与功能新颖的活性化合物。另一方面，通过学科交叉，关注生命科学的发展，发现调控动植物和人体的生理生态功能、针对新靶点和新机制的天然产物。最后，关注生命科学和生物技术促进的"非天然天然产物"（unnatural natural products）研究，通过设计、产生、获取、功能等研究发现具有结构新颖、生物活性独特的天然产物。

二、针对天然产物发现效率的新技术与新方法研究

天然产物发现的效率是制约天然产物化学发展的重要因素。活性产物发现的效率贯穿天然产物发现的全过程，包括分离纯化、定性定量、结构鉴定、活性评价、规模获取等环节。首先，诸多资源珍贵，来源受限，获取大量样品具有难度。许多活性天然产物在生物资源中含量极低（如他感或化感物质、激素及其他信号分子等），因而微量成分的分离、定性和定量分析，复杂结构类型和多手性中心的鉴定等新方法是提高活性天然产物发现效率的途径。其次，生命科学和生物技术、信息、材料领域的进步，为建立高效、

准确、微量的活性快速评价方法奠定了基础，利于活性天然产物的发现。因此，发展高效、准确、快速的活性评价方法，以及这些方法与化合物高效准确鉴定结合的手段，具有重要的现实意义。最后，随着色谱、波谱及色谱-波谱联用技术的深度发展，天然产物去重复化方法得到迅速发展，使得天然产物发现更具有针对性。然而，目前的手段尚不足以实现高效理想的去重复化，因而建立在新原理、新技术、新方法基础上的去重复化技术是重要的发展方向之一。同时，重现性更强的数据库建立与共享、人工智能等技术在天然产物去重复化中的应用也亟待加强。

三、天然产物获取的新原理与新技术研究

对于具有潜力的天然产物，结构多样性的建立、高效规模化和绿色获取手段是应用的限制因素。从生物资源保护的角度发展替代获取途径是必要的手段。因此，建立在新原理、新技术基础上的多样性获取及有针对性的规模化制备技术亟待研究，如：①针对重要活性天然产物，发展类似物多样性制备的新方法与新策略；②针对重要目标化合物，发展高选择性转化或规模制备的新方法与新技术；③针对来源局限的重要药物分子，通过化学合成或生物合成手段，实现规模化生产；④通过物理、化学或者生物手段改变生物代谢途径，有针对性地缩短目标化合物生产周期、提高产量与含量、减少类似物的产生和提高提取效率。

四、基于天然产物的化学生物学研究

天然产物非常重要的价值在于能够干预生物体的功能，所以是药物（农药）发现的重要源泉，是阐释疾病发生发展过程、探讨生命现象的有力工具。鉴于社会发展，以及生命科学与临床医学的发展需求，科学家们提出了诸多生物学问题。在分子层面，以活性天然产物为探针，阐释生物学问题特别是人体和动植物生理、疾病发生发展与调控机制，由此发现或验证新靶点是天然产物研究的重要方向之一。另外，天然产物来源于生物资源，是生物资源代谢过程及适应进化（包括对物理、化学和生物因子的响应）的反映，所以探讨天然产物在生命体中的生物合成、代谢途径、生理生态功能从而阐释生命现象，应是天然产物化学生物学研究的重要内容。

五、基于天然产物的药物研究

活性天然产物发现的重要目的之一是药物（包括农药）创制。在可预测的未来，药物创制仍然是我国天然产物研究的主要目的之一。因此，天然产物的活性、构效关系、机制、成药性（ADME-tox）研究仍然是重要方向。一方面，生命科学、医学及相关学科的发展为天然产物的活性评价提供了新靶点和新的活性筛选手段；另一方面，活性天然产物的发现反过来也促进了新靶点的发现及其功能的验证。靶点内涵变化与拓展的今天，以天然产物为基础的药物研究范围逐步扩大，如干预大分子相互作用 [蛋白质-蛋白质，蛋白质-脱氧核糖核酸（DNA），DNA-DNA 等相互作用]和表观遗传的天然产物研究。其次，通过学科交叉和多学科研究结果，以新的思路开展天然产物研究。例如，利用化学生态学的成果（植物与植物、植物与微生物、植物与昆虫相互作用的物质基础），针对诸多生物相互作用，发现活性天然产物，开展药物（农药）研究。最后，随着社会发展，疾病由治疗为主转向预防为主，老龄化问题突出等，应充分考虑天然产物的优势，针对疾病预防药物、抗衰老药物、改善生活质量与品质的药物，开展天然产物研究。

六、天然产物综合利用的研究

就天然产物的生物资源利用而言，从一个物种中提取其中一个（类）或者几个（类）化合物，不仅浪费资源，而且产生污染。针对天然产物，实现资源的综合利用，许多化学问题亟待解决。从提取分离角度，基于新原理，发展新材料和新技术，实现绿色提取、定点富集或多成分（或类似物）同时（分步）提取分离。从转化角度，发展新的合成与转化方法，包括丰产天然产物向低产天然产物或重要化工医药原料的高效选择性转化，非活性天然产物向活性天然产物的转化，大宗原料（如木质素、纤维素）向生物基产品的高效绿色转化。

本章参考文献

[1] Li L, Chen Z, Zhang X W, et al. Divergent strategy in natural product total synthesis[J]. Chemical Reviews, 2018, 118: 3752-3832.

[2] Li Y, Yang H J, Zhai H B. The expanding utility of rhodium-iminocarbenes: recent advances in the synthesis of natural products and related scaffolds[J]. Chemistry-A European Journal, 2018, 24: 12757-12766.

[3] Li G, Lou H X. Strategies to diversify natural products for drug discovery[J]. Medicinal Research Reviews, 2018, 38: 1255-1294.

[4] Ma B J, Zhao Y F, He C, et al. Total synthesis of an atropisomer of the schisandra triterpenoid schiglautone A[J]. Angewandte Chemie International Edition, 2018, 57: 1-6.

[5] Tu H F, Zhang X, Zheng C, et al. Enantioselective dearomative prenylation of indole derivatives[J]. Nature Catalysis, 2018, 1: 601-608.

[6] Wang X B, Xia D L, Qin W F, et al. A radical cascade enabling collective syntheses of natural products[J]. Chem, 2017, 2: 803-816.

[7] Cai T, Guo Z Q, Xu X Y, et al. Recent (2000—2015) developments in the analysis of minor unknown natural products based on characteristic fragment information using LC-MS[J]. Mass Spectrometry Reviews, 2018, 37: 202-216.

[8] Lei X, Qiu F, Sun H, et al. A self-assembled oligopeptide as a versatile NMR alignment medium for the measurement of residual dipolar couplings in methanol[J]. Angewandte Chemie International Edition, 2017, 56: 12857-12861.

[9] Zong W, Li G W, Cao J M, et al. An alignment medium for measuring residual dipolar couplings in pure DMSO: liquid crystals from graphene oxide grafted with polymer brushes[J]. Angewandte Chemie International Edition, 2016, 55: 3690-3693.

[10] Lei X X, Xu Z, Sun H, et al. Graphene oxide liquid crystals as a versatile and tunable alignment medium for the measurement of residual dipolar couplings in organic solvents[J]. Journal of the American Chemical Society, 2014, 136: 11280-11283.

[11] Pang B Y, Zhu Y, Lu L Q, et al. The applications and features of liquid chromatography-mass spectrometry in the analysis of traditional Chinese medicine[J]. Evidence-Based Complementary and Alternative Medicine, 2016, 2016: 3837270.

[12] Huang Y, Tang G Y, Zhang T T, et al. Supercritical fluid chromatography in Traditional Chinese Medicine analysis[J]. Journal of Pharmaceutical and Biomedical Analysis, 2018, 147: 65-80.

[13] Xie X M, Sun W Y, Huang J Y, et al. Preparative high performance liquid chromatography

based multidimensional chromatography and its application in traditional Chinese medicine[J]. Chinese Journal of Analytical Chemistry, 2016, 44(7): 1140-1147.

[14] Li Q, Dong T, Liu X. A bioorthogonal ligation enabled by click cycloaddition of O-quinolinone quinone methide and vinyl thioether[J]. Journal of the American Chemical Society, 2013, 135: 4996-4999.

[15] Li C, Dong T, Li Q. Probing the anti-cancer mechanism of (–)-ainsliatrimer A through diverted total synthesis and bioorthogonal ligation[J]. Angewandte Chemie International Edition, 2014, 53: 12111-12115.

[16] Zhuang S T, Li Q, Cai L R, et al. Chemoproteomic profiling of bile acid interacting proteins[J]. ACS Central Science, 2017, 3: 501-509.

[17] Wang W, Liu H Y, Wang S, et al. A diterpenoid derivative 15-oxospiramilactone inhibits Wnt/β-catenin signaling and colon cancer cell tumorigenesis[J]. Cell Research, 2011, 21: 730-740.

[18] Zhao L X, He F, Liu H Y, et al. Natural diterpenoid compound elevates expression of Bim protein, which interacts with antiapoptotic protein Bcl-2, converting it to proapoptotic Bax-like molecule[J]. Journal of Biological Chemistry, 2012, 287(2): 1054-1065.

[19] Wang S, Yin J L, Chen D Z, et al. Small-molecule modulation of Wnt signaling via modulating the Axin-LRP5/6 interaction[J]. Nature Chemical Biology, 2013, 9: 579-585.

[20] Chen R D, Gao B Q, Liu X, et al. Molecular insights into the enzyme promiscuity of an aromatic prenyltransferase[J]. Nature Chemical Biology, 2017, 13: 226-234.

[21] Chen D W, Chen R D, Wang R S, et al. Probing the catalytic promiscuity of a regio- and stereo-specific C-glycosyltransferase from *Mangifera indica*[J]. Angewandte Chemie International Edition, 2015, 54: 12678-12682.

[22] Liu Y, Luo S H, Schmidt A, et al. A geranylfarnesyl diphosphate synthase provides the precursor for sesterterpenoid (C_{25}) formation in the glandular trichomes of the mint species *Leucosceptrum canum*[J]. Plant Cell, 2016, 28: 804-822.

[23] Zhang D Z,Tang Z J, Liu W. Biosynthesis of lincosamide antibiotics: reactions associated with degradation and detoxification pathways play a constructive role[J]. Accounts of Chemical Research, 2018, 51:1496-1506.

[24] Lin Z, He Q L, Liu W. Bio-inspired engineering of thiopeptide antibiotics advances the expansion of molecular diversity and utility[J]. Current Opinion in Biotechnology, 2017, 48: 210-219.

[25] Fang H, Li D, Kang J, et al. Metabolic engineering of *Escherichia coli* for *de novo* biosynthesis of vitamin B_{12}[J]. Nature Communications, 2018, 9: 4917.

[26] Xu J Y, Xu Y, Xu Z, et al. Protein acylation is a general regulatory mechanism in

biosynthetic pathway of acyl-CoA-derived natural products[J]. Cell Chemical Biology, 2018, 25(8): 984-995.

[27] Xu J Y, Xu Y, Chu X H, et al. Protein acylation affects the artificial biosynthetic pathway for pinosylvin production in engineered *E. coli*[J]. ACS Chemical Biology, 2018, 13(5): 1200-1208.

[28] Luo S H, Hua J, Li C H, et al. New antifeedant C-20 terpenoids from *Leucosceptrum canum*[J]. Organic Letters, 2012, 14(22): 5768-5771.

[29] Luo S H, Liu Y, Hua J, et al. Unique proline-benzoquinone pigment from the colored nectar of "Bird's Coca Cola Tree" functions in bird attractions[J]. Organic Letters, 2012, 14(16): 4146-4149.

[30] Li Y M, Zhang Z K, Jia Y T, et al. 3-Acetonyl-3-hydroxyoxoindole: a new inducer of systemic aquired resistance in plants[J]. Journal of Plant Biotechnology, 2008, 6(3): 301-308.

[31] Dai J Y, Liang K, Zhao S, et al. Chemoproteomics reveals baicalin activates hepatic CPT1 to ameliorate diet-induced obesity and hepatic steatosis[J]. Proceedings of the National Academy of Sciences of the United States of America, 2018,115(26): E5896-E5905.

[32] Zhang Z, Zhang H, Li B, et al. Berberine activates thermogenesis in white and brown adipose tissue[J]. Nature Communications, 2014, 5: 5493.

[33] Lu P, Zhang F C, Qian S W, et al. Artemisinin derivatives prevent obesity by inducing browning of WAT and enhancing BAT function[J]. Cell Research, 2016, 26: 1169-1172.

[34] Hu M, Luo Q, Alitongbieke G, et al. Celastrol-induced Nur77 interaction with TRAF2 alleviates inflammation by promoting mitochondrial ubiquitination and autophagy[J]. Molecular Cell, 2017, 66: 141-153.

[35] Luo D, Guo Y, Cheng Y, et al. Natural product celastrol suppressed macrophage M_1 polarization against inflammation in diet-induced obese mice via regulating Nrf_2/HO-1, MAP kinase and NF-κB pathways[J]. Aging, 2017, 9: 2069-2082.

[36] Guo L, Luo S, Du Z W, et al. Targeted delivery of celastrol to mesangial cells is effective against mesangioproliferative glomerulonephritis[J]. Nature Communications, 2017, 8: 878.

[37] Wu X, Wang S P, Lu J R, et al. Seeing the unseen of Chinese herbal medicine processing (Paozhi): advances in new perspectives[J]. Chinese Medicine, 2018, 13: 4.

[38] Yang L, Wen K S, Ruan X, et al. Response of plant secondary metabolites to environmental factors[J]. Molecules, 2018, 23:762.

[39] Zhang X, Li S J, Li J J, et al. Novel natural products from extremophilic fungi[J]. Marine Drugs, 2018, 16: 194.

[40] Rigali S, Anderssen S, Naômé A, et al. Cracking the regulatory code of biosynthetic gene

clusters as a strategy for natural product discovery[J]. Biochemical Pharmacology, 2018, 153: 24-34.

[41] Tao W X, Yang A, Deng Z X, et al. CRISPR/Cas9-based editing of *Streptomyces* for discovery, characterization, and production of natural products[J]. Frontiers in Microbiology, 2018, 9: 1660.

[42] Goto Y, Suga H. Artificial *in vitro* biosynthesis systems for the development of pseudo-natural products[J]. Bulletin of the Chemical Society of Japan, 2018, 91: 410-419.

[43] Liu Y, Jing S X, Luo S H, et al. Non-volatile natural products in plant glandular trichomes: chemistry, biological activities and biosynthesis[J]. Natural Product Reports, 2018, 36: 625-665.

[44] Jyske T, Kuroda K, Suuronen J P, et al. In planta localization of stilbenes within *Picea abies* phloem[J]. Plant Physiology, 2016, 172: 913-928.

[45] Eliásŏvá K, Vondráková Z, Malbeck J, et al. Histological and biochemical response of norway spruce somatic embryos to UV-B irradiation[J]. Trees, 2017, 31:1279-1293.

[46] Marmann A, Aly A H, Lin W H, et al. Co-cultivation: a powerful emerging tool for enhancing the chemical diversity of microorganisms[J]. Marine Drugs, 2014, 12: 1043-1065.

[47] Betrand S, Bohni N, Schnee S, et al. Metabolite induction via microorganism co-culture: a potential way to enhance chemical diversity for drug discovery[J]. Biotechnology Advances, 2014, 32(6): 1180-1204.

[48] Molloy E M, Hertweck C. Antimicrobial discovery inspired by ecological interactions[J]. Current Opinion in Microbiology, 2017, 39: 121-127.

[49] Thomford N E, Senthebane D A, Rowe A, et al. Natural products for drug discovery in the 21st Century: innovations for novel drug discovery[J]. International Journal of Molecular Sciences, 2018, 19(6): 1578.

[50] 周怡青，肖友利. 活性天然产物靶标蛋白的鉴定 [J]. 化学学报 , 2018, 76: 177-189.

[51] Zhang A H, Sun H, Wang X J. Mass spectrometry-driven drug discovery for development of herbal medicine[J]. Mass Spectrometry Reviews, 2018, 37: 307-320.

[52] Findlay B L. The chemical ecology of predatory soil bacteria[J]. ACS Chemical Biology, 2016, 11: 1502-1510.

[53] Shi Y M, Bode H B. Chemical language and warfare of bacterial natural products in bacteria-nematode-insect interactions[J]. Natural Product Reports, 2018, 35: 309-335.

[54] Almabruk K H, Dinh L K, Philmus B. Self-resistance of natural product producers: past, present, and future focusing on self-resistant protein variants[J]. ACS Chemical Biology, 2018, 13: 1426-1437.

[55] 吴林寰，刘柳，孙清岚，等. 中国微生物资源研究现状及未来发展态势分析（英文）[J]. 微生物学报，2018, 58(12): 2123-2133.

[56] 郭良栋. 中国微生物物种多样性研究进展 [J]. 生物多样性, 2012, 20(5): 572-580.

[57] 马建章，宗诚. 中国野生动物资源的保护与管理 [J]. 科技导报, 2008, 26(14): 36-39.

[58] 杨星科，赵建铭. 中国昆虫分类研究的五十年 [J]. 昆虫知识, 2000, 37(1): 1-11.

[59] 刘雅. 民族本草 世界瑰宝:少数民族医药事业发展回顾与前瞻 [J]. 中国民族, 2018, (2): 22-26.

[60] 贾敏如，张艺. 中国民族药辞典 [M]. 北京：中国医药科技出版社, 2016.

[61] 国家中医药管理局. 2016 年全国中医药统计摘编: 2016 年全国医院、中医类医院门诊服务情况 [G/OL]. [2019-09-03]. http://www.satcm.gov.cn/2015tjzb/%E5%85%A8%E5%9B%BD%E4%B8%AD%E5%8C%BB%E8%8D%AF%E7%BB%9F%E8%AE%A1%E6%91%98%E7%BC%96/atog/2016/B02.htm.

[62] 国家中医药管理局. 2016 年全国中医药统计摘编: 2016 年医疗卫生机构分科床位、门急诊人次及出院人数 [G/OL]. [2019-09-03]. http://www.satcm.gov.cn/2015tjzb/%E5%85%A8%E5%9B%BD%E4%B8%AD%E5%8C%BB%E8%8D%AF%E7%BB%9F%E8%AE%A1%E6%91%98%E7%BC%96/atog/2016/B01.htm.

[63] 韦晓瑜，吴娜，龙继红. 试析民族药品种上市后的再研究 [J]. 中国药事, 2017, 31(1): 27-31.

[64] 国家中医药管理局. 2016 年全国中医药统计摘编：2016 年全国高等中医药院校数及开设中医药专业的高等西医药院校、高等非医药院校机构数 [G/OL]. [2019-09-03]. http://www.satcm.gov.cn/2015tjzb/%E5%85%A8%E5%9B%BD%E4%B8%AD%E5%8C%BB%E8%8D%AF%E7%BB%9F%E8%AE%A1%E6%91%98%E7%BC%96/atog/2016/C01.htm.

[65] 国家中医药管理局. 2016 年全国中医药统计摘编: 2016 年全国高等中医药院校普通本科分专业毕业、招生、在校学生数（二)[G/OL]. [2019-09-03]. http://www.satcm.gov.cn/2015tjzb/%E5%85%A8%E5%9B%BD%E4%B8%AD%E5%8C%BB%E8%8D%AF%E7%BB%9F%E8%AE%A1%E6%91%98%E7%BC%96/atog/2016/C09.htm.

（撰稿人：岳建民、张国林、高柳滨、任宇豪；统稿人：岳建民）

第二章
陆地天然产物化学

第一节 概 述

陆地天然产物研究在我国天然产物研究中占有重要地位。与海洋天然产物研究相比，陆地天然产物研究具有独特的优势和自身的特点，表现为：陆地植物和动物在我国传统医药学治疗疾病中占有主导地位，在传统医药理论指导下应用并具有显著的临床疗效，为发现生物活性天然产物奠定了基础；我国具有风格多样的地域和气候特征，为实现生物多样性提供了优良的生态环境，并产生了丰富的陆地植物、动物和微生物资源，为获取结构多样的天然产物提供了保障；与海洋生物相比，陆地生物资源更易获取，使得我国陆地天然产物研究成为起步最早、研究人员最多、成果最系统的天然产物研究的优势领域，并且在将来相当长一段时间仍然在天然产物研究领域占有重要地位。

我国科研人员以陆地植物、动物、微生物为对象，开展了结构新颖天然产物的发现，活性天然产物的合成与结构修饰、功能、靶点确证和作用机制，以及生物合成途径等系统研究，有如下几个特点。

（一）新颖陆生天然产物发现依然为重要研究内容

现代高效分离技术和结构确证技术的快速发展，以及现代高效分离分析设备的普及，大大提高了结构新颖天然产物的发现效率。一些微量难以获取的、结构复杂难以确证的天然化合物被发现，发表论文和报道新化合物的数量呈显著增长趋势。国内陆地天然产物科研工作者在天然药物化学领域权威期刊《天然产物杂志》（*Journal of Natural Products*）发表的论文数量约占 20%；在 *Organic Letters* 发表涉及新天然产物骨架的论文中，约 40% 为我国陆地天然产物化学的研究结果。国内学者在 *Chemical Review*、*Natural Product Reports* 受邀撰写综述数量也呈现上升趋势，学术影响力显著提高。

（二）陆地天然产物新功能和分子机制成为重要的研究方向

对陆地天然产物生物学功能、分子机制和靶标确证的研究工作日益深入，天然产物化学生物学得到快速发展，研究工作从化学导向逐步转变到与生物学意义相结合。在这个过程中，天然产物化学通过与其他学科、新技术的紧密融合，将细胞生物学、分子生物学、生物信息学、蛋白质组学等学科的方法与技术应用于陆地天然产物研究中，突破了以天然产物分离和结构鉴定为目的的模式，在继续关注新颖结构化合物获取的同时，更加聚焦活性化合物的作用靶点和分子机制，揭示化合物存在的本质规律和生态学意义。

（三）特色鲜明、创新性和系统性强的研究成果不断涌现

中国天然产物化学工作者聚焦陆地天然产物，进行了深入研究，从过去资源导向的研究转变到化学结构导向的研究，从对一种植物的研究转变到对一类植物的系统研究，获得了一批具有中国特色、原创性高、系统性强、在国际上具有较高学术影响力的研究成果，主要包括：结构复杂、新颖奇特新骨架化合物，活性先导分子的靶标，中药及民族药用植物药效物质基础，有毒植物的毒性物质基础及抗肿瘤先导化合物，陆地植物内生菌次级代谢产物及其生物合成，高等真菌次级代谢产物及其生物功能，苔藓植物化学成分及其生物学意义，区域性药用植物活性成分及药理作用，天然产物全合成；发现了一系列具有成药潜力的先导化合物和候选药物，培育了一支优秀的天然产物化学研究队伍，促进了相关学科的发展，在世界上相关研究领域学术影响力显著提升。

本章着重对陆地天然产物化学，尤其聚焦陆地植物和陆地微生物资源领域代表性成果进行总结。

第二节 陆地植物天然产物化学研究进展

一、生物碱

生物碱因其多样的骨架类型、复杂多变的环系、丰富的立体化学结构，在结构多样性方面较其他类型天然产物丰富。中国学者在虎皮楠生物碱、吲哚生物碱、石松生物碱、一叶萩型生物碱、二萜生物碱、喹诺里西啶型生物碱等研究方面创立和发展了不少新方法、新技术、新反应。

（一）虎皮楠生物碱

虎皮楠生物碱属于三萜类生物碱，是虎皮楠科（Daphniphyllaceae）虎皮楠属（*Daphniphyllum*）植物所特有的一类化学成分，具有高度复杂的多环结构和独特的生物合成途径。

中国科学院上海药物研究所岳建民课题组从西藏虎皮楠（*D. himalense*）中分离鉴定了两个具有新颖骨架结构的生物碱 himalensine A（**1**）和 himalensine B（**2**）[1]；从牛耳枫（*D. calycinum*）中分离得到首个 C_{22} 降解的 yuzurimine 型生物碱 calycinumine A（**3**）和一个具有含杂原子金刚烷状生物碱 calycinumine B（**4**）[2]；从假轮叶虎皮楠（*D. subverticillatum*）中分离得到 11-hydroxycodaphniphylline（**5**）[3]，还从狭叶虎皮楠（*D. angustifolium*）中分离得到一个由 C-6—C-7 键断裂、C-6—N 键连接而生成的具有全新六环体系的生物碱内盐 angustimine（**6**）和一个含有罕见二氨基片段的生物碱 angustifolimine（**7**）[4]。中国科学院昆明植物研究所郝小江课题组从西藏虎皮楠中分离得到一个具有新颖的重排 $C_{21}N$ 骨架的生物碱 daphhimalenine A（**8**），该分子中存在一个全新的 1-azabicyclo[5.2.1]decane 片段[5]；从虎皮楠（*D. oldhamii*）的叶中分离鉴定了具有多环体系的生物碱 dapholdhamine A～D（**9**～**12**）[6]。

1	**2**	**3**	**4**

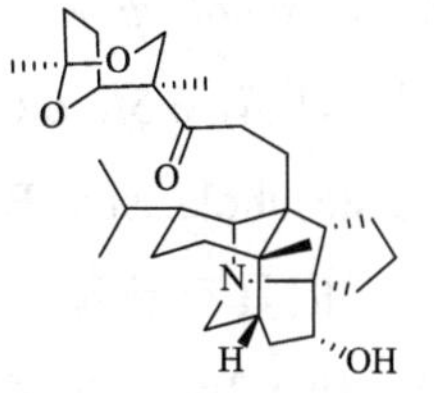

5 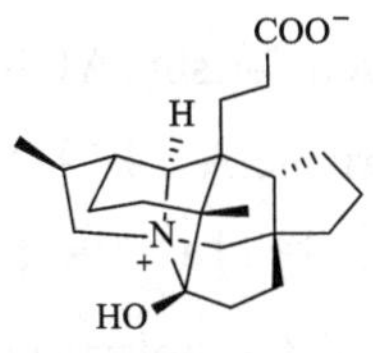　　**6** 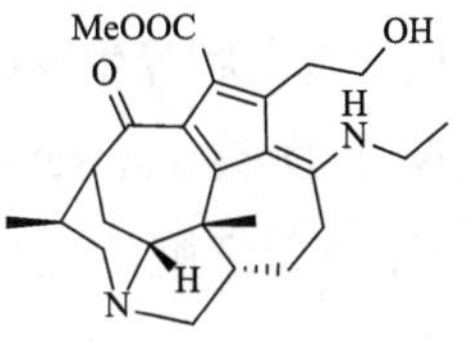　　**7** 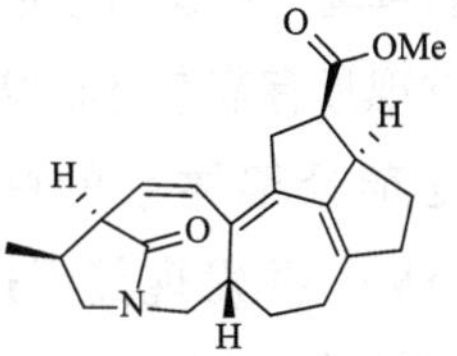　　**8**

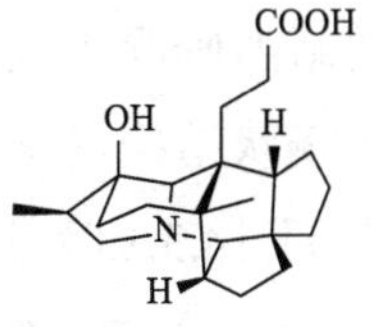

9 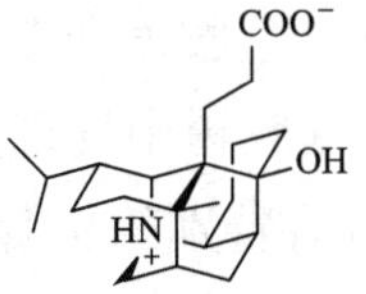　　**10** 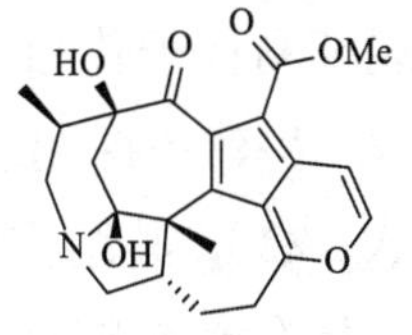　　**11** 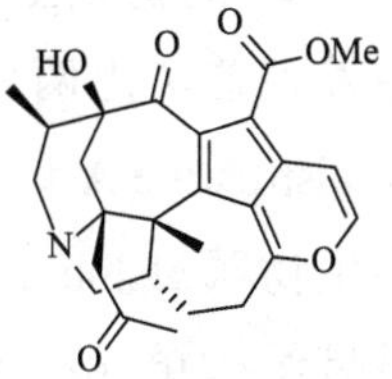　　**12**

岳建民课题组还从长序虎皮楠（ *D. longeracemosum* ）中分离得到首个虎皮楠生物碱二聚体 logeracemin A （**13**），该分子中含有三个连续的螺 [4.5] 癸烷片段，对人类免疫缺陷病毒（HIV）具有良好的抑制作用 [7]。中国科学院昆明植物研究所刘吉开课题组从长序虎皮楠中分离得到具有复杂十环体系的新骨架生物碱化合物 hybridaphniphylline A （**14**）和 hybridaphniphylline B （**15**），它们可能是由一分子虎皮楠生物碱和一分子环烯醚萜通过分子间第尔斯-阿尔德（Diels-Alder）环加成反应而形成 [8]。

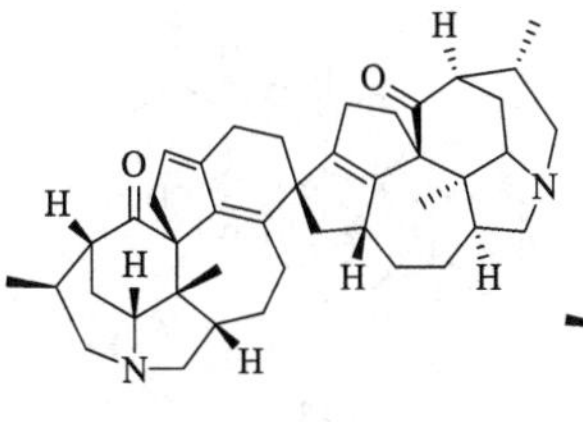

13 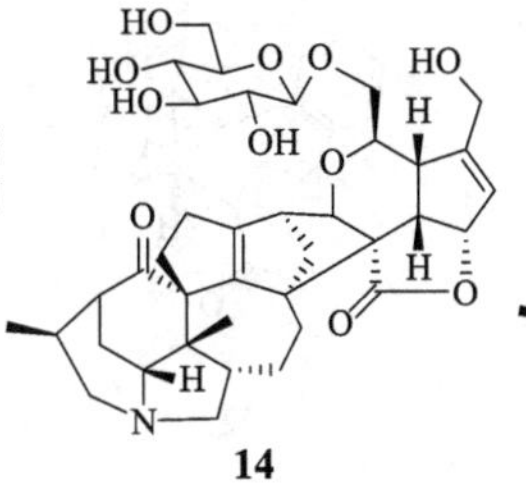　　**14** 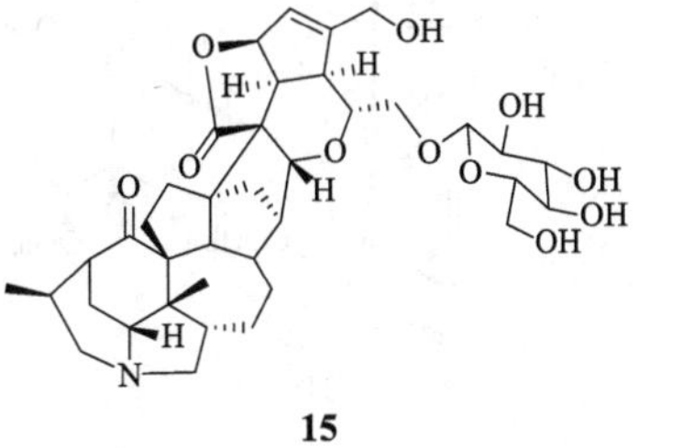　　**15**

（二）吲哚生物碱

吲哚生物碱主要包括 β-卡波林类生物碱、半萜吲哚生物碱和单萜吲哚生物碱，结构复杂、种类繁多、活性显著。

夹竹桃科鸡骨常山属（ *Alstonia* ）植物在全世界大约有 50 种，分布于非洲、亚洲和澳大利亚。我国有 6 种，其中灯台叶（糖胶树叶）是傣族民间著名草药。中国科学院昆明植物研究所罗晓东课题组从糖胶树（*A. scholaris*）中发现具有复杂笼状结构的单萜吲哚生物碱 scholarisine A（**16**）[9]，具有 6/5/6/6/6 复杂骨架体系的吲哚生物碱 alstoscholarisine A（**17**）和 alstoscholarisine B（**18**），并发现其促进神经干细胞活性[10]；通过 C-3/N-1 键形成具有新颖骨架结构的吲哚生物碱 alstoscholarisine H、alstoscholarisine I（**19**、**20**），并完成了 **19** 的仿生全合成[11]。该课题组还从夹竹桃科植物盆架树（*A. rostrata*）中发现首个由两分子裂环马钱子苷和一分子色胺缩合形成的新型吲哚生物碱 alstrostine A（**21**）[12]。岳建民课题组从糖胶树中发现具有笼状结构的新型生物碱 alstonlarsine A（**22**），其结构中含有特别的 9-氮杂三环［$4.3.1.0^{3,8}$］癸烷结构单元；还发现具有 5, 5-螺环结构的新型生物碱 alstonlarsine B～D（**23**～**25**）[13]。澳门科技大学姜志宏课题组从糖胶树中发现具有 6/5/6/5/5/6 复杂骨架体系的吲哚生物碱 alistonitrine A（**26**）[14]。

16

17 R=H
18 R=COOMe

19 R=H
20 R=COOMe

21

22

23

24

25

26

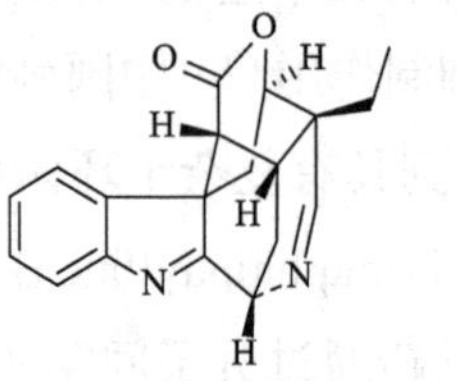

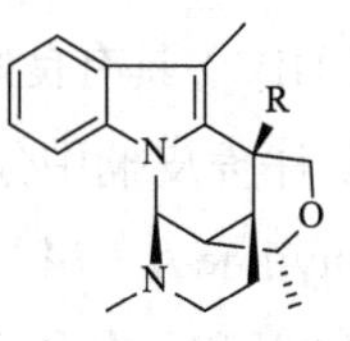

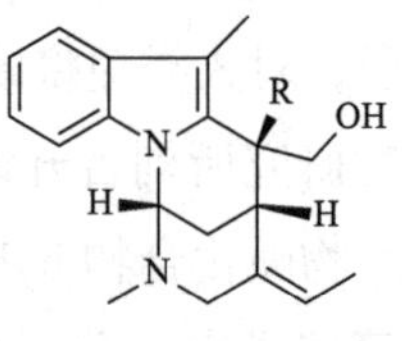

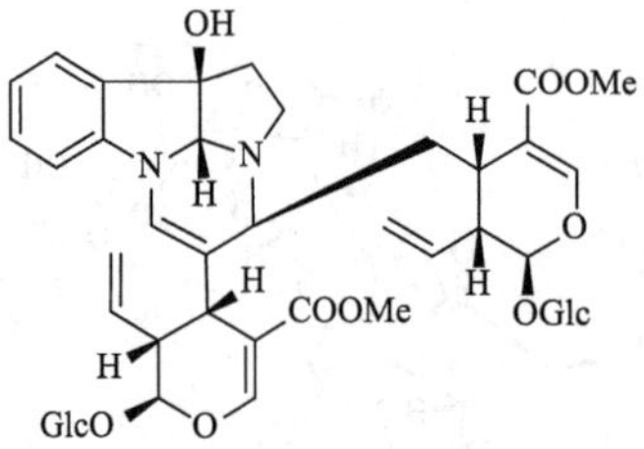

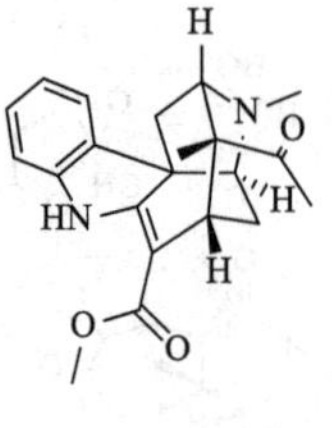

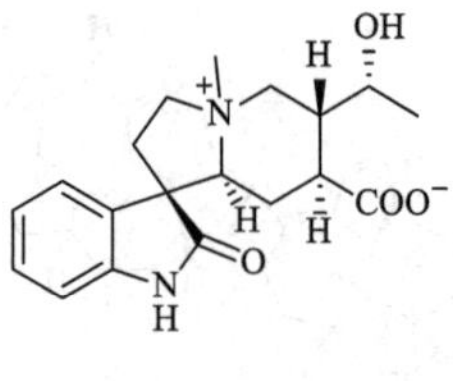

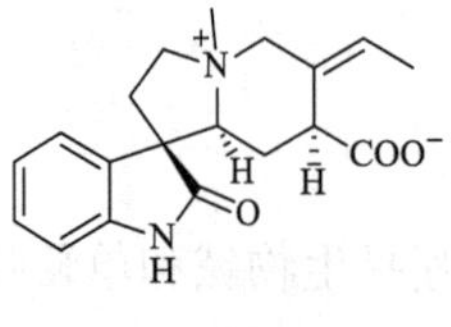

夹竹桃科狗牙花属（*Ervatamia*）植物在全世界约有 120 种，主要分布于亚洲、非洲、北美洲和南美洲等，含有丰富的吲哚生物碱。罗晓东课题组从

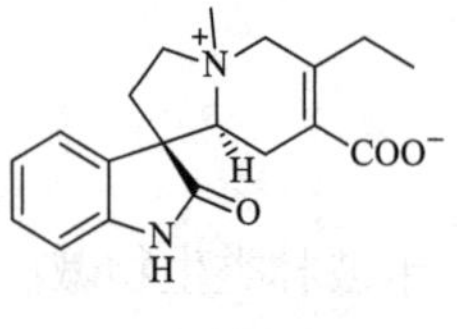

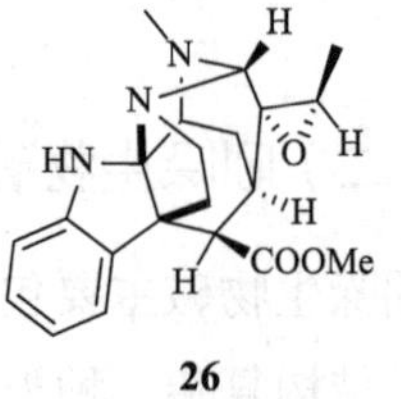

中国狗牙花（*E. chinensis*）中发现具有二氮䓬并噁唑烷及 3 个半缩醛胺的复杂结构片段的笼状吲哚生物碱 erchinine A（**27**）和 erchinine B（**28**），对枯草芽孢杆菌和红色毛癣菌具有显著抑制作用，活性与一线抗真菌药物灰黄霉素和抗生素头孢噻肟相当[15]；从狗牙花（*E. divaricata*）中发现首个通过 C-17—O—C-21 形成具有噁嗪环的 vobasinyl-ibogan 型的双聚吲哚生物碱 tabernaricatine A（**29**）和 tabernaricatine B（**30**）[16]。中国药科大学孔令义课题组从伞房狗牙花（*T. corymbosa*）发现两个新型的双聚吲哚生物碱 tabercarpamine A（**31**）和 tabercarpamine B（**32**），以及 C-14/C-15 开环的 tabersonine 型单萜吲哚生物碱 tabercarpamine C（**33**）和 tabercarpamine D（**34**），其中 **31** 对 MCF-7、HepG2 和 SMMC-7721 细胞株具有显著的抑制活性[17]。暨南大学叶文才课题组从狗牙花中发现首个 vobasine-ibogan-vobasine 类型的单萜吲哚生物碱三聚体 ervadivamine A（**35**）和 ervadivamine B（**36**），其中 ervadivamine A 对 A549、MCF-7、HT-29 和 HepG2/ADM 等肿瘤细胞株具有显著的细胞毒性[18]；还从药用狗牙花（*E. officinalis*）发现罕见的 C-2 螺碳具有 *S* 构型的 ibogan 类型生物碱 ervaoffine A（**37**）和 ervaoffine B（**38**）[19]。武汉大学杨升平课题组从狗牙花发现首个 flabelliformide-apparicine 类型的双聚吲哚生物碱 flabellipparicine（**39**），两个单体通过 C-3—C-22′ 键和 N-1—C-16′ 键形成五元环[20]。

27 R=H
28 R=CH_3

29

30

31

32

33 R=α-H
34 R=β-H

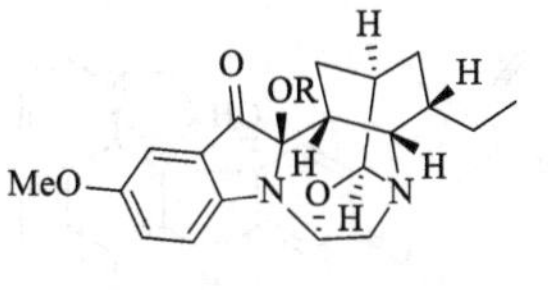

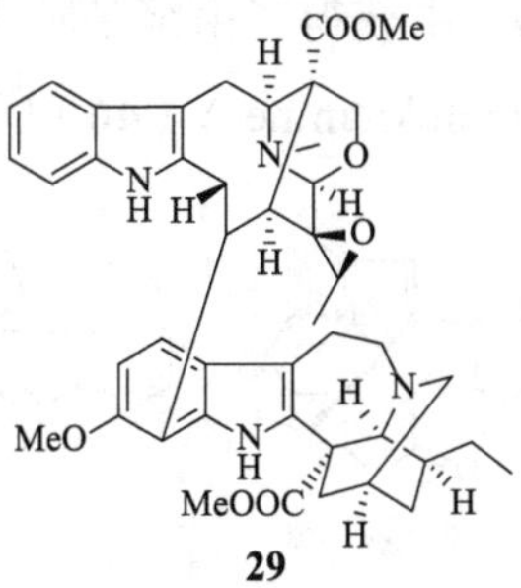

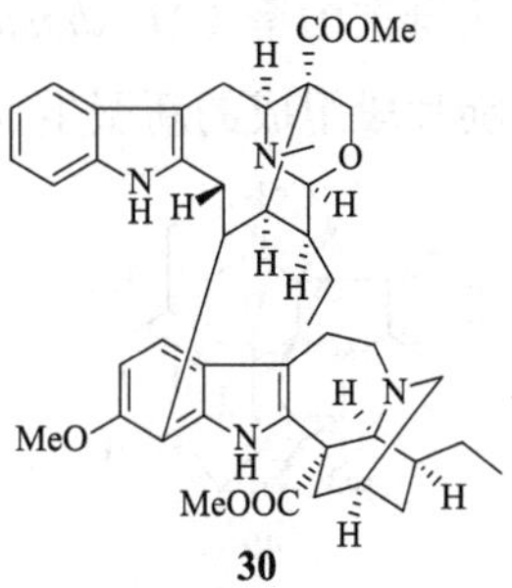

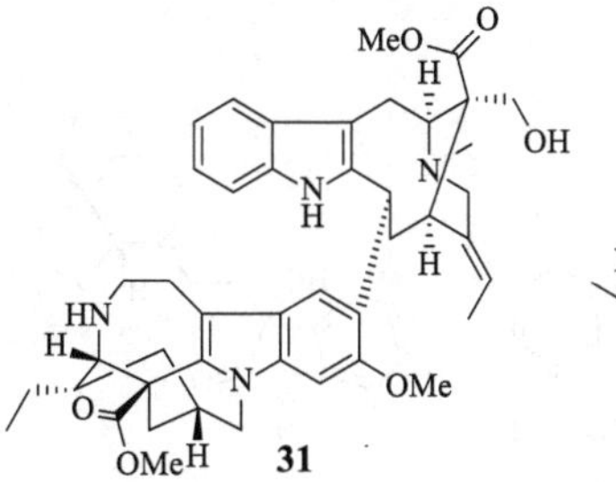

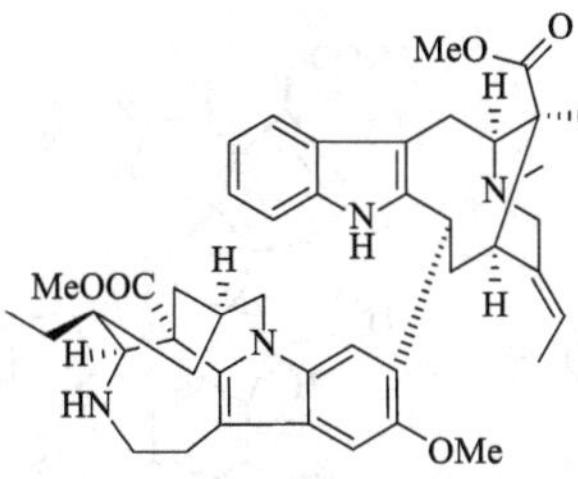

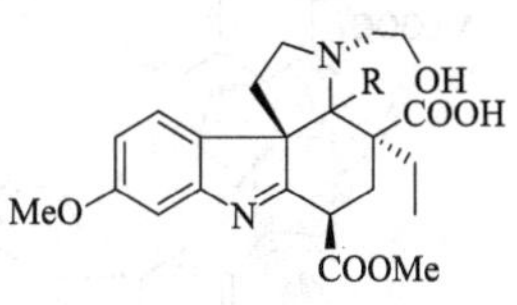

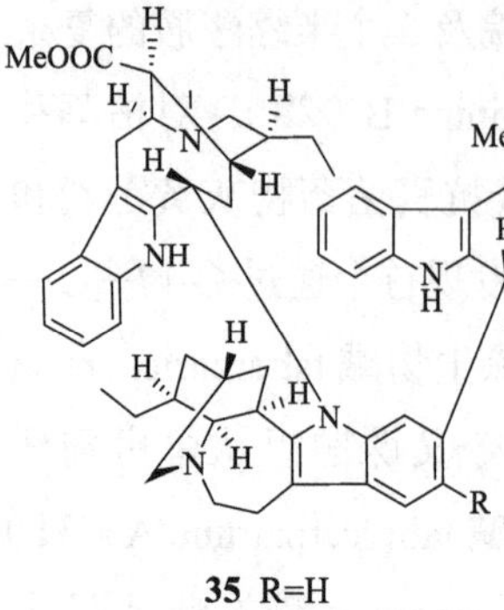

35 R=H
36 R=OMe

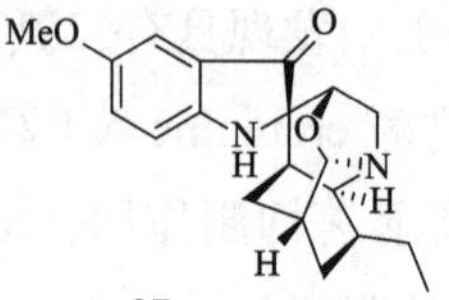

37

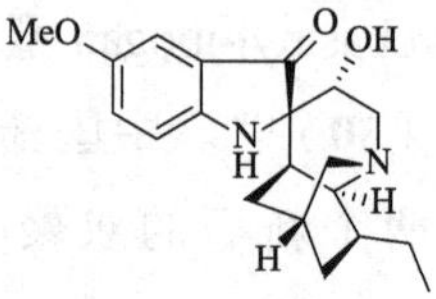

38

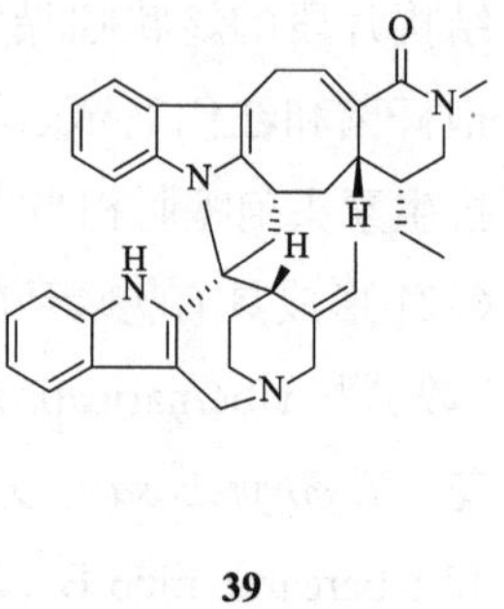

39

夹竹桃科山橙属（*Melodinus*）植物在全世界约有 53 种，我国有 11 种，产自西南、华南及台湾等地。罗晓东课题组从思茅山橙（*M. henryi*）中发现了具有重排八元环系的新型生物碱 melohenine A（**40**）[21] 及罕见的 diazaspiroindole 生物碱 melodinine E（**41**）[22]；从薄叶山橙（*M. tenuicaudatus*）中发现了具有 6/5/5/6/7 重排五元环系的新型生物碱 melotenine A（**42**），其对多种肿瘤细胞株具有比顺铂（cisplatin）更强的细胞毒性[23]；从山橙（*M. suaveolens*）中发现了首个具有二烯酮环的 aspidosperma 型生物碱 melodinine M（**43**），以及罕见的 aspidosperma-scandine 型双聚单萜吲哚生物碱 melosuavine A（**44**）和 aspidosperma-venalatonine 型双聚单萜吲哚生物碱 melosuavine G（**45**）[24]；从景东山橙（*M. khasianus*）中获得了由羟基吲哚酮与八氢呋喃并 [3, 2-*b*] 吡啶片段组成的新型生物碱 melokhanine A（**46**）[25]。

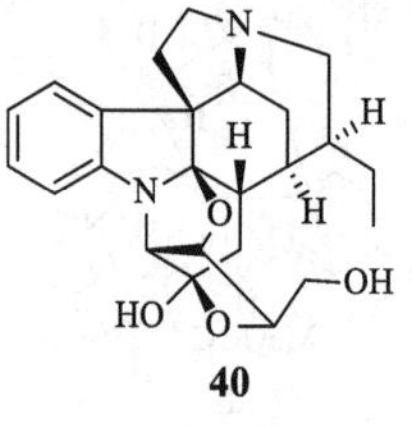

40

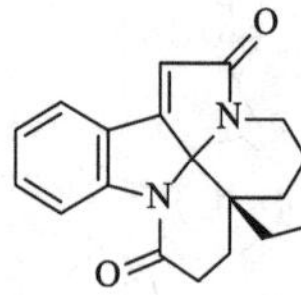

41

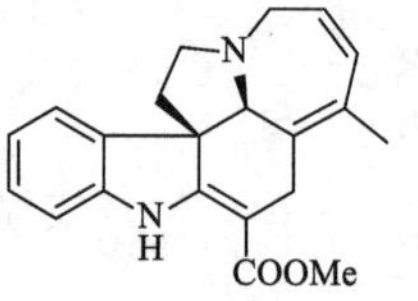

42

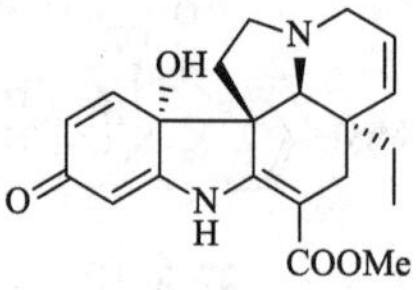

43

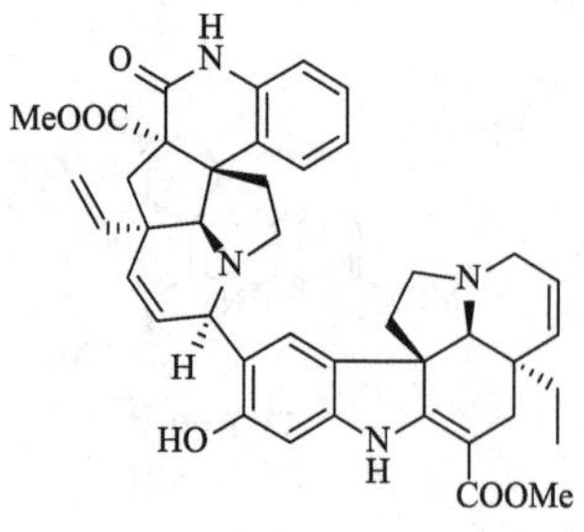

44

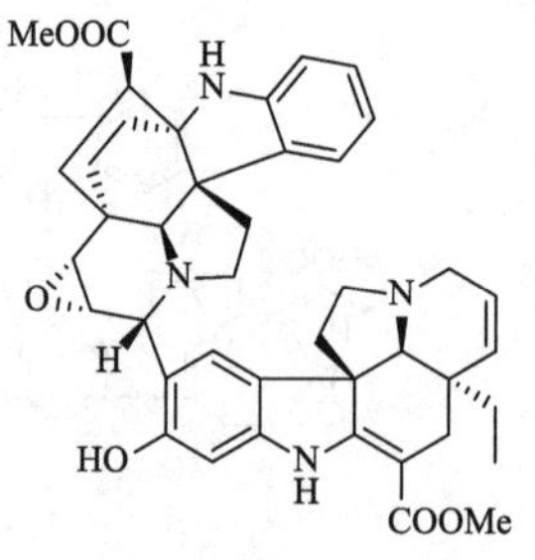

45

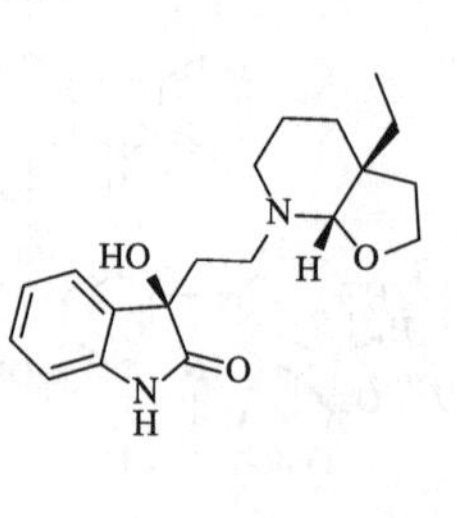

46

此外，中国学者还从夹竹桃科其他属植物中分离得到一些结构新颖的吲哚生物碱。罗晓东课题组从马铃果属非洲马铃果（*Voacanga africana*）中获得了含吡咯/吡啶/吡咯/哌啶/呋喃稠合的多重杂环体系吲哚生物碱 voacafricine A（**47**）和 voacafricine B（**48**），能显著抑制金黄色葡萄球菌和伤寒沙门菌活性[26]。兰州大学高坤课题组从蕊木属植物海南蕊木（*Kopsia hainanensis*）发现了具有 6/5/6/6/6 重排五元环系的新型生物碱 kopsihainanine A（**49**）[27]；从萝芙木属植物催吐萝芙木（*Rauvolfia vomitoria*）发现具有 6/5/6/6/3/5 重排环系的降 sarpagine 型生物碱 rauvomine B（**50**）[28]。郝小江课题组从奶子藤属植物闷奶果（*Bousigonia angustifolia*）发现了由重排单萜喹啉生物碱和 aspidospermine 结合形成的新型生物碱 angustifonine A（**51**）和 angustifonine B（**52**），其中 **51** 对多种人癌细胞系具有显著的细胞毒性[29]。

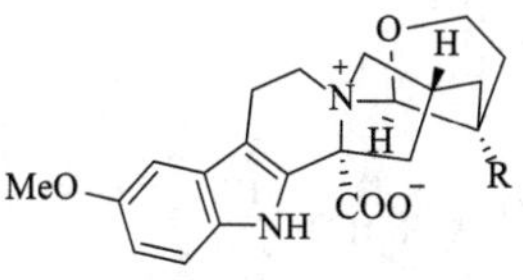

47 R=H
48 R=OH

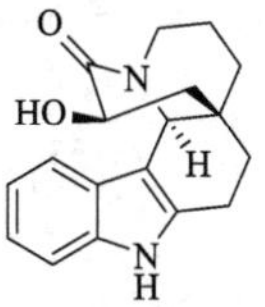

49

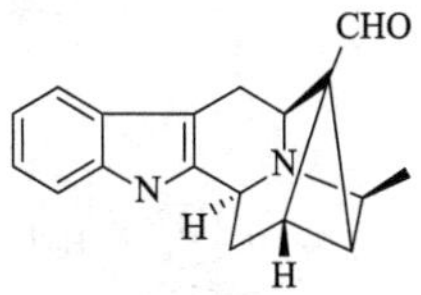

50

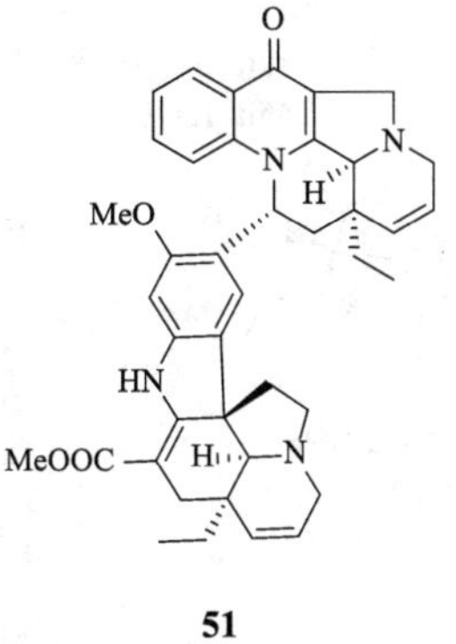

51

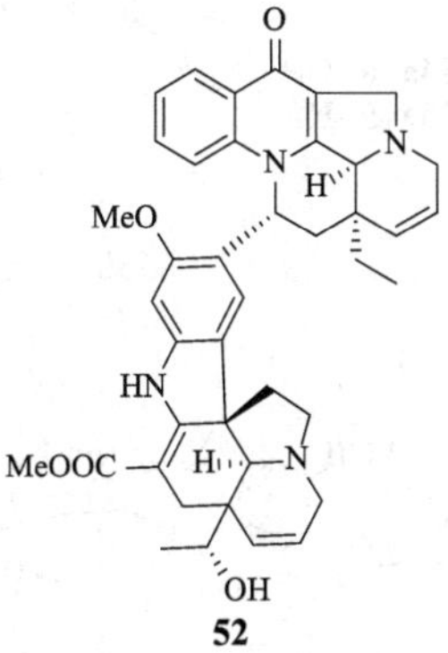

52

钩吻科钩吻属植物钩吻（*Gelsemium elegans*）为毒性植物。中国医学科学院药物研究所庾石山课题组从钩吻中分离得到的双聚吲哚生物碱 geleganimine B（**53**）可浓度依赖性地抑制脂多糖（lipopolysaccharide，LPS）诱导 BV2 细胞（小鼠小胶质细胞）产生 NO[30]。叶文才课题组从钩吻根中发现两对阻转异构双聚吲哚生物碱 gelsekoumidine A（**54**）和 gelsekoumidine B（**55**），为首次发现的由裂环 koumine 和 gelsenicine 生物碱结合形成的新骨架二聚体[31]；从钩吻果实中发现由 gelsedine 型生物碱和 corynanthe 型生物碱通过不同的连接方式形成的新骨架二聚体 gelsecorydine B（**56**），具有新颖的 6/5/7/6/5/6 六环体系[32]；还从钩吻根中发现首个天然芳香偶氮化合物 geleganidine B（**57**）、首个由尿素单元连接的二聚单萜吲哚类生物碱 geleganidine C（**58**）和首个具有旋转异构现象的钩吻生物碱 geleganidine A（**59**）[33]。海军军医大学肖凯课题组从钩吻中发现了具有吡咯环的 gelsedine 型生物碱 gelsepyrrodine B（**60**）和 gelsepyrrodine C（**61**），其中 gelsepyrrodine B 可显著降低 γ-氨基酸（GABA）诱导的大鼠神经元的氯离子流[34]。

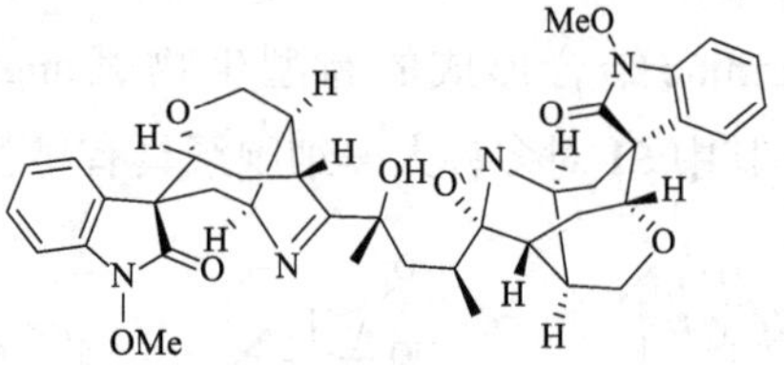

53

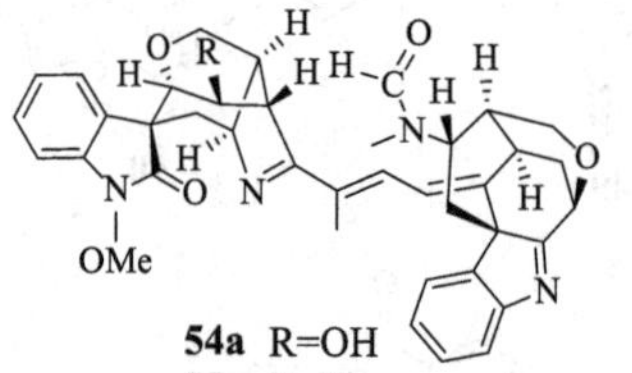

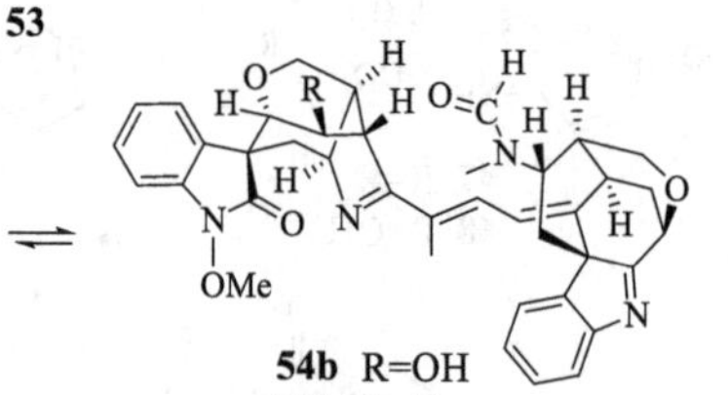

54a R=OH
55a R=H

54b R=OH
55b R=H

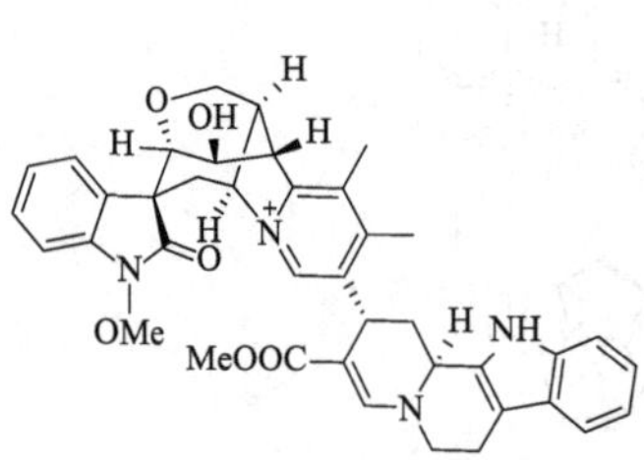

56

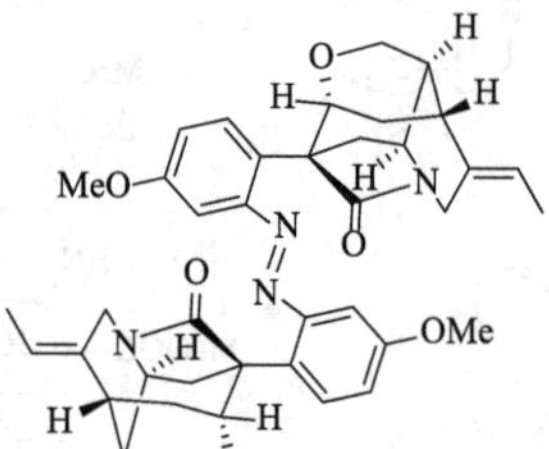

57

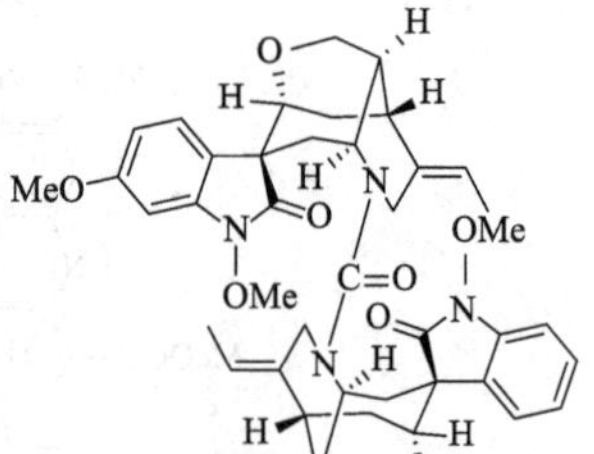

58

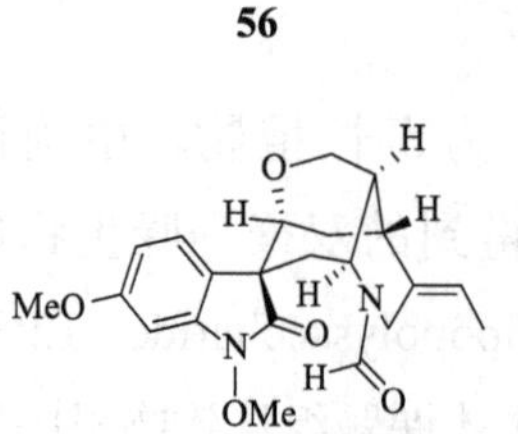

59a

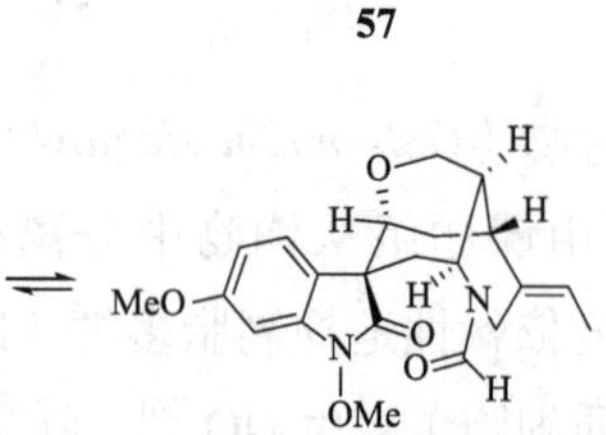

59b

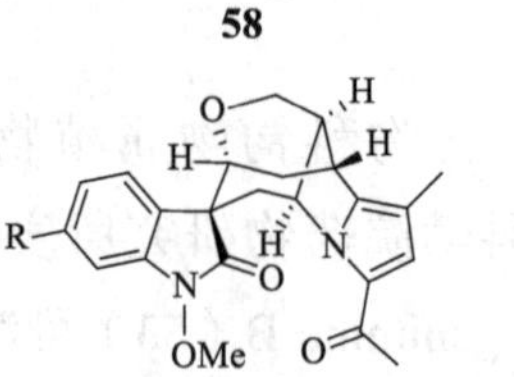

60 R=H
61 R=OMe

郝小江课题组还从马钱科植物马钱子（*Strychnos nux-vomica*）中发现了两个具有 6/5/9/6/7/6 六环体系的新型生物碱 strynuxline A（**62**）和 strynuxline B（**63**），为首次发现的 C-3—C-7 键断裂的 strychnan 型生物碱[35]。庾石山课题组从马钱子中发现了首个通过 C-3—O—C-26—N-4 键连接并具有 6/5/7/8/6/7/6 环系的 strychnan 型生物碱 stryvomicine A（**64**）[36]。

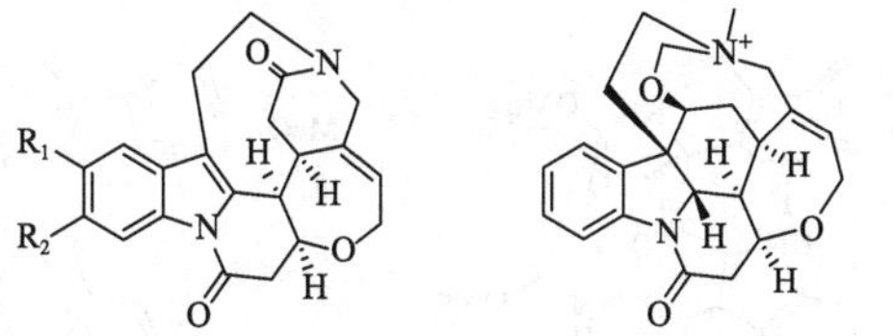

62 $R_1=R_2=OMe$
63 $R_1=R_2=H$

64

大戟科三宝木属（*Trigonostemon*）植物有 50 余种，我国有孟仑三宝木（*T. lii*）和黄花三宝木（*T. lutescens*）等种。郝小江课题组从孟仑三宝木中发现了具有独特多环体系的新型生物碱 trigonoliimine A～C（**65**～**67**）[37]。中国热带农业科学院戴好富课题组从黄花三宝木中发现了两类新型的双吲哚生物碱 trigolutesin A（**68**）和 trigolutesin B（**69**）[38]。

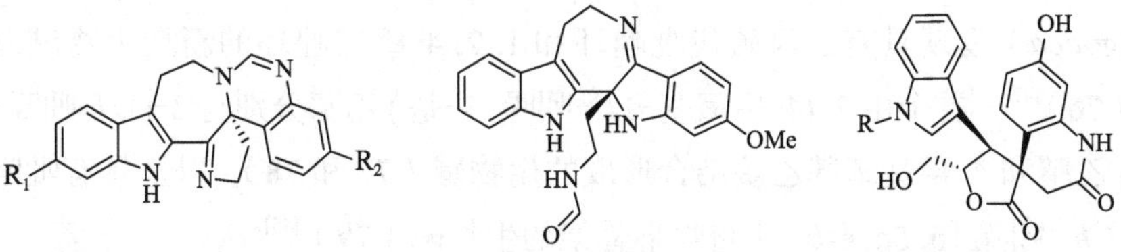

65 $R_1=H$, $R_2=OMe$
66 $R_1=OMe$, $R_2=H$

67

68 R=H
69 $R=CH_2OCH_3$

骆驼蓬（*Peganum harmala*）为白刺科骆驼蓬属多年草本植物，主要化学成分为 β-卡波林生物碱。沈阳药科大学华会明课题组从骆驼蓬中获得部分外消旋的 β-卡波林生物碱 pegaharmine A～D（**70**～**73**），其中 pegaharmine D（**73**）对 HL-60、PC-3 和 SGC7901 三种肿瘤细胞系具有显著的细胞毒性[39]；还从该植物中发现了罕见的 β-carboline-vasicinone 型生物碱（±）-peharmaline A（**74**）[40]，以及具有 3, 9-二氮四环 [6.5.2.0^{1, 9}.0^{3, 8}] 十五-2-酮结构单元的新型 β-卡波林生物碱二聚体 peganumine A（**75**）[41]。其中，（±）-peharmaline A 对 HL-60、PC-3 和 SGC7901 三种肿瘤细胞系具有显著细胞毒性[40]。

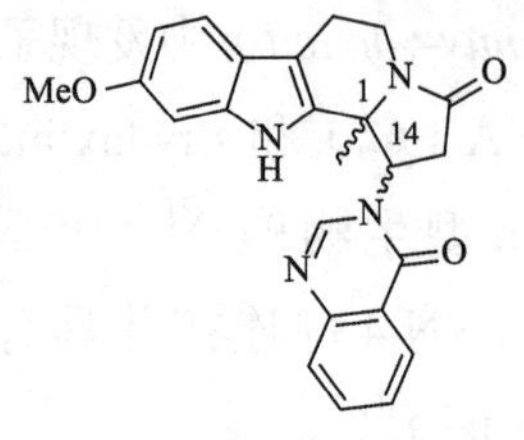

(+)-70 1*S*, 14*R*
(−)-70 1*R*, 14*S*

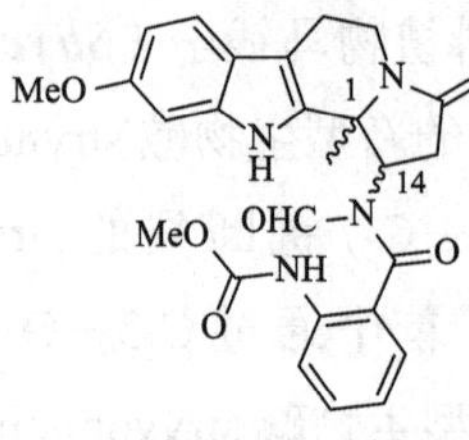

(+)-71 1*S*, 14*R*
(−)-71 1*R*, 14*S*

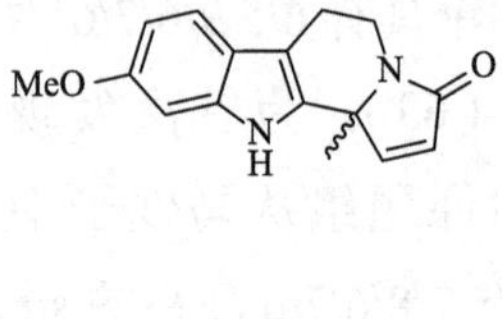

(+)-72 *R*
(−)-72 *S*

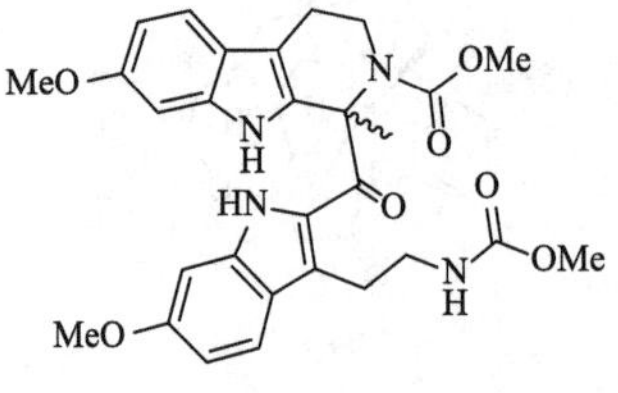

(+)-73 *S*
(−)-73 *R*

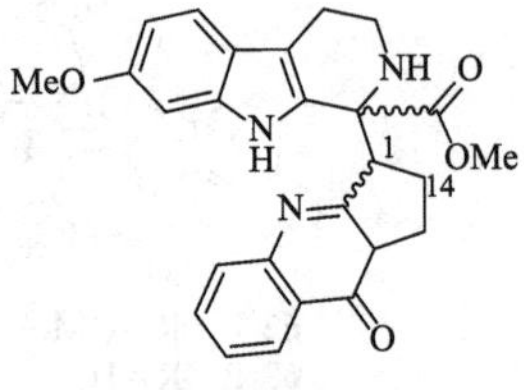

(+)-74 1*S*, 14*S*
(−)-74 1*R*, 14*R*

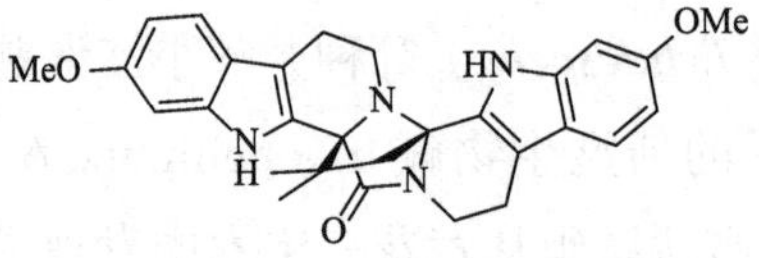

75

中国医学科学院药物研究所石建功课题组从十字花科菘蓝属菘蓝（*Isatis indigotica*）发现具有二氢硫代吡喃环和 1, 2, 4-噻二唑环的新型生物碱对映体（**76**）[42]，首个由 2-(4-甲氧基-1*H*-吲哚-3-基) 乙腈分别与 2-(1*H*-吲哚-3-基) 乙腈和 4-羟基苯基乙烷结合形成的生物碱（**77** 和 **78**），以及具有吡咯并 [2, 3-*b*] 吲哚 [5, 5*a*, 6-*b*, *a*] 喹唑啉骨架的生物碱（**79**）[43]。

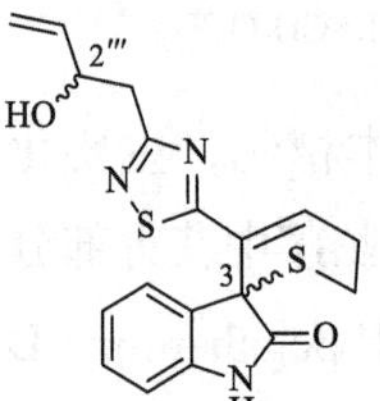

(+)-76 3 *R*, 2‴*R*
(−)-76 3 *S*, 2‴*S*

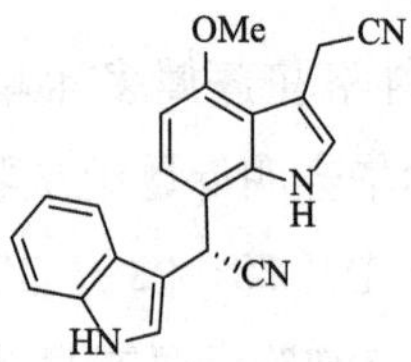

77

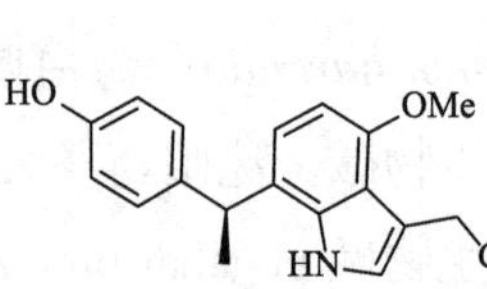

78

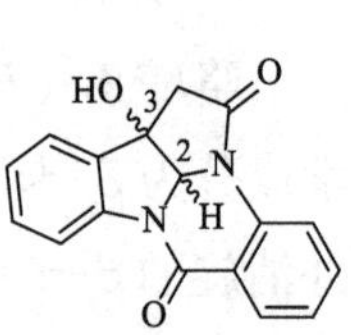

(+)-79 2*S*, 3*S*
(−)-79 2*R*, 3*R*

刘吉开课题组从茜草科蛇根草属日本蛇根草（*Ophiorrhiza japonica*）发现具有新颖螺环体系的单萜吲哚生物碱 ophiorrhine A（**80**）和 ophiorrhine B（**81**），可以显著抑制脂多糖诱导的小鼠 B 淋巴细胞的增殖[44]；中国科学院昆明植物研究所陈纪军课题组从茜草科钩藤属钩藤（*Uncaria rhynchophylla*）中发现具有对称四元环结构片段的双聚 isoechinulin 型生物碱对映体 (±)-uncarilin B（**82**），其中 (−)-uncarilin B 在 0.25 mmol/L 浓度下对 MT1 和 MT2 受体的激动率分别为 11.26% 和 52.44%[45]。中国科学院昆明植物研究所蔡祥海课题组从豆科刺桐属植物刺桐（*Erythrina variegata*）中发现了具有 6/7/5/6 稠环体系的双聚 erythrina 生物碱 erythrivarine B（**83**）[46]。暨南大学姚新生课题组从苦木科苦木属苦木（*Picrasma quassioides*）中发现首个具有环丁烷单元的双聚 β-卡波林生物碱 quassidine A（**84**）[47]。

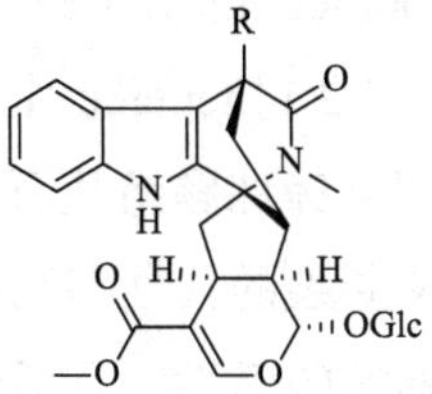

80 R=H
81 R=OMe

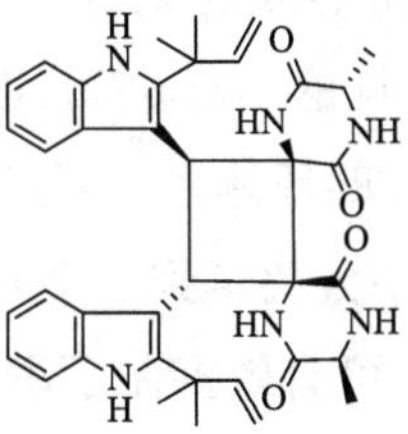

(+)-**82**

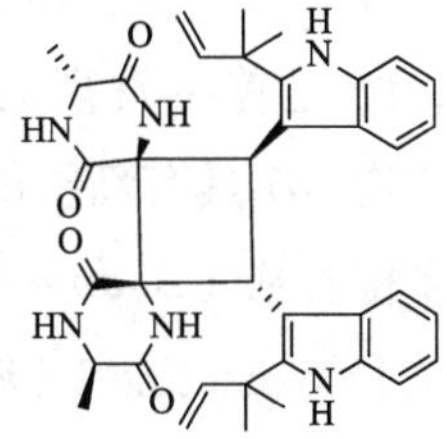

(−)-**82**

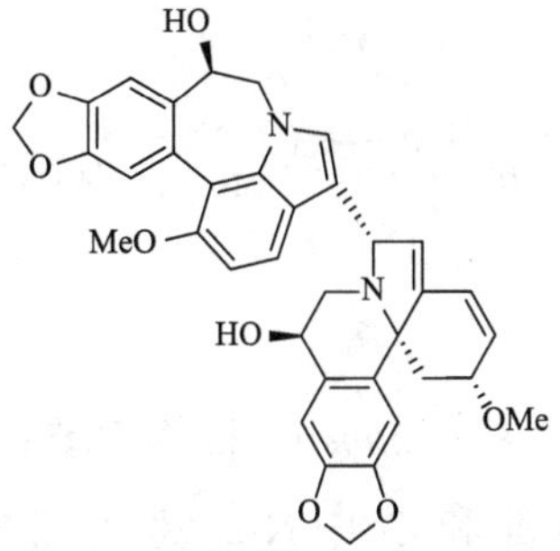

83

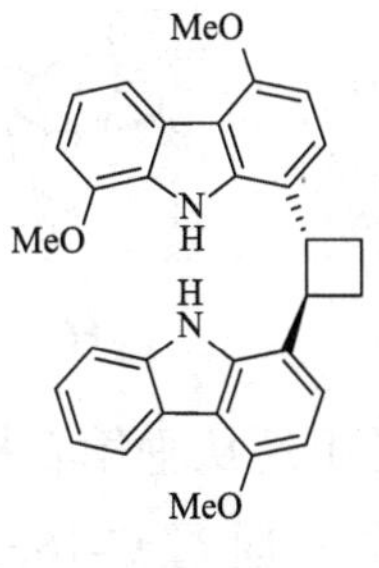

84

（三）石松生物碱

石松生物碱（*Lycopodium* alkaloids）是一系列从石松类植物（特别是石松科和石杉科植物）中分离得到的天然生物碱类化合物，属于喹嗪、吡啶或 α-吡啶酮类生物碱，主要包括石松碱类（lycopodines）、石松定碱类（lycodines）、代斯替明碱类（fawcettimines）和混杂类（miscellaneous）4 种结构类型。石松生物碱结构中往往桥环多，且多含有多个手性季碳，结构解析难度较大。中国学者在该领域进行了一系列有益的尝试。其中，庾石山课题组和中国科学院昆明植物研究所赵勤实课题组采用计算碳谱、CIGAR-HMBC 技术、衍生化、全合成等技术和方法，对一系列结构新颖的石松生物碱进行了结构确定，并取得了良好的效果，可为该类型化合物后续的结构鉴定提供参考。

石松科（Lycopodiaceae）为蕨类植物，我国分布有 6 属，其中石松、多穗石松、玉柏等石松属（*Lycopodium*）植物是常用的中药。庾石山课题组从石松（*L. japonicum*）中发现了由 C-4—C-9 键连接而形成的具有复杂环系结构的代斯替明碱类化合物 lycojaponicumin A（**85**）和 lycojaponicumin C（**86**）[48]，以及一个由 C-3—C-13 键连接而形成的化合物 lycojaponicumin D（**87**）[49]。其中，**85** 是首次发现的含有罕见的 1-aza-7-oxabicyclo[2.2.1]heptane 片段的天然产物；**87** 具有新颖的 5/7/6/6 四环体系。复旦大学胡金锋课题组从石松属植物多穗石松（*L. annotinum*）中分离得到一个 C-9—N 断裂的代斯替明碱类生物碱 lycoannotine I（**88**）[50]，可有效抑制丁酰胆碱酯酶的活性，且活性强于阳性药石杉碱甲。

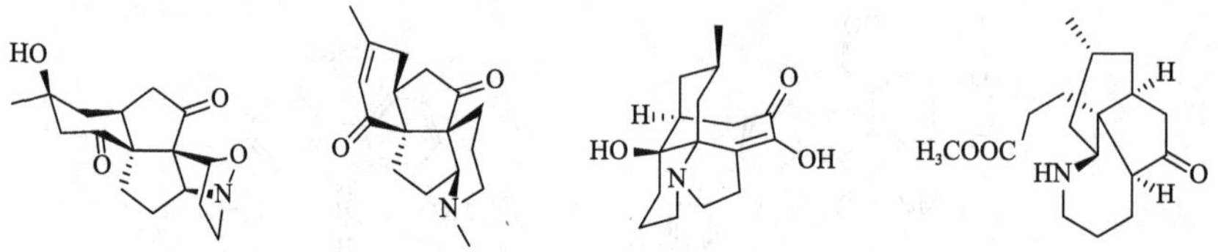

85　　　　**86**　　　　**87**　　　　**88**

赵勤实课题组还从垂穗石松属（*Palhinhaea*）植物垂穗石松（*P. cernua*）中分离得到首个通过 C-16—C-6 键和 C-9—N-2′ 键连接的、具有复杂 5/5/5/6/6/6 六环体系的生物碱 lycopalhine A（**89**）[51]，一个基于新颖 $C_{17}N$ 骨架、含有罕见羟基化二氢呋喃酮片段的生物碱 cernupalhine A（**90**），并完成了其全合成工作[52]。中央民族大学龙春林课题组也从该植物中分离得到一个由 C-14—C-4 键连接而形成的具有独特的 5/6/6/9 四环体系的 $C_{16}N$ 型石松生物碱 palhinine A（**91**）[53]，并且通过 X 射线单晶衍射对 palhinine A（**91**）的结构进行了确证，同时也确定了（**91**）的绝对构型。兰州大学樊春安课题组首次报道了石松生物碱 palhinine A（**91**）的全合成，核心策略为通过微波辅助的区域和立体选择性的分子内硝酮-双键环加成反应构建氮杂双环 [5.2.1] 癸烷骨架结构[54]。

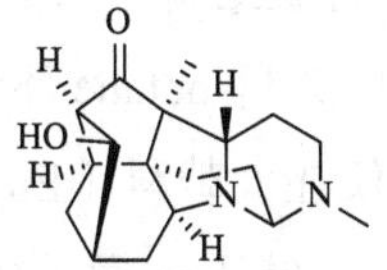

89 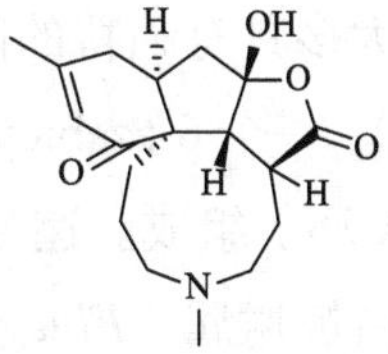　　　　　**90** 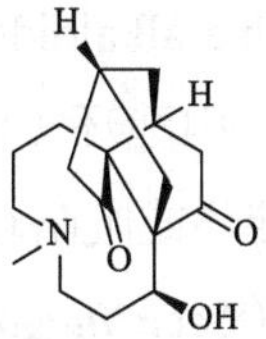　　　　　**91**

藤石松（*Lycopodiastrum casuarinoides*）是石松科藤石松属（*Lycopodiastrum*）中唯一的一种。赵勤实课题组也从该植物中分离得到了一个具有 6/6/6/6/6 五环体系的笼状生物碱 casuarine A（**92**）[55]。

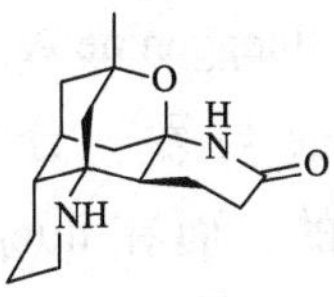

92

扁枝石松属（*Diphasiastrum*）在全球有 20 余种，主要分布于北半球温带和热带。赵勤实课题组从该属植物扁枝石松（*Diphasiastrum complanatum*）中发现了一个具有全新 5/6/6/6 四环体系的 $C_{15}N$ 型生物碱 lycospidine A（**93**）。考虑到该分子中含有一个独特的脯氨酸来源的吡咯烷片段，在生源上，该化合物可视为区别于其他所有已知石松生物碱的一类新型生物碱[56]。该课题组还从该植物中分离得到一个具有 6/9/5/5 四环体系的生物碱 lycoplanine A（**94**）[57] 和一个由 C-13—O—C-2 键连接而成的具有新颖环系结构的生物碱 lycogladine A（**95**）[58]。其中，lycoplanine A（**94**）含有一个罕见的 1-oxa-6-azaspiro[4.4]nonane 螺环片段和一个全新的 3-azabicyclo[6.3.1]dodecane 桥环体系。兰州大学库学功课题组以酰胺化/氮杂-Prins 串联环化反应为关键步骤，经过 10 步反应高效地完成了 (–)-lycospidine A（**93**）的不对称全合成[59]。

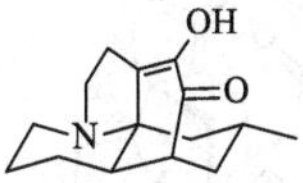

93 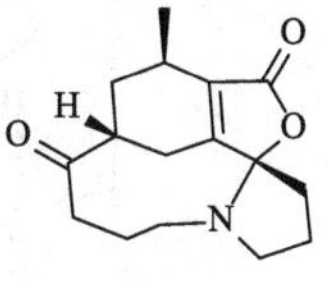　　　　　**94** 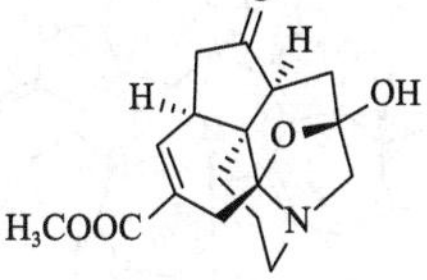　　　　　**95**

（四）一叶萩型生物碱

一叶萩型生物碱（*Securinega* alkaloids）在结构上属于吲哚里西啶型生物

碱（indolizidine alkaloids），大多具有独特的四环骨架结构，核心骨架由一个 α,β-不饱和 γ-内酯环（D 环）、一个 6-azabicyclo[3.2.1]-octane 环（B 和 C 环）骈合一个哌啶环或吡咯环（A 环）组成。迄今，仅在大戟科（Euphorbiaceae）的叶底珠属（*Securinega*）、白饭树属（*Flueggea*）、叶下珠属（*Phyllanthus*）、黑面神属（*Breynia*）和篮子木属（*Margaritaria*）等几个属的少数几种植物中发现了一叶萩型生物碱，其中叶底珠属和白饭树属植物是一叶萩型生物碱的主要来源。

岳建民课题组首次从白饭树（*F. virosa*）中分离鉴定了一对通过 C—C 键相连的一叶萩型生物碱二聚体 flueggenine A（**96**）和 flueggenine B（**97**）[60]。其中，**96** 为一分子 norsecurinine 与另一分子 14,15-dihydronorsecurinine 通过 C-14—C-15′ 键相连而构成的。而在 flueggenine B（**97**）中，两个降一叶萩型生物碱结构片段则是通过 C-14—C-15′ 和 C-15—N-1′ 键相连而构成了一个独特的八环体系。随后，该课题组还从白饭树中分离鉴定了降一叶萩型生物碱的三聚体 fluevirosine A（**98**）、四聚体 fluevirosinine A（**99**）、五聚体 fluevirosinine G（**100**）[61]，并阐明了这些生物碱聚合物主要聚合单体 norsecurinine 的不稳定性、活泼反应位点和不同聚合模式。

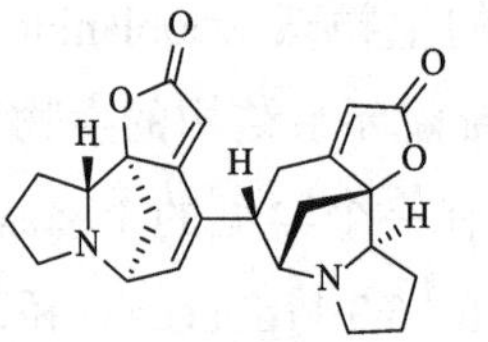

96 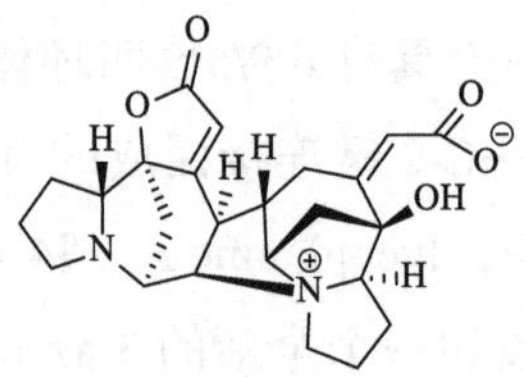 **97** 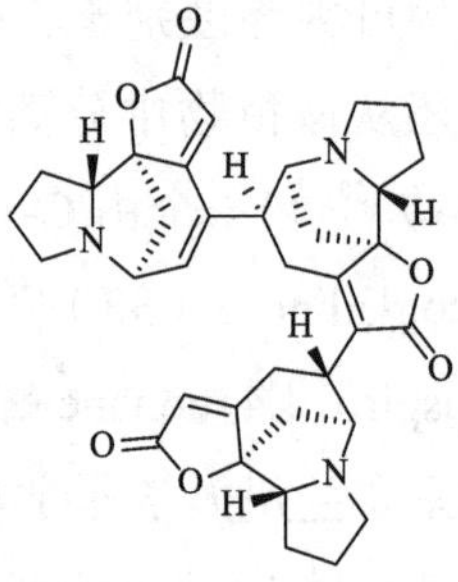 **98**

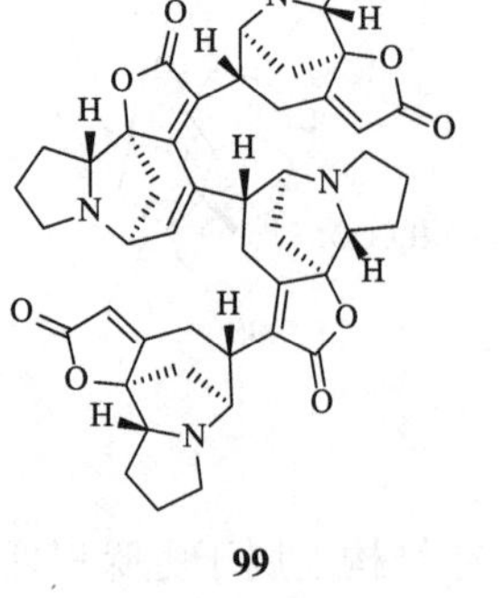

99 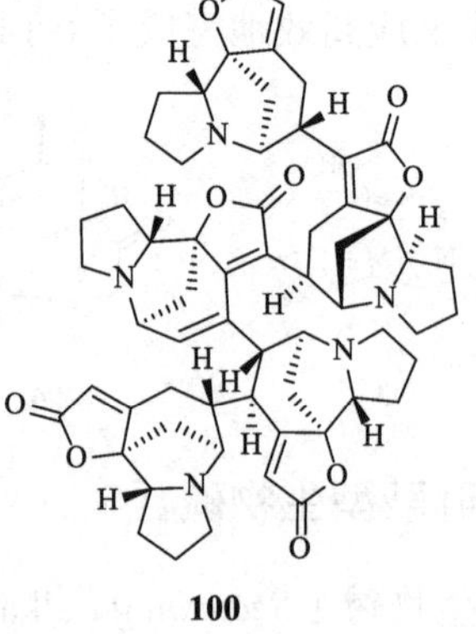 **100**

　　叶文才课题组在对白饭树中生物碱类成分的研究过程中，首次发现了具有异噁唑啉环（isoxazolidine）结构片段的一叶萩型生物碱二聚体 flueggine A（**101**）[62] 和一对具有独特鸟笼状骨架结构的一叶萩型生物碱 virosaine A（**102**）和 virosaine B（**103**）[63]。异噁唑啉环结构片段在天然产物中较为罕见，该课题组推测该结构片段是由一个关键的硝酮类中间体，分别通过分子间或分子内的 1, 3-偶极环加成反应而形成。该课题组还从该植物中分离鉴定了一个具有手性轴的高度对称骨架结构的一叶萩型生物碱二聚体 flueggedine（**104**）。因 **104** 的结构中含有一个环丁烷结构片段，推测该化合物的生物合成途径包括一个光催化的 [2+2] 环加成（[2+2] cycloaddition）反应过程[64]。

101　　　　　　**102**　　　　　　**103**　　　　　　**104**

　　叶文才课题组还对白饭树的同属植物一叶萩（*F. suffruticosa*）的生物碱类成分进行了系统研究，从一叶萩根中分离得到一对双键顺反异构、具高度共轭的 C_{20} 骨架结构的新型吲哚里西啶型生物碱 suffrutine A（**105**）和 suffrutine B（**106**）[65]。该课题组还从一叶萩枝叶中发现了两分子一叶萩型生物碱通过一种全新的连接方式（C-3—C-15′ 键相连）而构成的新型一叶萩型生物碱二聚体 flueggeacosine A（**107**），以及首个 A 环裂环的一叶萩型生物碱二聚体 flueggeacosine B（**108**）和首个新一叶萩碱型生物碱与苯并喹诺里西啶型生物碱通过 C—C 键相连而构成的新骨架生物碱 flueggeacosine C（**109**）[66]。在上述化合物中，suffrutine A（**105**）和 flueggeacosine B（**108**）显示出显著的促 Neuro-2a 细胞分化活性，提示该类型化合物对神经退行性疾病可能具有潜在的治疗作用。中国科学院上海药物研究所郭跃伟课题组从一叶萩中分离鉴定了一个新骨架一叶萩碱型生物碱 suffruticosine（**110**）[67]，其结构由一个吲哚里西啶环、一个环己烯环、一个四氢呋喃环、一个七元醚环、一个环己烷环及两个 α, β-不饱和-γ-内酯环构成了一个独特的八环骨架结构。中山大学顾琼课题组从白饭树中发现了两个具有独特的 5/6/5/6/5 和 5/5/6/6/5 五环结构的新型一叶萩型生物碱 fluvirosaone A（**111**）和 fluvirosaone

B（**112**）。其中，fluvirosaone A（**111**）的 A 环骈合了一个 α, β-不饱和环戊酮片段，这在一叶萩型生物碱中尚属首次发现[68]。

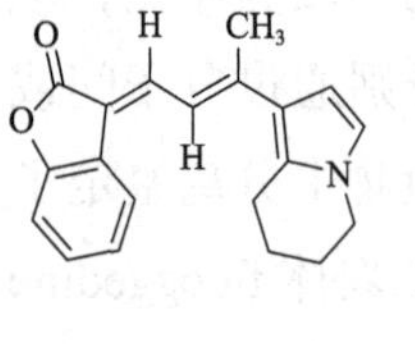

105 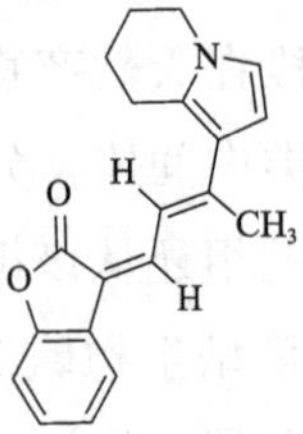　　**106** 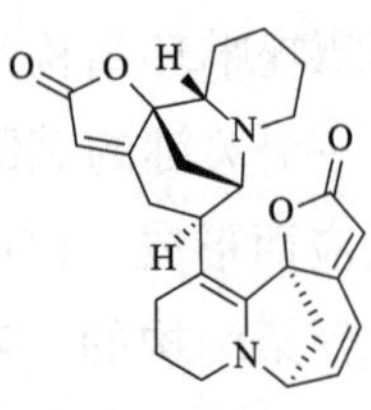　　**107** 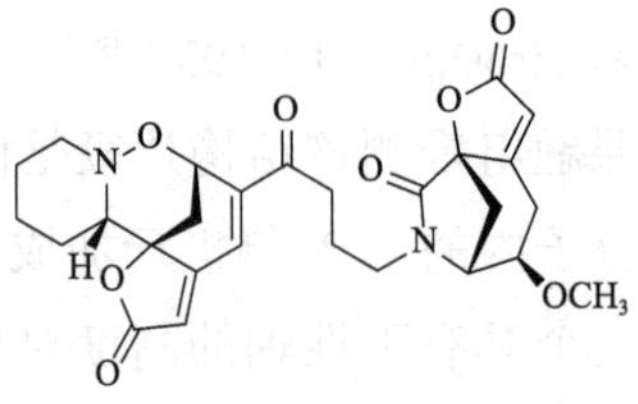　　**108**

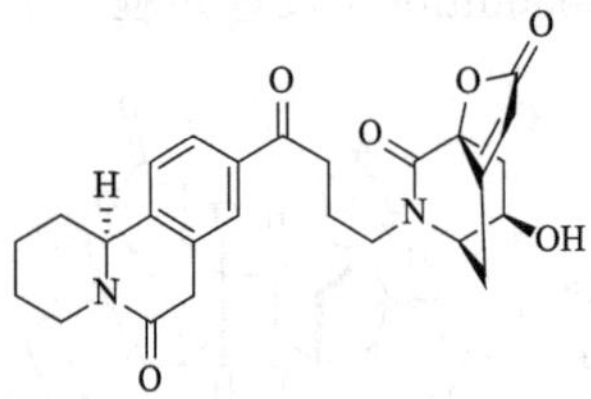

109 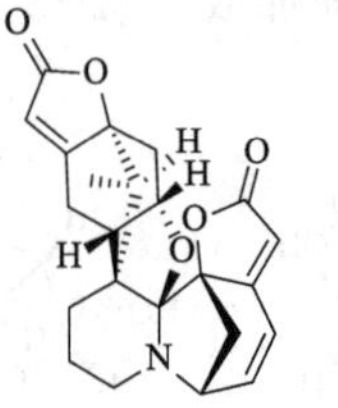　　**110** 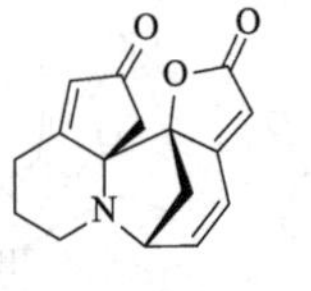　　**111** 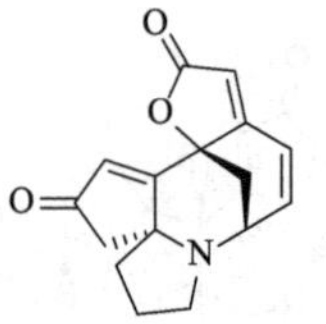　　**112**

（五）二萜生物碱

　　二萜生物碱通常具有复杂的多桥环笼状结构，并且具有广泛的生物活性。该类生物碱主要分布在毛茛科的乌头属（*Aconitum*）和翠雀属（*Delphinium*）及蔷薇科的绣线菊属（*Spiraea*）等植物类群中。石建功课题组从乌头属植物乌头（*Aconitum carmichaelii*）中发现了具有新颖骨架的磺化 C_{20} 型二萜生物碱 aconicarmisulfonine A（**113**），具有显著的镇痛作用[69]。澳门科技大学刘良课题组从同种植物中发现了具有明显心脏毒性的二萜生物碱（**114～120**），初步的结构-毒性关系研究表明 C-8 位和 C-10 位的取代基对其心脏毒性有显著影响，当 C-8 位的取代基分别为苯甲酰氧基、丁氧基和甲氧基时，其毒性依次减弱，而 C-10 位被羟基取代则无明显毒性[70]。西南交通大学周先礼课题组从乌头属植物空茎乌头（*A. apetalum*）和展毛大渡乌头（*A. franchetii* var. *villosulum*）中发现了一系列新型二萜生物碱类化合物，chasmanthinine（**121**）具有较强的昆虫拒食活性[71]。姚新生课题组从牛扁（*A. barbatum* var. *puberulum*）中发现了具有 E 环重排的 C_{18} 型二萜生物碱 puberunine（**122**）和 A 环开环的 C_{18} 二萜生物碱 puberudine（**123**）[72]。岳建民课题组从巴豆属植物银叶巴豆（*Croton cascarilloides*）中发现了具有新颖骨架的 crotofolane 型二萜生物碱 cascarinoids A～C（**124**～**126**），该类化合物 *α,β*-不饱和-*γ*-内酰胺结构单元和芳环部分具有独特的折叠构象[73]。

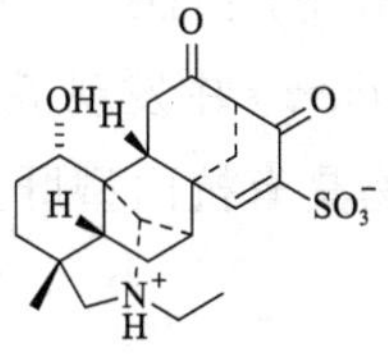

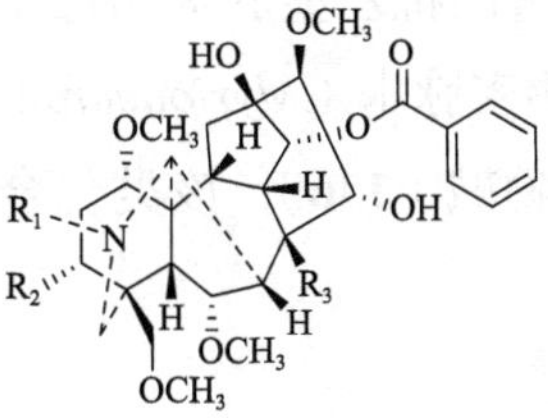

114 R₁=CH₃, R₂=H, R₃=OBz
115 R₁=CH₃, R₂=OH, R₃=OBz
116 R₁=C₂H₅, R₂=H, R₃=OC₄H₉
117 R₁=C₂H₅, R₂=OH, R₃=OC₄H₉
118 R₁=CH₃, R₂=OH, R₃=OC₄H₉
119 R₁=C₂H₅, R₂=OH, R₃=OCH₃
120 R₁=C₂H₅, R₂=H, R₃=OCH₃

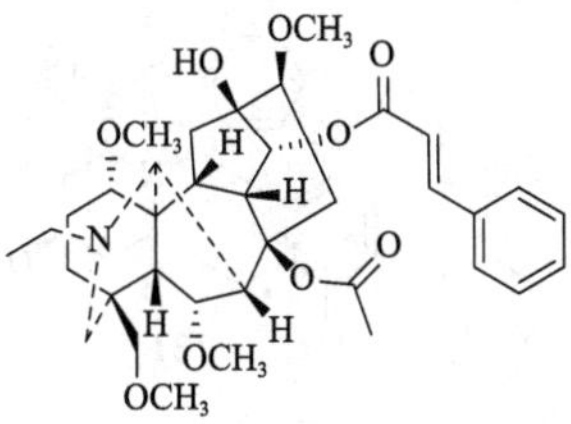

121 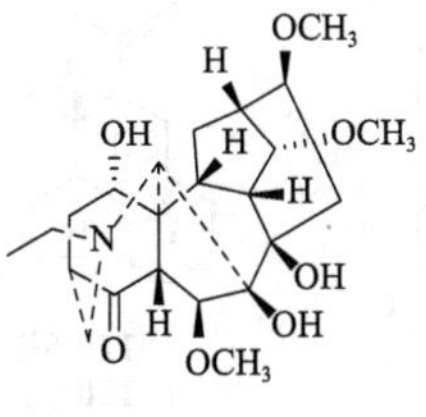   122 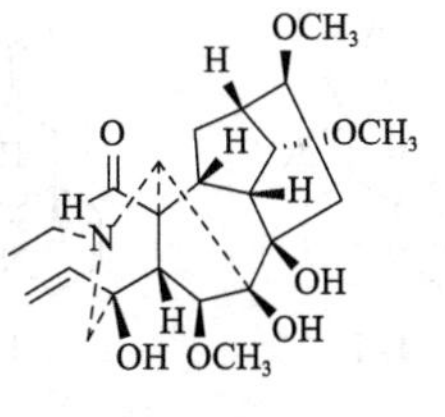   123

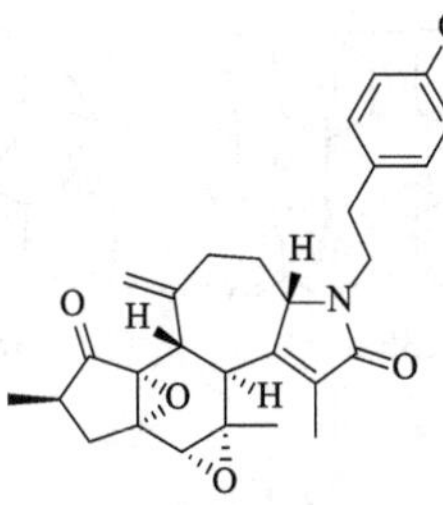

124 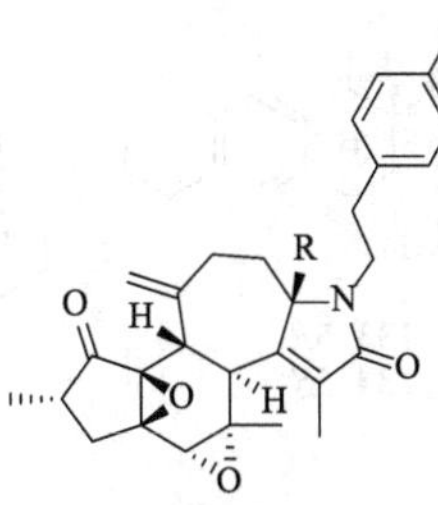   125 R=H
       126 R=OH

（六）喹诺里西啶型生物碱

喹诺里西啶型生物碱是两个哌啶环共用一个氮原子的稠环化合物。该类生物碱主要分布于豆科的槐属（*Sophora*）、羽扇豆属（*Lupinus*）、鹰爪豆属（*Spartium*）、山豆根属（*Euchresta*）等 20 多属植物中。暨南大学李药兰课题组从槐属植物苦豆子（*Sophora alopecuroides*）中发现了具有 6/6/6/4 和 6/5/6/6 重排四元环系的苦参碱类生物碱 sophaline A（**127**）和 sophaline B（**128**），以及一对具有新骨架结构的苦参碱-苯乙酮的杂合物 sophaline C（**129**）和 sophaline D（**130**）[74]。该课题组还从同种植物中发现了一系列基于喹诺里西啶类生物碱的新骨架二聚体，包括金雀花碱-吲哚生物碱 sophaline E

（**131**）、苦参碱-吲哚生物碱 sophaline F（**132**）、降苦参碱-久洛尼定碱二聚体 sophaline G（**133**）和 sophaline H（**134**），以及首个通过 C-14—C-10′键连接的苦参碱型生物碱二聚体 sophaline I（**135**）。其中，sophaline B～D（**128**～**130**）和 sophaline F（**132**）具有显著的抗乙型肝炎病毒（HBV）活性[75]。郝小江课题组从茜草科密脉木属植物密脉木（*Myrioneuron faberi*）中发现了具有环己烷稠合八氢喹嗪骨架的生物碱（**136**），该类化合物具有抗丙型肝炎病毒活性[76]。

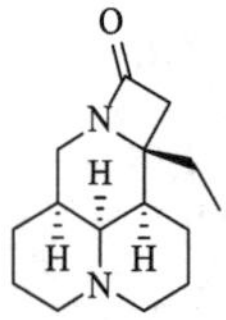

127

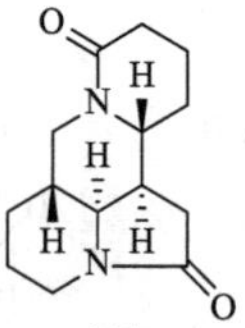

128

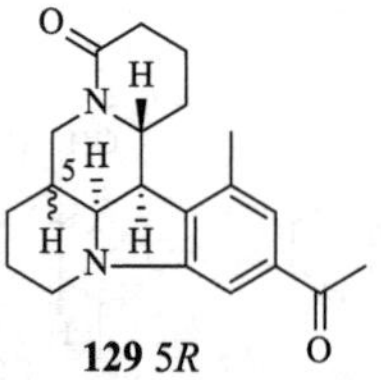

129 5*R*
130 5*S*

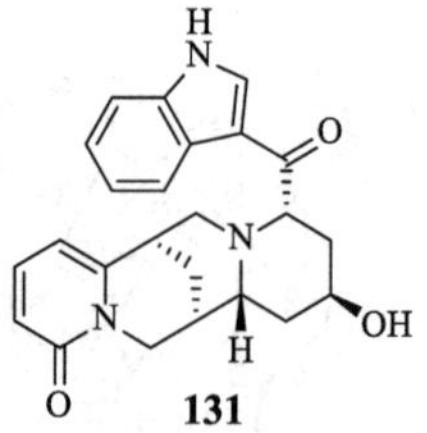

131

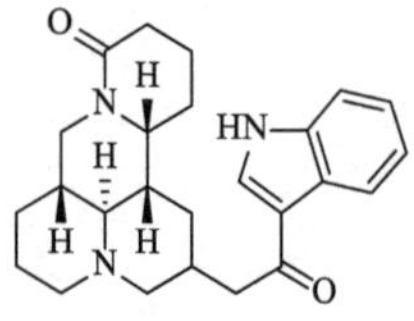

132

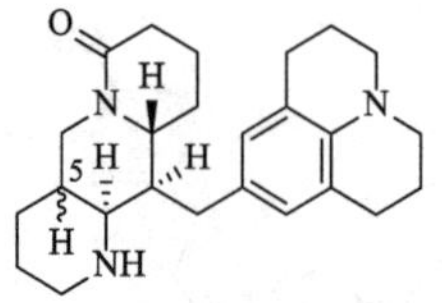

133 5*R*
134 5*S*

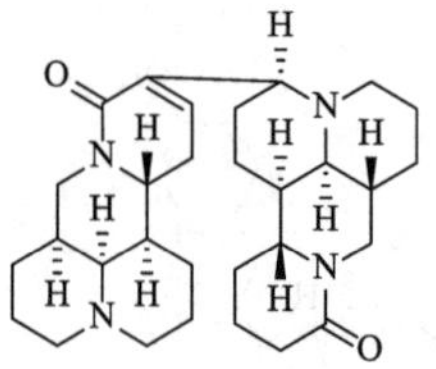

135

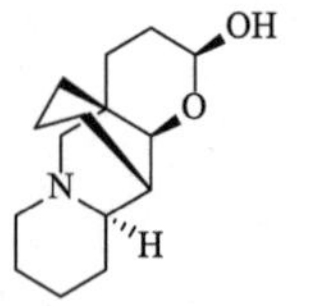

136

二、萜类

（一）单萜和环烯醚萜

陈纪军课题组从云南獐牙菜（*Swertia yunnanensis*）中分离得到环烯醚萜三聚体 sweriyunnanlactone A（**137**）[77]。中国医学科学院药物研究所于德全课题组从中药射干（*Belamcanda chinensis*）中分离得到环烯醚萜-异黄酮杂合的化合物 belamcandanin A（**138**）[78]；庾石山课题组从少药八角（*Illicium oligandrum*）根中发现了具有抗病毒活性的 spirooliganone A（**139**）和 spirooliganone B（**140**），结构通过 X 射线单晶衍射确认。该化合物是一分子桧烯（单萜）和另一分子杂合形成，对柯萨奇病毒和流感病毒 H3N2 具有抑制活性，半抑制浓度（IC_{50}）值为 3.7～5.05 μmol/L[79]。

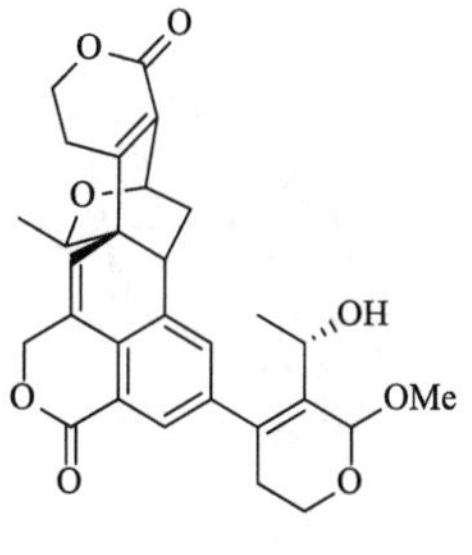

137 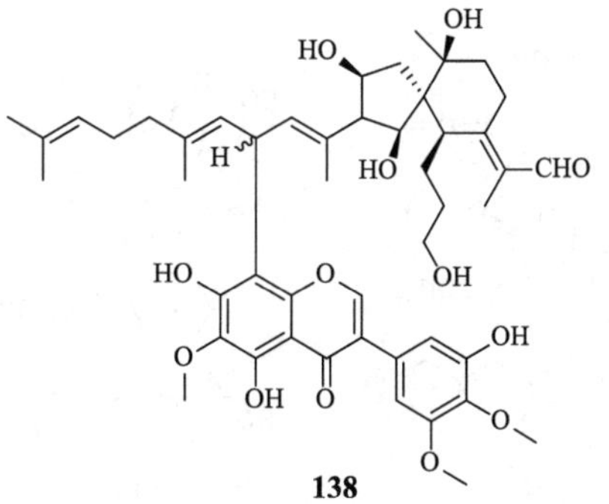　　**138**

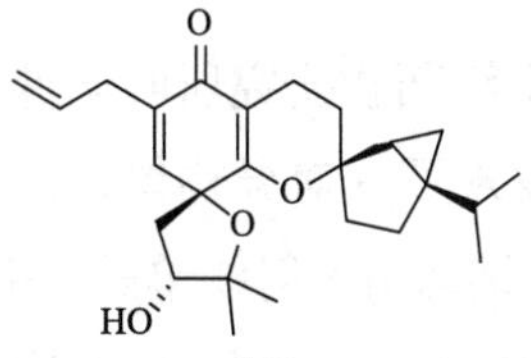

139 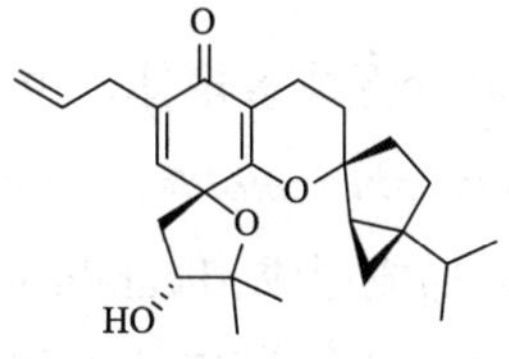　　**140**

（二）倍半萜

　　岳建民课题组从金粟兰科植物及己（*Chloranthus serratus*）中分离得到新骨架倍半萜类化合物 serratustone A（**141**）和 serratustone B（**142**），并通过核磁共振、X 射线单晶衍射、圆二色谱（CD）和计算方法确定了它们的绝对构型[80]。从丝穗金粟兰（*C. fortunei*）中发现 lindenane 型和 eudesmane 型倍半萜二聚体新骨架化合物 fortunoid A（**143**）和 fortunoid B（**144**），利用核磁共振、圆二色谱等波谱学方法确定了它们的结构，同时提出了它们可能的生源合成途径[81]。从金粟兰科植物雪香兰（*Hedyosmum orientale*）中发现了新骨架二聚倍半萜化合物 hedyorienoid A（**145**）和 hedyorienoid B（**146**），并对它们可能的生物合成途径提出了假设，生物活性测试表明化合物 **145** 和 **146** 具有较强的 NF-κB 抑制活性[82]。

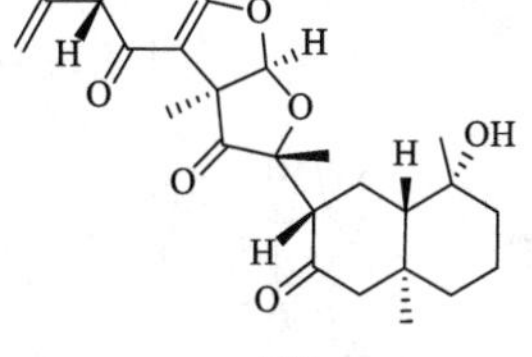

141 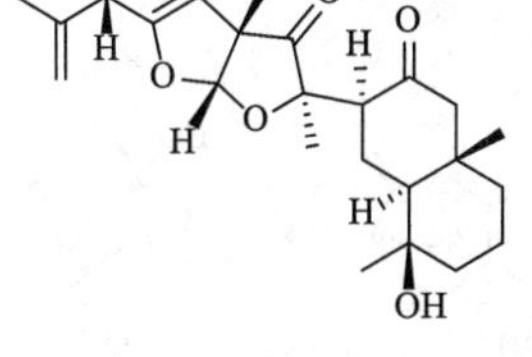　　**142** 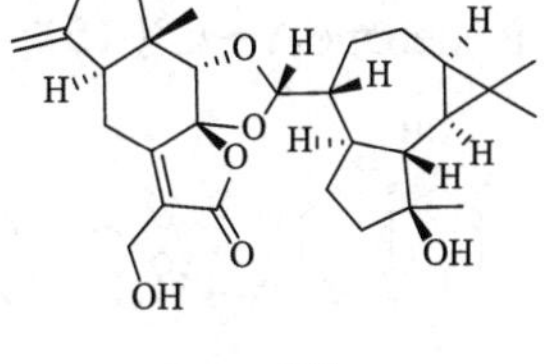　　**143**

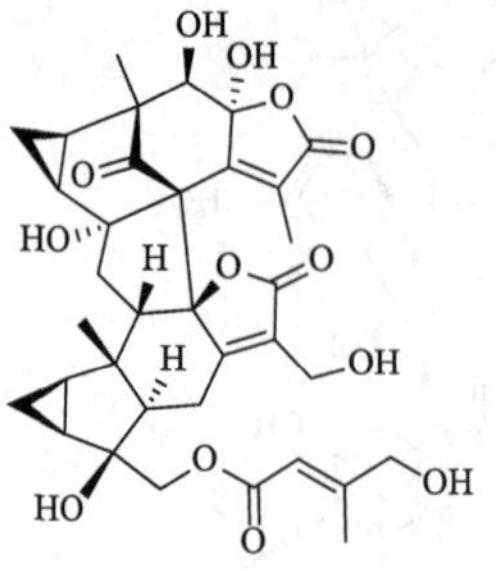

144 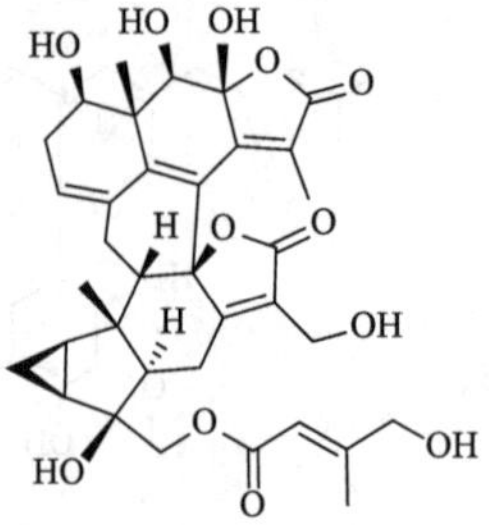　　　　　　　　**145** 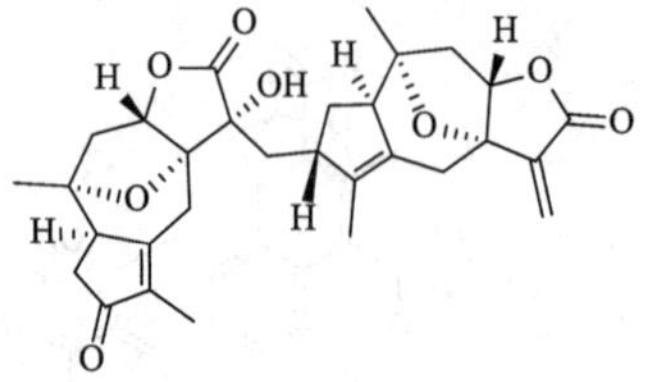　　　　　　　　**146**

　　倍半萜有时会形成多聚体。中国科学院上海药物研究所叶阳课题组从天名精（*Carpesium abrotanoides*）全株植物中发现了一对异构体，由两个倍半萜通过 [3+2] 环加成形成，dicarabrone A（**147**）结构由 X 射线单晶衍射确认[83]。海军军医大学张卫东课题组从中甸兔儿风（*Ainsliaea fulvioides*）中发现了倍半萜三聚体 ainsliatrimer A（**148**）和 ainsliatrimer B（**149**），分子结构中有 11 个环（包括两个螺环），结构通过 X 射线单晶衍射确认[84]。

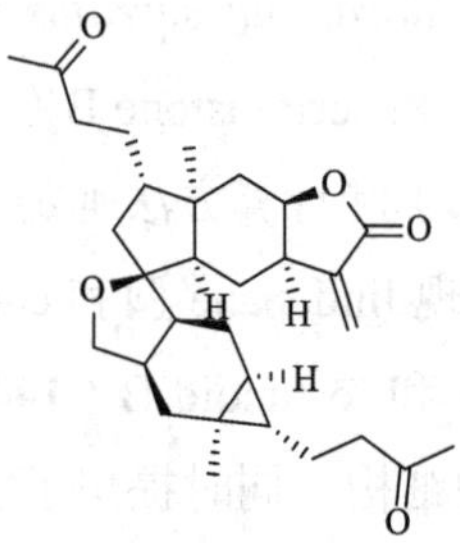

147 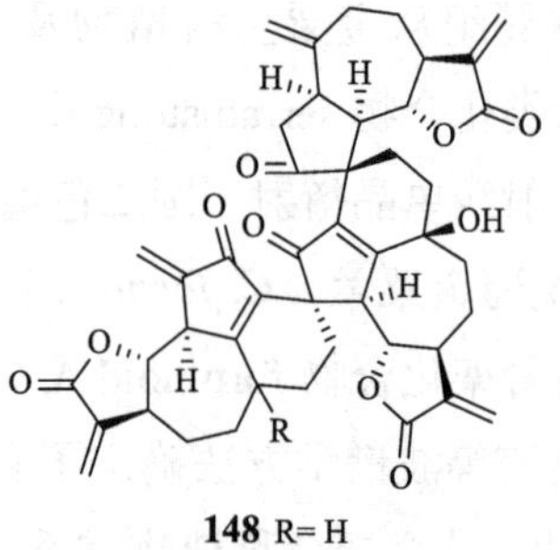　　　　　　　**148** R= H
　　　　　　　　　　　 149 R= OH

　　此外，张卫东课题组还发现植物线叶旋覆花（*Inula lineariifolia*）中的倍半萜具有抑制 NO 生成活性，其中化合物 ineariifolianone（**150**）结构中出现了一个天然产物结构中非常少见的环丙烯酮结构单元[85]。深圳大学程永现课题组从植物漆（*Toxicodendron vernicifluum*）中发现新骨架倍半萜 toxicodenane A～C（**151**～**153**）[86]。

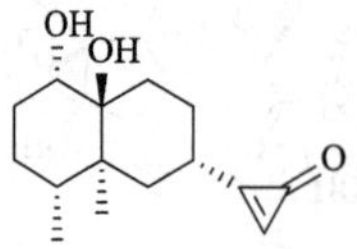

150 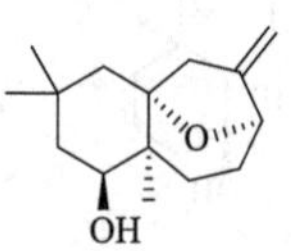　　　　　　**151** 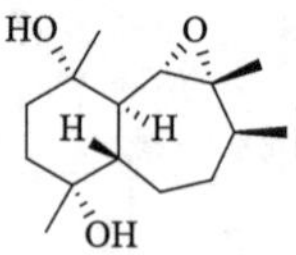　　　　　　　**152** 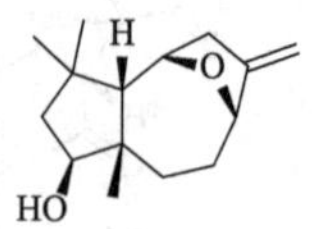　　　　　　　**153**

庾石山课题组从野八角（*Illicium simonsii*）果实中发现一具有笼状结构的倍半萜 illisimonin A（**154**）[87]。兰州大学费冬青课题组从植物鸡骨香（*Croton crassifolius*）中发现新骨架倍半萜 crocrassin A（**155**），具有一个独特的三元环结构[88]。山东大学娄红祥课题组从苔类植物圆叶羽苔（*Plagiochila duthiana*）中发现新骨架倍半萜 plagiochianin A(**156**）和 plagiochianin B(**157**)，其中一个为含氮萜类生物碱[89]。

154

155

156

157

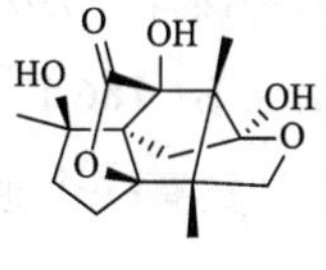

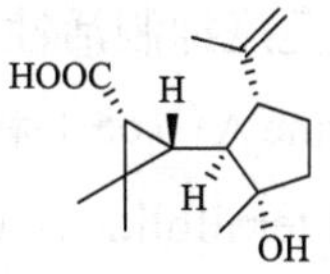

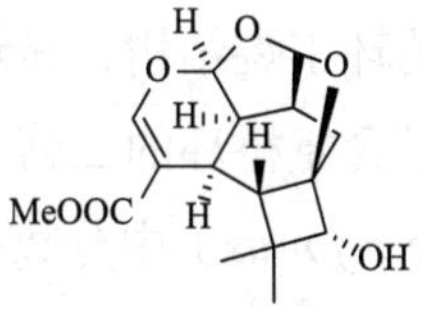

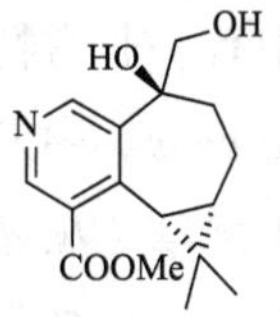

倍半萜有时还以二聚体或三聚体的形式存在。中国药科大学孔令义课题组从木瓣树（*Xylopia vielana*）中分离获得的倍半萜二聚体 xylopiana A（**158**）结构中具有一个独特的箱体核[90]。该课题组从艾蒿（*Artemisia argyi*）中分离获得的倍半萜二聚体 artemisian A（**159**）是一个 [4+2] 加成产物[91]。姚新生课题组从黄花蒿（*Artemisia annua*）中发现了新颖的倍半萜二聚体 arteannoide A（**160**）[92]。叶阳课题组从杏香兔儿风（*Ainsliaea fragrans*）中分离得到了倍半萜三聚体 ainsliatriolide A（**161**）[93]。

158

159

160

161

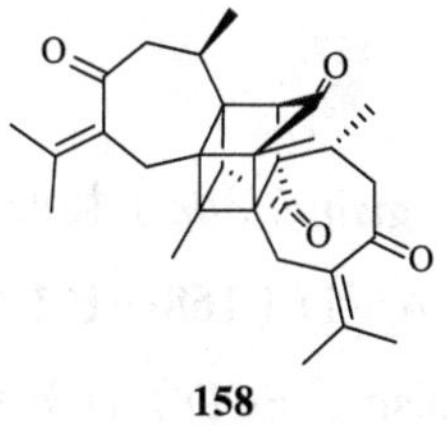

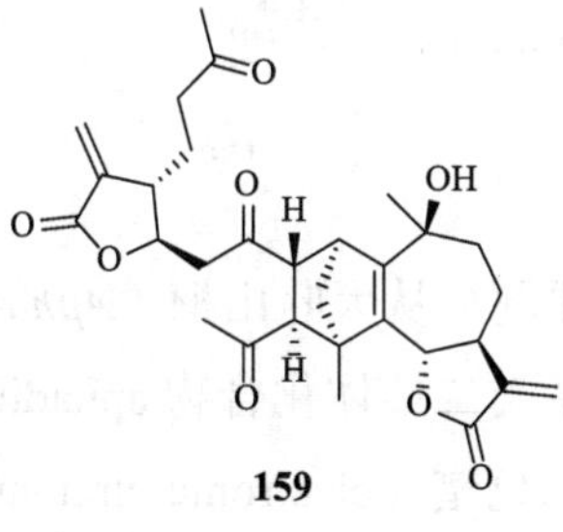

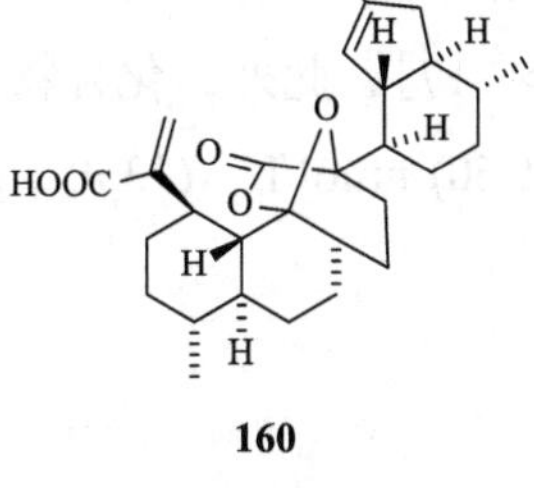

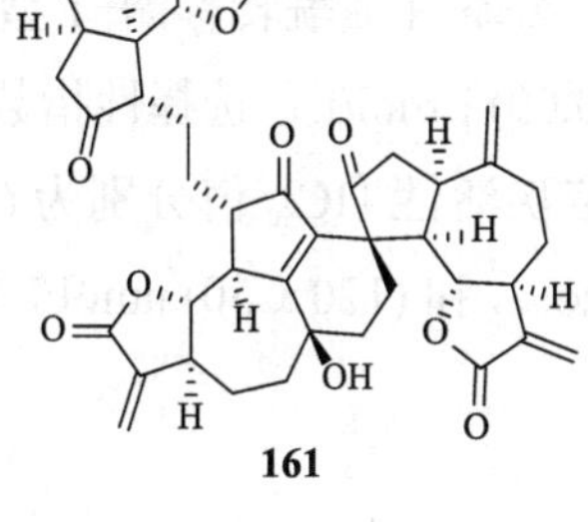

（三）二萜

中国科学院昆明植物研究所孙汉董课题组从疏花毛萼香茶菜（*Isodon eriocalyx* var. *laxiflora*）中发现的 neolaxiflorin A（**162**）具有一个独特的螺环结构，并含有一个三元环[94]。普建新课题组从腺叶香茶菜（*Isodon adenolomus*）中发现了碳苷类化合物 neoadenoloside A（**163**）[95]。该课题组从帚状香茶菜（*Isodon scoparius*）中发现了 scopariusic acid（**164**），化学结构中有一非常特别的环丁烷结构，显示出免疫抑制活性[96]；从冬凌草（*Isodon rubescens*）中发现了含氮桥环的二萜 kaurine A（**165**）和 kaurine B（**166**）[97]；从牛尾草（*Isodon ternifolius*）中分离得到 ternifolide A（**167**），具有一个独特的十元内酯环[98]。

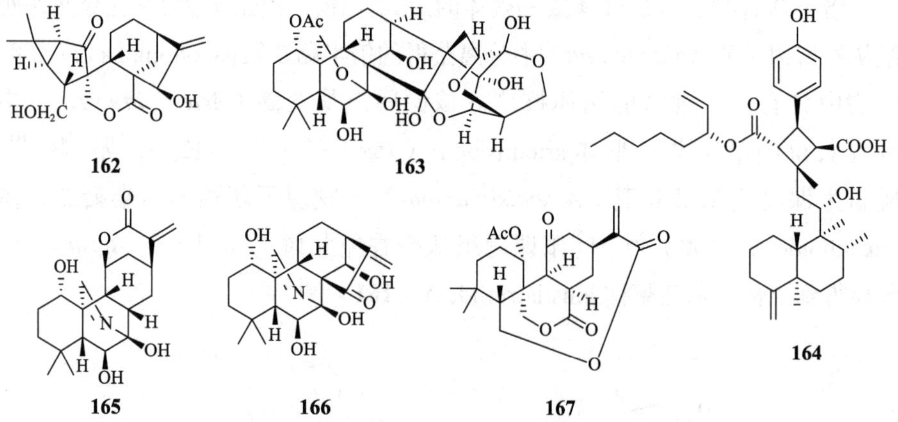

162 163 164

165 166 167

岳建民课题组从大叶山楝（*Aphanamixis grandifolia*）枝叶中发现四个差向异构体二萜类二聚体化合物 aphadilactone A～D（**168**～**171**），并用核磁共振、电子圆二色谱（electronic circular dichroism，ECD）计算和 X 射线单晶衍射等波谱学技术结合臭氧降解和化学合成方法鉴定了它们的绝对构型。化合物 **170** 对二酰基甘油酰转移酶-1 型（DGAT-1）具有显著的抑制活性 [IC$_{50}$ 值为 (0.46 ± 0.09) μmol/L，选择性指数 SI > 217]，此外，化合物 **168**～**171** 具有较强的抗疟疾活性 [IC$_{50}$ 值分别为 (190 ± 60) nmol/L、(1350 ± 150) nmol/L、(170 ± 10) nmol/L 和 (120 ± 50) nmol/L][99]。

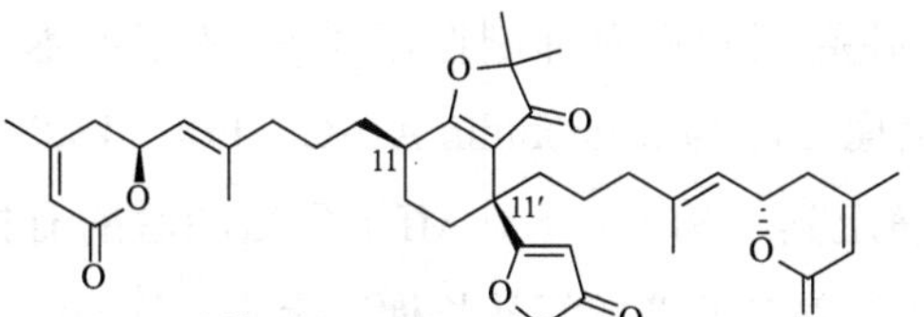

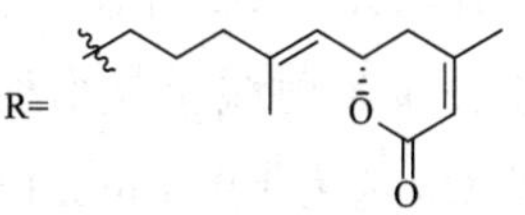

168 11*R*, 11′*S*

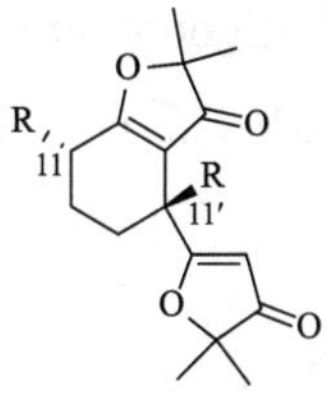

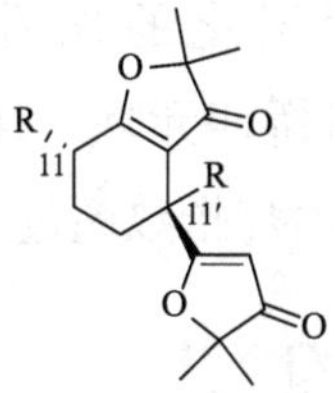

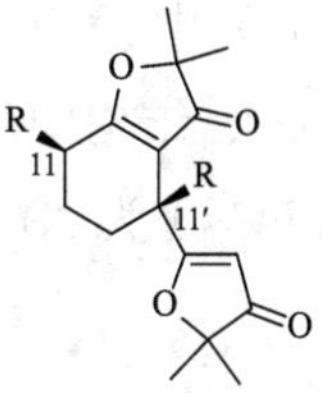

169 11*S*, 11′*R*   **170** 11*S*, 11′*S*   **171** 11*R*, 11′*R*

岳建民课题组从香港樫木（*Dysoxylum hongkongense*）枝叶中发现了一类天然二萜维生素 C 缀合物 hongkonoid A～D（**172～175**），是首次发现的萜类维生素 C 缀合物。该类化合物结构中包含一个独特的 5/5/5 三环螺缩酮丁内酯单元及一个二萜长链。生源上可能从维生素 C 和牻牛儿基牻牛儿基焦磷酸（GGPP）缩合物经过以克莱森（Claisen）重排为关键步骤的一系列转化得到。受此启发，通过一个汇聚式的策略，以 5.4%～9.6% 总产率，共计 12～14 步对 hongkonoid A～D 完成了全合成工作。该全合成的关键步骤包含克莱森重排、脱保护及 5-*exo*-trig 环化串联反应的一锅法反应。生物活性测试结果显示，该类化合物及其合成衍生物中的部分化合物对 NF-κB、11β-HSD1 和甾醇合成显示出活性不等的抑制作用，其中活性最高的一个化合物在两种巨噬细胞 RAW246.7 和 BMDM 中对脂多糖诱导的炎症反应均有较显著的抑制活性 [100]。

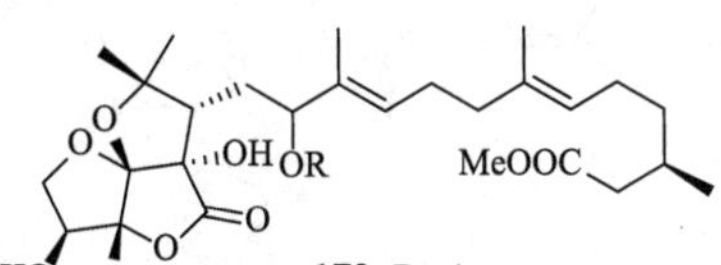

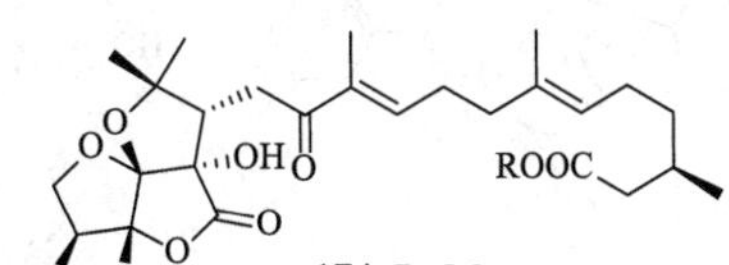

172 R=Ac
173 R=H

174 R=Me
175 R=H

岳建民课题组从三宝木（*Trigonostemon chinensis*）中分离得到两个骨架修饰的二萜化合物 trigochilide A（**176**）和 trigochilide B（**177**），其结构特征是 C-16 位连接了一个 12 个碳原子的脂肪链，并与 C-3 形成了大环内酯结构，对 HL-60 和 BEL-7402 肿瘤细胞株有抑制作用[101]。从三宝木中分离得到具有四元环氧结构的达伏尼二萜为 trigochinin A～C（**178～180**），通过波谱方法和 X 射线单晶衍射确定其结构，**180** 对 MET 酪氨酸激酶有抑制作用，其 IC_{50} 值为 1.95 μmol/L[102]。刘吉开课题组从长梗三宝木（*Trigonostemon thyrsoideus*）中发现三个高度氧化的瑞香烷型二萜 trigonothyrin A～C（**181～183**），结构中带有一个氧桥四元环，**183** 具有抗 HIV-1 活性，半数效应浓度（EC_{50}）为 2.19 μg/mL，治疗指数超过 90[103]。

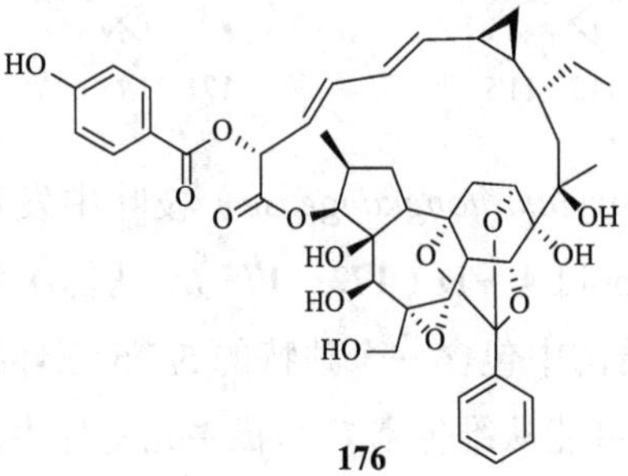

176

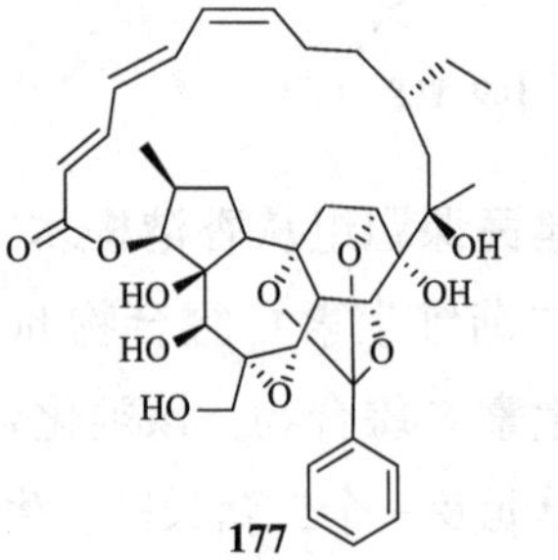

177

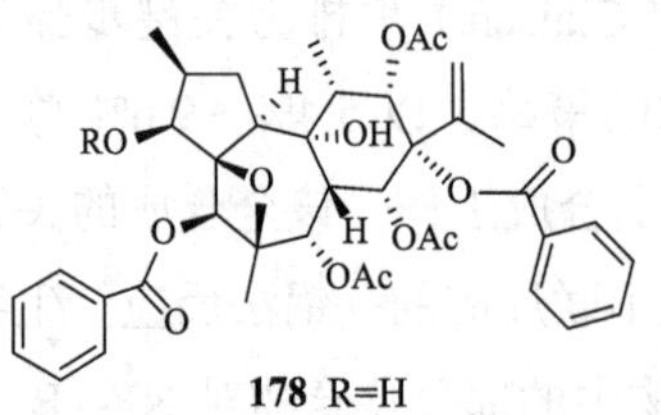

178 R=H
179 R=Ac

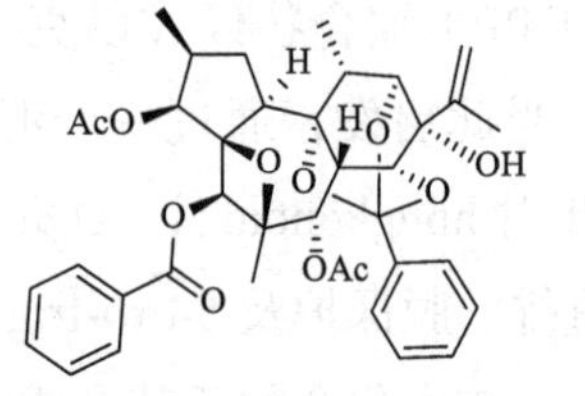

180

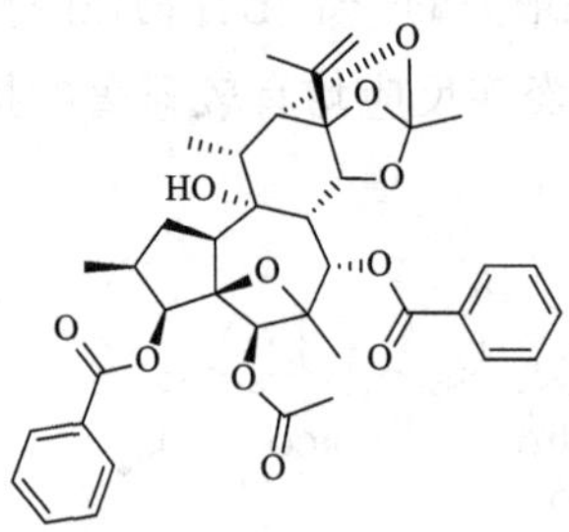

181

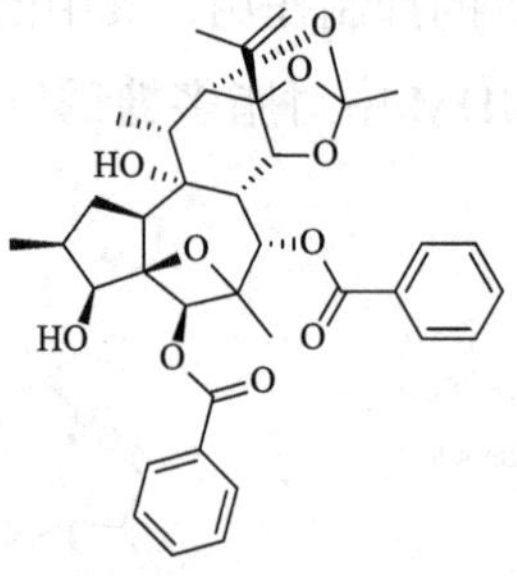

182

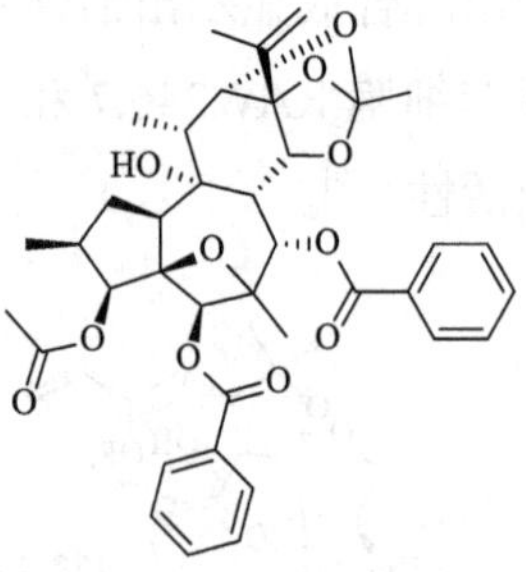

183

此外，岳建民课题组从光叶巴豆（*Croton laevigatus* Vahl）枝叶中发现了新骨架类型的对映-克罗烷型二萜化合物 laevinoid A（**184**）和 laevinoid B（**185**）。该类化合物中含有一个比较罕见的 3/5 稠环片段，通过核磁共振和 X 射线单晶衍射等波谱学方法确定了其结构，同时提出了该类化合物可能的生源途径假设[104]。从曼哥龙巴豆（*Croton mangelong*）中发现了两对共四个对映大环二萜并命名为 (±)-mangelonoid A（**186**）和 (±)-mangelonoid B（**187**）。该类化合物结构中含有 bicyclo[9.3.1]pentadecane 片段。生物活性测试结果显示，该类化合物具有中等 NF-κB 抑制活性[105]。

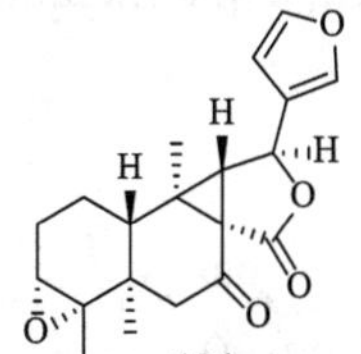

184 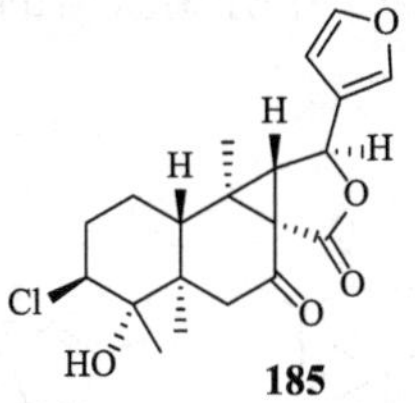 **185**

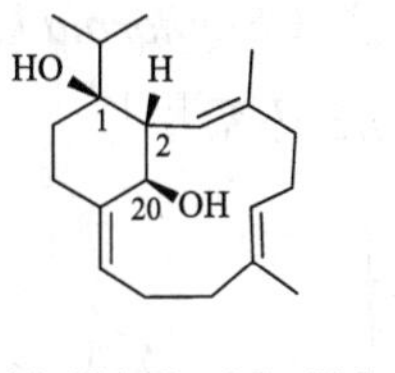

(+)-**186** 1*R*, 2*S*, 20*S*
(−)-**186** 1*S*, 2*R*, 20*R*

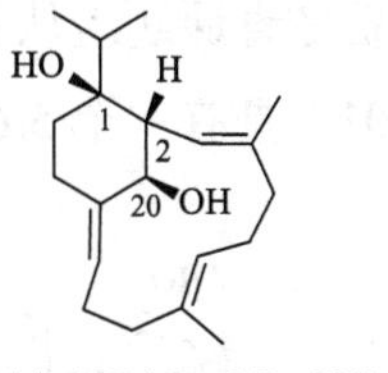

(+)-**187** 1*R*, 2*S*, 20*S*
(−)-**187** 1*S*, 2*R*, 20*R*

该课题组从红豆杉科植物西双版纳粗榧（*Cephalotaxus mannii*）中发现了二萜原型化合物（C$_{20}$ 新骨架）［命名为 mannolide A～C（**188**～**190**）］及有很强细胞毒性的化合物 **191** 和 **192**。以 C$_{20}$ 骨架化合物为关键中间体，提出了更科学合理的生源合成途径，推翻了法国学者此前提出的生源假设[106]。从红豆杉科植物粗榧（*Cephalotaxus sinensis*）枝叶中分离得到新骨架降二萜化合物 cephalotanin A（**193**）、cephalotanin B（**194**）和 cephalotanin D（**195**），其中化合物 **193** 和 **194** 为含有内酯环的降二萜新骨架化合物，**193** 具有较好的 NF-κB 抑制活性，IC$_{50}$ 值为 (4.12±0.61) μmol/L[107]。

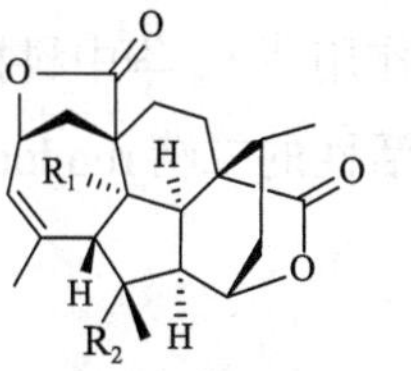

188 R$_1$= OH, R$_2$= H
189 R$_1$= H, R$_2$= OH
190 R$_1$= H, R$_2$= H

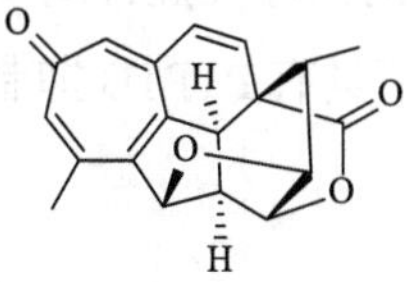

191

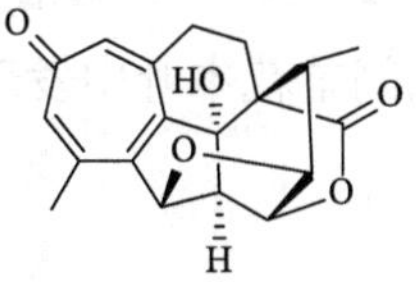

192

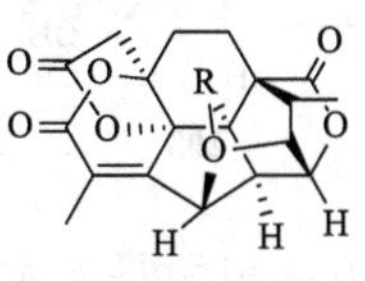

193 R= OH
194 R= H

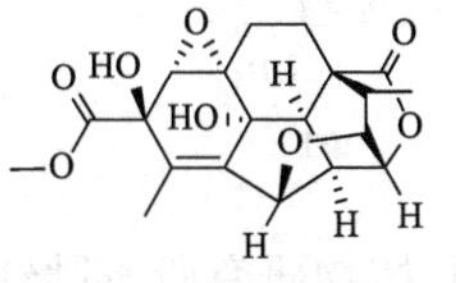

195

石建功课题组从甘青大戟（*Euphorbia micractina*）根中发现一新颖的 6/5/7/3 环系的二萜 euphorbactin（**196**）[108]。中国科学院昆明植物研究所黄胜雄课题组从蒿状大戟（*Euphorbia dracunculoides*）中分离获得的新骨架二萜 draculoate A（**197**）和 draculoate B（**198**）具有抑制 Wnt 信号通路的活性 [109]。中国科学院昆明植物研究所邱明华课题组从南欧大戟（*Euphorbia peplus*）中发现了两个新骨架二萜 pepluanol C（**199**）和 pepluanol D（**200**）[110]。兰州大学费冬青课题组从甘遂（*Euphorbia kansui*）中分离获得的二萜 euphorikanin A（**201**）具有一个 5/6/7/3 环系 [111]。

196

197

198

199

200

201

庾石山课题组从闹羊花本（*Rhododendron molle*）果实中发现的新骨架二萜 mollanol A（**202**）具有潜在的治疗炎症性肠病作用 [112]。华中科技大学姚广民课题组从闹羊花本叶中发现了具有 PTP1B 抑制活性的二萜 rhodomollacetal A（**203**）[113]。

202

203

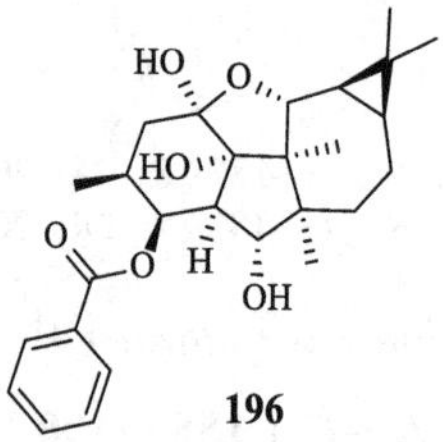

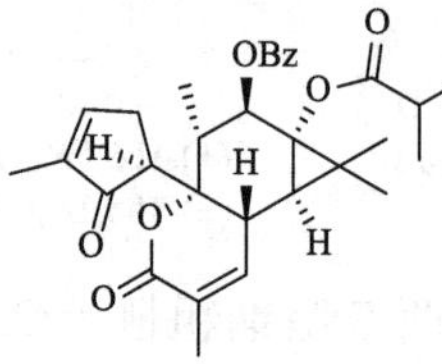

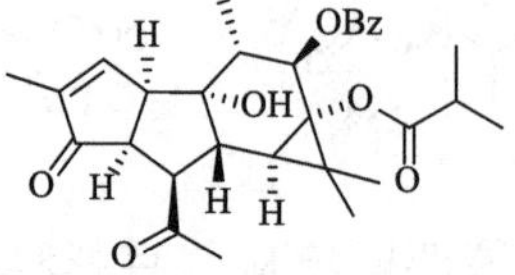

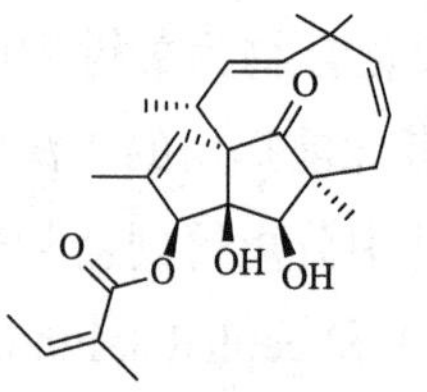

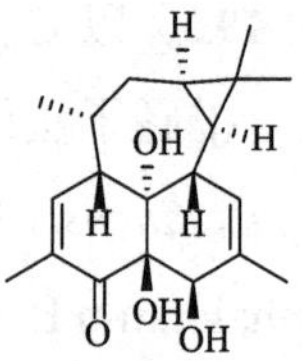

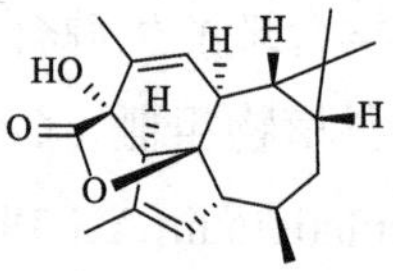

中国科学院昆明植物研究所黎胜红课题组从美丽马醉木（*Pieris formosa*）中发现了新颖的多酯化 3, 4-断裂木藜芦烷二萜 pierisoid A(**204**）和 pierisoid B（**205**），对棉铃虫具有显著拒食活性 [114]。南开大学郭远强课题组从大叶紫珠（*Callicarpa macrophylla*）中分离得到活性二萜化合物 macrophypene A

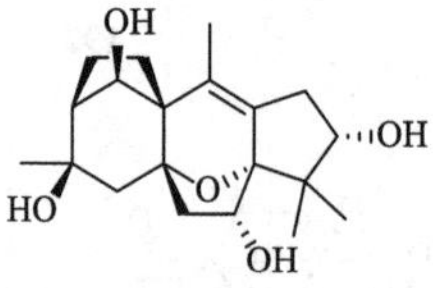

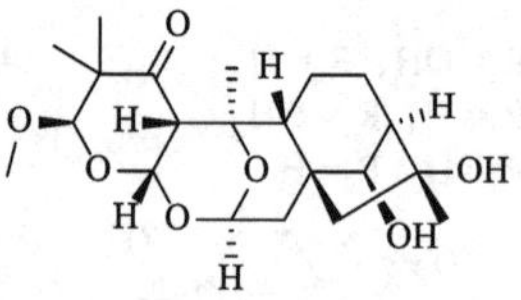

（**206**）[115]。华中科技大学张勇慧课题组从肉桂（*Cinnamomum cassia*）叶中分离得到的二萜 cinnamomol A（**207**）和 cinnamomol B（**208**）显示出免疫促进活性[116]。

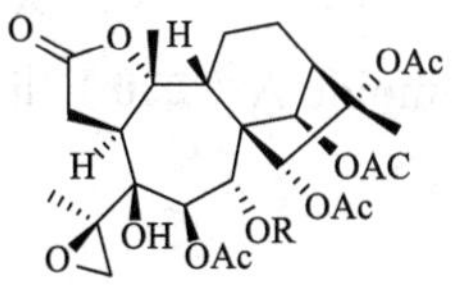

204　R=COCH₂CH₃
205　R=COCH₃　　**206** 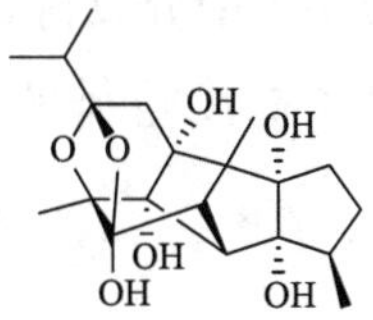　　　　**207** 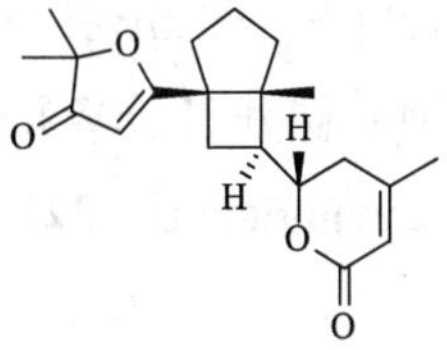　　　　**208**

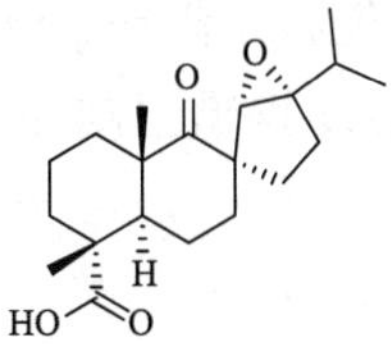

上海中医药大学沈征武课题组从安徽贝母（*Fritillaria anhuiensis*）中发现了含硫二萜化合物（**209**）[117]。中国科学院上海药物研究所胡立宏课题组从麻风树（*Jatropha curcas*）中分离获得的二萜 jatrophalactam（**210**）具有内酰胺结构[118]。中国药科大学梁敬钰课题组从苏木（*Biancaea sappan*）中分离获得的二萜 caesanine A（**211**）具有氮桥[119]。

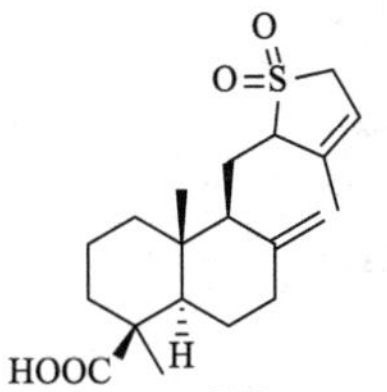

209 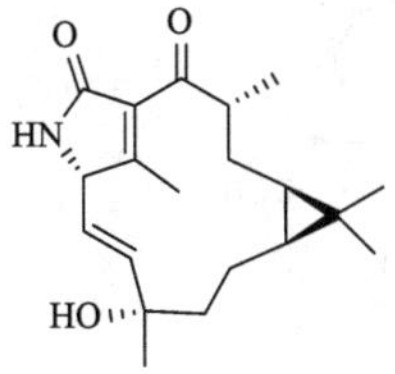　　　　**210** 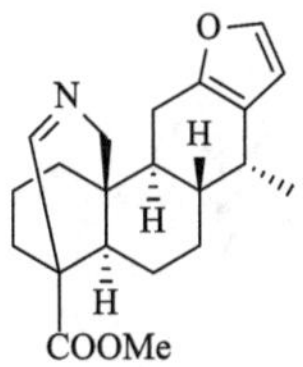　　　　**211**

中国科学院新疆理化技术研究所阿吉艾克拜尔·艾萨课题组从腺毛黑种草（*Nigella glandulifera*）中分离获得的降二萜 nigelladine A～C（**212**～**214**）和 nigellaquinomine（**215**）不仅含氮，而且高度共轭[120]。顾琼课题组从蔓荆（*Vitex trifolia*）叶中分离获得的二萜 vitepyrroloid A（**216**）带有吡咯环和氰基[121]。

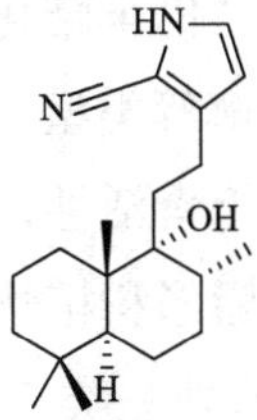

212 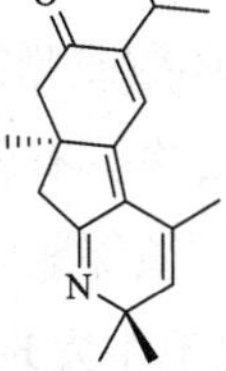　　**213** 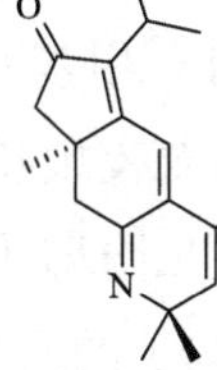　　**214** 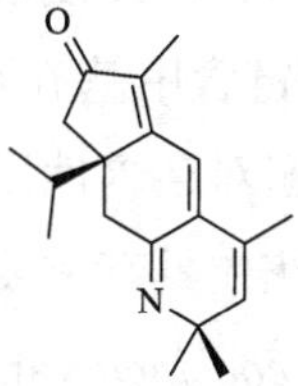　　**215** 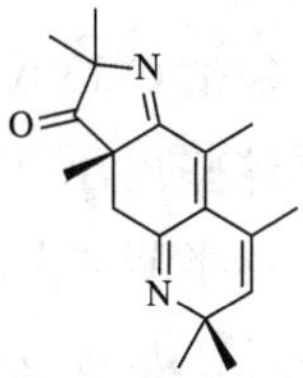　　**216**

娄红祥课题组长期开展苔藓植物化学及化学生物学相关研究工作，从苔类植物多形带叶苔（*Pallavicinia ambigua*）中分离获得的新骨架二萜 pallambin A（**217**）具有刚性结构[122]。从苔藓植物圆叶裸蒴苔（*Haplomitrium mnioides*）中发现了具有高度刚性结构的二萜 haplomintrin A（**218**）[123]；从合叶苔（*Scapania parva*）中分离得到了笼状二萜 scaparvin A（**219**）[124]；从圆叶裸蒴苔分离得到了高度重排的半日花烷型二萜 hapmnioide A（**220**）和 hapmnioide B（**221**）[125]。

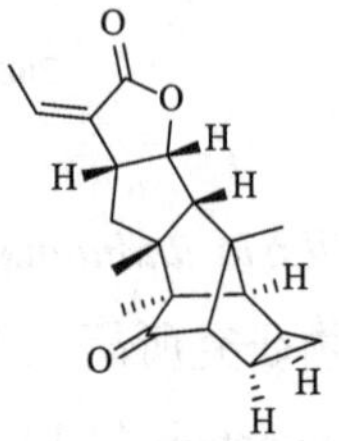

217 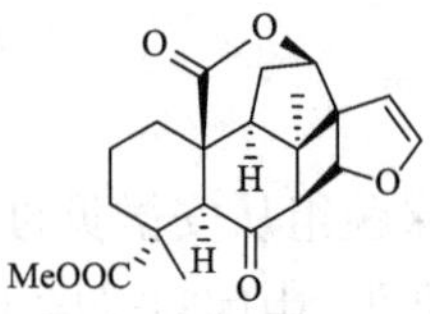　　　　　218 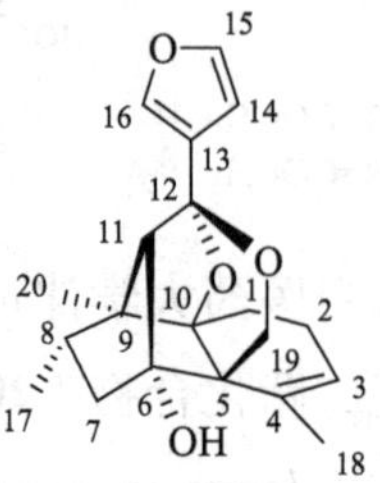　　　　　219

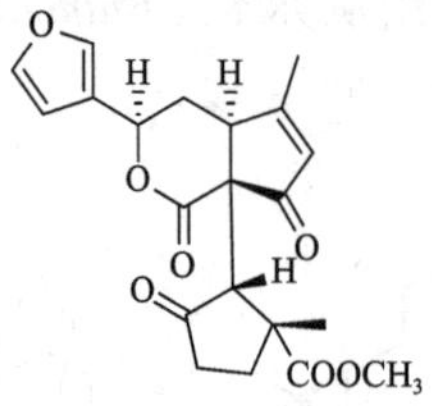

220 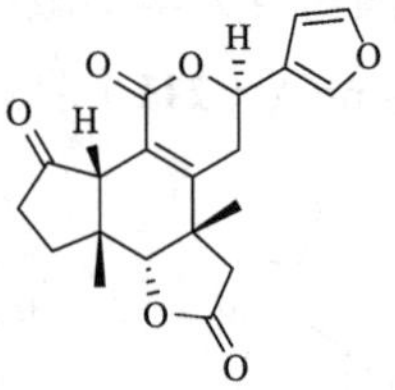　　　　　221

（四）二倍半萜

黎胜红课题组从唇形科大型木本有色花蜜植物米团花（*Leucosceptrum canum*）的腺毛中发现了一类 5/6/5 新颖骨架的二倍半萜，C-4 位侧链被异丁烯基取代，C-13 位被含甲基呋喃的侧链取代，命名为米团花烷（leucosceptrane）二倍半萜 leucosceptroid A（**222**）和 leucosceptroid B（**223**）[126]。进一步，该课题组从米团花叶和花中还发现了系列结构新颖且高度变化的二倍半萜化合物，包括 C-13 位侧链含甲基五元内酯、甲基五元环酮或侧链降解等类型，并发现这些化合物普遍对杂食性昆虫甜菜夜蛾和棉铃虫具有较强拒食活性，表明二倍半萜在米团花中具有重要的抗虫防御功能。该课题组从唇形科植物火把花（*Colquhounia coccinea* var. *mollis*）的盾状腺毛中发现了另外一类 5/6/5 新颖骨架的二倍半萜 colquhounoid A～C（**224**～**226**）。该类二倍半萜与米团花烷环系相似却有着本质区别，手性碳 C-6 和 C-7 的立体化学结构相反，C-4

位侧链被进一步修饰成甲基环丙烷基、异丁烷基或氧化异丁烷基，C-8 位被氧化，部分化合物中进一步与 C-4 位形成氧桥，从而形成更新颖复杂的笼状结构[127]。

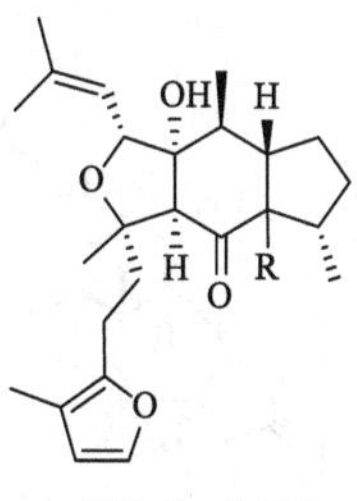

222 R=β-OH
223 R=α-H　　　**224** 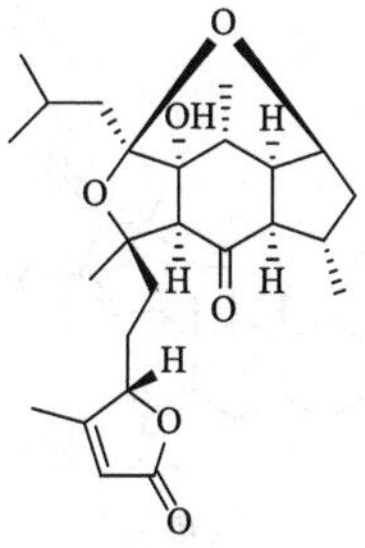　　　**225** 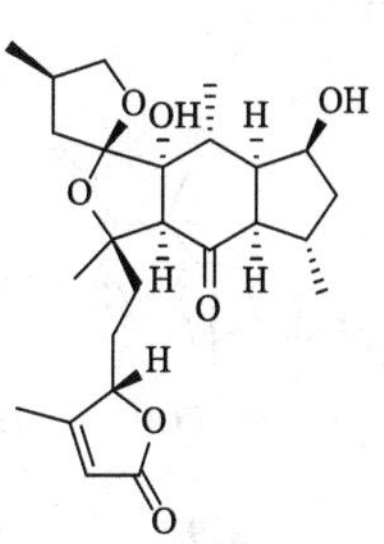　　　**226**

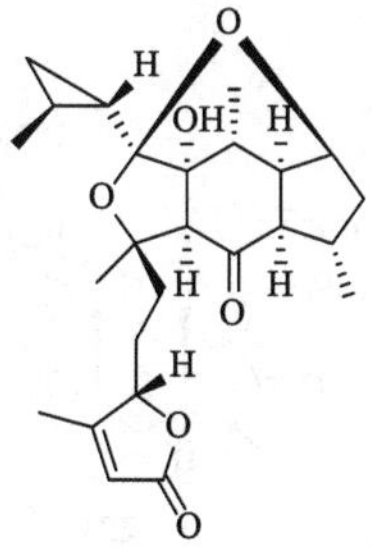

（五）三萜

五味子科（Schisandraceae）为一个重要的药用植物类群。中国科学院昆明植物研究所孙汉董课题组对该科植物的化学成分及其生物功能开展了 20 余年的研究，取得了系列重要研究成果，并且从狭叶五味子（*Schisandra lancifolia*）中发现了新骨架三萜 lancolide A（**227**）[128]，其骨架中含有十分新颖的三环 [6.3.0.0^{2,11}] 十一烷桥环环系。华中科技大学阮汉利课题组从金山五味子（*Schisandra glaucescens*）中发现了一个具有独特的 6/7/9 环系三萜 schiglautone A（**228**）[129]。

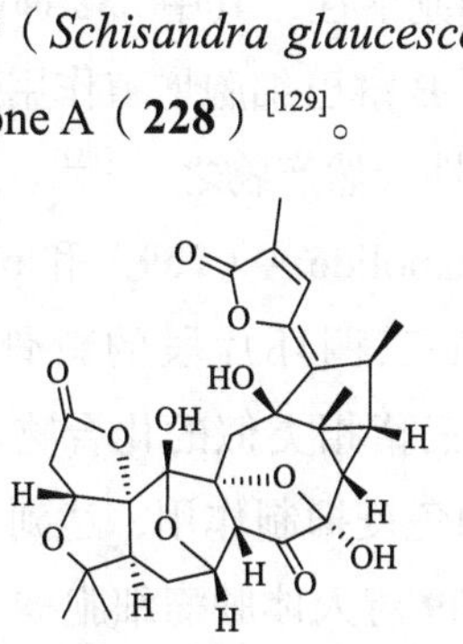

227 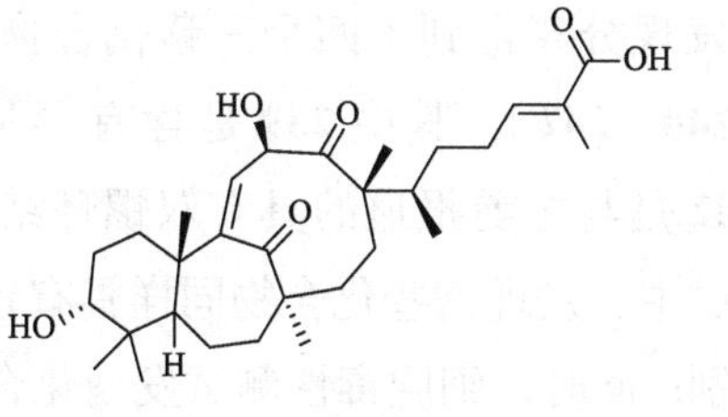　　　　　　　　**228**

岳建民课题组从越南割舌树（*Walsura cochinchinensis*）中发现了新骨架降三萜（含 C$_{24}$）walsucochin A（**229**）和 walsucochin B（**230**）。化合物 **229** 和 **230** 在浓度为 1 μmol/L、5 μmol/L 和 10 μmol/L 条件下对过氧化氢诱导的神经细胞损伤有明显的保护作用[130]。该课题组从海南樫木（*Dysoxylum* *hainanense*）中分离得到骨架重排乌索烷型三萜 dysoxyhainanin A（**231**）和 dysoxyhainanin B（**232**），它们分别具有 1, 3-cyclo-2, 3-*seco* A 环和 1, 2-dinor-3, 10: 9, 10-bisseco 片段骨架。化合物 **231** 对四种革兰氏阳性菌具有较强的抑制作用[131]。

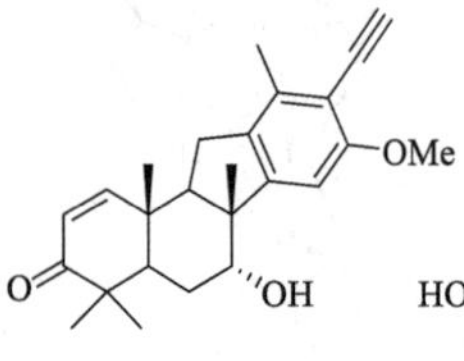

岳建民课题组从海南叶下珠（*Phyllanthus hainanensis*）枝叶中发现一类新骨架三萜化合物 phainanoid A～F（**233～238**）。该类化合物的结构特征是达玛烷骨架三萜的侧链形成螺环片段（1, 6-dioxaspiro[4.4]nonan-2-one），尤其是其 A 环上延伸连接 C_6C_2 单元形成新颖螺环片段（3*H*-spiro[benzofuran-2, 1′-cyclobutan]-3-one）的一类新类型碳骨架。通过核磁共振、X 射线单晶衍射、圆二色谱、化学关联等方法对这类化合物的平面结构及绝对构型进行了确定。在生物活性测试中，发现该类新骨架三萜化合物在小鼠淋巴细胞的非特异性毒性作用及增殖反应实验中有很强的抑制活性，其中 **238** 抑制 T 淋巴细胞增殖作用是环孢素 A 的 7 倍左右，且抑制 B 淋巴细胞增殖作用强于环孢素 A 221 倍，是迄今发现的最强的免疫抑制活性天然产物之一[132]。从该种植物中也发现分离得到了四个三萜化合物 phainanolide A（**239**）和 phainanoid G～I（**240～242**），其中 **239** 是含有罕见 6/9/6 三稠环片段的新骨架三萜，**240～242** 是与之前报道的具有双螺环结构的三萜相类似的化合物。在生物活性测试中，发现这些化合物同样具有较强的免疫抑制作用，达到了每升纳摩尔级别；同时，细胞毒性测试发现化合物 **239** 对人体肿瘤细胞株 HL-60 和 A549 都具有很强的毒性作用，其中对 HL-60 的抑制作用与阳性对照物（阿奇霉素）相当[133]。

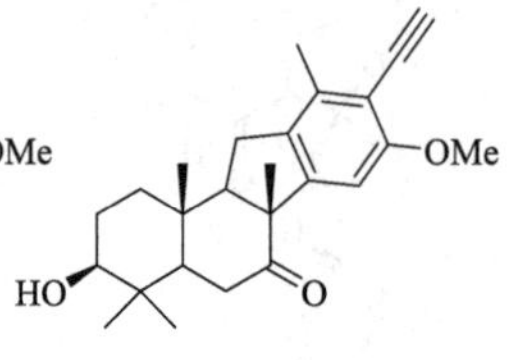

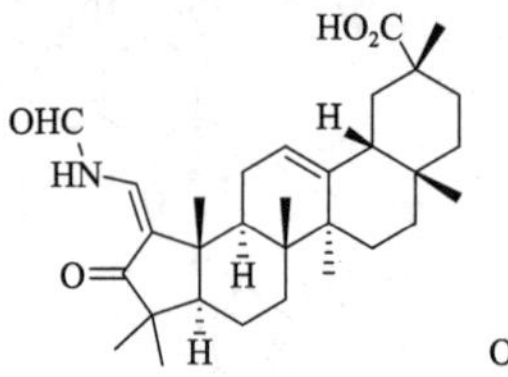

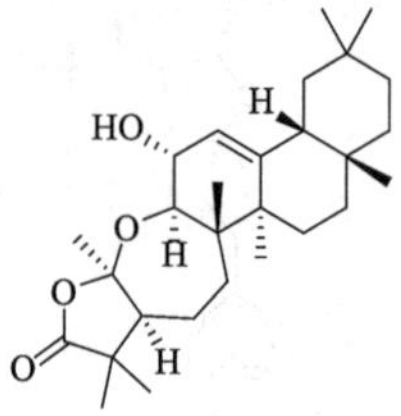

黎胜红课题组从毒鼠子（*Dichapetalum gelonioides*）中发现了一系列新颖的毒鼠子三萜类化合物 dichapetalin 1～4（**243～246**），含有特征的苯并吡喃结构片段，首次发现对羟基苯丙酰基取代及 C-2′ 羟基化的毒鼠子三萜，并

发现毒鼠子三萜具有显著的肿瘤细胞毒、抑制 NO 生成、乙酰胆碱酯酶抑制、昆虫拒食、毒杀线虫及抑制真菌活性，是一类具有广泛生物活性的萜类天然产物[134]。

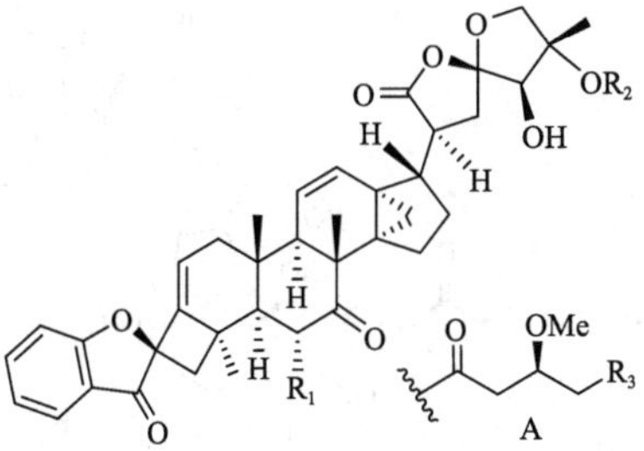

233 R$_1$=H，R$_2$=H
234 R$_1$=OH，R$_2$=H
235 R$_1$=OH，R$_2$=Me
236 R$_1$=OH，R$_2$= CO(CH$_2$)$_5$OH
237 R$_1$=OH，R$_2$= A，R$_3$=OH
238 R$_1$=OH，R$_2$= A，R$_3$=OMe

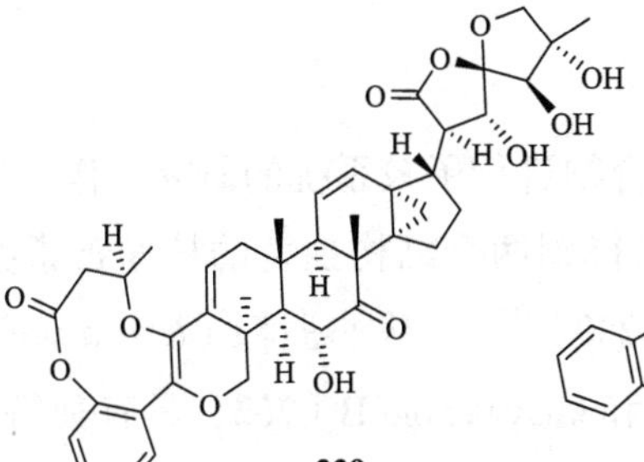

239

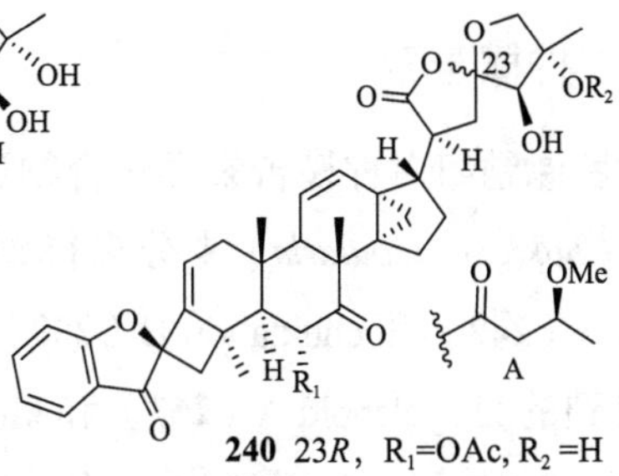

240 23R，R$_1$=OAc，R$_2$ =H
241 23R，R$_1$=OH，R$_2$=A
242 23S，R$_1$=OH，R$_2$=H

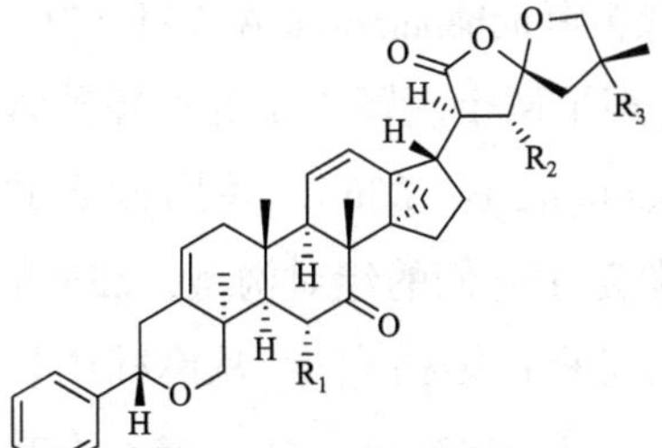

243 R$_1$=R$_2$=H，R$_3$=OAc
244 R$_1$=R$_2$=R$_3$=OH
245 R$_1$=H，R$_2$=R$_3$=OH

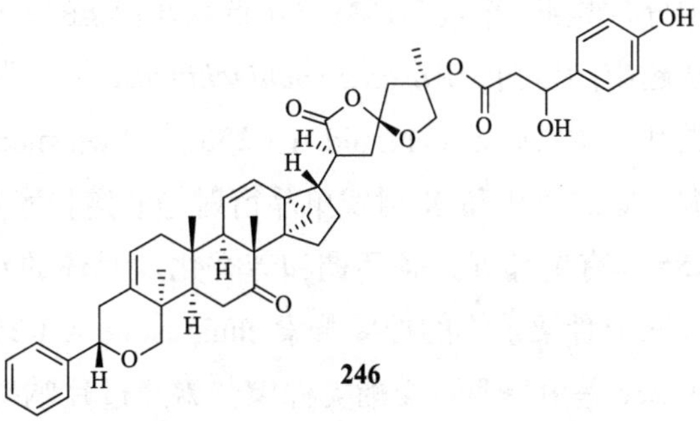

246

程永现课题组从射干（*Belamcanda chinensis*）中发现的新三萜 belamchinane A（**247**）具有抗衰老相关的肾纤维化[135]。中国科学院成都生物研究所丁立生课题组分离获得的三萜二聚体 dibelamcandal A（**248**）具有杀灭软体动物的活性[136]。

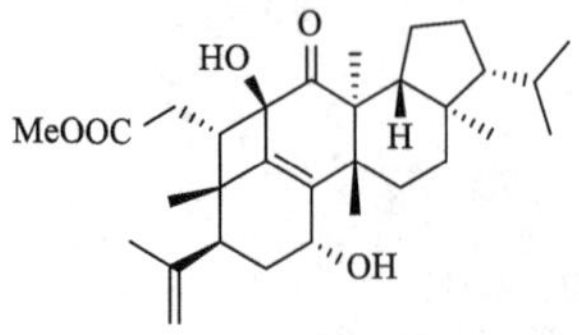

247

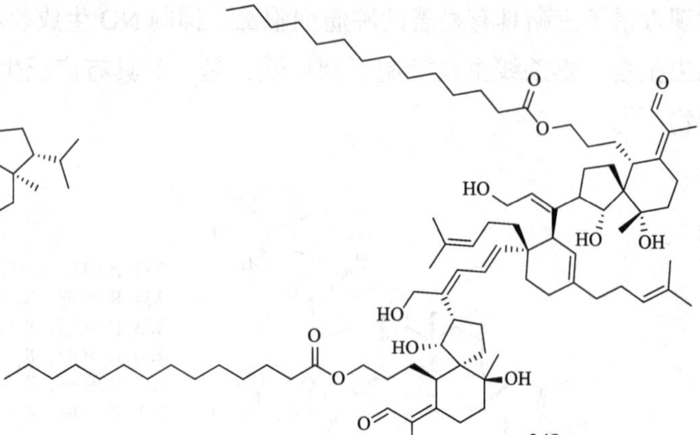

248

（六）柠檬苦素

岳建民课题组对柠檬苦素类化合物进行了较系统的研究工作。该课题组从麻楝（*Chukrasia tabularis*）中分离得到两个结构独特的柠檬苦素类化合物chuktabrin A（**249**）和 chuktabrin B（**250**）[137]；从非洲楝（*Khaya senegalensis*）中分离得到的 khayalenoid A（**251**）和 khayalenoid B（**252**）具有独特的 8-oxa-tricyclo[4.3.2.0^{2,7}]undecane 片段[138]；从大叶卡雅楝（*Khaya grandifoliola*）中分离得到新骨架柠檬苦素 grandifotane A（**253**）[139]；从山楝（*Aphanamixis polystachya*）中分离得到一个具有 C-3—C-6 偶联新骨架的柠檬苦素 aphanamolide A（**254**）[140]；从越南割舌树（*Walsura cochinchinensis*）中发现了两个新颖骨架的柠檬苦素类化合物 walsucochinoid A（**255**）和 walsucochinoid B（**256**），并用核磁共振、圆二色谱和 X 射线单晶衍射等波谱技术鉴定了它们的绝对构型，**255** 和 **256** 具有饱和五元碳环稠和芳香化六元环的新奇重排结构[141]；从麻楝中发现两个骨架重排的柠檬苦素 chukrasone A（**257**）和 chukrasone B（**258**），其中 **257** 是由墨西哥交酯类柠檬苦素经过片呐醇重排得到的新骨架化合物，而 **258** 为自然界中首次报道的具有 16,19-二降柠檬苦素结构的六降三萜化合物，**257** 和 **258** 对延时电压门控钾离子通道（I$_{K^+}$）有较强的抑制作用[142]；从鹧鸪花（*Trichilia connaroides*）枝叶中发现了两类新骨架柠檬苦素化合物——环 A和 B 发生重排的 trichiconane 型柠檬苦素化合物 trichiconin A（**259**），罕见的环A、B 和 D 断裂的新骨架柠檬苦素化合物 trichiconin B（**260**）和 trichiconin C（**261**），并通过 X 射线单晶衍射法及圆二色谱法确定了它们的平面结构及绝对构型，生物活性测试发现化合物 **260** 和 **261** 具有较弱的抗 HIV 生物活性[143]；从灰毛浆果楝（*Cipadessa cinerascens*）中分离得到了四个柠檬苦素类化合物 cipacinoid A～D（**262**～**265**），该类化合物是含有螺环的新骨架化合物，其中化合物 **262**～**264** 的 17 位为 *S* 构型，这在柠檬苦素类化合物中首次出现。化合物 **262** 对 PTP1B 激酶具有一定的抑制作用[144]。

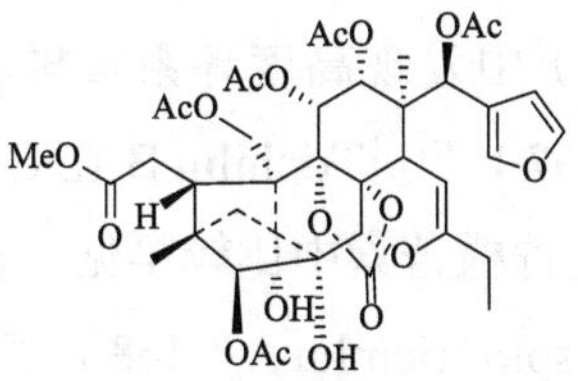

249

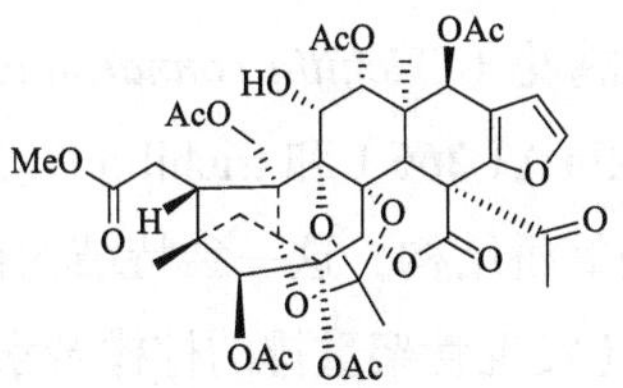

250

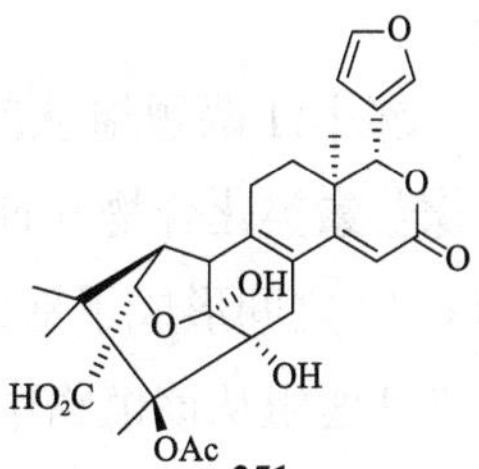

251

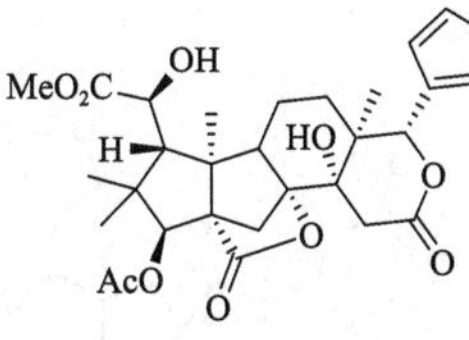

252

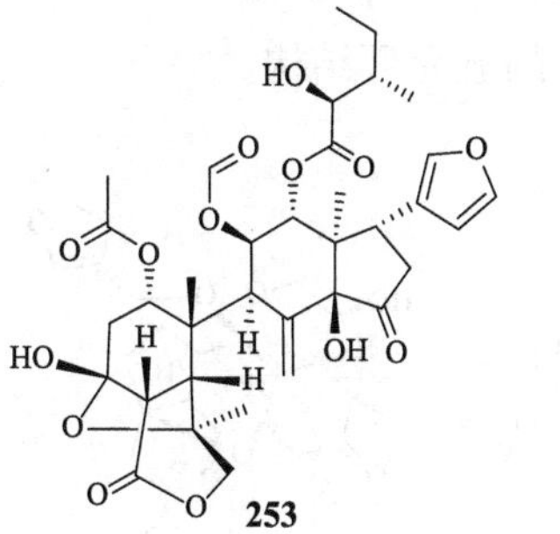

253

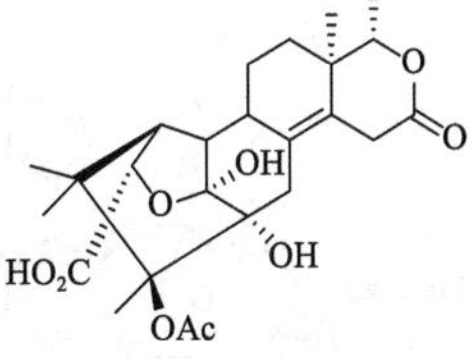

254

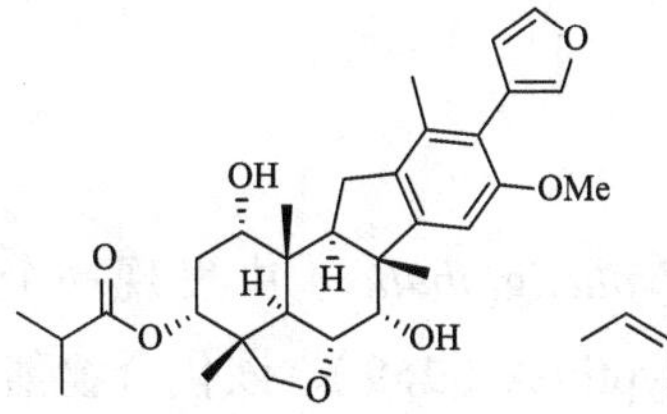

255

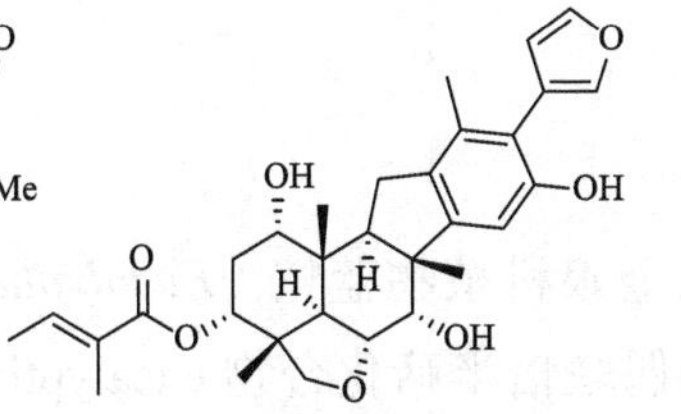

256

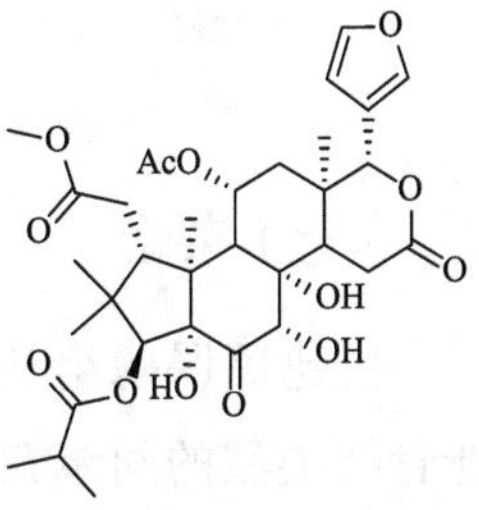

257

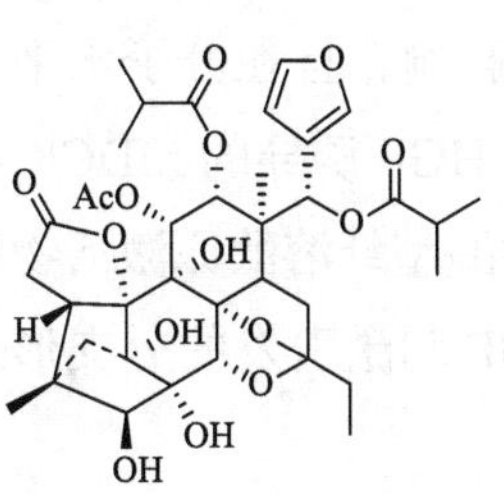

258

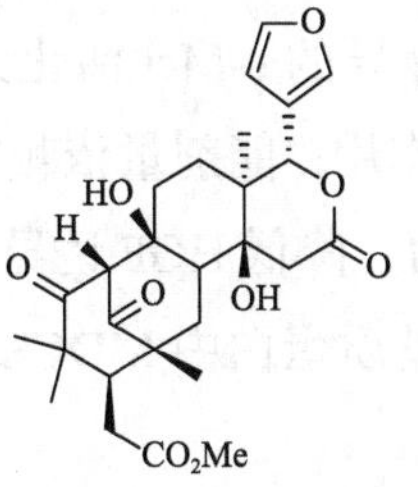

259

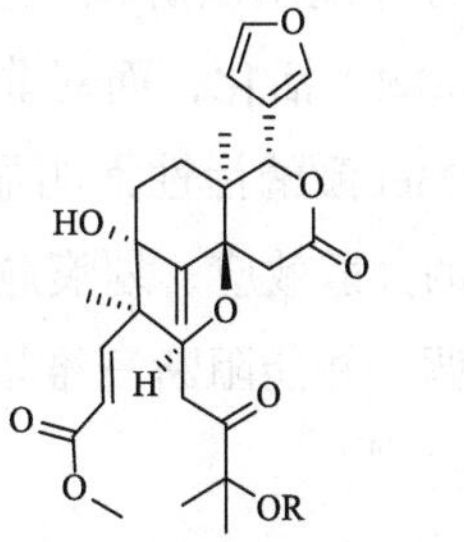

260 R=Ac
261 R=H

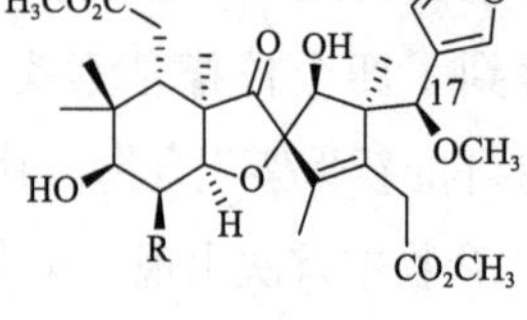

262 R= H
263 R= OH

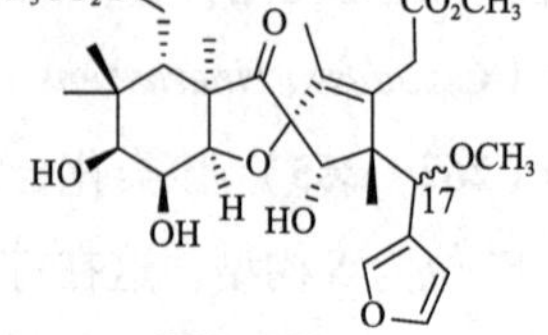

264 17S
265 17R

郝小江课题组从鹧鸪花（*Trichilia connaroides*）中发现高度环系重排的柠檬苦素类化合物 trichilin A（**266**）和 trichilin B（**267**）[145]。Trichilin B 在 C-9 和 C-17 之间形成了新的氧桥结构，这一独特结构在柠檬苦素中比较罕见。孔令义课题组从该植物中还发现骨架重排的柠檬苦素 spirotrichilin A（**268**）[146]。spirotrichilin A（**268**）拥有和 cipacinoid A（**262**）相同的螺环结构，但是其 A 环通过缩环形成了独特的五元环结构。

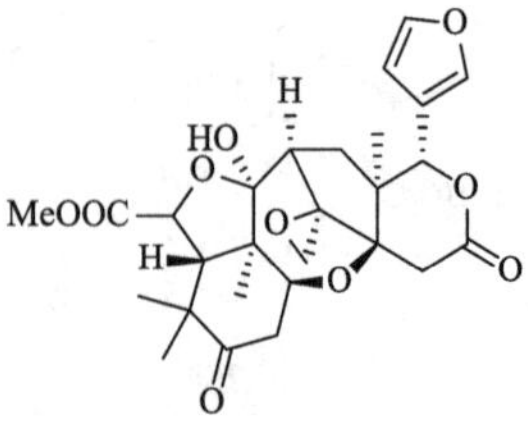

266

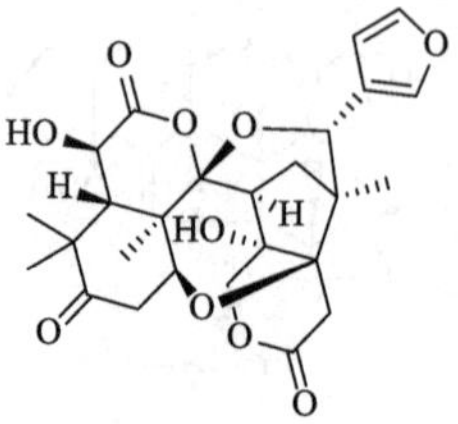

267

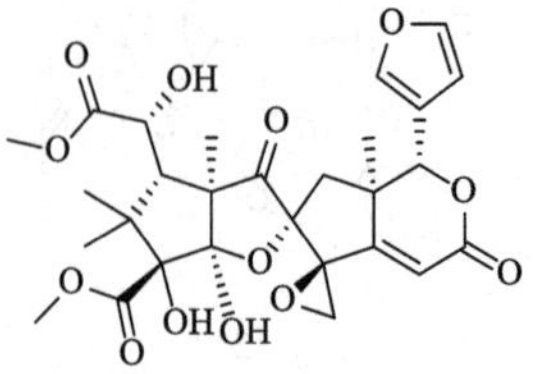

268

（七）杂萜

岳建民课题组从桃金娘科植物蓝桉（*Eucalyptus globulus*）中发现一个新骨架类型的间苯三酚偶联倍半萜化合物 eucalyptin A（**269**）。该化合物能够特异地阻断肝细胞生长因子（HGF）介导的细胞中肝细胞生长因子受体（c-Met）活化，而对非配体介导的 c-Met 活化无明显影响，且在分子水平上对 Met 激酶活性无明显抑制作用；能剂量依赖地抑制 HGF 诱导的 MDCK 细胞的分散效应、划痕愈合能力，降低 HGF 诱导的尿激酶型纤溶酶原激活物的上调，并能阻断三维培养于基质蛋白中 MDCK 受 HGF 刺激引发的分支形态发生[147]。

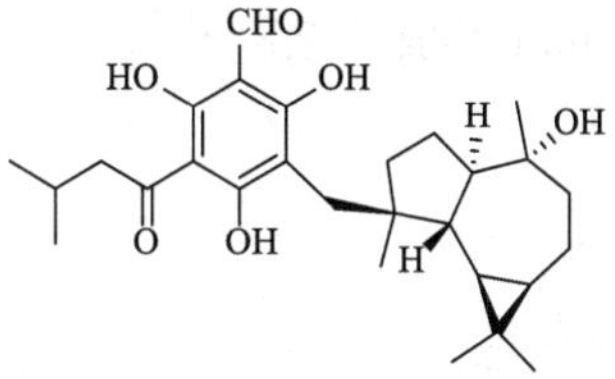

269

石建功课题组从瑶山润楠（*Machilus yaoshansis*）皮中分离获得的杂萜
yaoshanenolide A（**270**）由水芹烯（单萜）和丁烯酸内酯通过 [4+2] 第尔斯–
阿尔德环加成反应形成[49]。姚新生课题组从番石榴（*Psidium guajava*）中分
离获得了杂萜 psiguadial A（**271**）和 psiguadial B（**272**），其中 **272** 由间苯三
酚衍生物和倍半萜偶联形成[148]。叶文才课题组从番石榴中分离获得的杂萜
guapsidial A（**273**）既可以是倍半萜，又可以是单萜与间苯三酚衍生物偶联
而成[149]。中国医学科学院药物研究所张东明课题组从番石榴叶中分离获得的
杂萜 guajavadimer A（**274**）是两分子倍半萜和一分子黄酮及一分子间苯三酚
衍生物偶联形成的化合物[150]。

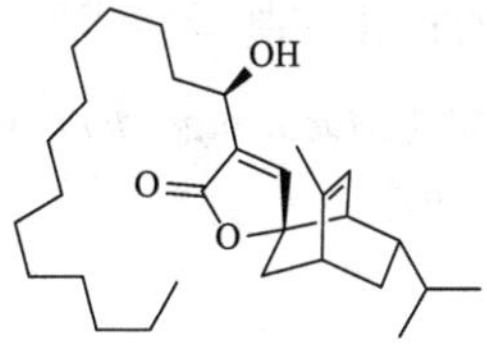

270 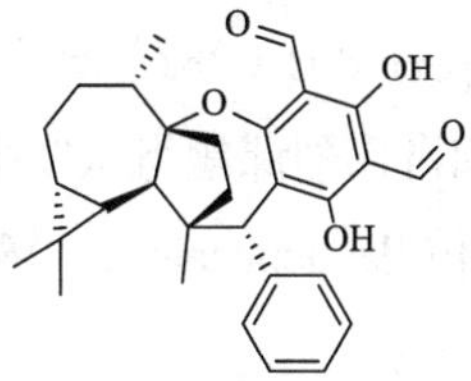　　　　**271** 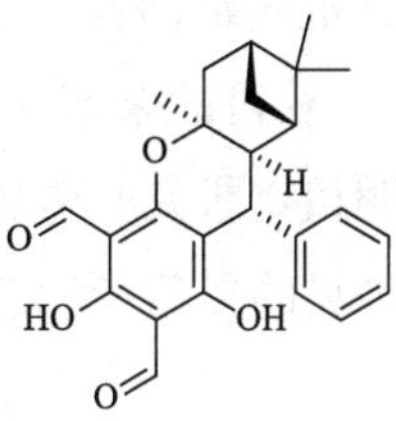　　　　**272**

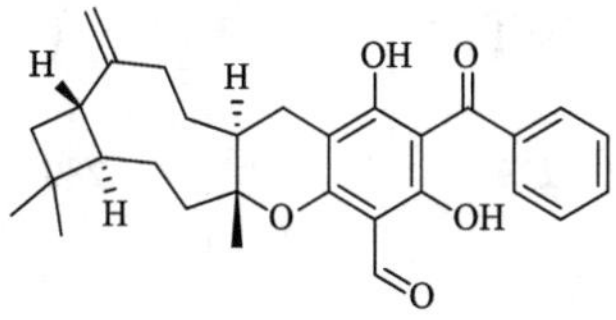

273 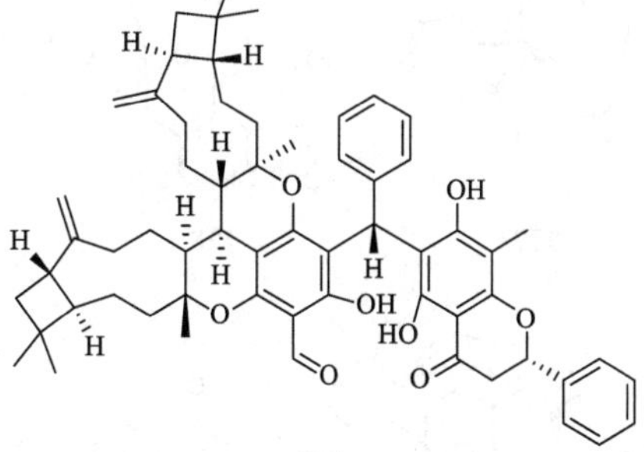　　　　　　　**274**

张卫东课题组从金钱松（*Pseudolarix amabilis*）中分离得到了三萜二萜杂
合体，通过第尔斯–阿尔德环加成形成了杂萜 pseudolaridimer A（**275**）[51]。胡
金峰课题组从台湾金粟兰（*Chloranthus oldhamii*）中分离获得的 chlorabietol A

（**276**）是二萜与 phloroglucinol 形成的杂萜[151]。

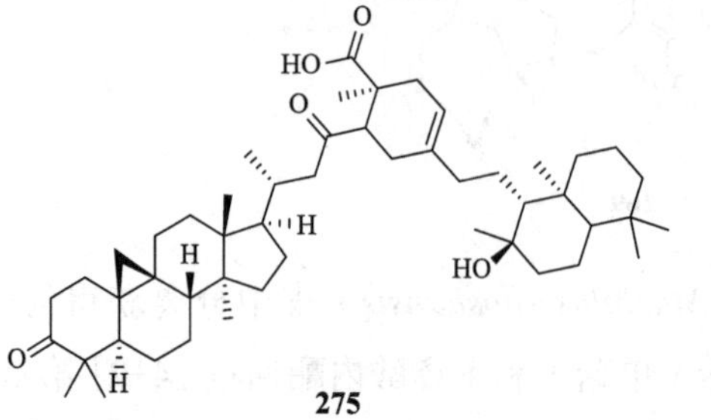

275 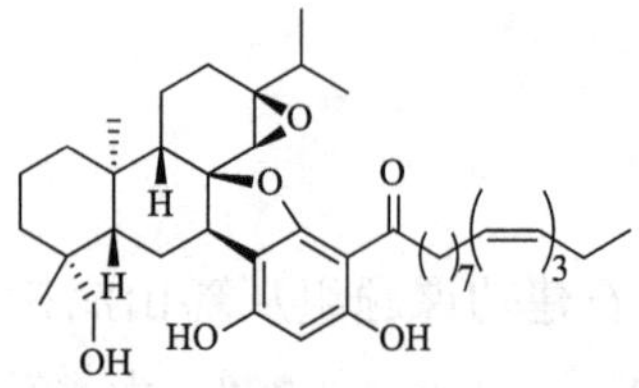　　　　　　　　　　**276**

　　孔令义课题组从草珊瑚（*Sarcandra glabra*）种子中获得了倍半萜-降单萜形成的杂萜 sarglaperoxide A（**277**）[152]；从大叶桉（*Eucalyptus robusta*）叶中获得的 eucalrobusone G（**278**）杂萜由一分子二萜和间苯三酚形成[153]。复旦大学侯爱君课题组从头花杜鹃（*Rhododendron capitatum*）中分离得到两对对映异构体杂萜 (+)-rhodonoid A（**279**）和 (−)-rhodonoid B（**280**）[154]。庾石山课题组从飞龙掌血（*Toddalia asiatica*）中发现的罕见的倍半萜-香豆素杂合体 spirotriscoumarin A（**281**）具有抗病毒活性[155]。张东明课题组从凹叶厚朴（*Magnolia officinalis* var. *biloba*）皮中获得的杂萜 magterpenoid B（**282**）具有 PTP1B 抑制活性[156]。中国科学院昆明植物研究所李晓莉和肖伟烈课题组从中平树（*Macaranga denticulata*）中发现有少见的二萜-芪类杂合体 denticulatain A（**283**）[157]。

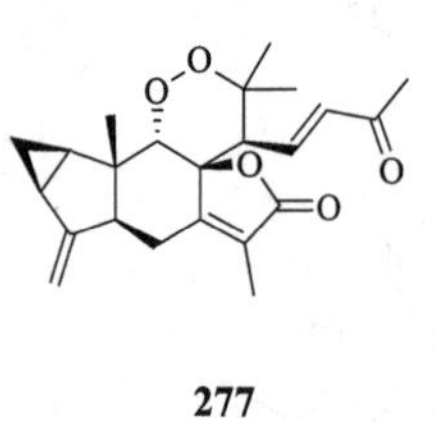

277 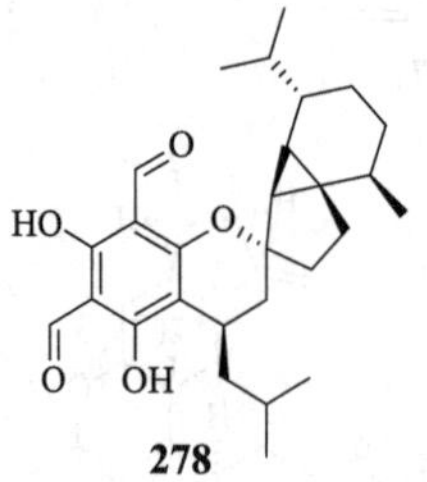　　　　　　　**278** 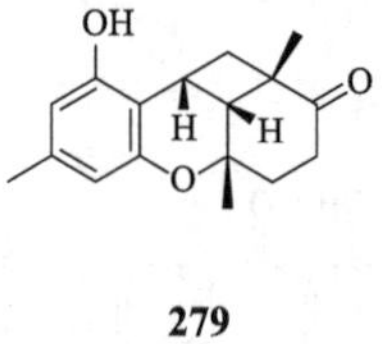　　　　　　**279** 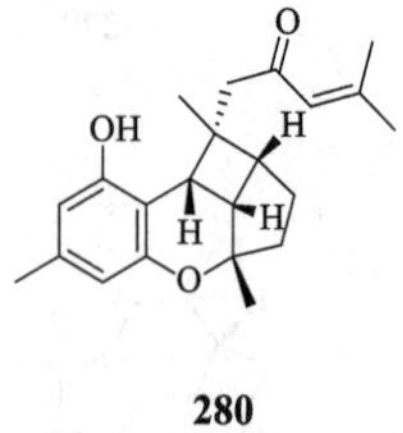　　　　　　**280**

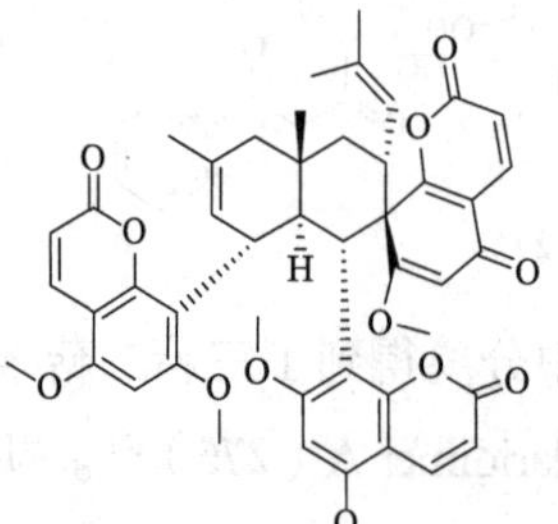

281 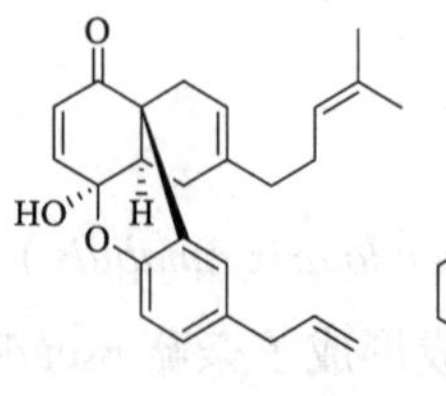　　　　　　　　　**282** 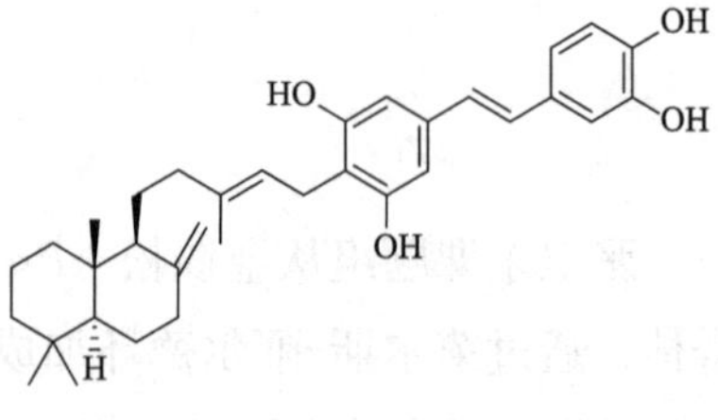　　　　　　　　**283**

刘吉开课题组从烟草（*Nicotiana tabacum*）中发现罕见的倍半萜-柠檬酸杂合形成的 nicotabin A（**284**）[158]。程永现课题组从灵芝 *Ganoderma sinensis* 子实体中分离得到一对杂萜 (±)-sinensilactam A（**285**），其中 (–)-sinensilactam A 是一 Smad3 磷酸化抑制剂[159]。从灵芝 *Ganoderma lucidum* 中发现有旋转门样的杂萜 lingzhiol（**286**）有选择性地抑制 p-Smad3 活性[160]。从树舌灵芝（*Ganoderma applanatum*）中分离得到杂萜 applanatumol A（**287**）和 applanatumol B（**288**）[161]。

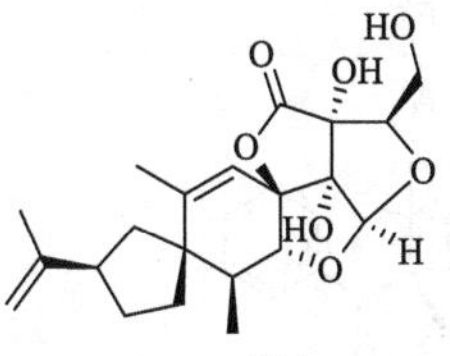

284 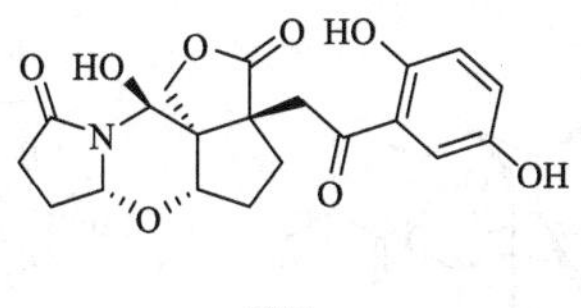　　　　　　　285 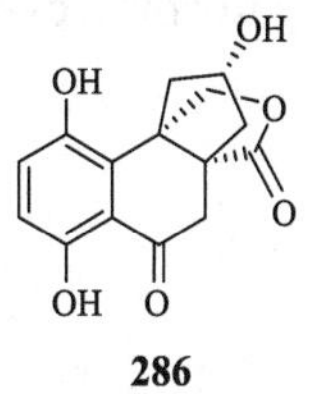　　　　　　　286

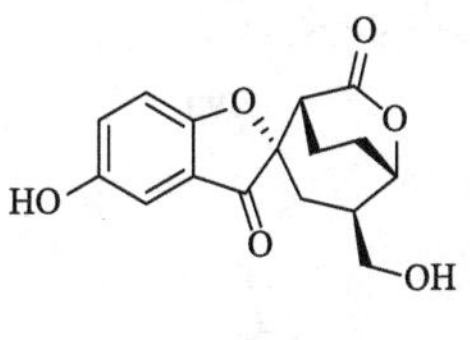

287 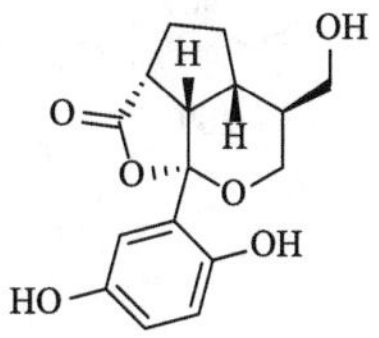　　　　　　　288

三、间苯三酚类

（一）多环多异戊烯基间苯三酚

天然多环多异戊烯基间苯三酚类（polycyclic polyprenylayed acylphloroglucinols, PPAPs）化合物是仅发现于藤黄科植物（主要分布于藤黄属和金丝桃属）中的一类结构独特、活性显著的天然产物，具有桥环、螺环及金刚烷等复杂立体的核心结构，产生了众多结构新颖的骨架。部分 PPAPs 化合物具有较好的生物学活性，表现出潜在的药用价值。2009～2018 年，超过 70% 的 PPAPs 研究成果由我国学者发现，全面系统地认识了 PPAPs 类化合物的结构和功能，为进一步深入研究奠定了基础。

中国科学院昆明植物研究所许刚课题组从金丝桃属植物近无柄金丝桃（*Hypericum subsessile*）中分离获得的 hypersubone A（**289**）和 hypersubone B（**290**）具有新颖的开环金刚烷结构骨架和 tetracyclo-[6.3.1.1$^{3, 10}$.0$^{4, 8}$]-tridecane

结构骨架，采用电子圆二色谱和 X 射线单晶衍射法证了其绝对构型。细胞毒性测定发现 hypersubone B（**290**）对人肝癌 HepG2 细胞、人食管癌 Eca109 细胞、人宫颈癌 HeLa 细胞、人肺癌 A549 细胞表现出较好的细胞毒性，IC$_{50}$ 值为 0.07～7.52 μmol/L [162]。从西南金丝梅（*Hypericum henryi*）中分离获得的 hyphenrone C（**291**）和 hyphenrone D（**292**）分别具有奇特的 5/8/5 三环稠合体系和 6/6/5/8/5 五环稠合体系。该课题组还从西南金丝梅中分离获得了螺环多异戊烯基间苯三酚类化合物 hyperhenone G（**293**），具有 octahydrospiro[cyclohexan-1, 5′-indene]-2, 4, 6-trione 母核 [163]。

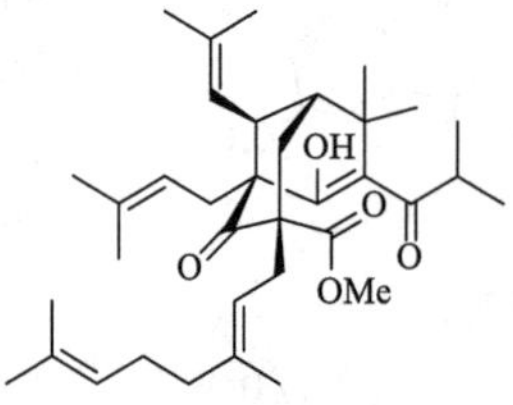

289 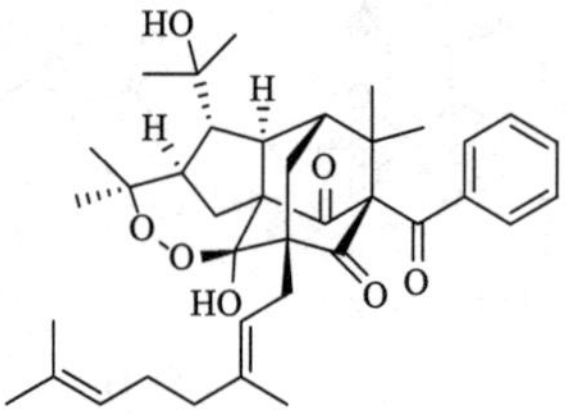　　　　　**290**

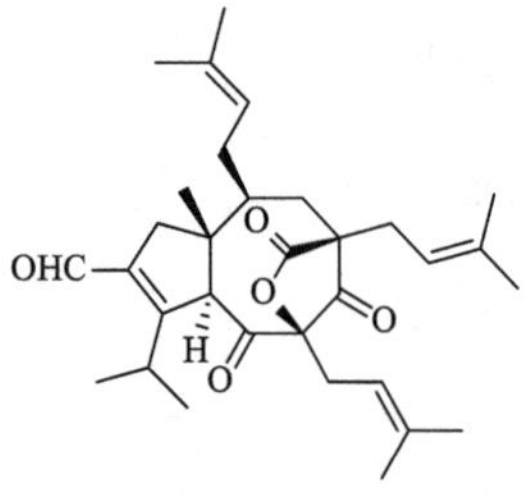

291 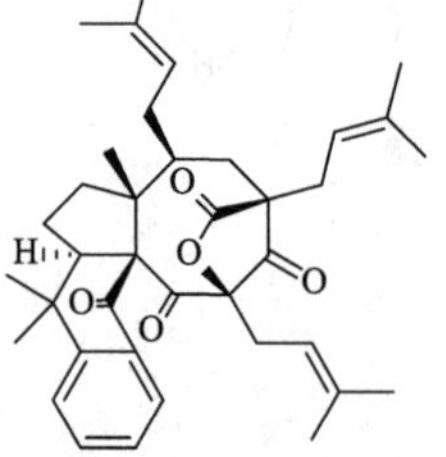　　　　　**292** 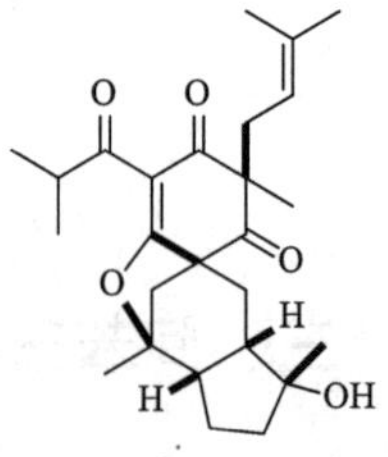　　　　　**293**

孔令义课题组从金丝梅（*Hypericum patulum*）中分离获得的 hypatulone A（**294**）具有 tricyclo-[4.3.1.1³, ⁸]-undecane 骨架和独特的 5/5/7/6/6 五环体系的结构新颖骨架，推测了其生源合成途径，并发现 **294** 能够抑制脂多糖诱导的巨噬细胞中的 NO 形成，IC$_{50}$ 值为 18.8 μmol/L[164]。张勇慧课题组从金丝桃属植物元宝草（*Hypericum sampsonii*）中也分离获得了 PPAPs 新骨架化合物 hyperisampsin D（**295**），其结构中含有新颖的刚性笼状 tetracyclo[6.3.1.1³, ¹⁰.0³, ⁷]tridecane 结构，其中 hyperisampsin D（**295**）具有抗 HIV 活性，EC$_{50}$ 值为 0.97 μmol/L，SI 值为 7.70[165]。姚新生课题组从元宝草中分离获得的 hypersampsone N（**296**）和 hypersampsone O（**297**）结构中则具有 tricyclo[4.3.1.1⁵, ⁷]undecane 分子骨架。值得注意的是，**296** 具有少见的 20, 25-

环氧环结构，**297** 则具有 21, 24-环氧环结构，其绝对构型通过电子圆二色谱确证[166]。

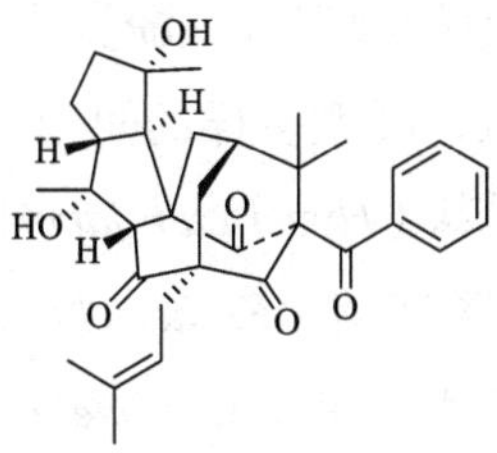

294

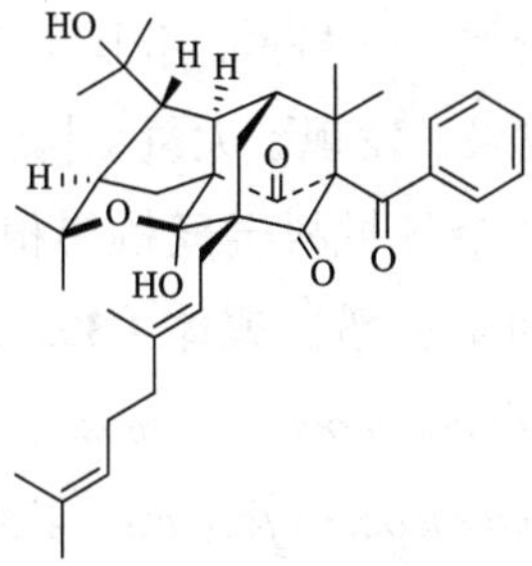

295

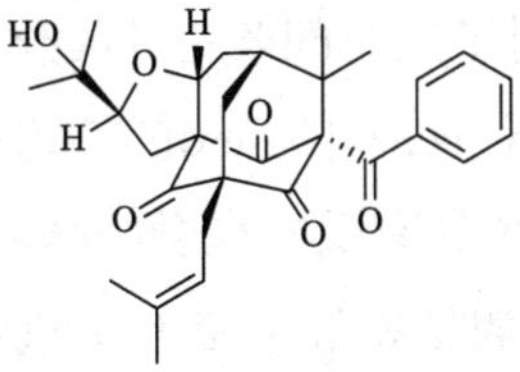

296

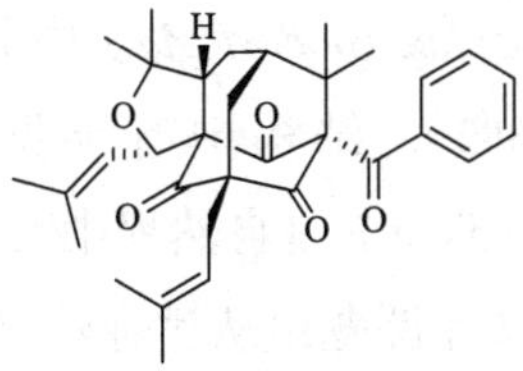

297

郝小江课题组从藤黄属多花山竹子（*Garcinia multiflora*）中分离获得了两个笼状 PPAP 化合物 garmultin A（**298**）和 garmultin B（**299**），其结构中分别具有 2,11-dioxatricyclo[4.4.1.0^{3,9}]undecane 和 tricyclo[4.3.1.0^{3,7}]decane 分子骨架，其构型通过电子圆二色谱和 X 射线单晶衍射法确证[167]。该课题组从藤黄属植物多花山竹子分离获得的 garcimulin A（**300**）和 garcimulin B（**301**）具有独特的笼状 tetracyclo[5.4.1.1^{1,5}.0^{9,13}]tridecane 分子骨架，其中 garcimulin A（**300**）以对映异构体形式分离获得，分别为 (+)-garcimulin A[(+)-**300**] 和 (−)-garcimulin A[(−)-**300**]；garcimulin A（**300**）和 garcimulin B（**301**）为双键位置异构体。这是首次在藤黄科植物中同时发现对映异构体和位置异构体[168]。

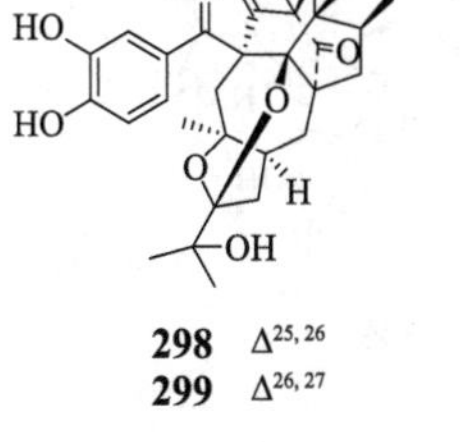

298 Δ^{25,26}
299 Δ^{26,27}

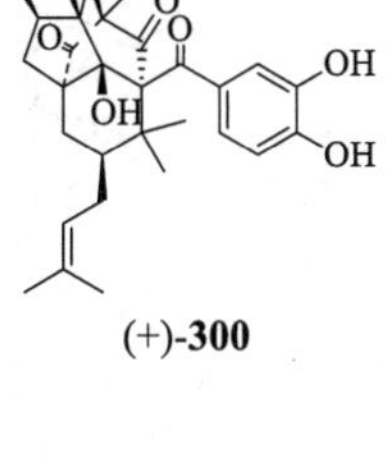

(+)-**300**

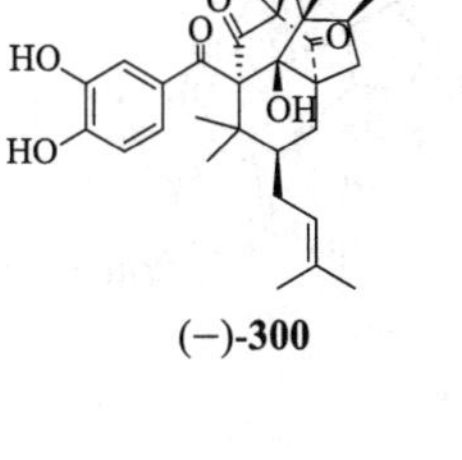

(−)-**300**

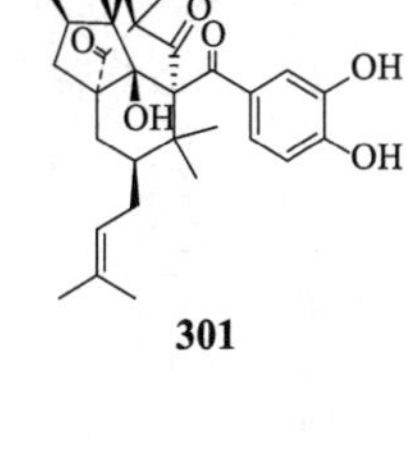

301

（二）其他间苯三酚

间苯三酚是一种在陆生植物中广泛分布的化合物，除去天然多环多异戊烯基间苯三酚类（PPAPs），我国学者在其他类型间苯三酚类化合物研究中也取得了重要成果，发现了大量结构新颖复杂、类型多样的间苯三酚类化合物。许刚课题组从金丝桃科金丝桃属植物地耳草（*Hypericum japonicum*）中分离获得了酰化间苯三酚二聚体（**302**），对大肠杆菌（*Escherichia coli*）、金黄色葡萄球菌（*Staphylococcus aureus*）、鼠伤寒沙门菌（*Salmonella typhimurium*）、粪肠球菌（*Enterococcus faecalis*）4 种菌株具有生长抑制作用，最低抑菌浓度（MIC）为 0.8～3.4 μmol/L[169]。中国医学科学院药物研究所庾石山课题组从豆科植物仪花（*Lysidice rhodostegia*）中分离获得了三个间苯三酚类化合物 lysidicin F～H（**303**～**305**），结构中有罕见的 benzyl benzo[*b*]furo[3, 2-*d*]furan 分子骨架。其中，lysidicin F 是自然界中发现的首个具有反式稠合呋喃环结构的天然产物[170]。叶文才课题组从桃金娘科红千层属植物红千层（*Callistemon rigidus*）中分离获得了两个结构新颖的三酮-间苯三酚-单萜聚合物 callistrilone A（**306**）和 callistrilone B（**307**），结构中分别含有 [1]benzofuro-[2, 3-*a*]xanthene 或 [1]benzofuro[3, 2-*b*]xanthene 五环结构，采用电子圆二色谱和 X 射线单晶衍射法确证了其立体构型; **306** 具有弱的抗革兰氏阳性菌活性[171]。

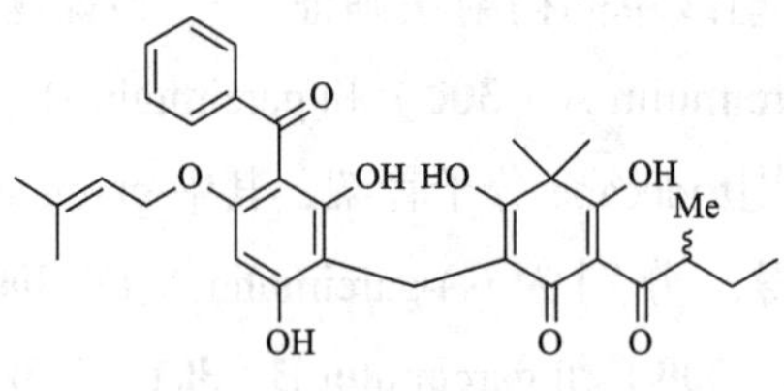

302

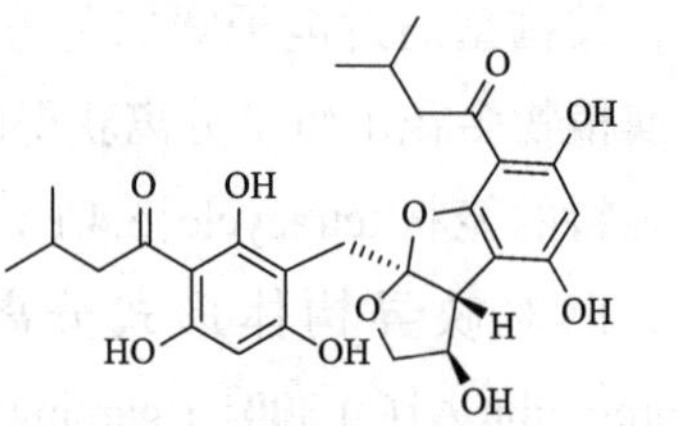

303

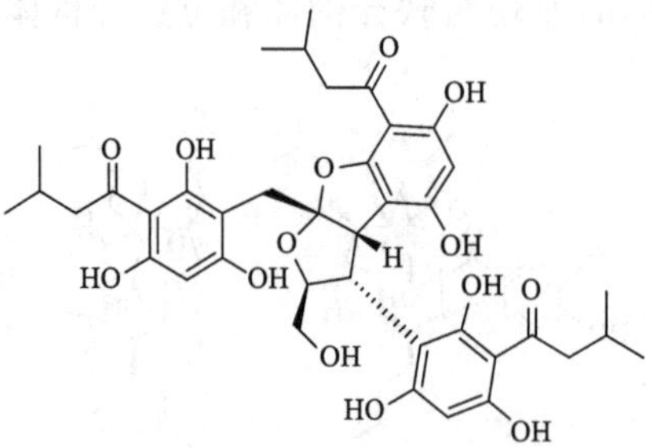

304

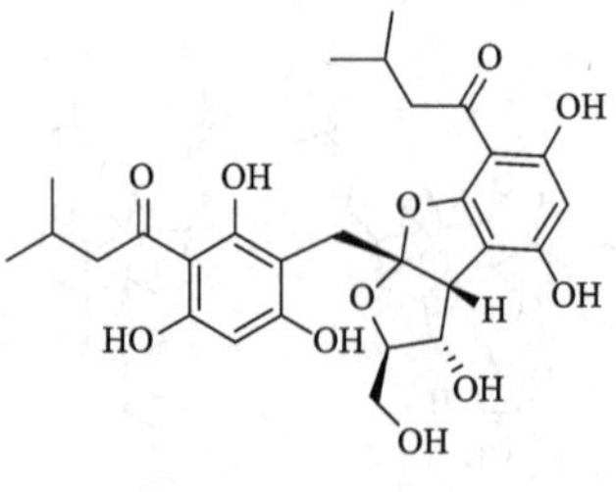

305

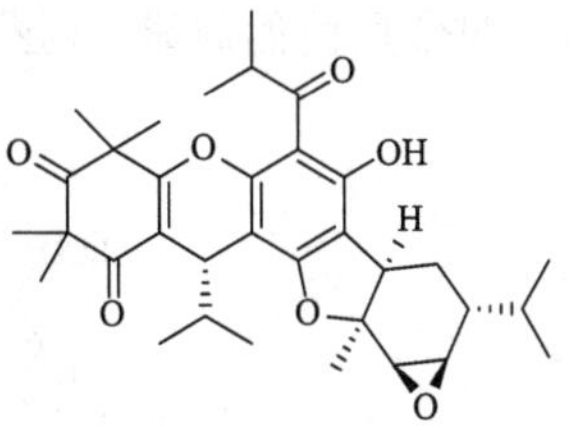

306

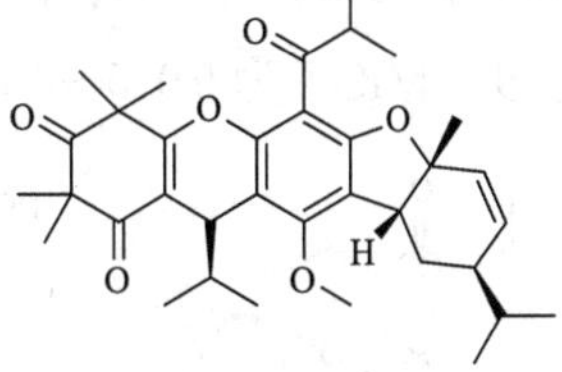

307

四、苯丙素类

苯丙素是天然存在的基本母核中具有一个或几个 C6-C3 单元的化合物类群，包括木脂素、香豆素、苯丙烯、苯丙醇等化合物类型。在生源上，苯丙素多由莽草酸途径经脱氨、羟基化等一系列反应形成。

（一）木脂素

庾石山课题组从八角茴香（*Illicium verum*）中分离获得了木脂素衍生物 spirooliganone A（**308**）和 spirooliganone B（**309**），结构中含有新颖的双螺环分子骨架，并采用 X 射线单晶衍射和 Mosher 法确定了其绝对构型。Spirooliganone B（**309**）对柯萨奇病毒 B3 和甲型流感病毒（H3N2）活性有抑制作用，IC$_{50}$ 值为 3.70～5.05 μmol/L[79]。该课题组从菊科苍耳属植物苍耳（*Xanthium sibiricum*）中分离获得了含有螺二烯酮结构的木脂素类化合物 sibiricumin A（**310**），以消旋体形式分离获得，通过手性拆分获得了一对对映异构体 (+)-sibiricumin A[(+)-**310**] 和 (–)-sibiricumin A[(–)-**310**]，并采用 X 射线单晶衍射和电子圆二色谱确定了绝对构型，首次实现了螺二烯酮木脂素类化合物绝对构型的确证[172]。姚广民课题组从樟科樟属植物香桂（*Cinnamomum subavenium*）中分离获得了螺二酮新木脂素对映异构体 (±)-subaveniumin A（**311**）和 (±)-subaveniumin B（**312**），含有罕见的 2-oxaspiro[4.5]deca-6, 9-dien-8-one 结构，能够抑制脂多糖诱导的 RAW264.7 细胞中 NO 的生成，表现出抗炎活性[173]。

郝小江课题组从木兰科厚壁木属植物华盖木（*Manglietiastrum sinicum*）成熟心皮中分离获得了 eupodienone 型木脂素 manglisin A（**313**）、dibenzocyclooctadiene 型木脂素 manglisin B（**314**），以及 tetrahydrofuran 型木脂素 manglisin C（**315**）和

manglisin D（**316**）。它们具有良好的抗菌活性，对金黄色葡萄球菌耐药菌株最低
抑菌浓度（MIC）为 0.016～0.14 μmol/L[174]。

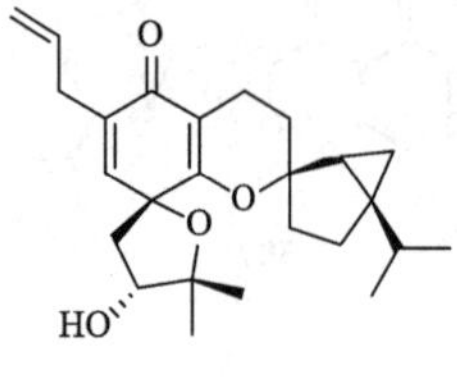

308

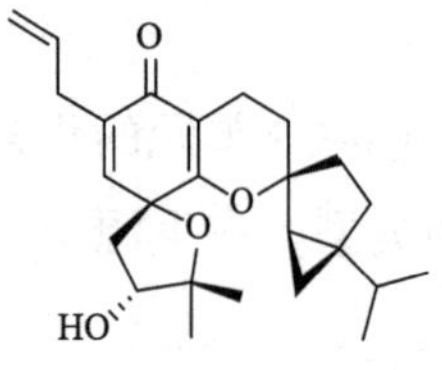

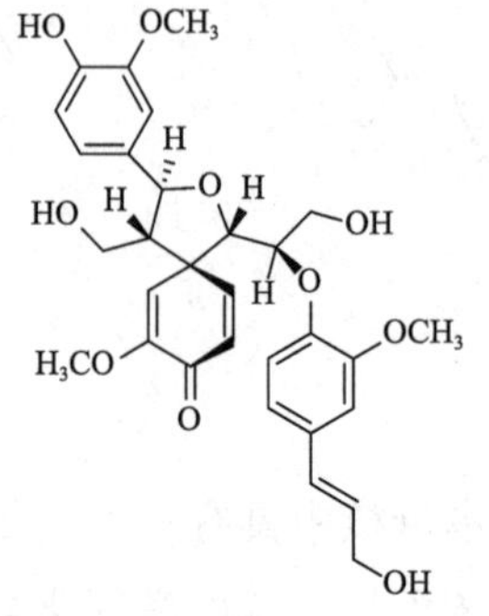

(+)-**310**

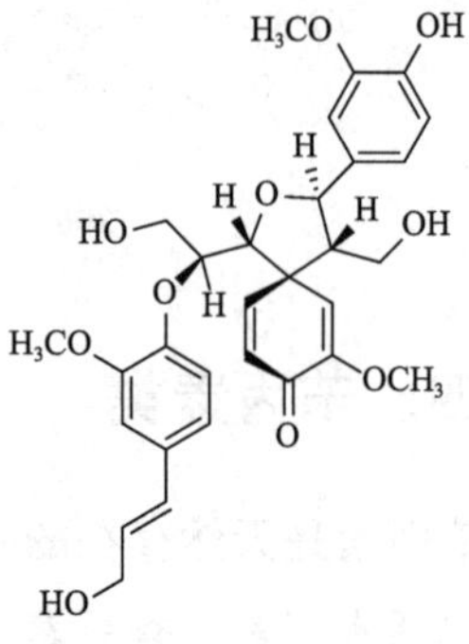

(−)-**310**

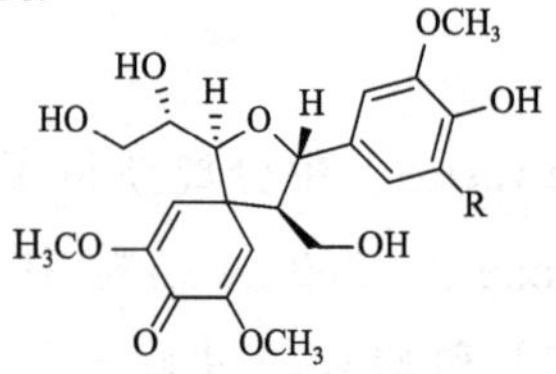

309

(+)-**311** R=H
(+)-**312** R=OCH₃

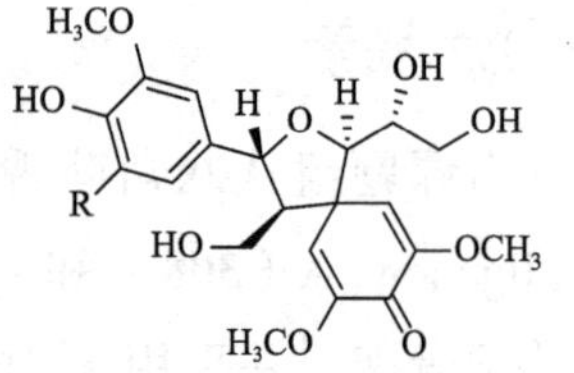

(−)-**311** R=H
(−)-**312** R=OCH₃

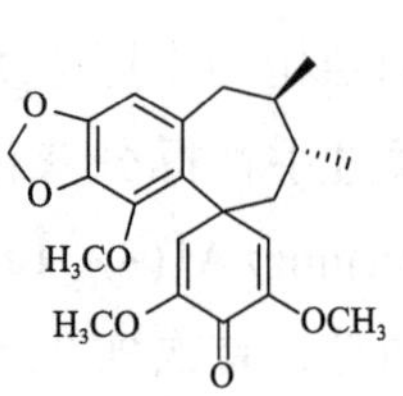

313

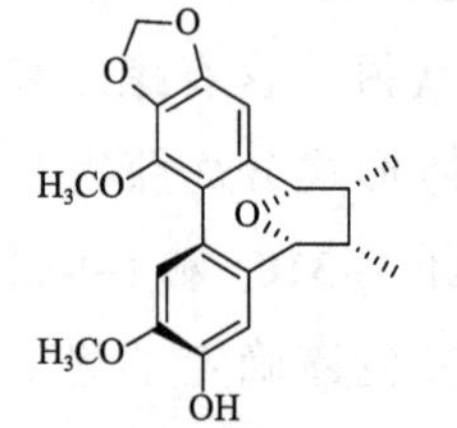

314

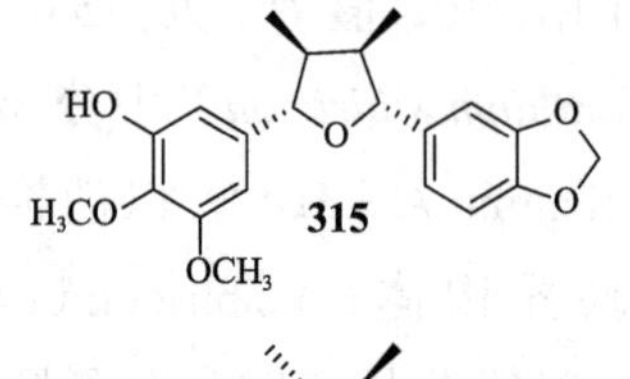

315

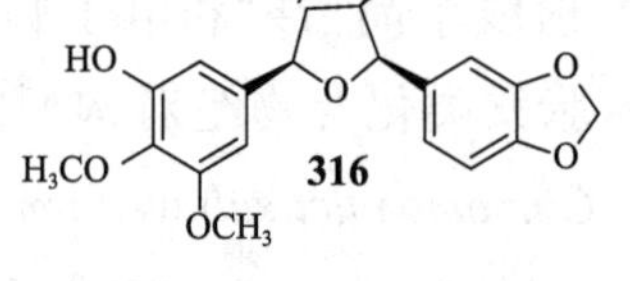

316

　　顾琼课题组从三白草科三白草属植物三白草（*Saururus chinensis*）中分
离获得了木脂素类化合物，包括 saurucinol A（**317**）和 saurucinol B（**318**）、
4″-O-demethylmanassantin A（**319**）、3″-O-demethylmanassantin B（**320**） 及
manassantin B（**321**），采用 Mosher 法、电子圆二色谱和计算化学的方法确证了
其立体结构。这些木脂素类化合物具有抑制 Epstein-Barr 病毒复制作用，EC₅₀
值为 1.09～7.55 μmol/L。其中，化合物 **321** 具有活性强（EC₅₀=1.72 μmol/L）、

毒性低（半数毒性浓度 $CC_{50} > 200$ μmol/L）、选择性好（SI > 116.4）的特点，表现出良好的开发潜力 [175]。

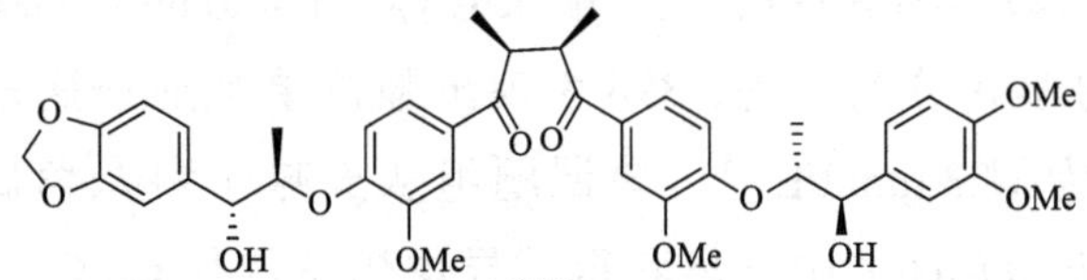

317

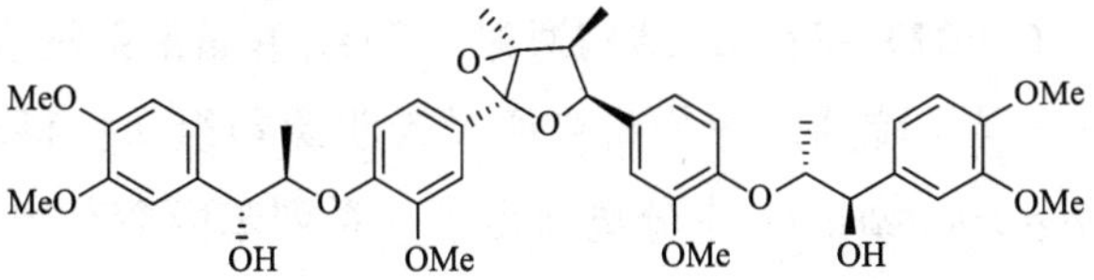

318

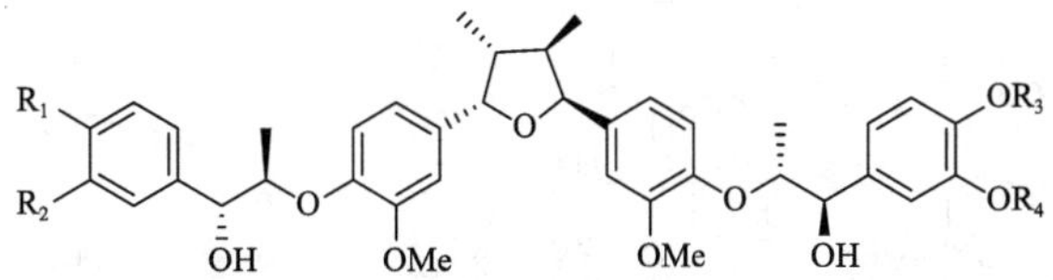

319 R_1=OMe, R_2=OMe, R_3=H, R_4=Me
320 R_1, R_2=−OCH₂O−, R_3=Me, R_4=H
321 R_1, R_2=−OCH₂O−, R_3=Me, R_4=Me

（二）其他苯丙素

北京大学姜勇课题组从芸香科九里香属植物翼叶九里香（*Murraya alata*）中分离获得了一系列结构多样的香豆素类 muralatin A（**322**）和 muralatin B（**323**），结构中含有少见的 8-methylbenzo[*h*]coumarin 香豆素母核，并能够抑制脂多糖诱导的 RAW264.7 细胞中 NO 形成，IC_{50} 值分别为 12.4 μmol/L 和 9.1 μmol/L [176]。该课题组从芸香科九里香属植物九里香（*Murraya exotica*）中分离获得了香豆素类衍生物 exotimarin B（**324**）和 exotimarin G（**325**），连接方式和取代类型呈现多样化 [177]。

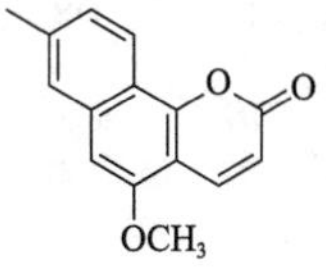

322 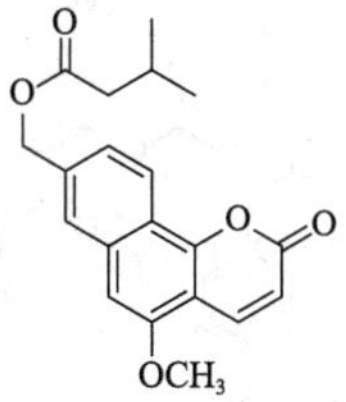　　　　**323** 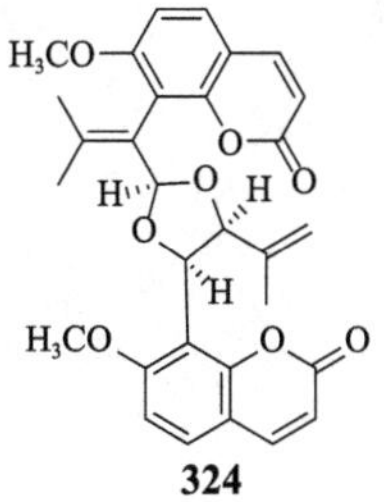　　　　**324** 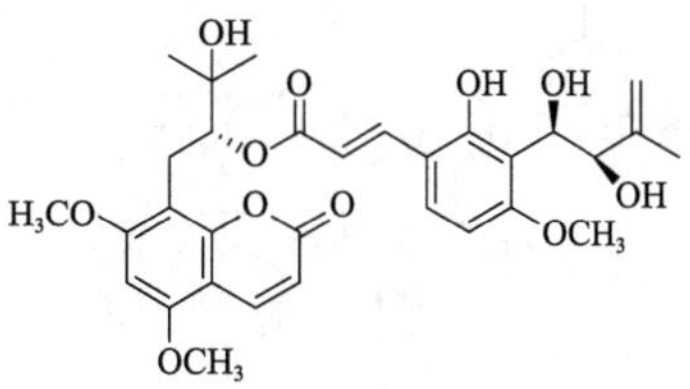　　　　**325**

庾石山课题组从伞形科蛇床属植物蛇床（*Cnidium monnieri*）中分离获得了香豆素-黄酮聚合体 cnidimonin A（**326**）、香豆素-木脂素聚合体 cnidimonin B（**327**）和香豆素-色原酮聚合体 cnidimonin C（**328**）；**326**~**328** 均以消旋体的形式分离获得，**326** 表现出强抗单纯疱疹病毒 1 型（HSV-1）活性，IC_{50} 值为 1.23 μmol/L[178]。该课题组从五味子科八角属植物少药八角（*Illicium oligandrum*）中分离获得了异戊烯基取代 C6-C3 二聚体类化合物 illicidione A~C（**329**~**331**），结构通过 X 射线单晶衍射法和 Mosher 法确证[179]。中国医学科学院药用植物研究所吴崇明课题组从豆科葫芦茶属植物葫芦茶（*Tadehagi triquetrum*）中分离获得了一系列苯丙醇苷类化合物，其中 tadehaginoside A（**332**）和 tadehaginoside B（**333**）中含有罕见的 bicyclo[2.2.2]

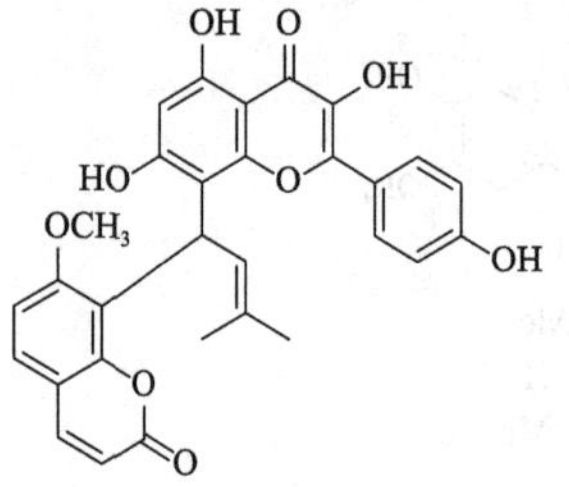

326

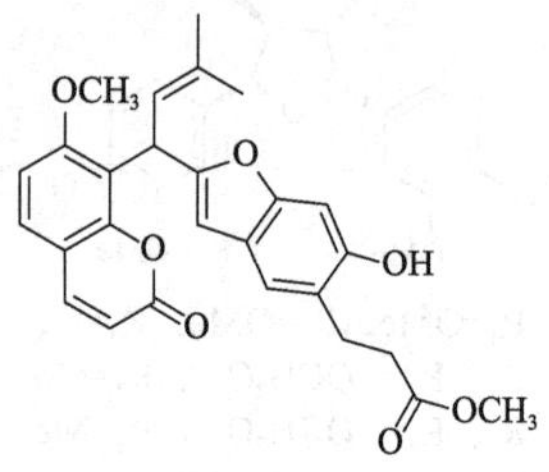

327

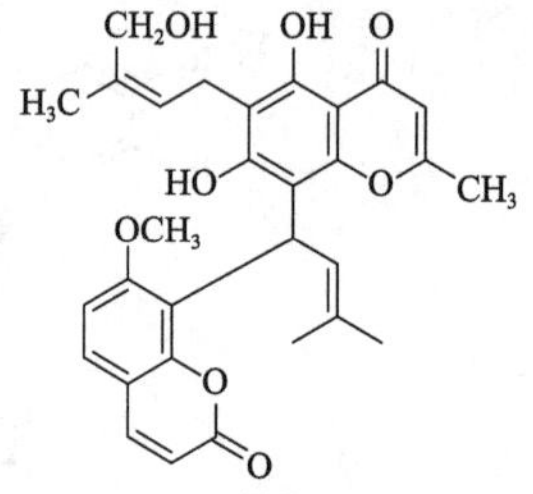

328

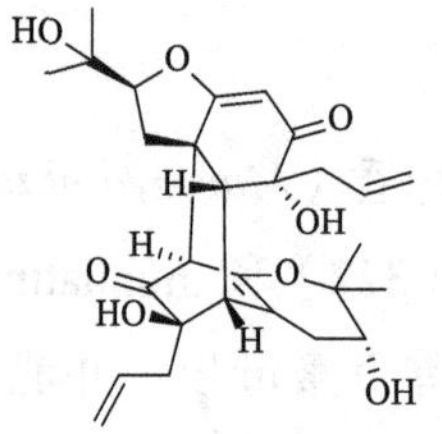

329

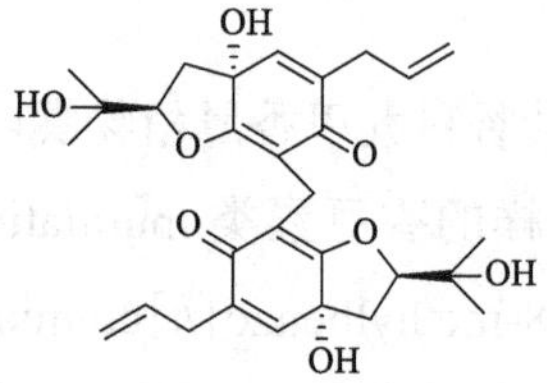

330

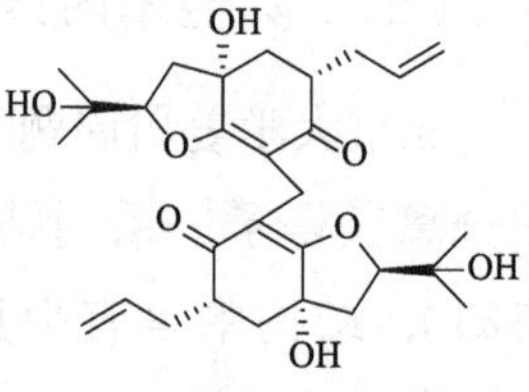

331

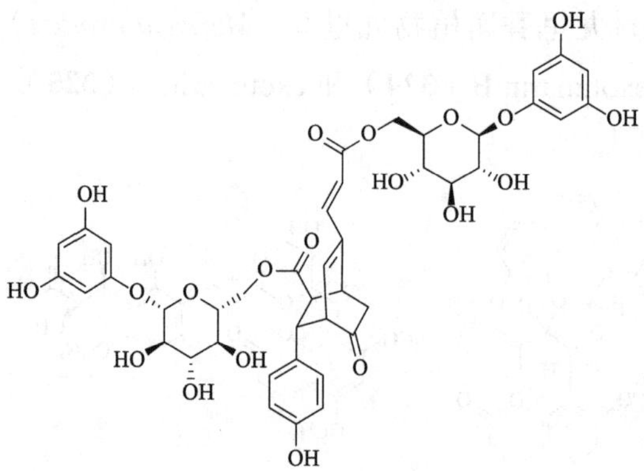

332

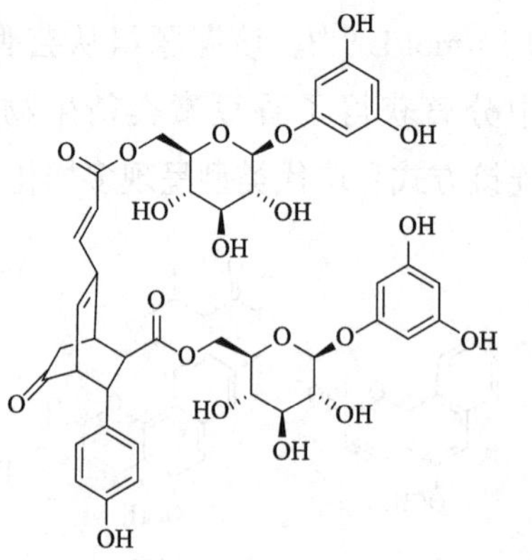

333

octene 结构，tadehaginoside C（**334**）和 tadehaginoside D（**335**）中含有环丁烷结构母核。其中，化合物 **335** 具有良好的促进葡萄糖吸收作用，与增加过氧化物酶体增殖物激活受体 γ（PPARγ）活性及增强葡萄糖转运蛋白 4（GLUT-4）表达相关[180]。

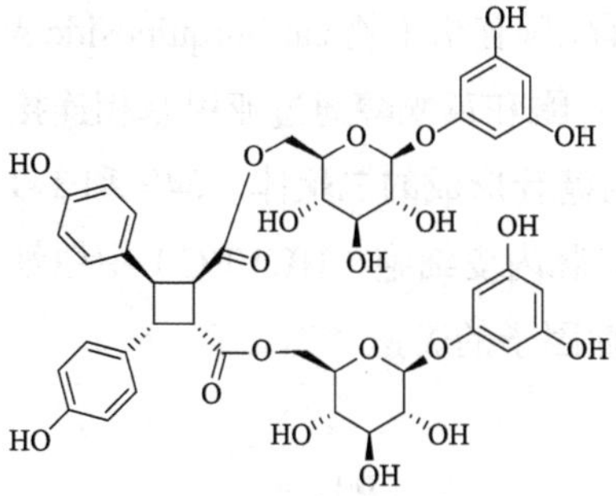

334 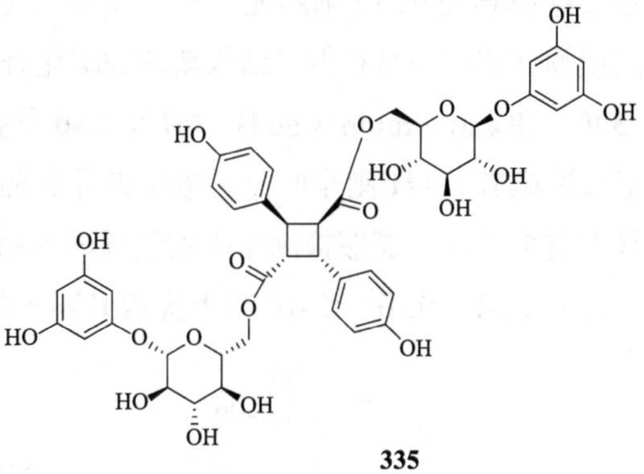　　　　　　　　　　　　　　　　**335**

五、黄酮类

高昊课题组从三白草科蕺菜属植物鱼腥草（*Herba houttuyniae*）中分离获得了黄酮类化合物 houttuynoid A（**336**），其结构中 3-oxododecanal 与 hyperoside 聚合并环化形成呋喃环。该类化合物具有抗 HSV 活性，IC_{50} 值为 23.50~59.89 μmol/L，SI 值为 3.02~10.47[79]。该课题组在该植物中还分离获得了一个黄酮类化合物 houttuynoid M（**337**）。这是首次发现的分子结构中含有两分子 houttuynin 链取代的黄酮类化合物，具有抗 HSV 活性，IC_{50} 值为 17.72 μmol/L[181]。

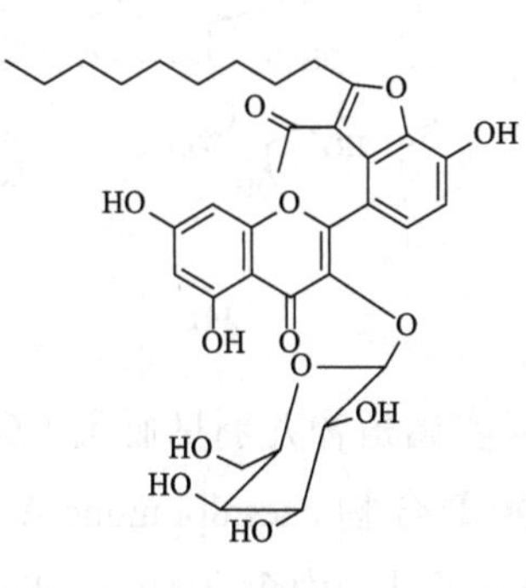

336 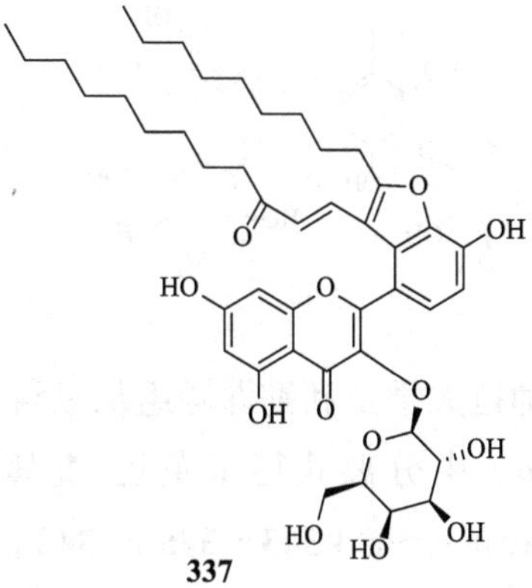　　　　　　　　　　　　　　　　**337**

中国医学科学院药物研究所张培成课题组从菊科红花属植物红花（*Carthamus tinctorius*）中分离获得了查耳酮 saffloflavoneside A（**338**）和二氢黄酮碳苷 saffloflavoneside B（**339**）。化合物 **338** 和 **339** 的结构中含有黄酮化合物中罕见的呋喃并四氢呋喃环（furan-tetrahydrofuran ring）基团，能够抑制鱼藤酮诱导的 PC12 细胞死亡[182]。南京中医药大学段金廒课题组从菊科红花属植物红花中分离获得了结构新颖的醌化查耳酮碳苷衍生物 carthorquinoside A（**340**）和 carthorquinoside B（**341**）。**340** 是查耳酮和黄酮醇通过亚甲基相连接形成的碳苷，**341** 则是两分子醌化查耳酮葡萄糖苷形成的二聚体。**340** 和 **341** 具有抗炎活性，能够抑制脂多糖诱导的人脐静脉内皮细胞（HUVEC）中白细胞介素 IL-1、IL-6、IL-10 和干扰素 IFN-γ 炎症因子的表达[183]。

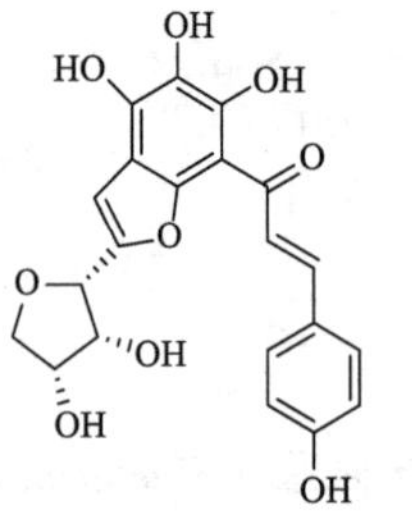

338

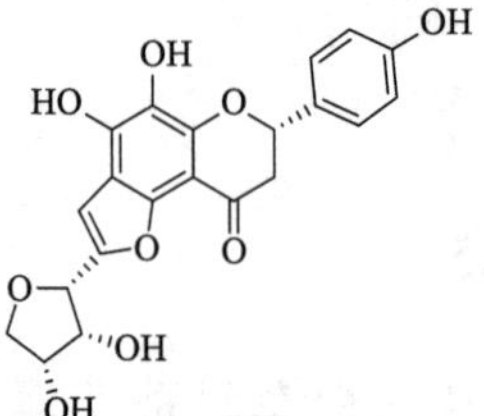

339

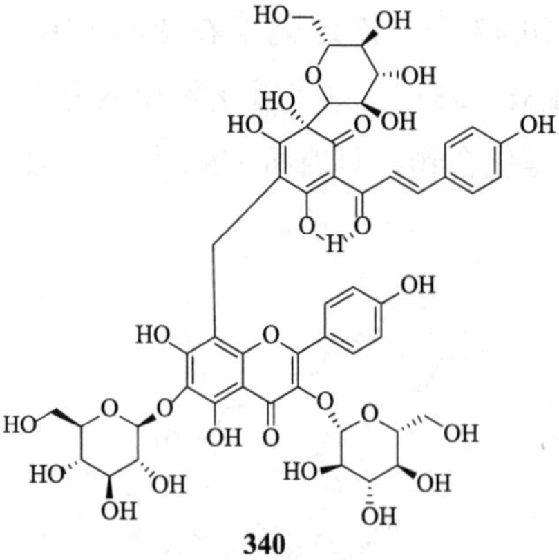

340

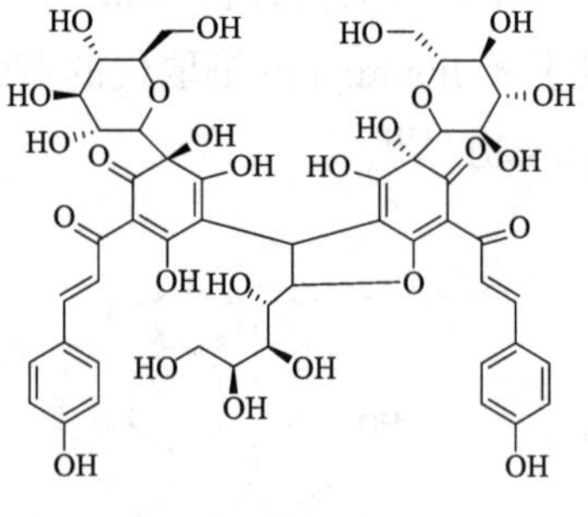

341

云南师范大学王利勤课题组从豆科云实属植物九羽见血飞（*Caesalpinia enneaphylla*）中分离获得了黄烷-查耳酮聚合物 caesalpinnone A（**342**）和 caesalpinflavan A～C（**343**～**345**）。**342** 的分子结构中含有 10, 11-dioxatricyclic

[5.3.3.0^{1,6}]tridecane 桥联结构，具有较强的细胞毒性，对人白血病 HL-60 细胞、人肝癌 SMMC-7721 细胞、人肺癌 A549 细胞、人乳腺癌 MCF-7 细胞、人结肠癌 SW-480 细胞具有生长抑制作用，其 IC$_{50}$ 值为 0.54～0.87 μmol/L[184]。

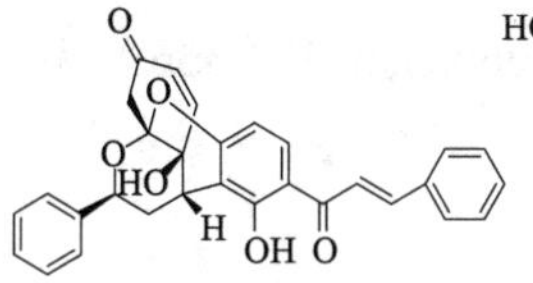

342 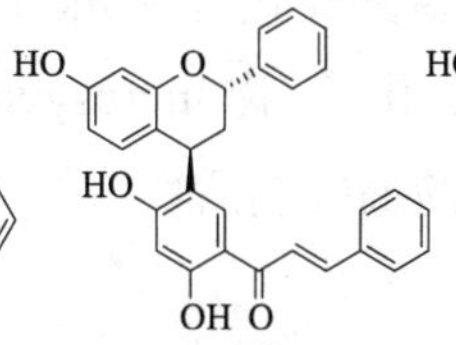　　**343** 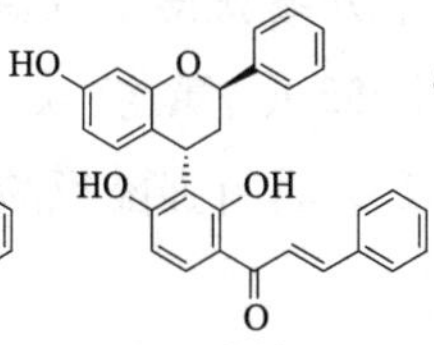　　**344** 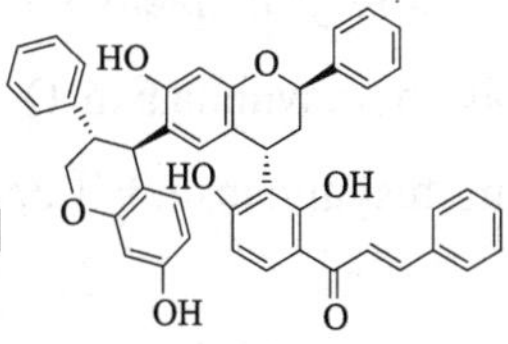　　**345**

姚广民课题组从木樨科连翘属植物连翘（*Forsythia suspensa*）中分离获得了结构新颖的苯乙醇苷-黄酮聚合体 forsythoneoside A～D（**346～349**）。这些化合物具有细胞保护作用，能够抑制鱼藤酮诱导的 PC12 细胞损伤[185]。

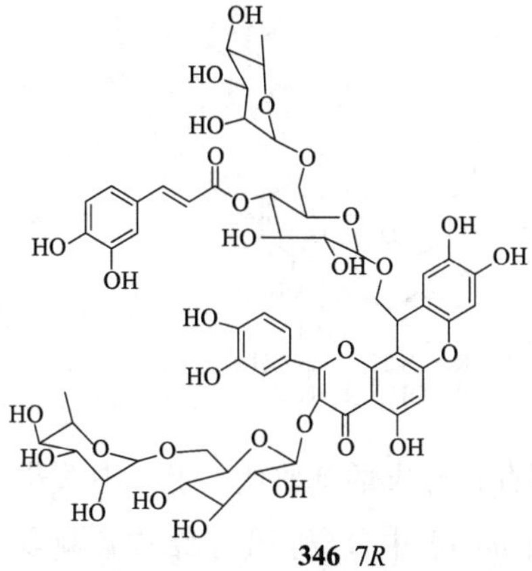

346 7*R*　　　　　　　　**348** M configuration
347 7*S*　　　　　　　　**349** P configuration

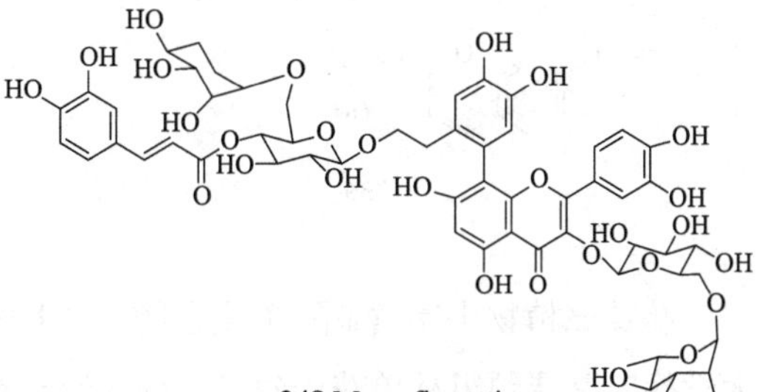

张卫东课题组从藓类植物金发藓（*Polytrichum commune*）中分离获得了苯乙烯-黄酮聚合体 communin A（**350**）和 communin B（**351**）及苯并杂氧烯酮（benzonaphthoxanthenone）类化合物 ohioensin H（**352**）[186]。中国药科

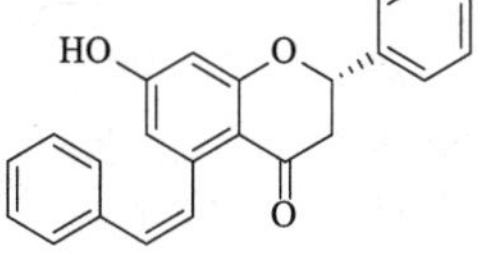

350 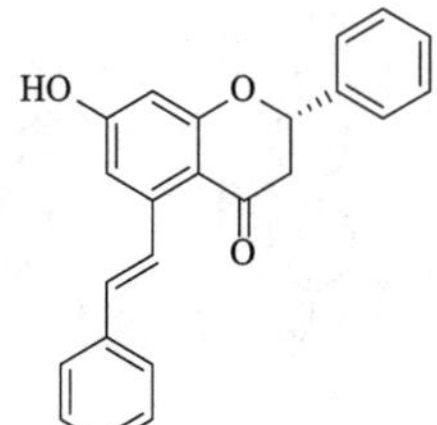　　　　　**351** 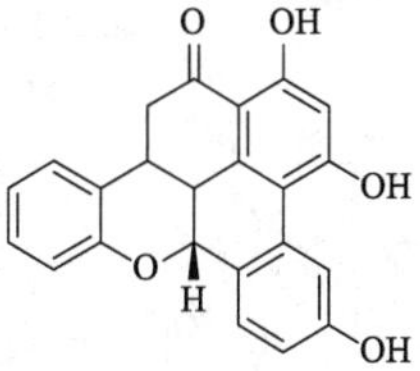　　　　　**352**

大学余佰阳课题组从天门冬科黄精属植物玉竹（*Polygonatum odoratum*）中分离获得的高异黄酮类化合物能够促进胰岛素诱导的 3T3-L1 细胞葡萄糖吸收，其中高异黄酮（**353**）活性最强[187]。侯爱君课题组从桑科桑属植物川桑（*Morus yunnanensis*）中分离获得了双黄酮类化合物 morusyunnansin C（**354**）和 morusyunnansin D（**355**）、黄烷类化合物 morusyunnansin E（**356**）和 morusyunnansin F（**357**），具有强酪氨酸酶抑制活性[188]。

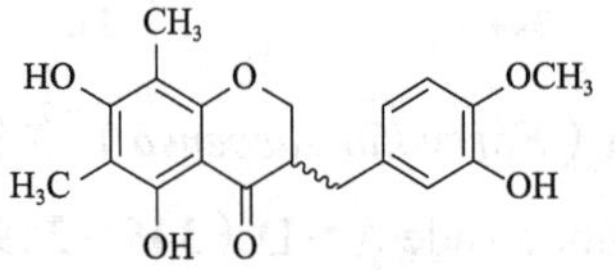

353 a 3*R* 84.9%
353 b 3*S* 15.1%

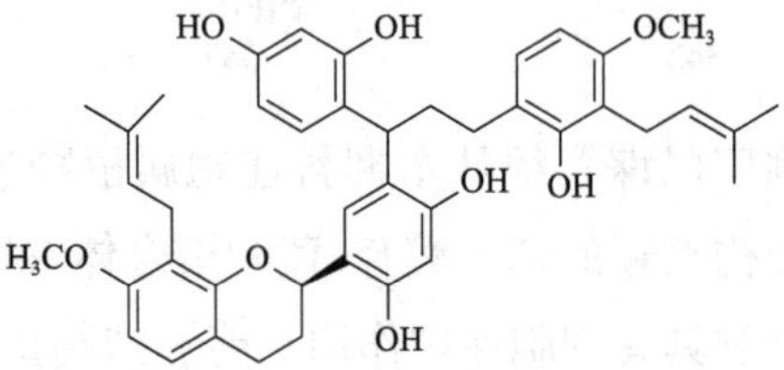

354

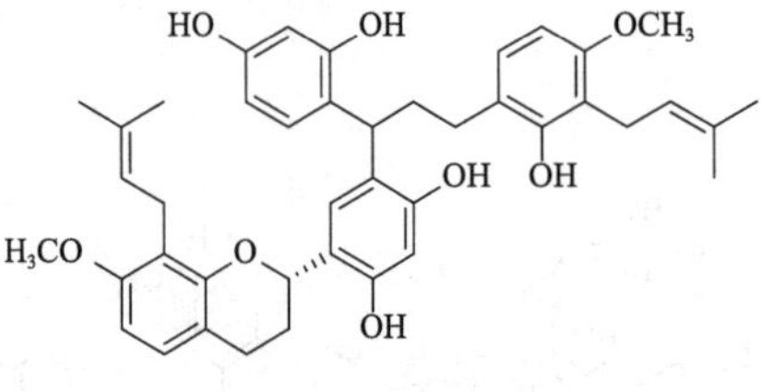

355

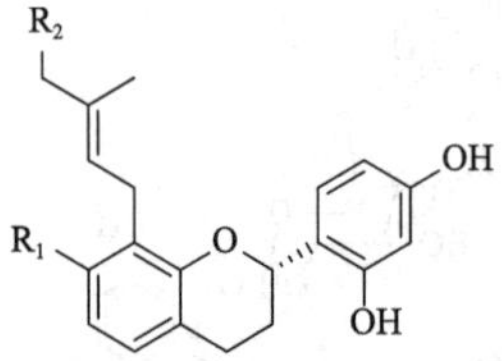

356 R₁=OCH₃, R₂=OH
357 R₁=OH, R₂=H

藤黄属植物中富含呫酮类化合物，并且多存在异戊烯基取代。上海中医药大学徐宏喜课题组从单花山竹子（*Garcinia oligantha*）中分离获得了结构新颖多样的呫酮类化合物，包括二氢呫酮类化合物 oliganthin H（**358**）和 oliganthin I（**359**），四氢呫酮类化合物 oliganthone B（**360**）和 oliganthic acid A（**361**），能够抑制 A549、HepG2、HT-29 和 PC-3 细胞增殖，IC₅₀ 值为 2.1～8.6 μmol/L[189]。

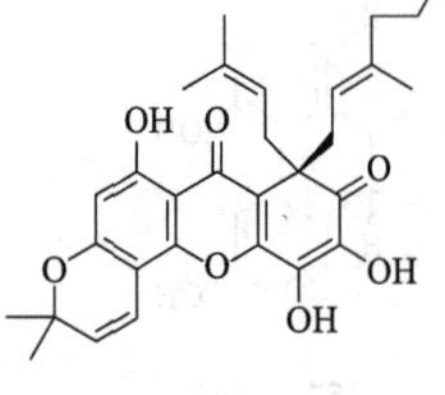

358 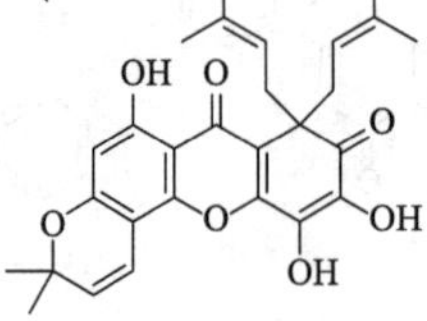　**359** 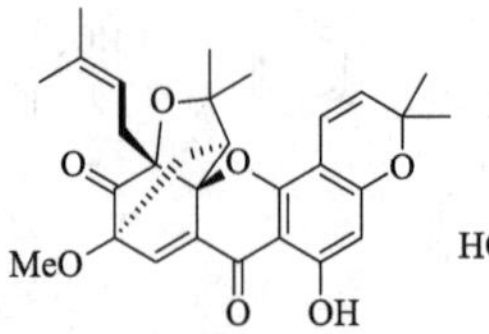　**360** 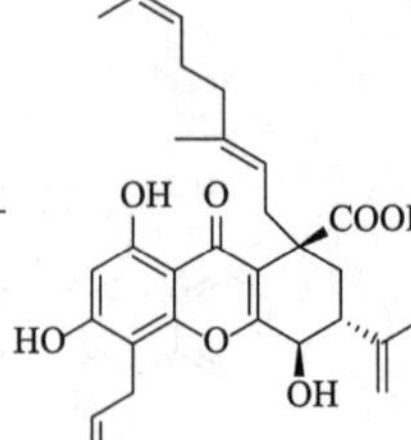　**361**

华会明课题组从藤黄科藤黄属植物大苞藤黄（*Garcinia bracteata*）分离获得了异戊烯基取代𠮾酮类化合物 **362~364**。该类化合物对人白血病 HL-60 和 K562 细胞生长具有抑制作用，半数生长抑制（GI_{50}）值为 0.2~8.8 μmol/L[190]。孔令义课题组从金丝桃科金丝桃属植物金丝桃（*Hypericum monogynum*）中分离获得了异戊烯基取代𠮾酮 monogxanthone A~C（**365~367**）；**365** 和 **366** 具有神经保护作用和抗炎活性，能够抑制皮质酮诱导的 PC12 细胞损伤，对脂多糖诱导的 BV2 细胞 NO 形成有抑制作用，IC_{50} 值分别为 7.47 μmol/L 和 9.60 μmol/L[191]。

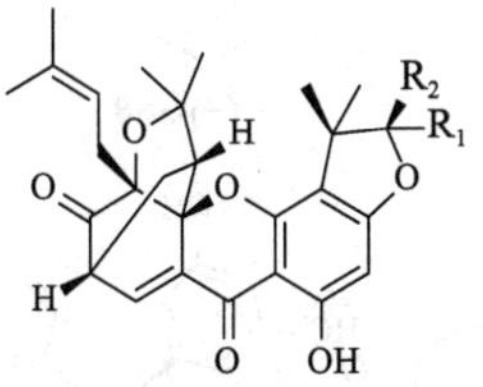

362 R₁=H，R₂=Me
363 R₁=H，R₂=CH₂OH
364 R₁=CH₂OH，R₂=H

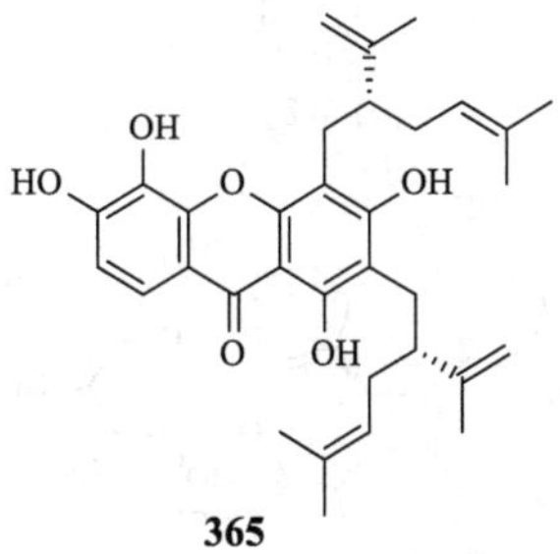

365

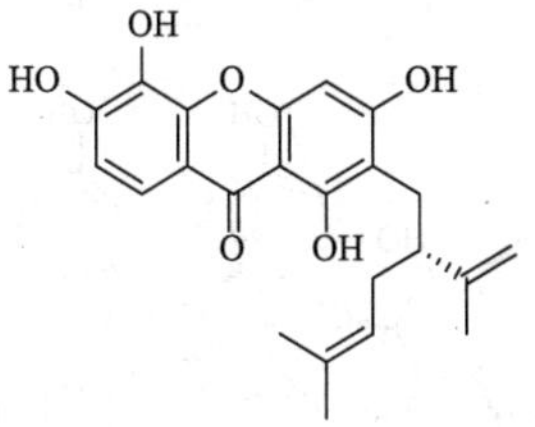

366

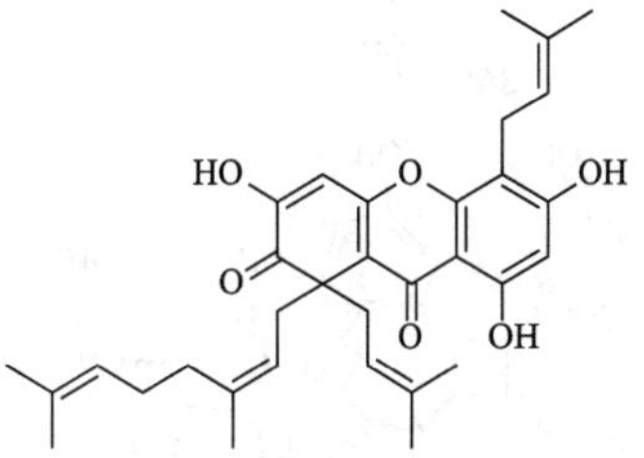

367

六、芪

芪类是指具有 1,2-二苯乙烯骨架的化合物，以单体或聚合物形式存在，包括二苯乙烯、二苯乙基、菲类单体及其聚合物。叶文才课题组从豆科木豆属植物木豆（*Cajanus cajan*）中分离获得了一对芪类二聚对映异构体 (+)-cajanusine[(+)-**368**] 和 (−)-cajanusine[(−)-**368**]，结构中含有芪类单体，通过自由基加成形成了新颖的 bicyclo[4.2.0]oct-4-en-3-one 分子骨架；两种化合物均表现出抑制人肝癌细胞 HepG2 增殖的活性[192]。该课题组从蓼科蓼属植物何首乌（*Pleuropterus multiflorus*）中分离获得了芪类二聚体葡萄糖苷 multiflorumiside A~D

（**369～372**），其结构中两分子芪类单体通过环丁烷环骈合形成二聚体；该类化合物能够抑制脂多糖诱导的 NO 生成，表现出抗炎活性[193]。天津大学苏艳芳课题组从何首乌中分离获得了 stibene 苷衍生物 polygonumoside A～D（**373～376**）。它们以对映异构体的形式分离获得，并通过电子圆二色谱法确定了其绝对构型[194]。

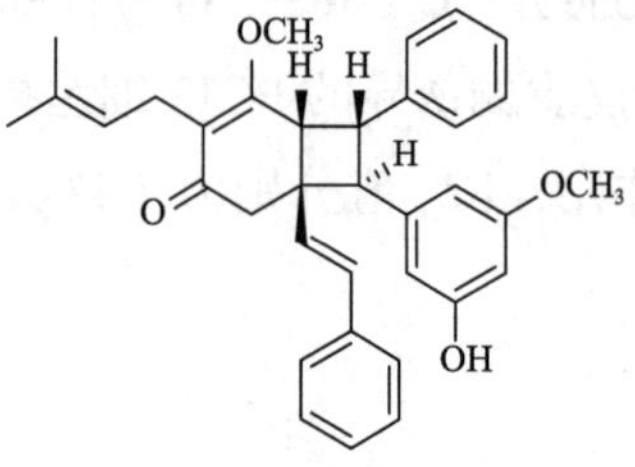

(+)-**368**

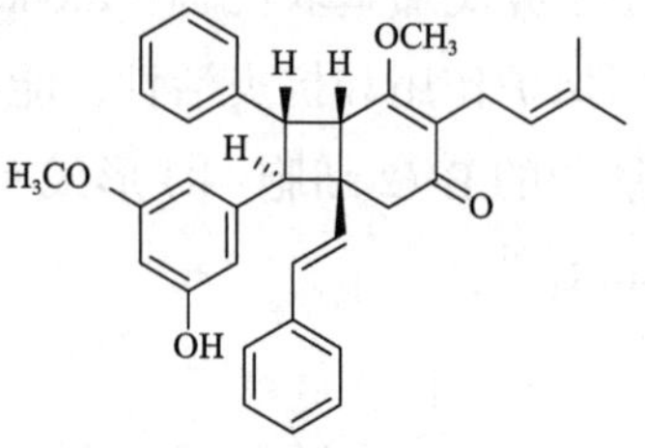

(−)-**368**

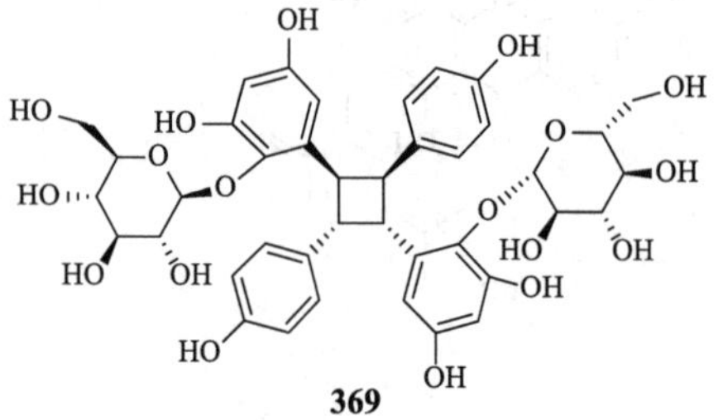

369

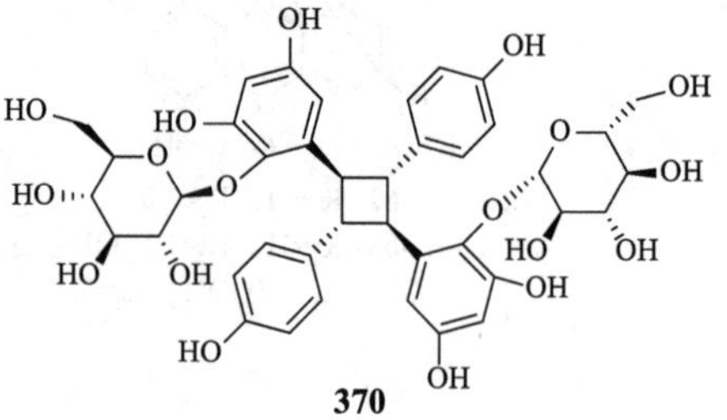

370

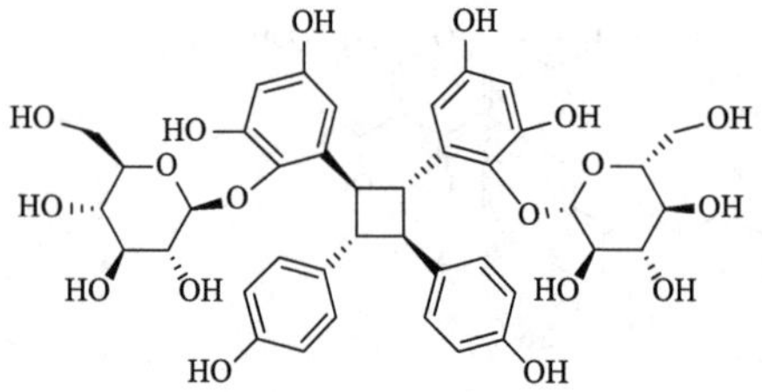

371

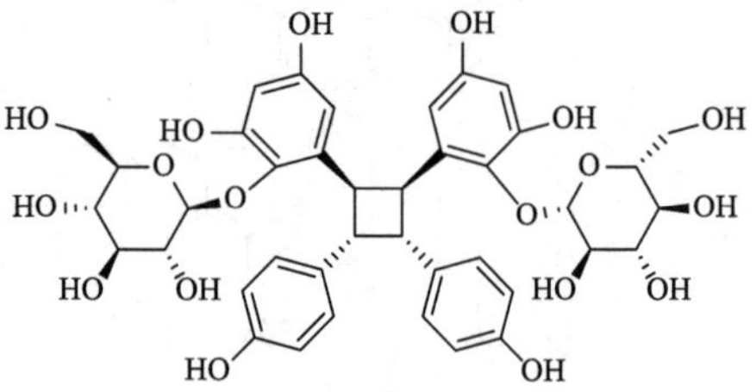

372

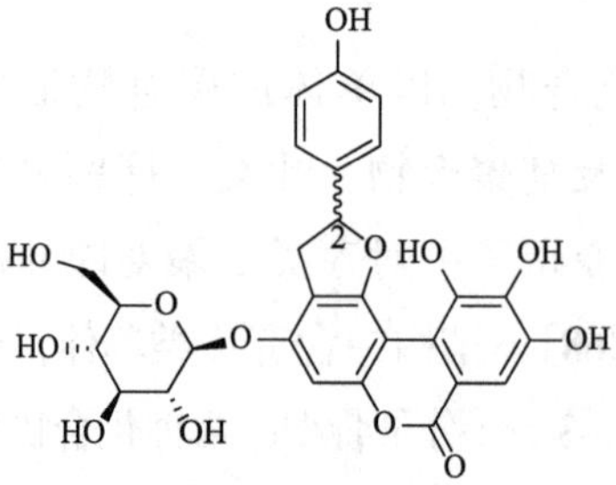

373	2*S*
374	2*R*

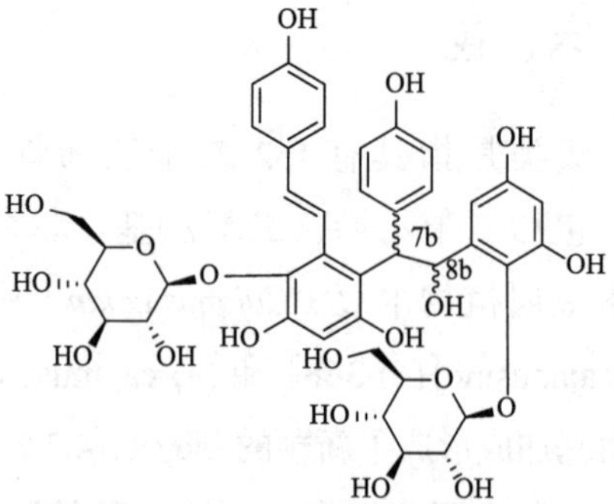

375	7b*R*, 8b*S*
376	7b*S*, 8b*R*

七、其他类型化合物

段金廒课题组从卷柏科卷柏属植物垫状卷柏（*Selaginella pulvinata*）中分离获得了结构复杂、含有炔基和高度共轭体系的 selaginellin 二聚体 elaginellin A（**377**）和 elaginellin B（**378**）。其中，**378** 能够诱导肝癌细胞 SMMC-7721 凋亡，具有抑制肿瘤细胞转移活性[195]。中山大学尹胜课题组从垫状卷柏中分离获得了一系列 9,9-二苯基-1-苯乙炔-9*H*-芴新骨架分子 selaginpulvilin A～D（**379**～**382**），具有显著磷酸二酯酶Ⅳ（PDE4）抑制活性，活性最强的化合物的 IC_{50} 值达 0.11 μmol/L，强于阳性对照药 rolipram[196]。

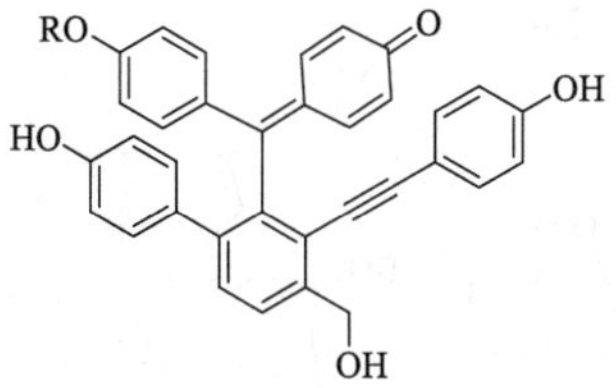

377 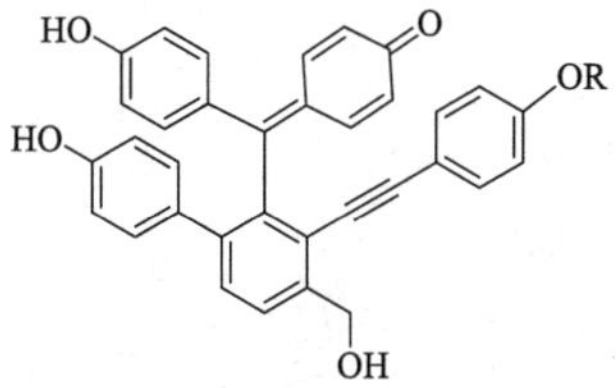　　　　　**378**

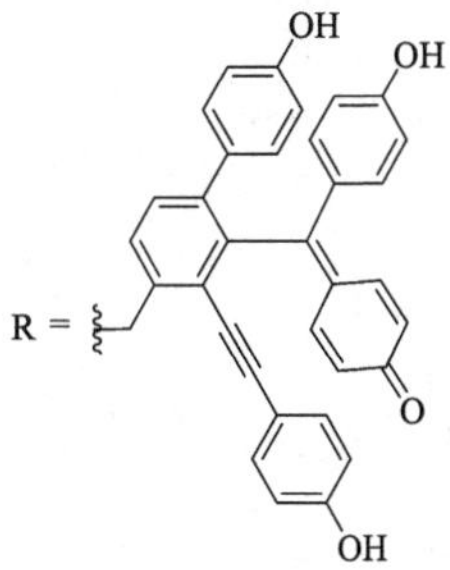

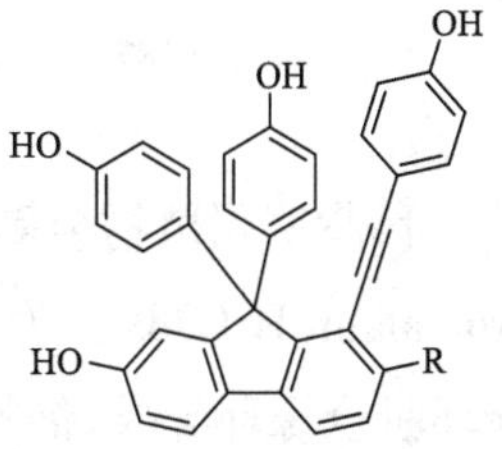

379　R=CH$_2$OH
380　R=CHO
381　R=CH$_3$
382　R=H

北京中医药大学李军课题组从瑞香科沉香属植物土沉香（*Aquilaria sinensis*）中分离获得了一系列结构新颖的 2-(2-苯乙基)色原酮二聚体化合物，其中多个化合物以对映异构体形式分离获得，如 aquisinenone A（**383**）和 aquisinenone B（**384**）。该类化合物能够抑制脂多糖诱导的小鼠巨噬细胞 RAW264.7 细胞中 NO 的生成，IC_{50} 值为 7.0～12.0 μmol/L，表现出较好的抗炎活性[197]。

石建功课题组从樟科润楠属植物瑶山润楠（*Machilus yaoshansis*）中分离获得了长链螺环内酯类化合物 yaoshanenolide A（**385**）和 yaoshanenolide B（**386**），是由丁烯酸内酯和 *β*-水芹烯通过第尔斯-阿尔德环化加成反应获得。这是首次发现的天然三环螺环内酯类化合物[198]。尹胜课题组从芸香科蜜茱萸属植物三桠苦（*Evodia lepta*）中分离获得了多异戊烯基取代环戊酮类化合物 (+)-evodialone A[(+)-**387**] 和 (−)-evodialone A[(−)-**387**]，它们以对映异构体形式分离获得，具有抗真菌活性[199]。

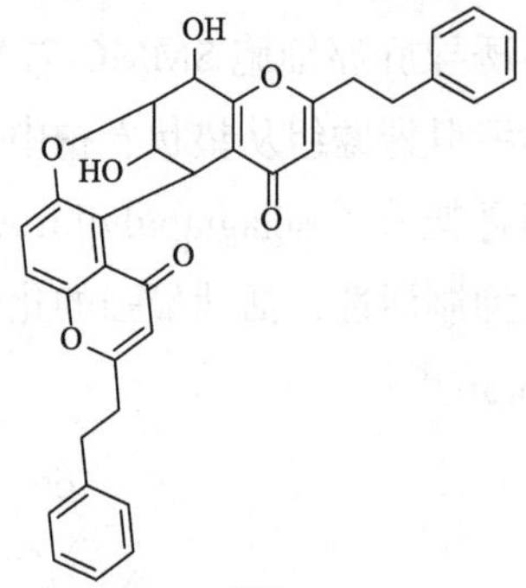

383

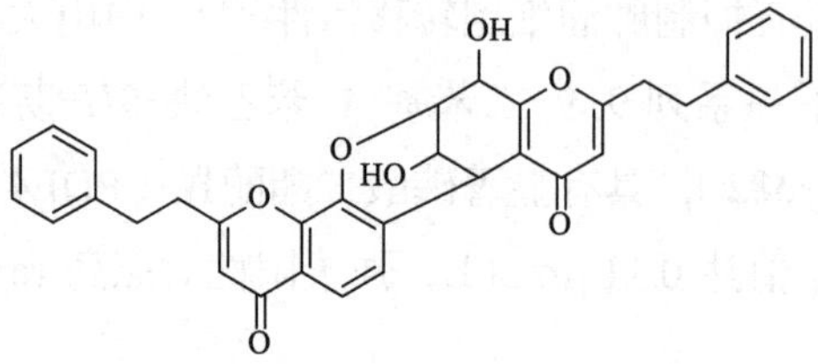

384

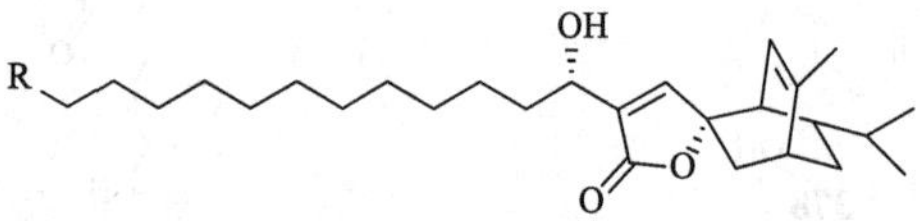

385 R=Et
386 R=H

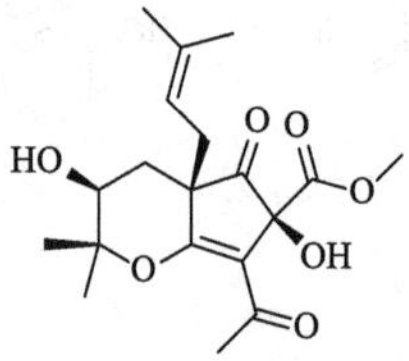

(−)-**387**

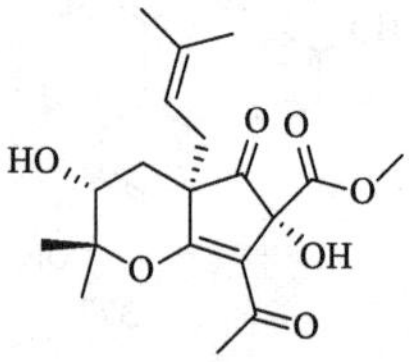

(+)-**387**

中国药科大学谭宁华课题组从茜草科茜草属植物金剑草（*Rubia alata*）中分离获得的 rubialatin A（**388**）和 rubialatin B（**389**）为 naphthohydroquinone 二聚体。**388** 具有新颖的 6/6/5/6/6 碳环骈合螺环异戊烯骨架，**389** 则具有重排 6/7/6/6 四环体系。**389** 对人肺癌 A549 细胞、人胃癌 SGC-7901 细胞和人宫颈癌 HeLa 细胞生长具有抑制作用，IC_{50} 值分别为 25.63 μmol/L、10.74 μmol/L 和 13.08 μmol/L[200]。

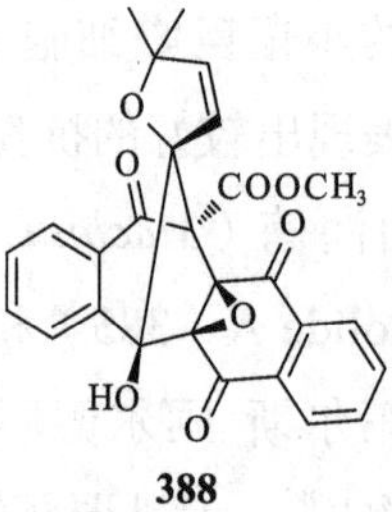

388

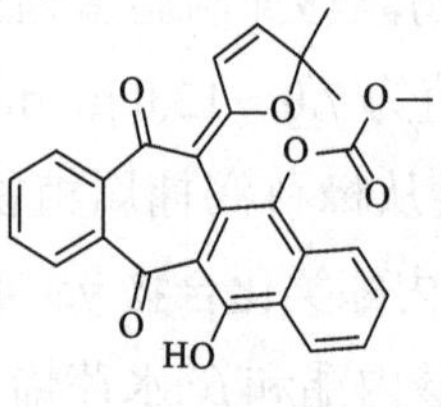

389

　　浙江大学甘礼社课题组从兰科石斛属植物石斛（*Dendrobium nobile*）中分离获得了一对螺二酮对映异构体 (±)-denobilone A（**390**）和一系列菲类衍生物［如 denobilone B（**391**）和 denobilone C（**392**）］及菲二聚体类化合物［如 denthyrsinol A（**393**）和 denthyrsinol B（**394**）］。**390** 具有细胞毒性，对人宫颈癌 HeLa 细胞、人乳腺癌 MCF-7 细胞和人肺癌 A549 细胞生长具有抑制作用，IC_{50} 值为 9.4～9.9 μmol/L[107]。从兰科白及属植物白及（*Bletilla striata*）中分离获得了结构多样的 9′, 10′-dihydro-biphenanthrene 类化合物，两分子单体连接方式多样，包括罕见的 1, 2′-linked biphenanthrene（**395**）、1, 3′-linked biphenanthrene（**396**）和两个新的 1, 1′-linked biphenanthrene（**397**、**398**）[201]。

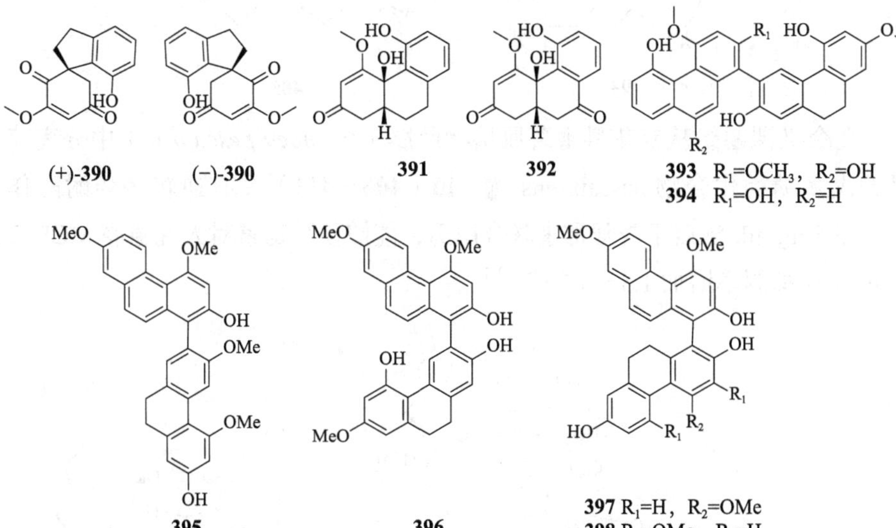

(+)-390　　(−)-390　　**391**　　**392**　　**393** R₁=OCH₃，R₂=OH
394 R₁=OH，R₂=H

395　　**396**　　**397** R₁=H，R₂=OMe
398 R₁=OMe，R₂=H

　　云南民族大学杨光宇课题组从兰科竹叶兰属金平竹叶兰（*Arundina graminfolia*）中分离获得了酚类化合物 gramniphenol C～G（**399**～**403**），并评价了它们的抗病毒活性。化合物 **402** 和 **403** 具有抗烟草花叶病毒活性，IC_{50} 值为 20.8～57.7 μmol/L；化合物 **400** 和 **401** 具有抗 HIV 活性，其治疗指数高于 100∶1[202]。

　　岳建民课题组从科特迪瓦桃花心木（*Khaya ivorensis*）中发现了两个具有免疫抑制活性的双炔大环内酯化合物 ivorenolide A（**404**）和 ivorenolide B（**405**）。**404** 和 **405** 具有罕见的共轭双炔片段和多个手性中心，分别形成了 18 元和 17 元大环内酯。它们对刀豆蛋白 ConA 诱导的 T 淋巴细胞增殖及脂多糖诱导的 B 淋巴细胞增殖均有良好的抑制活性和选择性。该课题组通过两种不同的策略，对 **404** 和 **405** 进行了全合成，从而确定了它们的绝对构型[203, 204]。

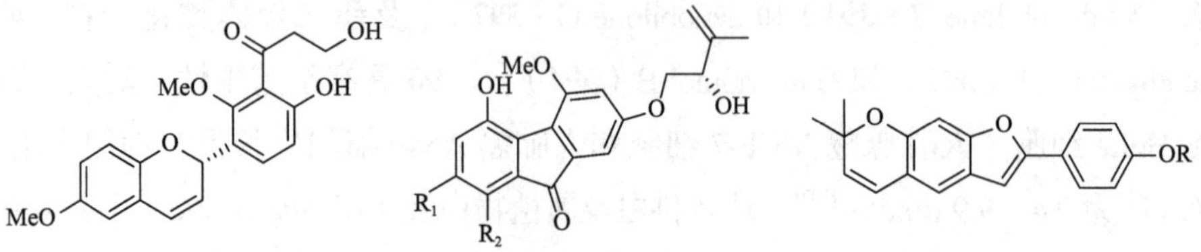

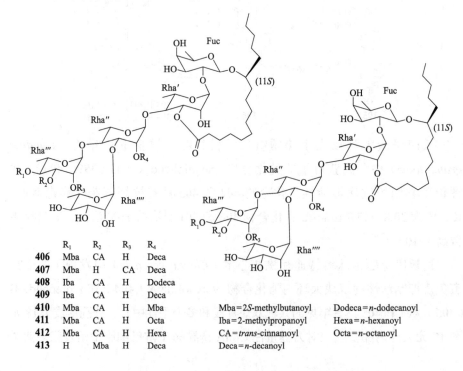

399

400 R$_1$=H, R$_2$=OH
401 R$_1$=OH, R$_2$=H

402 R=H
403 R=Me

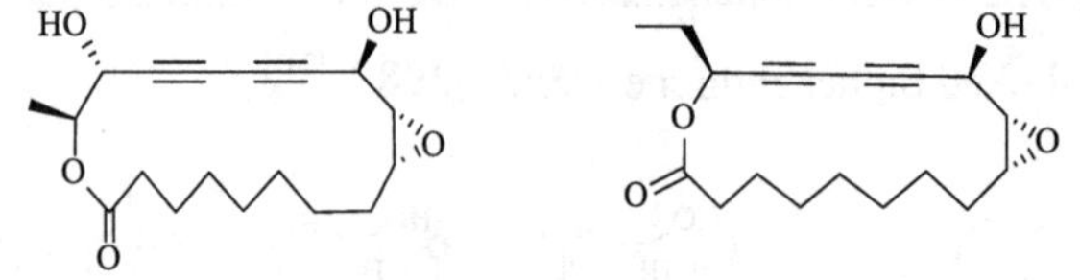

404

405

孔令义课题组从旋花科番薯属植物厚藤（*Ipomoea pescaprae*）中分离获得的戊多糖类化合物 pescapreins ⅩⅧ～ⅩⅩⅤ（**406**～**413**）具有逆转多药耐药作用，在 5 µg/mL 浓度下与阿霉素联合用药，能够使阿霉素对人乳腺癌 MCF-7/ADR 生长抑制率增加 1.5～3.7 倍[205]。

	R$_1$	R$_2$	R$_3$	R$_4$
406	Mba	CA	H	Deca
407	Mba	H	CA	Deca
408	Iba	CA	H	Dodeca
409	Iba	CA	H	Deca
410	Mba	CA	H	Mba
411	Mba	CA	H	Octa
412	Mba	CA	H	Hexa
413	H	Mba	H	Deca

Mba=2S-methylbutanoyl　　Dodeca=*n*-dodecanoyl
Iba=2-methylpropanoyl　　Hexa=*n*-hexanoyl
CA=*trans*-cinnamoyl　　Octa=*n*-octanoyl
Deca=*n*-decanoyl

第三节　陆地微生物天然产物化学研究进展

陆地中蕴藏着种类繁多、数量丰富的陆地微生物。许多陆地微生物与陆地动植物（如昆虫、植物）存在共生、共栖或者附生的关系。这些陆地来源的微生物在与宿主或者环境协同进化过程中，自身也获得了产生活性物质的能力，是新型药物先导化合物的重要来源。近年来，我国天然产物发掘蓬勃发展，分离得到了大量结构新颖、功能独特的陆地微生物天然产物。

一、聚酮

聚酮化合物由低级羧酸通过连续的缩合反应生成，是功能和结构最多样化的天然产物类型。它们的生物合成首先要对酰基辅酶 A 进行活化，此后经过羧酸的一系列重复的羟醛缩合而形成有一定长度的聚酮链骨架，最后经过环化、芳香化或者与脱氧糖等结构单元连接等过程。

（一）大环内酯

南京大学谭仁祥课题组以昆虫共生菌为出发点，从足目甲壳动物卷球鼠妇（*Armadillidium vulgare*）中分离得到一株真菌 *Acaulium* sp. H-JQSF，从其发酵液中分离并鉴定了三个新型骨架的大环内酯类化合物 acaulide（**414**）、acaulone A（**415**）和 acaulone B（**416**）。**414** 结构中以螺环相连的 14/14/6 三环可能来源于迭代的分子内迈克尔（Michael）加成反应。体外实验证实 **414** 具有良好的抗骨质疏松活性，有望发展为新型的骨质疏松治疗药物[206]。对该真菌进行大规模发酵，还鉴定了三聚的大环内酯 acaulin A（**417**）及开环的同系物 acaulin B（**418**），同样具有良好的抗骨质疏松活性[207]。

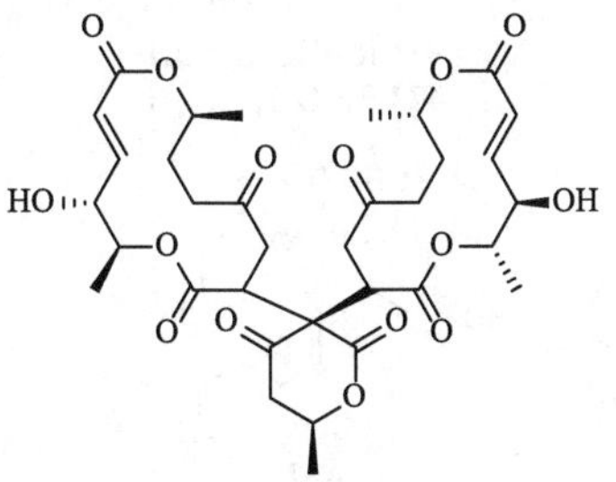

414 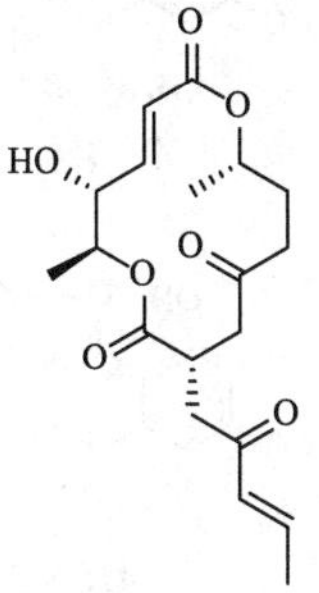　　　　　415 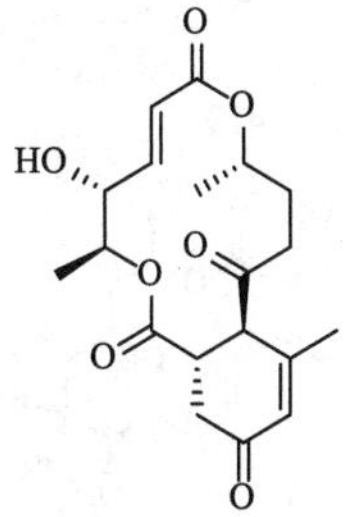　　　　　416

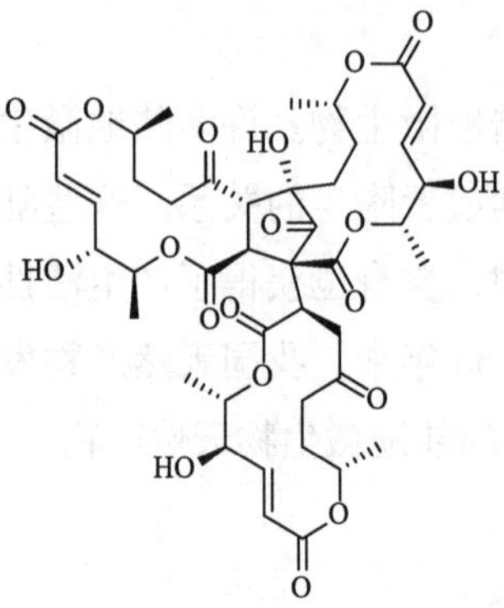

417 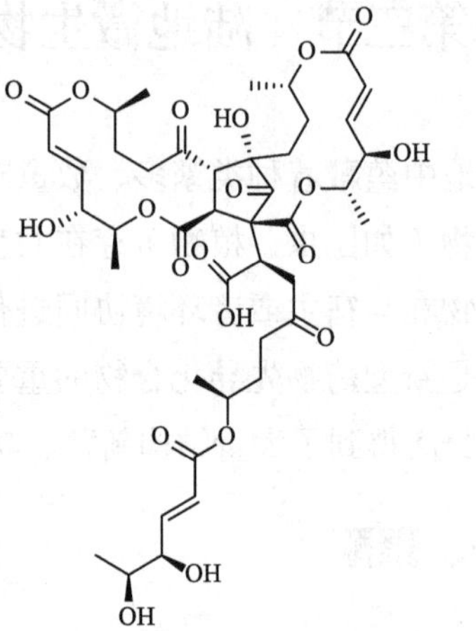　　　　　　　　　　　　**418**

中国科学院华南植物园魏孝义课题组从土壤中分离得到一株真菌 *Paecilomyces* sp. SC0924，从其固体培养基中分离得到新的 β-resorcylic acid 内酯 paecilomycin A～F（**419**～**424**）[208]。进一步分离该菌的发酵浸膏，又从中鉴定出一系列 β-resorcylic acid 内酯，包括 hypothemycin 型 paecilomycin N～P（**425**～**427**）、radicicol 型 dechloropochonin I（**428**）、monocillin VI～VII（**429**～**430**）、4′-hydroxymonocillin IV（**431**）及 4′-methoxymonocillin IV（**432**），paecilomycin N 和 paecilomycin O 含有特殊的 6/11/5 三环体系，而 paecilomycin P 则是首个 5′-keto 的 β-resorcylic acid 内酯[209]。黄胜雄课题组从传统中药龙血树中分离得到一株植物内生菌 *Streptomyces* sp. KIB-H869，从其发酵液中分离鉴定了一个新 hygrolidin 类型的大环内酯类化合物（**433**），并具有广谱抗真菌活性[210]。

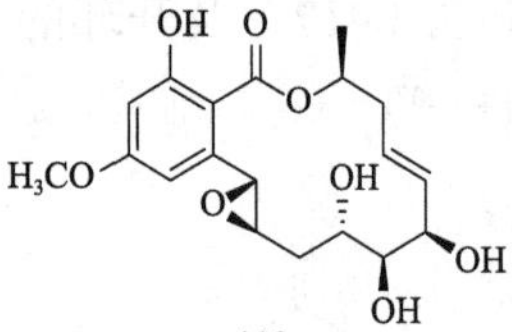

419

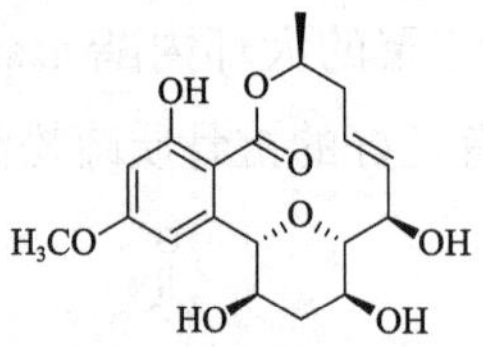

420

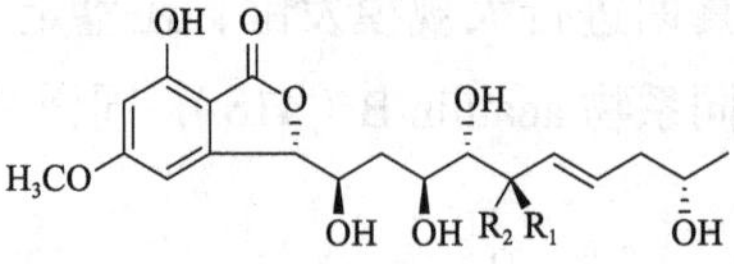

421 R₁=H，R₂=OH
422 R₁=OH，R₂=H

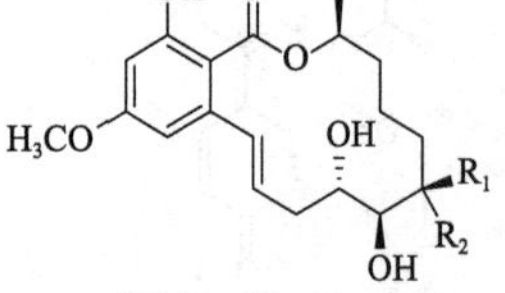

423 R₁=H，R₂=OH
424 R₁=OH，R₂=H

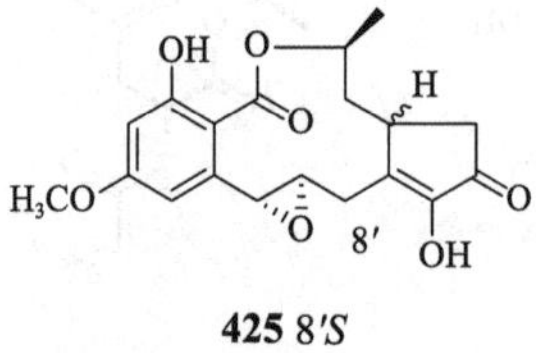

425 8′S
426 8′R

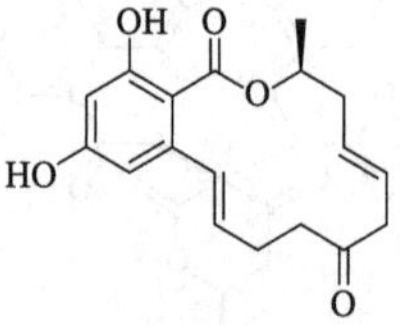

427

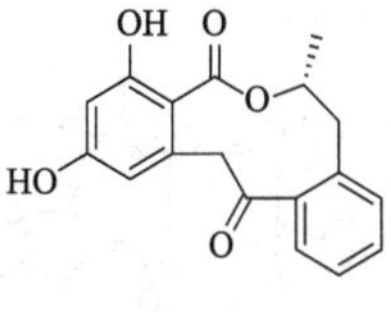

428 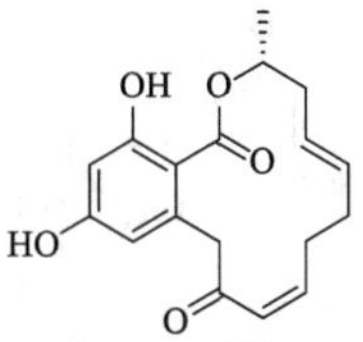　　429 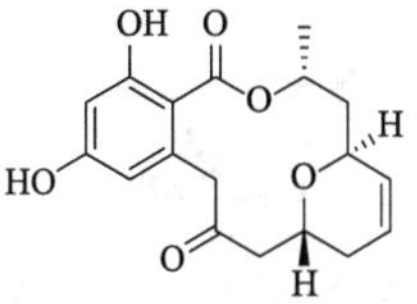　　430

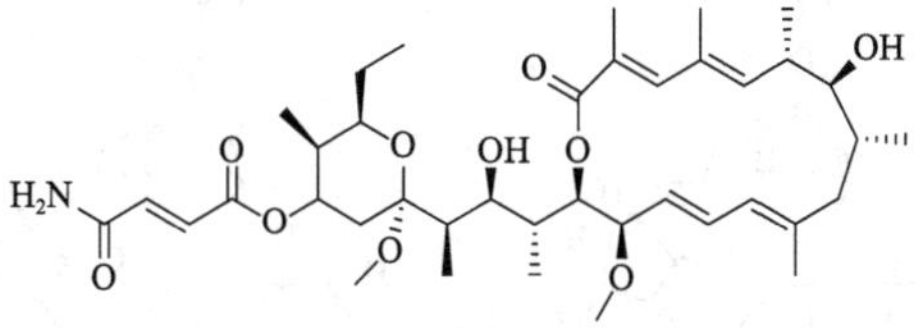

431 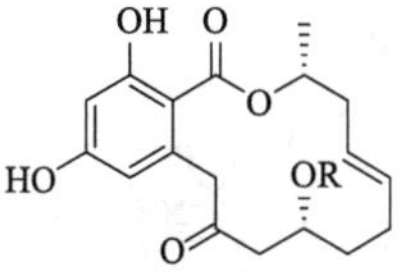　　432 R=CH₃　433 R=H

（二）大环内酰胺

　　大环内酰胺是通过聚酮合成酶-非核糖体肽合成酶（PKS-NRPS）杂合途径生成，主要从微生物中分离得到的一类独特的天然产物。中国医学科学院药物研究所戴均贵课题组从药用植物刺果番荔枝内生真菌 *Periconia* sp. F-31 中分离并鉴定了 PKS-NRPS 代谢产物 pericoannosin A（**434**）和细胞色素类化合物（**435～437**），其中 **434** 拥有一个特殊的六氢-1*H*-异苯并吡喃-5-异丁基-2-酮的骨架，化合物平面结构和绝对构型通过核磁共振、电子圆二色谱及 X 射线单晶衍射等方法进行了确认。**434** 和 **437** 具有抗 HIV 的活性，IC$_{50}$ 值分别为 69.6 μmol/L 和 29.2 μmol/L[211]。PTM（polycyclic tetramate macrolactams）是一类具有重要生物活性的大环内酰胺类天然产物。山东大学沈月毛课题组通过异源表达 *Streptomyces* sp. S10 中的 PTM 生物合成基因簇，分离并鉴定了新的该类化合物 combamide A～D（**438～441**），随后利用组合生物学的方法得到了另外两种衍生物 combamide E（**442**）和 combamide F（**443**）[212]。魏孝义课题组从 *Lysobacter enzymogenes* C3 的发酵液中分离并鉴定了新的 PTM 类化合物 lysobacteramide A（**444**）和 lysobacteramide B（**445**），其具有抗菌及细胞毒性[213]。

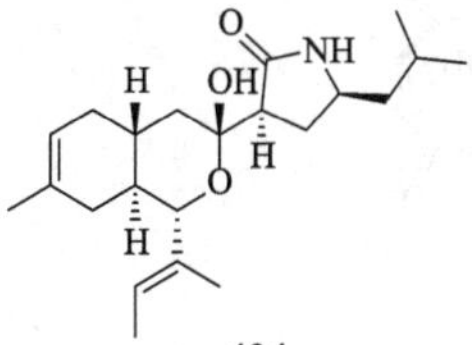

434 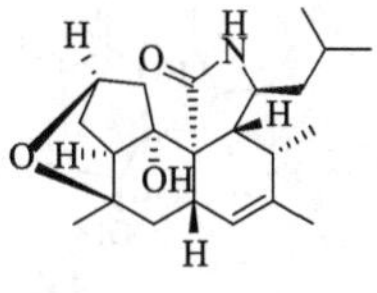　　435 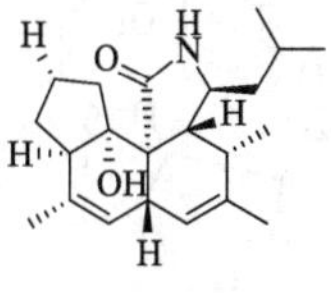　　436 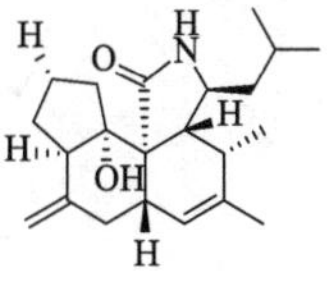　　437

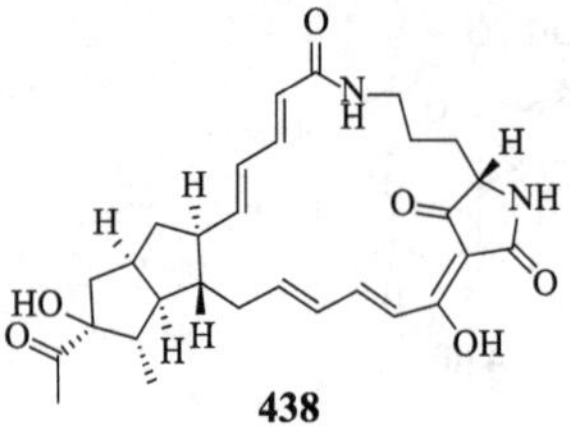

438 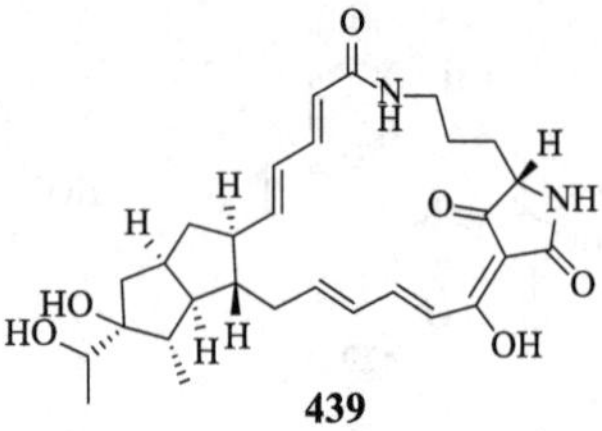　　　　　**439** 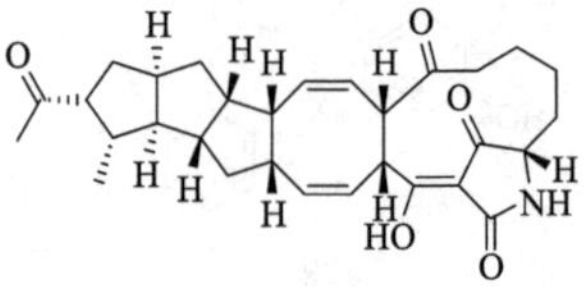　　　　　**440**

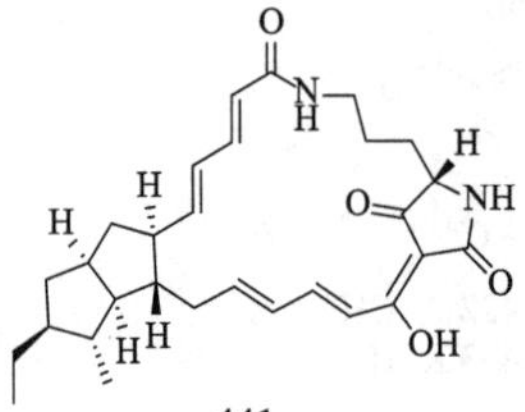

441 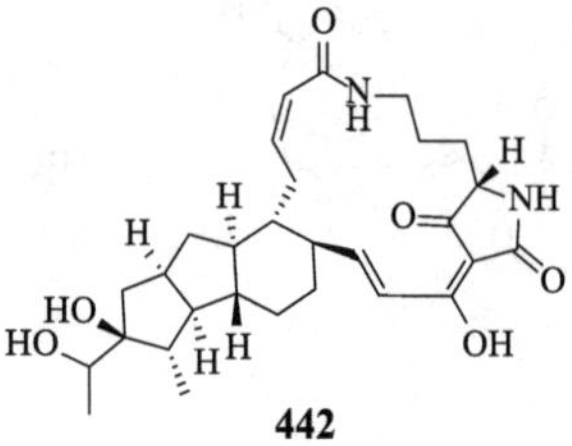　　　　　**442** 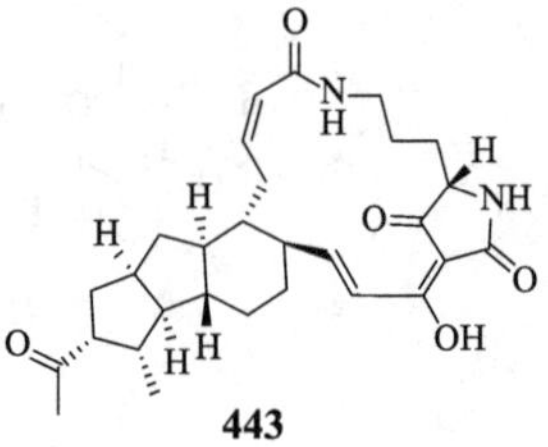　　　　　**443**

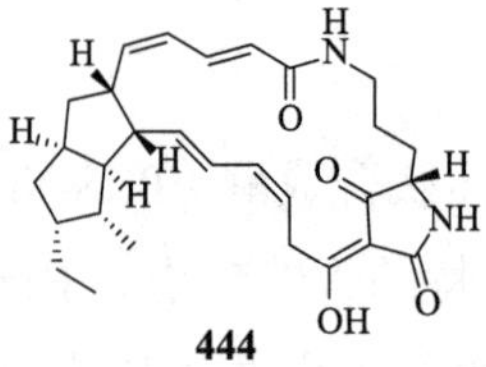

444 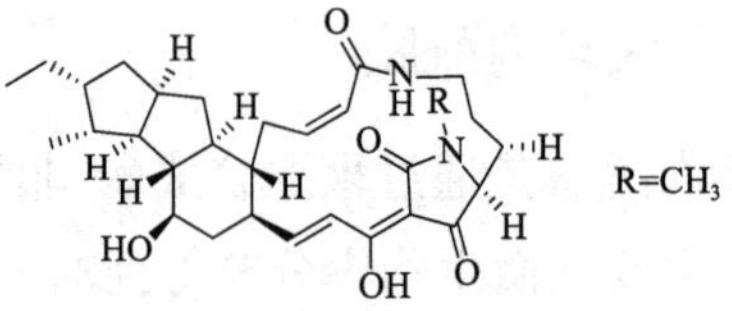　　　　　**445**　　R=CH₃

（三）安莎霉素

安莎霉素是大环内酯类家族的一类抗生素，其前驱体来源于 3-氨基-5-羟基苯甲酸（AHBA）。山东大学沈月毛课题组从土壤菌 *Streptomyces* sp. LZ35 敲除株中分离得到 hygrocin 衍生物，代表性化合物为 hygrocin C（**446**）和 hygrocin D（**447**），它们对人乳腺癌 MDA-MB-431 细胞和前列腺癌 PC3 细胞具有很强的细胞毒性[214]。该课题组通过激活 *Streptomyces* sp. LZ35 中一条安莎霉素生物合成基因簇，分离得到三个新的 naphthalenic octaketide 型安莎霉素 neoansamycin A~C（**448~450**），为发现新的安莎霉素骨架提供了新思路[215]。

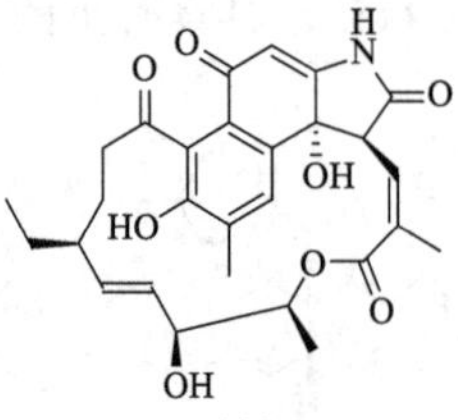

446 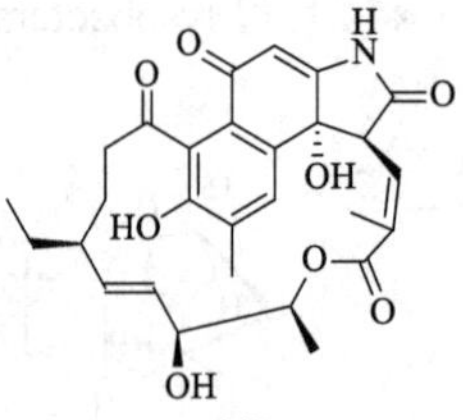　　　　　　　　　　**447**

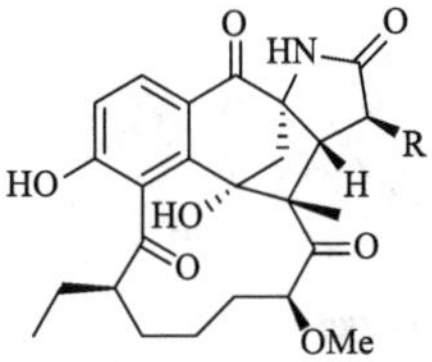

448 R= *n*-hexyl 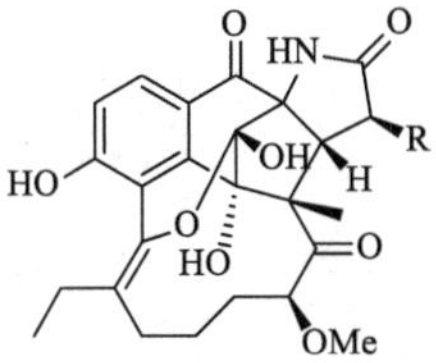   **449** R= *n*-hexyl 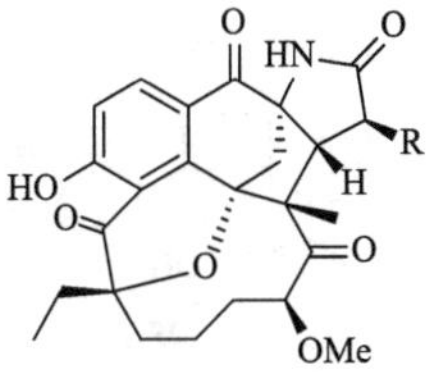   **450** R= *n*-pentyl

南京大学戈惠明课题组从蝗虫内生菌 *Amycolatopsis* sp. HCa4 中分离得到五个大环内酰胺类的 rifamorpholine A～E（**451～455**），其结构中含有未报道过的 5/6/6/6 环，进一步推测其生物合成过程中有一步关键 1, 6-环化形成吗啉环，抑菌活性研究发现化合物 **452** 和 **454** 对耐甲氧西林金黄色葡萄球菌有显著的抑制活性[216]。

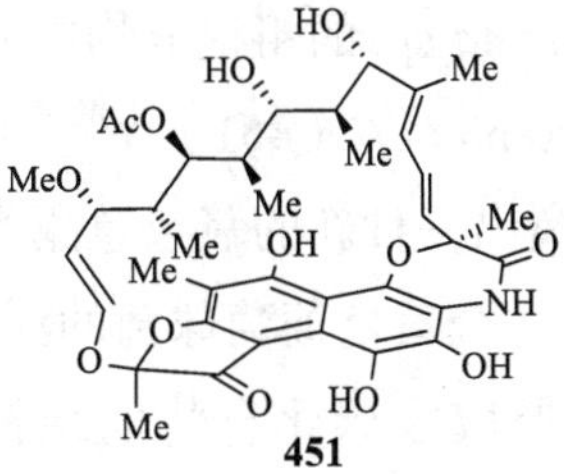

451

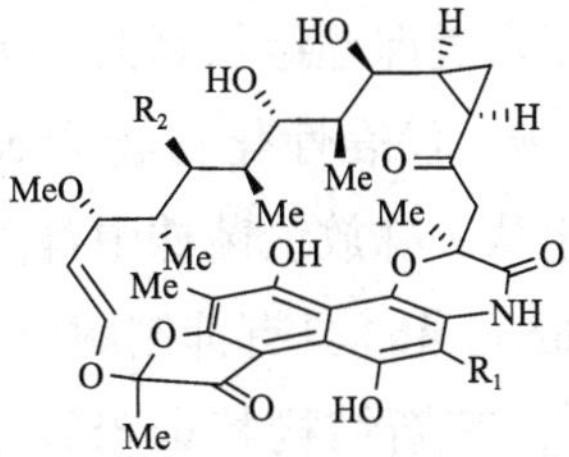

452 R$_1$= H, R$_2$= OH
453 R$_1$= H, R$_2$= OAc
454 R$_1$= OH, R$_2$= OH
455 R$_1$= OH, R$_2$= OAc

（四）芳香聚酮

芳香聚酮是乙酸通过缩合（起始单位除外）形成的，大部分 *β*-酮基在酰基链的延伸和完成后都一直保持非还原状态，经过折叠和醇醛缩合形成六元环，芳香环随后被脱水还原，如放线紫红素、柔红霉素、四环素等。

1. 简单芳香聚酮

中国科学院微生物研究所刘宏伟课题组从田纳西曲霉（*Aspergillus tennesseensis*）中分离出三种新的化合物 aspertenol A～C（**456～458**），并通过使用 CCK8 方法测试三种化合物对 A549、K562 和 ASPC 细胞系的细胞毒性。这些化合物显示出抑制 K562 细胞增殖作用，IC$_{50}$ 值为 16.6～72.7 μmol/L[217]。中国科学院尹文斌课题组通过表观遗传调节因子的靶向破坏，对植物内生真菌 *Pestalotiopsis fici* 中的组蛋白甲基转移酶和脱乙酰酶进行改造，成功分离得到新型芳香聚酮化合物（**459～460**），最后通过同位素标记实验表征了该类化合物的生源合成[218]。

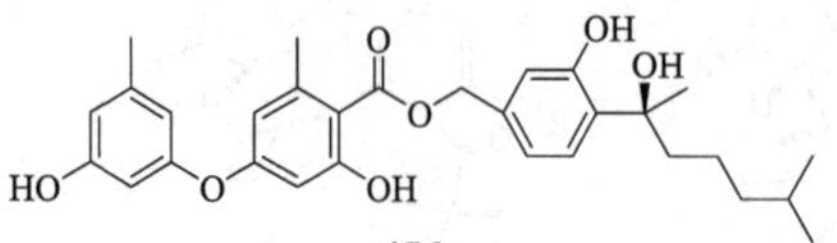

456

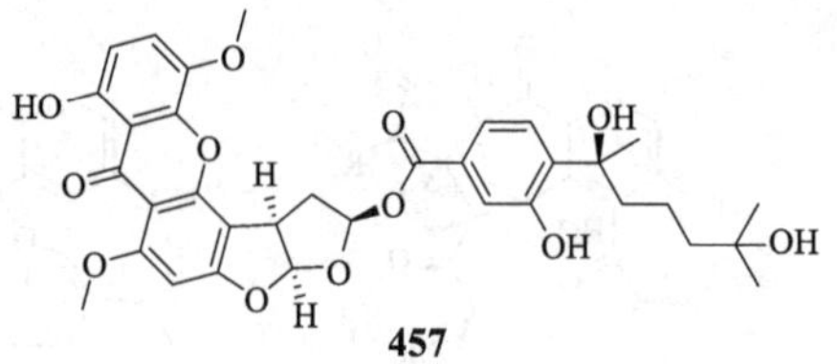

457

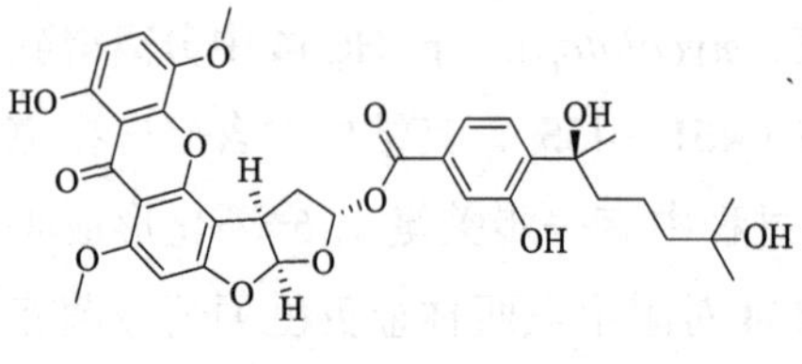

458

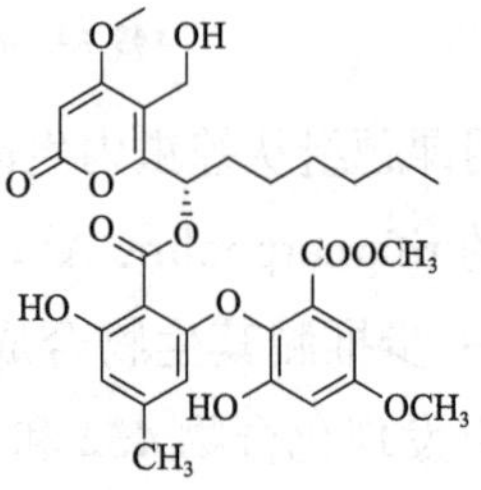

459

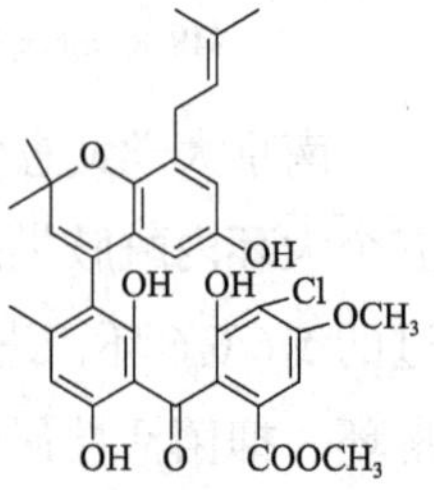

460

军事医学科学院车永胜课题组从真菌 *Coniochaeta* sp. 的粗提取物中分离出四个新的聚酮化合物，代表性化合物为 conioxepinol C（**461**）[219]。上海交通大学林双君课题组从一株放线菌株中首次分离出一种新的氧杂蒽酮类抗生素 xantholipin B（**462**）。**462** 具有抑制耐甲氧西林金黄色葡萄球菌的活性，MIC 值为 0.025 μg/mL，其新结构特征丰富了黄原胶家族化合物的结构多样性[220]。

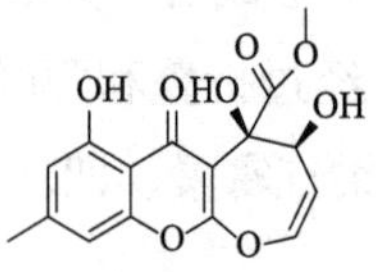

461

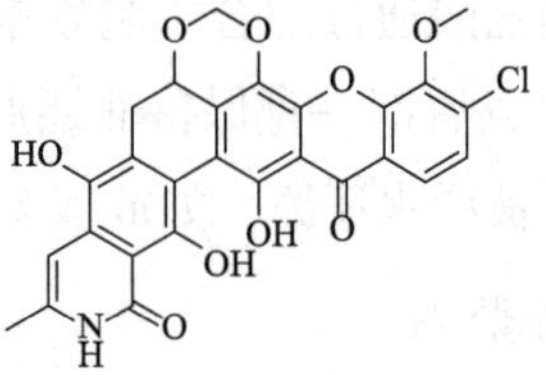

462

车永胜课题组从中国海南的植物王棕槟榔中分离得到真菌 *Pestalotiopsis photiniae*（L461），并通过固体发酵、分离并鉴定得到苯并呋喃酮衍生的 γ-内酯类化合物，代表性化合物为 photinide A（**463**）[221]。黄胜雄课题组从草药三七中分离得到内生真菌 *Penicillium manginii* YIM PH30375，并从其发酵液中分离鉴定出一个聚酮衍生的 heptacyclic oligophenalenone 二聚体 duclauxamide A1（**464**），**464** 具有 *N*-2-羟乙酰基单元，并根据乙酸盐标记实验，推测了关于该二聚体生物合成的路径。**464** 对多种癌细胞株表现出细胞毒性，对 HL-60、SMML-7721、A549、MCF-7 和 SW480 细胞系的 IC_{50} 值为 11～32 μmol/L[222]。

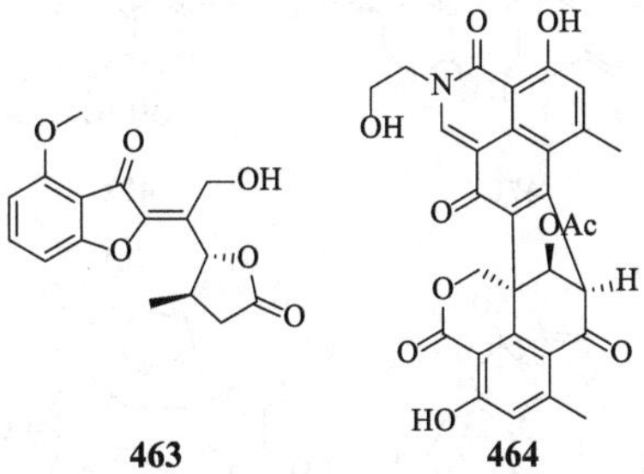

463　　**464**

2. 复杂骨架芳香聚酮

谭仁祥课题组以互利共生为线索，系统地研究了多个昆虫共生菌的活性天然产物。从螳螂肠道中分离并鉴定出共生真菌 *Daldinia eschscholzii* IFB-TL01，从其发酵液中分离并鉴定出两个新型骨架的聚酮结构 dalesconol A（**465**）和 dalesconol B（**466**），具有非常好的免疫抑制活性，其选择性指数甚至优于临床免疫抑制剂环孢菌素 A，是一极有潜力的新型免疫抑制剂[223]。该共生真菌还能产生四种类型碳骨架的聚酮分子，包括 daeschol A（**467**）、dalmanol A（**468**）、acetodalmanol A（**469**）和 acetodalmanol B（**470**）等，均具有不同程度的免疫抑制活性[224]。从 *Daldinia eschscholzii* IFB-TL01 发酵液中分离并鉴定出三个新聚酮化合物 daldinone F（**471**）、nodulisporin G（**472**）和 dalmanol C（**473**），其中 **471** 对癌细胞 SW480 具有较好的细胞毒性[225]；从 *Daldinia eschscholzii* IFB-TL01 中分离并鉴定了新聚酮类化合物，包括可诱导骨髓间充质干细胞分化成神经细胞的 selesconol（**474**）[226] 及可以抑制 NLRP3 炎症小体激活的 spirodalesol（**475**）[227]、dalescone A（**476**）和 dalescone B（**477**）[228]。

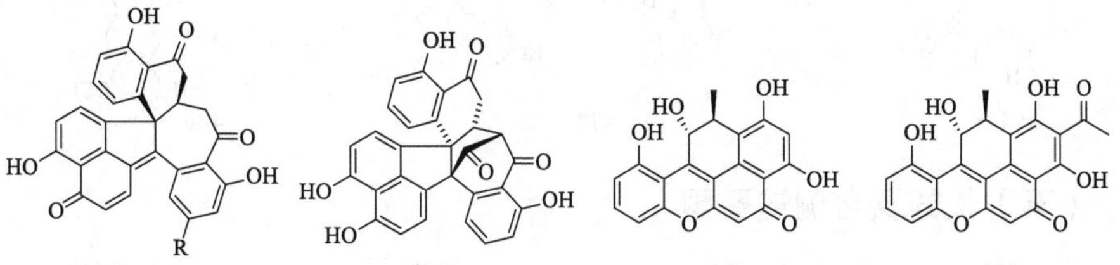

465 R=H
466 R=OH　　**467**　　**468**　　**469**

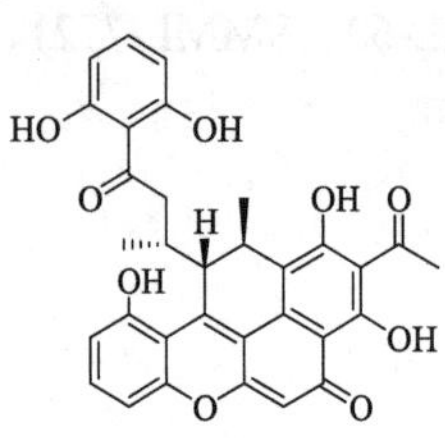

470 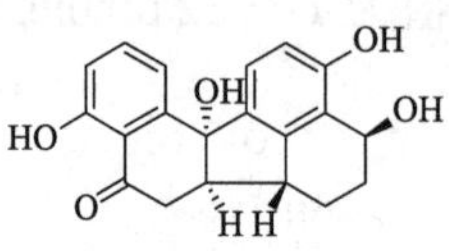　　**471** 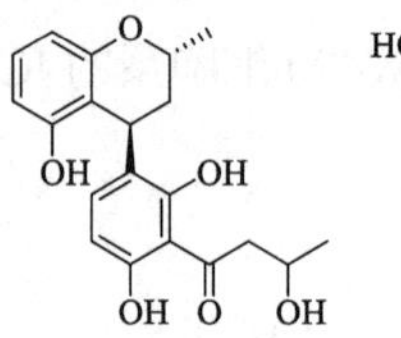　　**472** 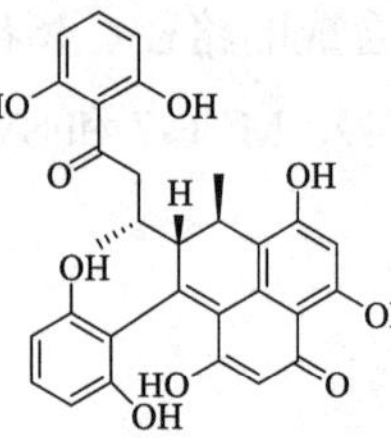　　**473**

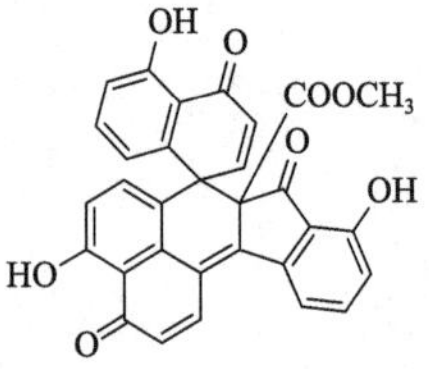

474 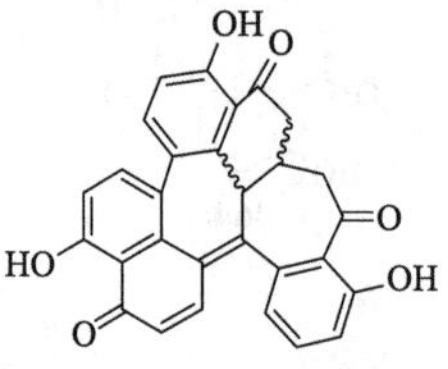　　　　**475** 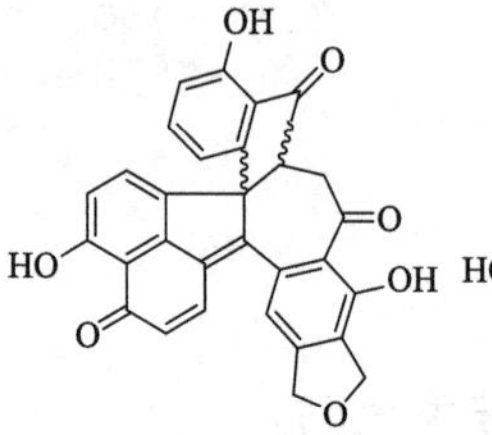　　　　**476** 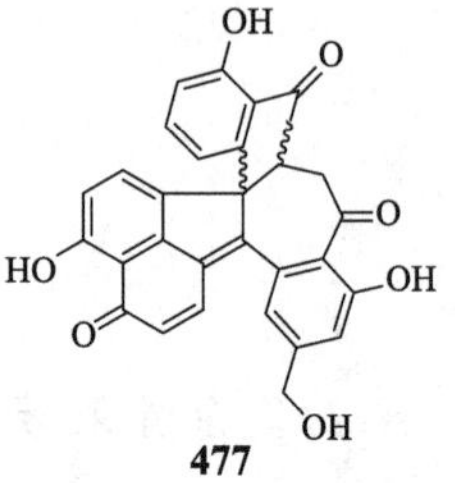　　　　**477**

　　娄红祥课题组从地衣内生真菌 *Phaeosphaeria* sp. 中分离获得了以 phaeosphaerin A（**478**）为代表的一系列茈醌类化合物，该类化合物具有良好的抗肿瘤作用[229]。姚新生课题组从内生真菌菌株 *Chaetomium elatum* 的粗提取物中分离得到五种新的 xanthone-anthraquinonee 二聚体类化合物，其中 xanthoquinodin A5（**479**）等表现出一定的细胞毒性[230]。车永胜课题组利用 LC-MS 为导向，研究了植物内生菌所产生的活性天然产物，从植物内生真菌 *Penicillium* sp. sh18 中分离并鉴定出一个新型聚酮分子 penicilfuranone A（**480**）。该分子具有良好的抗纤维化活性，可以通过转化生长因子-β（TGF-β）的负调控，在活化的肝星状细胞中发挥作用。这类新型抗纤维化的活性分子的发现预示着植物内生真菌将是药物分子发现的潜在宝库[231]。

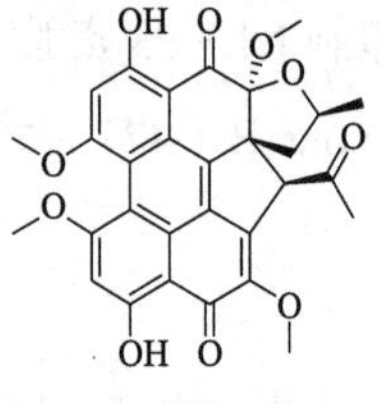

478 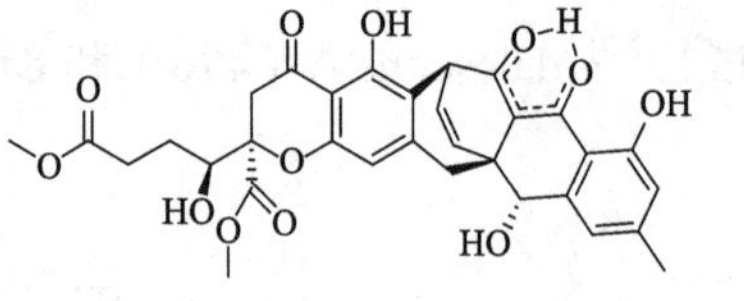　　　　　　**479** 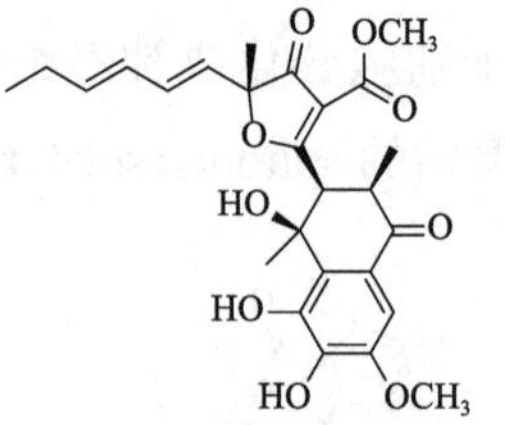　　　　　　**480**

（五）长链及含侧链聚酮

　　具有 3-[呋喃-2(5*H*)-亚甲基]呋喃-2, 4(3*H*, 5*H*)-二酮（亚呋喃基 torreyanic）骨架的天然产物非常少见。车永胜课题组以生物抗菌活性为指导从一株植物

内生真菌 *Pestalotiopsis yunnanensis* 中分离得到一系列新呋喃甲酸 torreyanic 衍生物［如 pestalotic acid A（**481**）］，借助核磁共振、X 射线晶体衍射和电子圆二色谱确定化合物 **481** 绝对构型，首次用该方法鉴定出 4, 4′-二取代亚呋喃四氢酸结构单元立体构型[232]。中国海洋大学李德海课题组用 DNA 甲基转移酶抑制剂 5-氮杂胞苷培养真菌 *Penicillium variabile* HXQ-H-1，并从中鉴定出一个高度变化后的脂肪酸酰胺类新化合物 varitatin A（**482**），借助核磁共振、质谱、化学降解和 Mosher 法确定其立体构型[233]。化合物 **482** 对 HCT-116 细胞显示出细胞毒性，IC_{50} 值为 2.8 μmol/L，还可抑制蛋白酪氨酸激酶。魏孝义课题组从一株土壤来源真菌 *Acremonium persicinum* SC0105 中鉴定得到四个新骨架二聚体 bisacremine A～D（**483**～**486**）和新单体 acremine T（**487**）[234]。化合物 **483** 和 **484** 对 HeLa 细胞呈现出弱的细胞毒性，**484** 也显示出对 A549 和 HepG2 细胞的中度毒性。FR901464 是一种分离自 *Pseudomonas* sp. No. 2663 的前 mRNA 剪接抑制剂、有效但不稳定的细胞毒性化合物。陈义强课题组从 *Burkholderia thailandensis* MSMB43 的发酵液中获得一种结构新颖且比 FR901464 更稳定的天然类似物 **488**。**488** 对 HCT-116、MDA-MB-235 和 H232A 三种人癌细胞系的 GI_{50} 分别为 1152 nmol/L、916.6 nmol/L 和 (893.6 ± 1.64) nmol/L[235]。

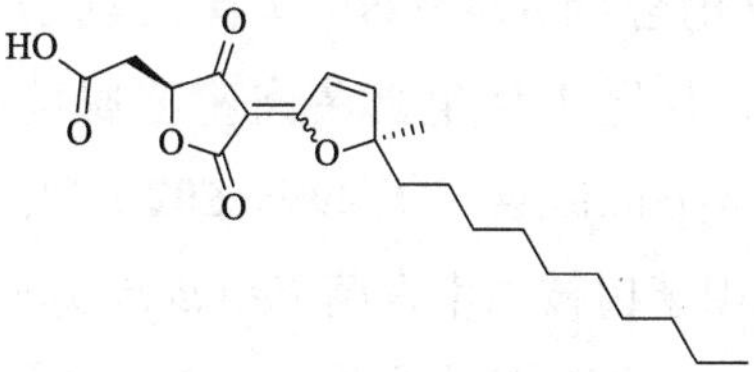

481 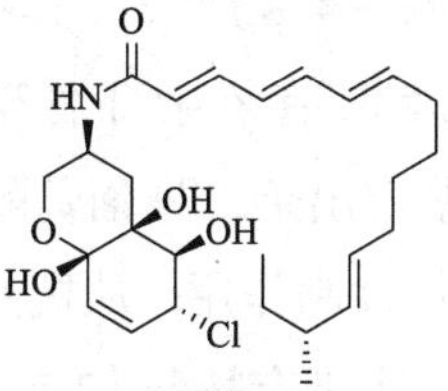　　**482**

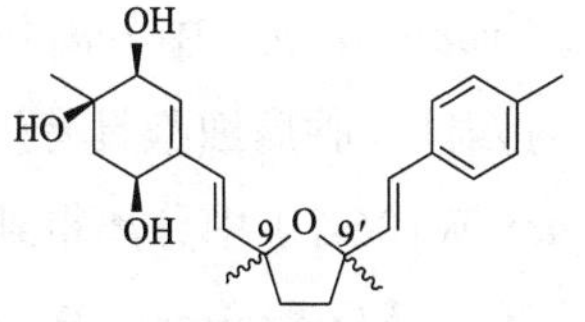

483 9*S*, 9′*S*
484 9*R*, 9′*R*
485 9*S*, 9′*R*
486 9*R*, 9′*S*

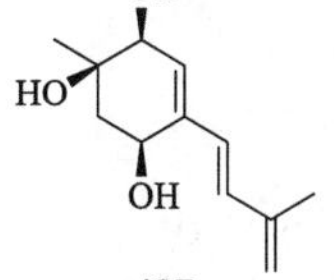

487 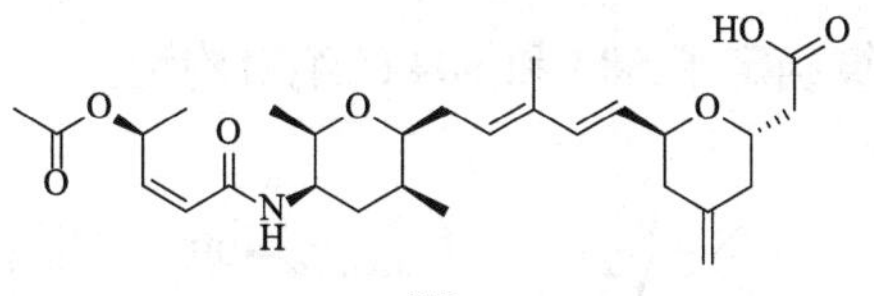　　**488**

（六）其他小分子聚酮

沈阳药科大学裴月湖课题组从 *Lecanicillium* sp. PR-M-3 中得到具有新骨

架的聚酮化合物 lecanicillone A（**489**）及前驱体 spiciferone A（**490**）[236]。该类化合物对 HL-60 细胞系有中等抑制作用。该课题组从内生真菌 *Phoma* sp. YN02-P-3 中分离得到了 α-吡喃酮衍生物 phomone C（**491**）[237]。**491** 是第一个通过分子间对称 2+2 环加成得到的 6-α, β-不饱和酯-2-吡喃酮二聚体。沈月毛课题组从一株喜树中鉴定出一株内生真菌 *Phomopsis* sp. XZ-26，并分离得到萘型真菌聚酮化合物 **492** 和一种线型呋喃聚合物 **493**[238]。

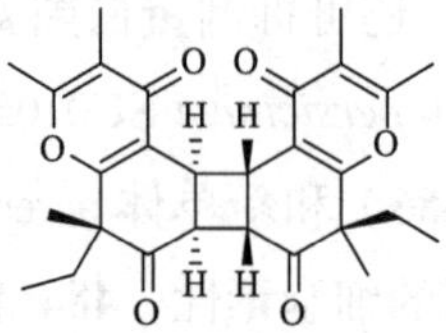

489 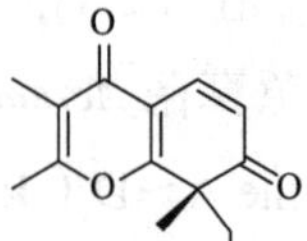　　**490** 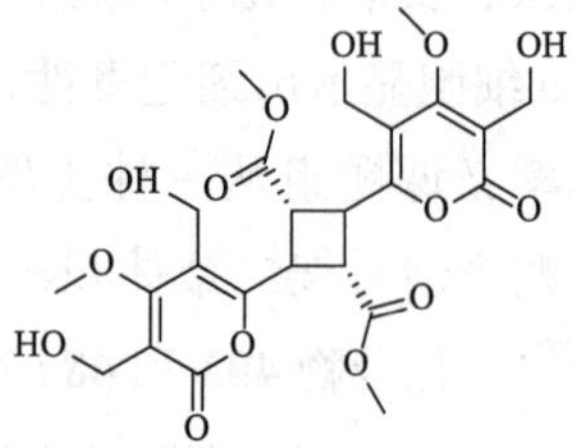　　**491**

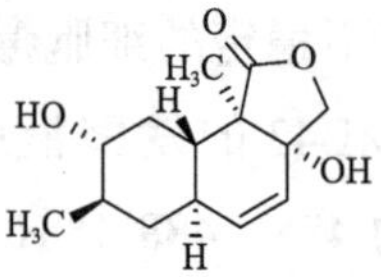

492 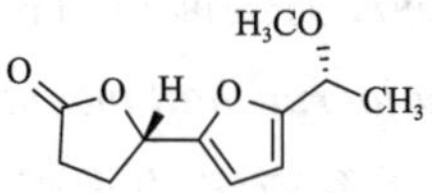　　**493**

车永胜课题组在青藏高原土壤真菌 *Trichocladium opacum* 中分离并鉴定出 trichocladinol D～H（**494**～**498**）[239]，其中化合物 **494**～**496** 具有二氧杂环骨架，化合物 **497** 和 **498** 具有氧杂环骨架；从昆虫伴生真菌肉座菌属菌（*Hypocrea* sp.）中分离并鉴定出杂二聚葡萄醚 hypocriol A～D（**499**～**502**）[240]，对四株人肿瘤细胞具有生长抑制作用；从杭州山茶树枝内生真菌 *Pestalotiopsis fici*（W106-1）中分离得到两个带有特殊 [2.5]octane 螺环的化合物 pestalotriol A（**503**）和 pestalotriol B（**504**）[241]，通过核磁共振实验初步确定了它们的结构，并通过电子圆二色谱计算确定了 **503** 和 **504** 的绝对构型。

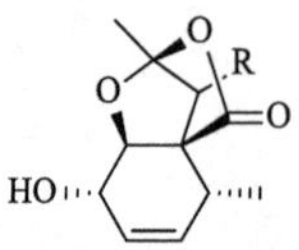

494 R= α-OH　**496** 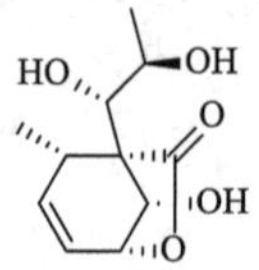　　**497** 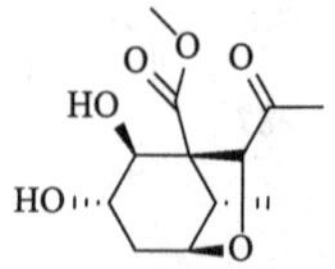　　**498**
495 R= β-OH

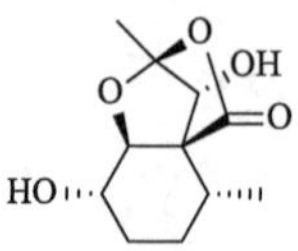

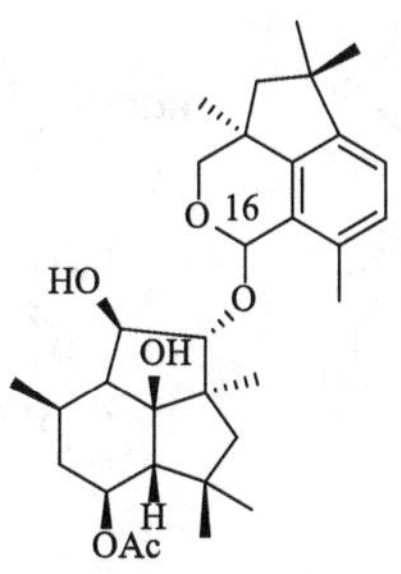

499 16*R*
500 16*S*

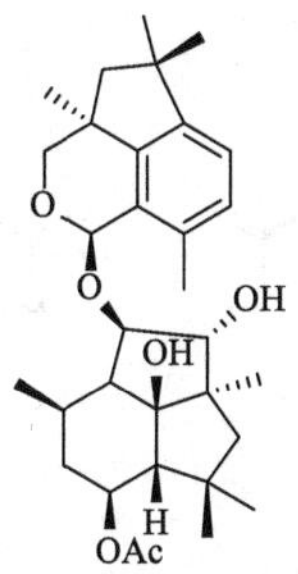

501

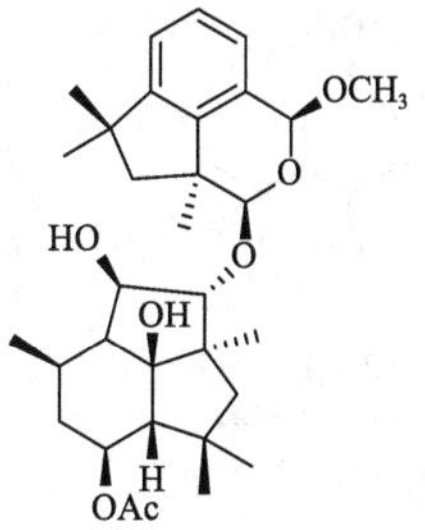

502

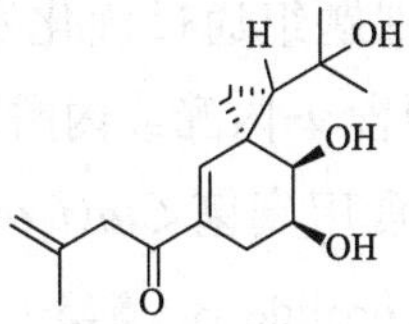

503

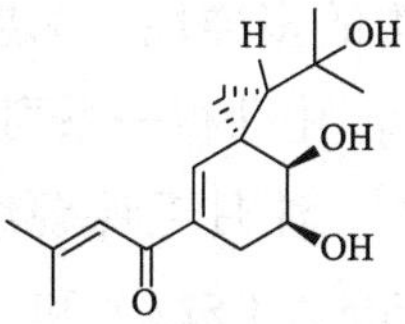

504

二、萜类

（一）倍半萜

单环倍半萜是倍半萜中结构最简单的一类天然产物。谭仁祥课题组对昆虫共生菌次级代谢产物进行了深入研究，从 *Pseudallescheria boydii* 中分离得到具有 [2.2.2] 桥环结构的新骨架化合物 boydene A（**505**），并推测该化合物为单环倍半萜 ovalicin 生物合成过程中的支路产物[242]。双环结构是倍半萜中常见的结构类型。刘宏伟课题组通过进化树分析，确定食用真菌 *Flammulina velutipes* 基因组中存在不同环化方式的倍半萜合成酶。对该菌株进行发酵后，从其浸膏中不仅分离得到含有螺 [4, 5] 癸烷结构的倍半萜（**506~515**）和高度氧化的 6/6 双环倍半萜（**516**），而且首次获得了具有 *seco*-cuparane 骨架的双环倍半萜 flammufuranone A（**517**），为后续深入研究真菌倍半萜合成酶的酶学机制提供了重要线索[243]。

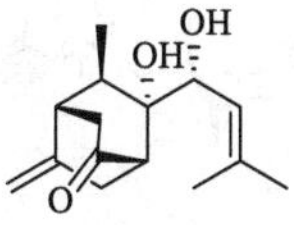

505

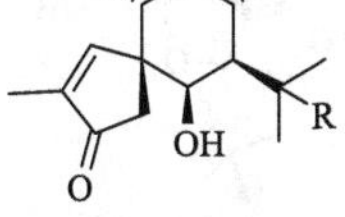

506 R=OH
507 R=H

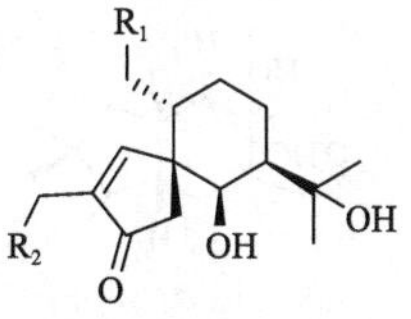

508 R₁=R₂=H
509 R₁=H, R₂=OH
510 R₁=OH, R₂=H

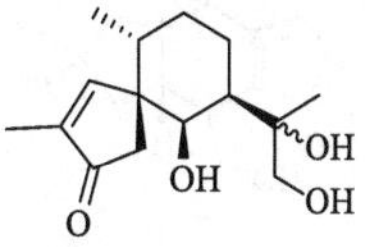

511

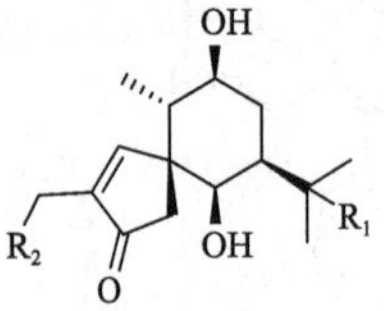

512 R$_1$=R$_2$=H
513 R$_1$=H, R$_2$=OH
514 R$_1$=OH, R$_2$=H

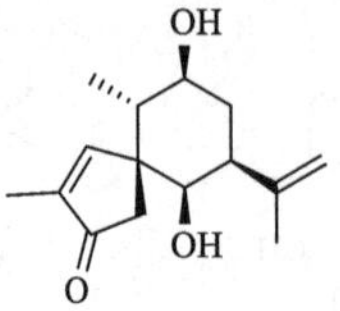

515 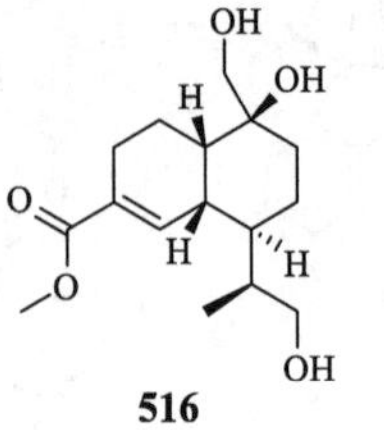　　**516** 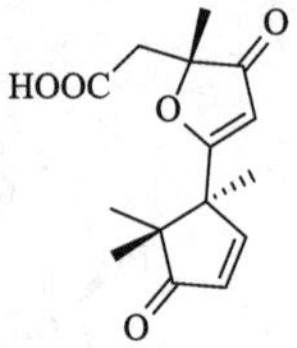　　**517**

　　部分双环倍半萜所在基因簇可能存在丰富的后修饰酶，可以通过后修饰作用进一步增加结构的多样性。戈惠明课题组通过优化发酵条件，从植物共生真菌 *Diaporthe* sp. 中获得一系列新型含 γ-内酯或内酰胺环的 5/6 双环倍半萜（**518**～**521**）[244]。沈月毛课题组从食用真菌 *Clavicorona pyxidata* 中分离获得的 clavicorolide A（**522**）和 clavicorolide B（**523**）同样具有 γ-内酯环，所不同的是成环的位置有所不同，很有可能是氧化酶所修饰位置的不同导致了结构上的差异[245]。刘宏伟课题组首次报道了具有 5, 5-氧杂螺环的 pleurospiroketal A（**524**）。**524** 可抑制脂多糖激活的巨噬细胞中 NO 的生成，IC$_{50}$ 值为 6.8 μmol/L[246]。来源于 *Montagnula donacina* 的 donacinol A～C（**525**～**527**）也具有 5, 5-氧杂螺环结构，其萜环化酶作用机制的差异造成其结构中最先形成的为 [3.1.1] 桥环结构而非四氢苯并呋喃[247]。从担子菌金针菇（*Flammulina velutipes*）中分离得到了 flammulinol A（**528**），其含有 5/5/5 三环新型碳骨架[248]。

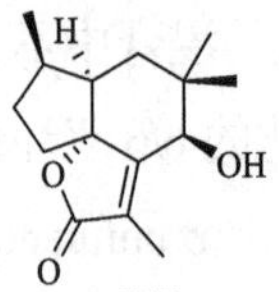

518 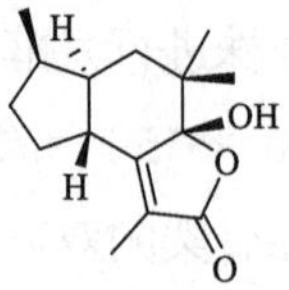　　**519** 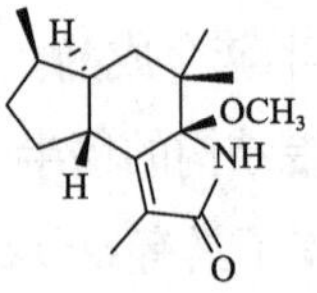　　**520** 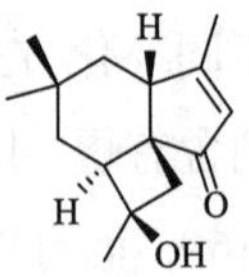　　**521**

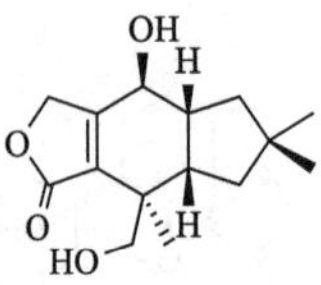

522 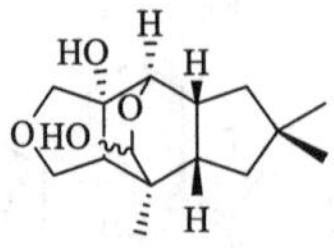　　**523** 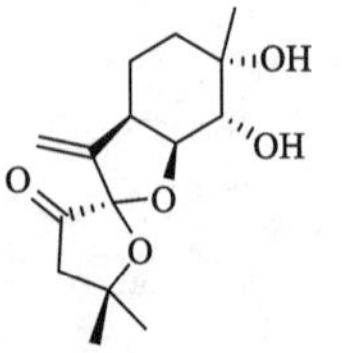　　**524** 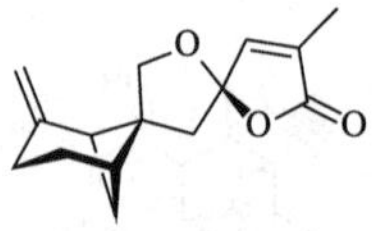　　**525**

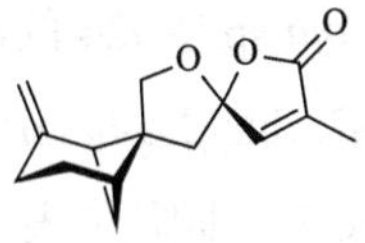

526 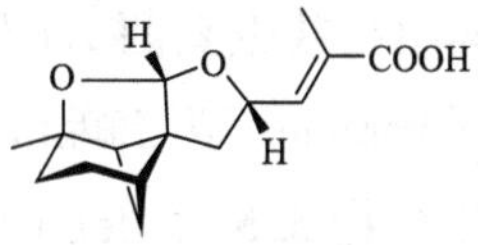　　　　　**527** 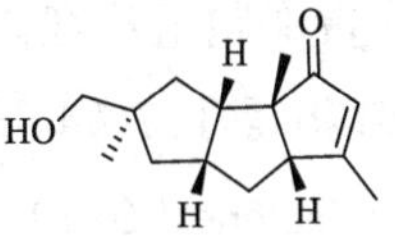　　　　　**528**

刘吉开课题组从茶色银耳（*Tremella foliacea*）发酵液中发现了新骨架倍半萜 trefolane A（**529**），提供了一条高等真菌中倍半萜从 humulene 开始的与现有三条倍半萜生物合成不同的途径，称为"第四种途径"[249]。该课题组从石灰锥盖伞（*Conocybe siliginea*）发酵液中分离得到倍半萜 conosilane A（**530**），其结构通过 X 射线单晶衍射确定，该化合物显示出 11β-HSD 1 抑制活性[250]；从杨柳田头菇（*Agrocybe salicacola*）发酵液中发现由两分子 illudane 倍半萜形成，有 8 个环（包括两个螺环结构）的 agrocybone（**531**），其结构通过 X 射线单晶衍射证实，该化合物具有一定的抗呼吸道病毒活性[251]；从一种白腐菌白黄小薄孔菌（*Antrodiella albocinnamomea*）发酵液中分离得到一种抗菌倍半萜 antroalbocin A（**532**），其结构通过 X 射线单晶衍射确定[252]。

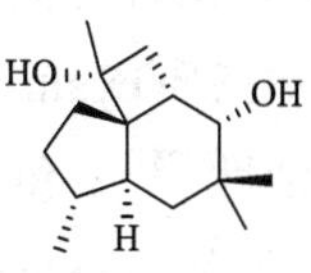

529 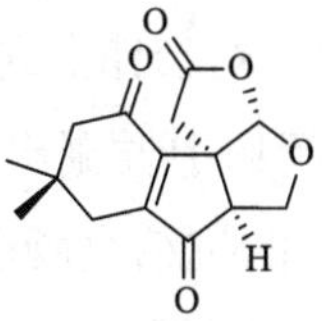　　　　　**530** 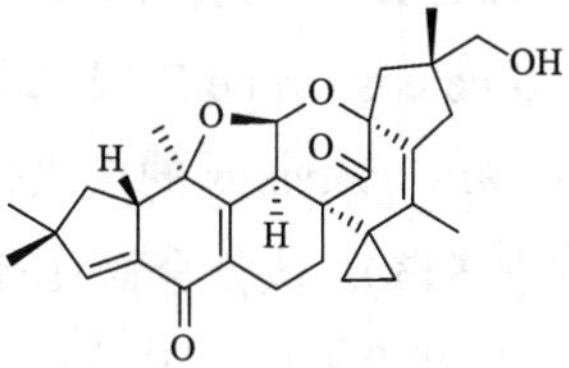　　　　　**531** 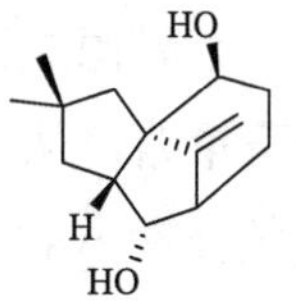　　　　　**532**

（二）二萜和二倍半萜

黄胜雄课题组从一株放线菌 *Streptomyces* sp. KIB 015 发酵液中分离获得了两种二萜 labdanmycin A（**533**）和 labdanmycin B（**534**），并找到了负责该化合物生物合成的基因簇 *lab*，通过基因敲除和异源表达等方法阐述了其生物合成途径[253]。

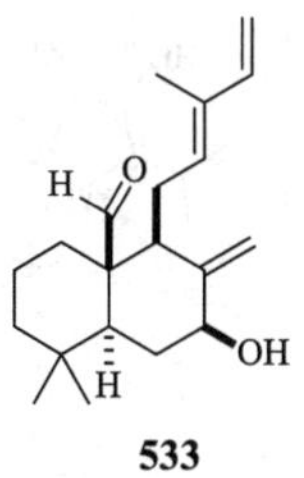

533 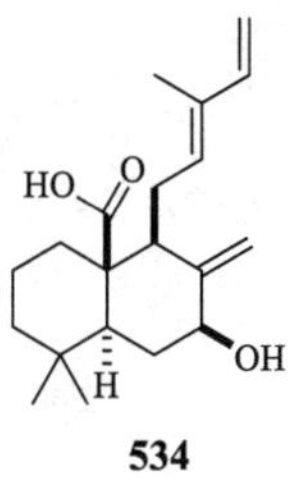　　　　　**534**

戴均贵课题组从红树林植物共生真菌 *Trichoderma* sp. Xy24 的次级代谢产物中分离获得了 7/7/4 三环 harziane 型二萜 (9*R*,10*R*)-dihydro-harzianone（**535**）和 harzianelactone（**536**）。化合物 **535** 对 HeLa 和 MCF-7 细胞系表现出中等抑制活性，IC_{50} 值分别为 30.1 μmol/L 和 30.7 μmol/L[254]。该课题组进一步研究了其他微生物对 harziane 骨架二萜的生物转化作用，将化合物 **535** 投喂到细菌 *Bacillus* sp. IMM-006 的培养基中，获得了两个新的二萜化合物 furanharzianone A（**537**）和 furanharzianone B（**538**），并推测了其生物转化途径[255]。

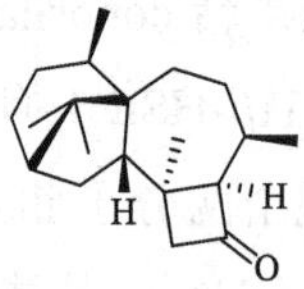

| **535** | **536** | **537** | **538** |

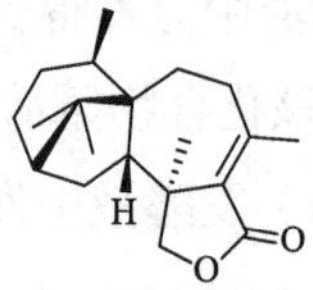

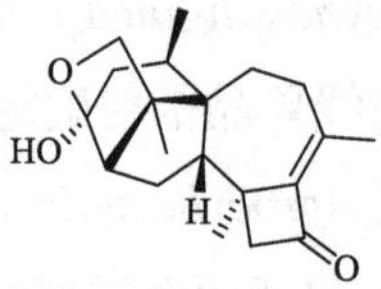

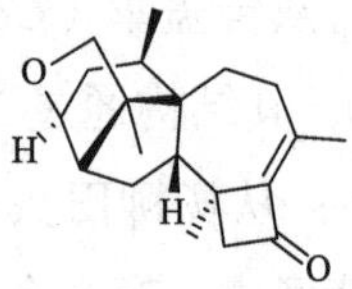

车永胜课题组从药用植物虎杖中分离获得内生真菌 *Cercospora* sp.，并从其次级代谢产物中分离获得了 5/7/6 三环 guanacastane 型二萜 cercosporene A（**539**）和 cercosporene B（**540**），以及一个同源二聚体 cercosporene E（**541**）和一个异源二聚体 cercosporene F（**542**）[256]。刘宏伟课题组采用活性导向的分离策略，从 *Cyathus africanus* 的次级代谢产物中发掘出 5/6/7 三环 cyathane 型化合物 cyathin Q（**543**），该化合物具有良好的抗结直肠癌的活性[257]；继续深入研究该菌的次级代谢产物，又分离得到 3 个该类型二萜化合物 cyathin W（**544**）、cyathin V（**545**）和 cyathin T（**546**）。戈惠明课题组从银杏的叶片中分离出一株内生真菌 *Aspergillus* sp. YXf3，从其发酵液中分离获得了一种具有螺环结构的新骨架二萜 aspergiloid I（**547**），通过其结构可以推测 aspergiloid I 是在原有的 pimarane 骨架基础上发生了氧化重排，进而形成了螺环结构[258]。

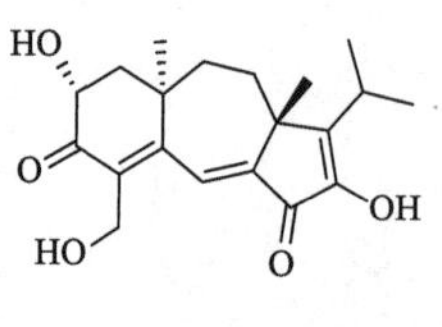

| **539** | **540** | **541** |

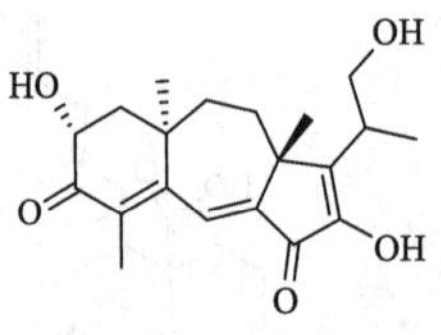

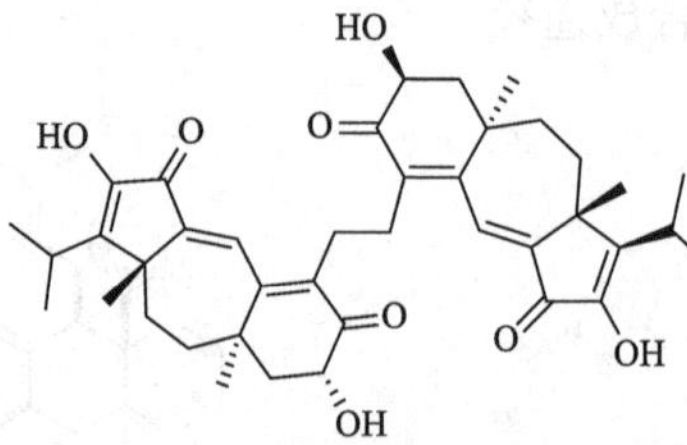

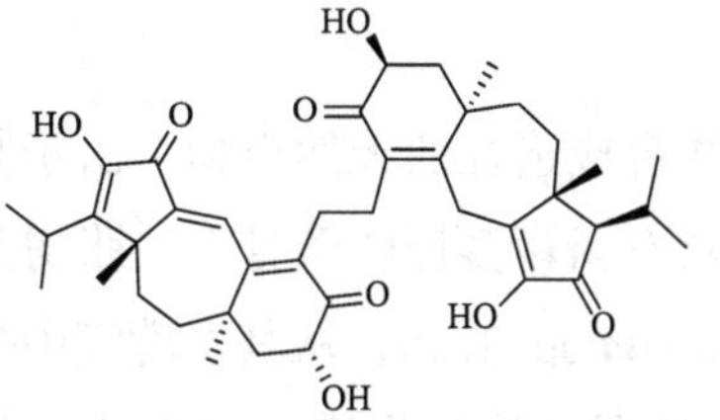

542 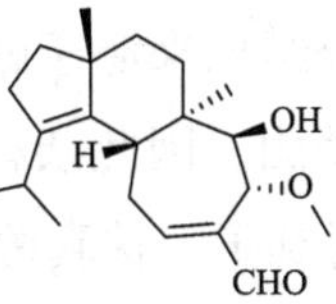　　　　　　　　543 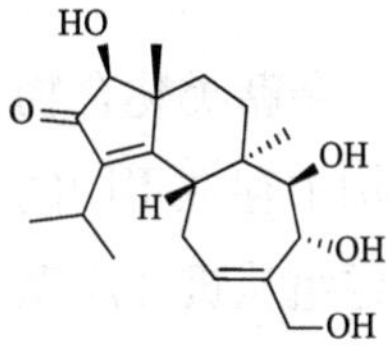　　　　　　　　544

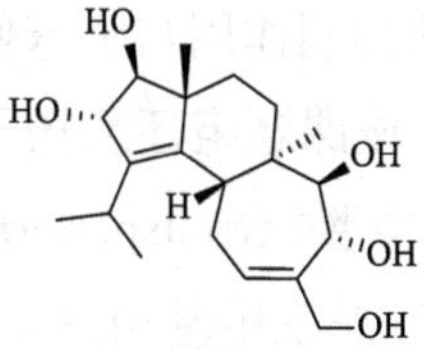

545 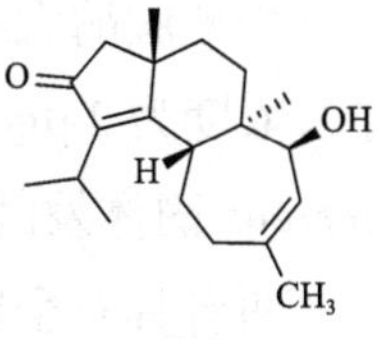　　　　　　　　546 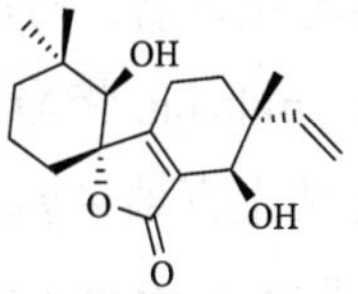　　　　　　　　547

（三）三萜

刘宏伟课题组是从药用菌菇 *Ganoderma boninense* 的子实体中分离获得了三萜类化合物 ganoboninketal A～C（**548**～**550**），其脱离常规的 3,4-*seco*-27-norlanostane 骨架和具有高度复杂的多环系统，并表现出抗疟疾活性，其 IC_{50} 值分别为 4.0 μmol/L、7.9 μmol/L 和 1.7 μmol/L[259]。张勇慧课题组从植物内生真菌 *Phomopsis* sp. TJ507A 的次级代谢产物中分离得到两个结构新颖的麦角甾体，命名为 phomopsterone A（**551**）和 phomopsterone B（**552**）。**551** 具有一个新颖的双环 [3.3.1] 壬烷骨架，**552** 对诱导型一氧化氮合酶（iNOS）有抑制作用（IC_{50} 值为 1.49 μmol/L）[260]。

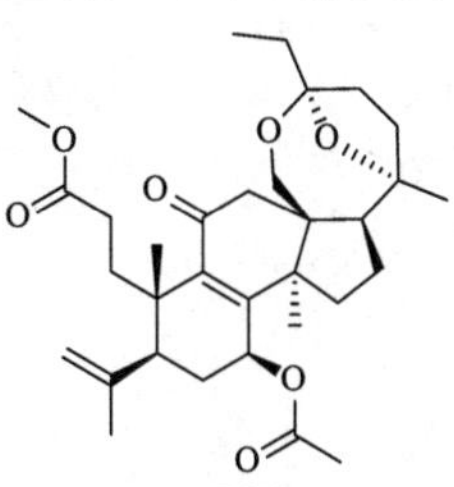

548 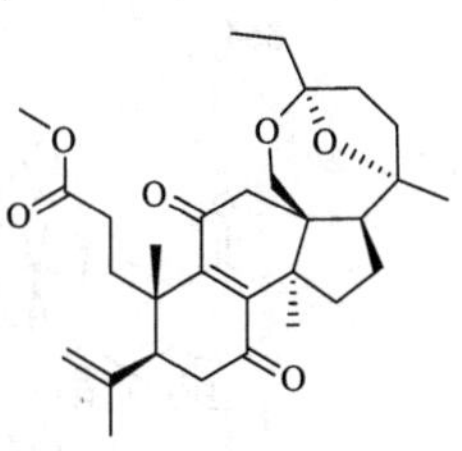　　　　　　　　549 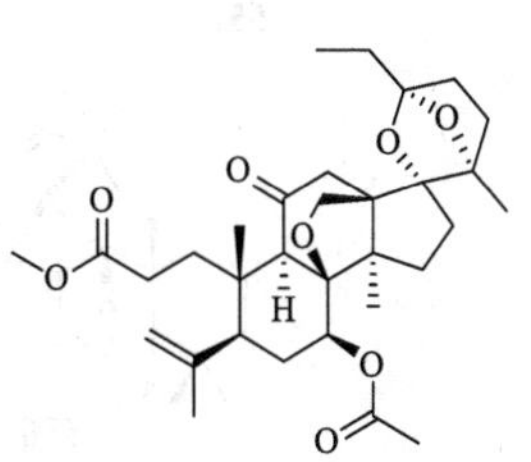　　　　　　　　550

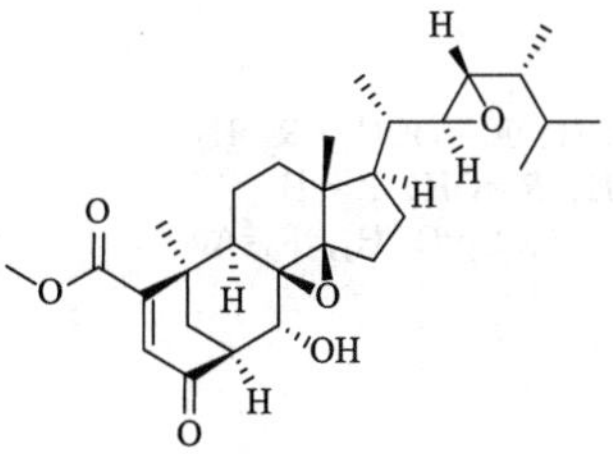

551 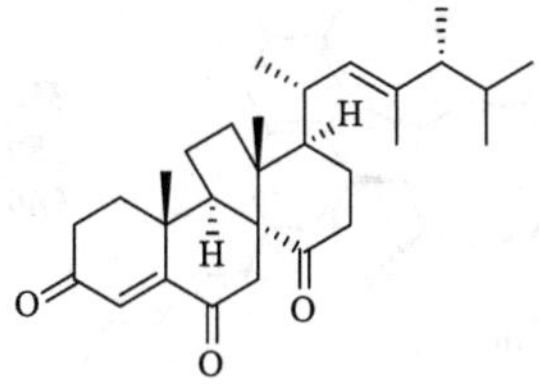　　　　　　　　552

（四）杂萜

杂萜类化合物是部分结构来源于萜类生物合成途径的天然产物。由于其结构中存在不同的非萜基团，因此杂萜往往具有新颖多样的碳骨架。张勇慧课题组从贯叶连翘根中得到了一株真菌 *Emericella* sp. TJ29，从其发酵液中分离得到了 emervaridome A～C（**553**～**555**）。**553** 是首次被报道的 H-7′ 为 α 指向的该类化合物，对产超广谱 β-内酰胺酶大肠杆菌的抑制作用与临床使用的抗生素 amikacin 相当，最低抑菌浓度为 2 μg/mL[261]。该课题组还从扬子江水底泥土共生真菌 *Asperggillus terreus* 固体发酵培养基中鉴定出 asperterpene A（**556**）和 asperterpene B（**557**），两者具有全新的 1, 2, 5-三甲基-4, 9-二氧双环 [3.3.1]-2-烯-3-羧酸结构[262]。**556** 和 **557** 具有极好的 BACE1 抑制活性，IC_{50} 值分别为 78 nmol/L 和 59 nmol/L。车永胜课题组从青藏高原土壤共生真菌 *Cytospora* sp. 固体发酵浸膏中分离得到了 3 种新骨架化合物 cytosporolide A～C（**558**～**560**）[263]。这类化合物对革兰氏阳性菌金黄色葡萄球菌（*Staphylococcus aureus*）和肺炎链球菌（*Streptococcus pneumoniae*）具有较强的抗菌活性，其中 **559** 和 **560** 的 IC_{50} 值分别为 1.98 μg/mL 和 1.16 μg/mL。

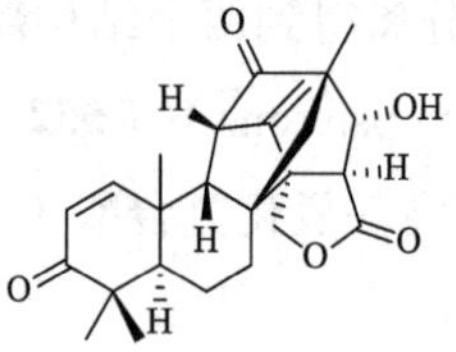

553 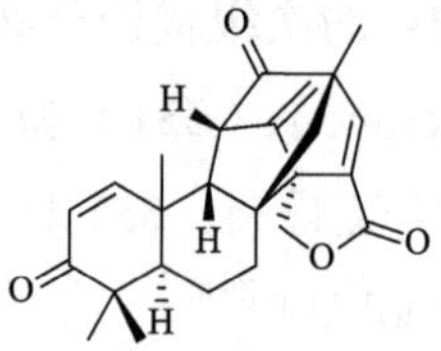　554 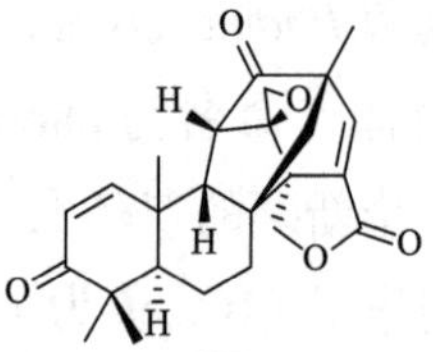　555

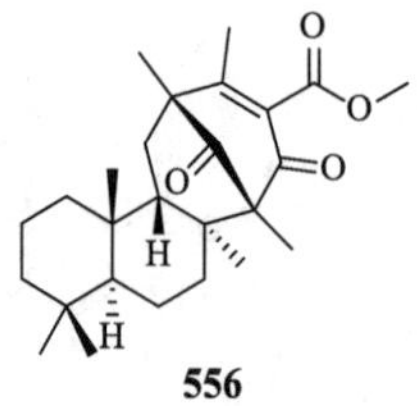

556 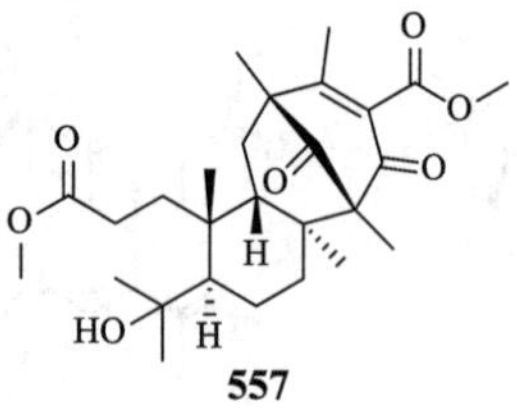　557

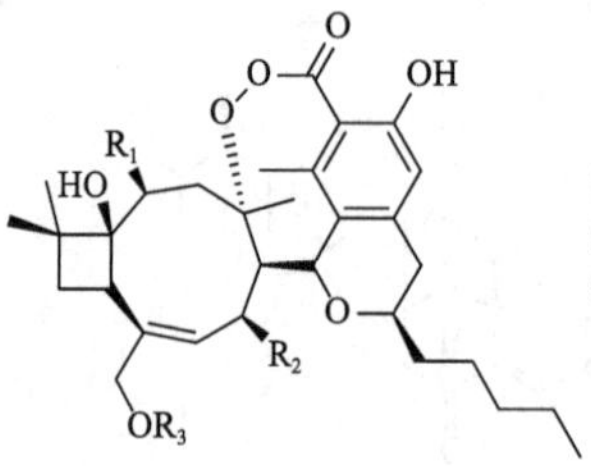

558 R₁=OH，R₂= OCH₃，R₃=H
559 R₁=H，R₂=OH，R₃=H
560 R₁= OH，R₂=OCH₃，R₃=Ac

张勇慧课题组从金钗石斛的叶中得到了真菌 *Guignardia mangiferae* TJ414，并从其固体发酵培养基中分离得到了单萜烯-莽草酸-共轭的杂萜类化合物，如 manginoid A（**561**）和 manginoid E（**562**）。其中，**561** 具有独特的桥联螺环己二酮结构的螺环。**562** 具有 6-氧双环 [3.2.1] 辛烷和 2,4-二噁烷环 [3.3.1.0] 辛烷双环系，其中 2,4-二噁烷环 [3.3.1.0] 辛烷首次在杂萜中发现[264]。

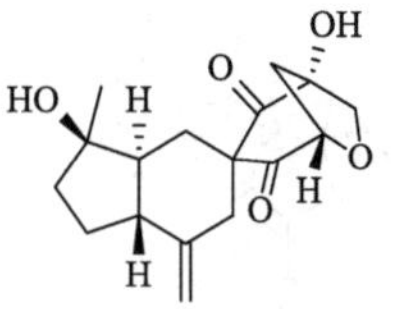

561 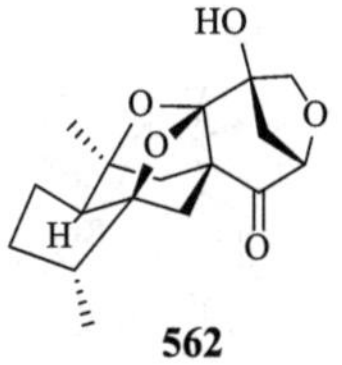　　　　　　**562**

三、生物碱

（一）吲哚生物碱

谭仁祥课题组从螳螂肠道中分离得到一株真菌 *Daldinia eschscholzii* IFB-TL01，从其发酵产物中分离得到新骨架吲哚类生物碱 dalesindole（**563**）[265]。Dalesindole 对病原菌 *Clostridium difficile*、*Veillonella* sp.、*Prevotella buccae* 和 *Bacteroides fragilis* 等具有显著的抗菌活性。

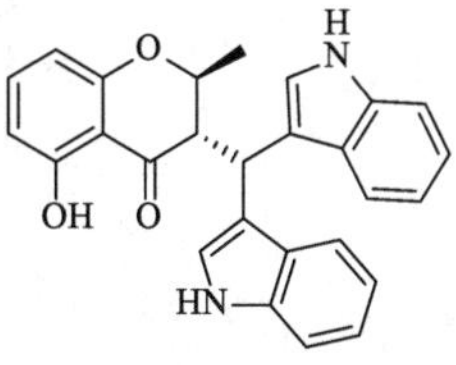

563

刘宏伟课题组从真菌 *Aspergillus tennesseensis* 中分离得到三种高度修饰的吲哚类生物碱 versicoamide F～H（**564**～**566**），代表着生物碱中一类新的碳骨架。化合物 **564**～**566** 的绝对构型由 X 射线单晶衍射确定，对细胞系 H460 有抗增殖活性[266]。该课题组从真菌 *Aspergillus oryzae* 中分离得到 5 种新吲哚类生物碱 **567**～**571**[267]。其中，化合物 **567** 包含新的大环内酰胺结构，且有不寻常的 6/5/6/8 环系。化合物 **568**～**571** 是一类新的环匹阿尼酸类生物碱，**569** 和 **570** 对 PC12 细胞系表现出显著的神经伸展促进活性。

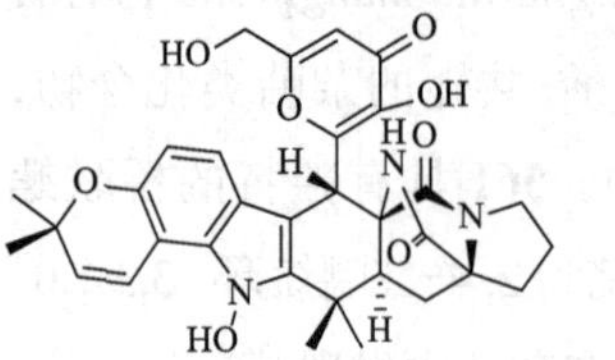

564 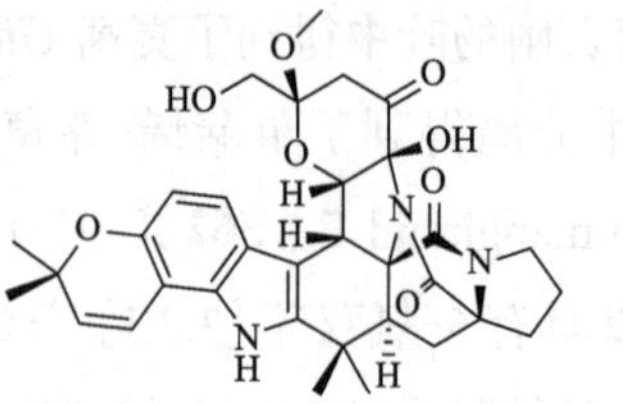   565 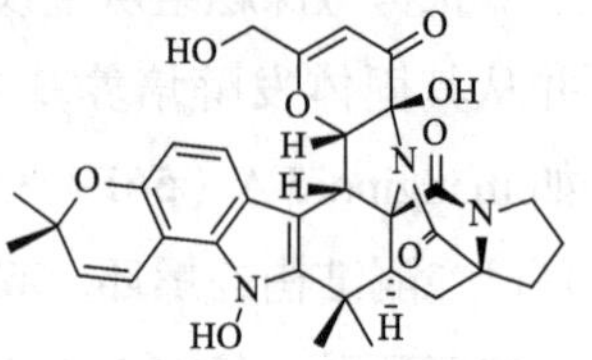   566

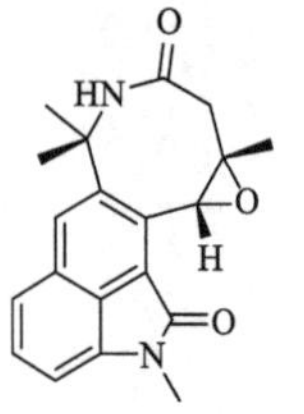

567 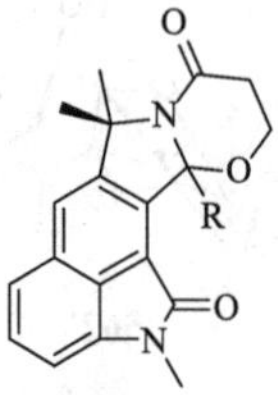   568 R=α-H   570 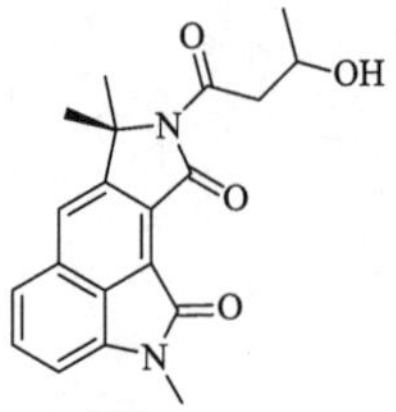   571
569 R=β-H

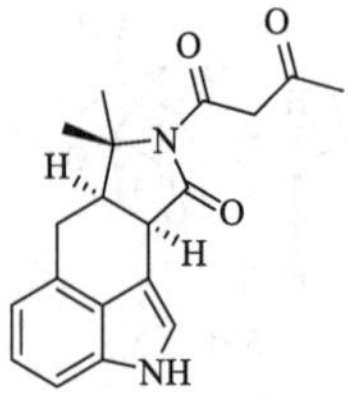

张勇慧课题组从真菌 *Penicillium griseofulvum* 中分离得到两种新型吲哚类生物碱 griseofamine A（**572**）和 griseofamine B（**573**）[268]。它们分别包含特征性的 6/5/6/5 环和 6/5/7/5 环，是由吲哚单元和吡咯烷通过六环或七环的氮杂环聚合而成。化合物 **572** 可抑制 NO 和 TNF-α 的形成，从而具有抗炎症活性。

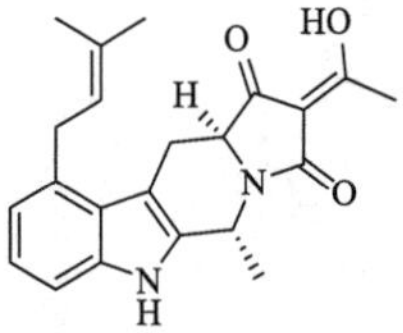

572 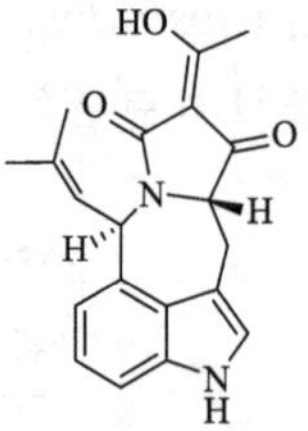   573

（二）吡啶生物碱

黄胜雄课题组从放线菌 *Steptomyces* sp. 中分离得到一种新吡啶类生物碱 rubrulone B（**574**），包含一个少见的苯甲酸吡啶结构[269]。通过 ^{13}C 标记实验，确定其碳骨架由 II 型聚酮合酶合成而来。化合物 **574** 对三种人类癌细胞系（A549、HL60 和 MCF-7）具有细胞毒性。李德海课题组从真菌 *Penicillium funiculosum* GWT2-24 中分离得到 4 种新型吡啶酮类生物碱 penipyridone A～C（**575**～**577**）和 penipyridone E（**578**）[270]。这些化合物均没有显示出细胞毒性，但化合物 **575**、**576** 和 **578** 均在肝细胞 HepG2 中显示降脂活性。该课题组从

放线菌 *Streptomyces* sp. CHQ-64 的基因突变菌中分离得到一种新吡啶类生物碱 piericidin F（**579**）[271]。**579** 对多种肿瘤细胞均有细胞毒性，包括 HeLa、NB4、A549 和 H1975 等。

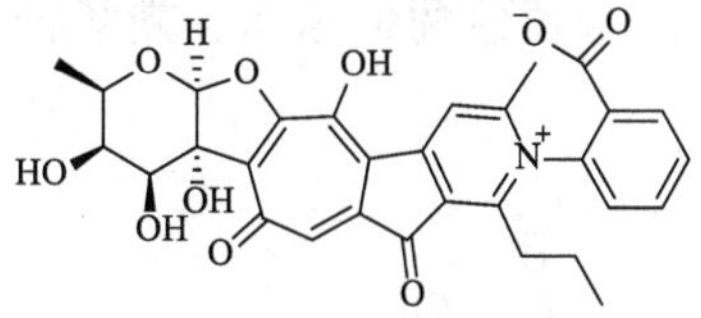

574 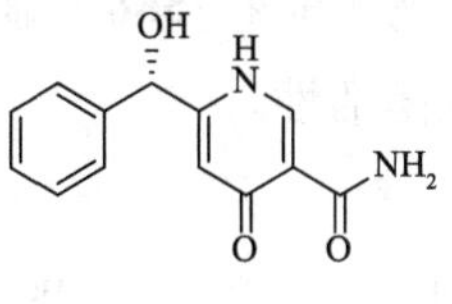　　**575** 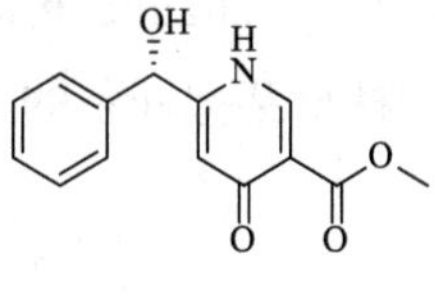　　**576**

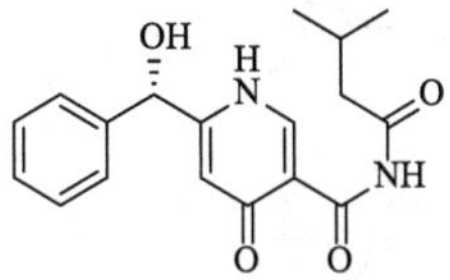

577 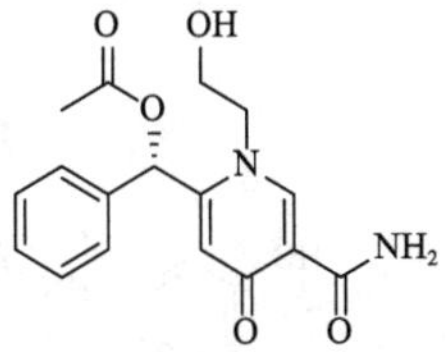　　**578** 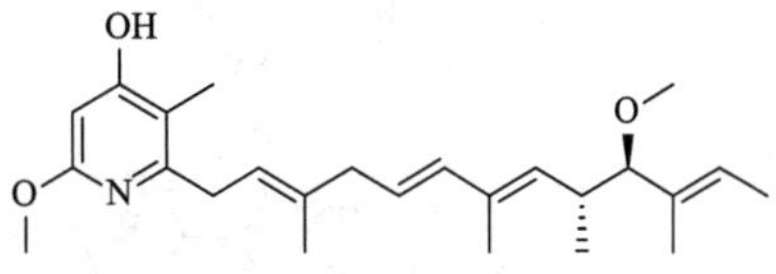　　**579**

（三）喹啉与异喹啉生物碱

谭仁祥课题组从一株内生真菌 *Chaetomium globosum* 中分离得到两种新的异喹啉类生物碱 chaetoglobin A（**580**）和 chaetoglobin B（**581**）[272]。它们均以二聚体的形式存在，是潜在的抗癌药物分子。该课题组从另一株内生真菌 *Aspergillus terreus* 中分离得到一种新型喹啉类生物碱（**582**），其对乙酰胆碱酯酶有抑制作用，并对 KB 及 HSC-16 细胞有一定的细胞毒性[273]。

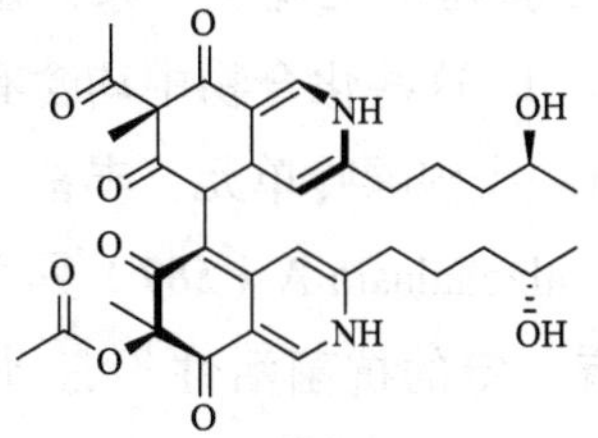

580 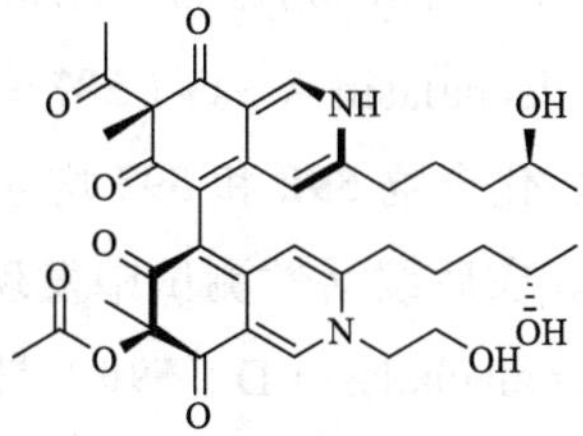　　**581** 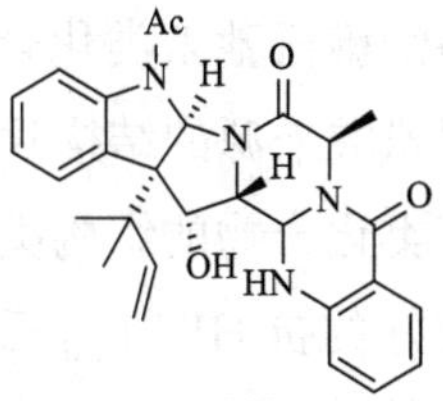　　**582**

（四）吡咯类生物碱

李德海课题组从放线菌 *Streptomyces* sp. CHQ-64 的基因突变菌中分离得到一种新的吡咯类生物碱 geranylpyrrol A（**583**），是一种少见的 2, 3, 4-三取代吡咯生物碱[268]。刘宏伟课题组从真菌 *Coniochaeta cephalothecoides* 固体发酵物中分离得到新吡咯类生物碱（584～586）[274]，其结构中具有的十氢萘环和 tetramic 酸单元十分少见，在手性柱上实现对映体异构体的拆分，得到 8 种光学纯异构体，通过 X 射线单晶衍射、电子圆二色谱等确定所有化合物绝对构型。Tetramic 酸衍生物（584～586）显示出对金黄色葡萄球菌、粪肠杆菌和枯草芽孢杆菌的强抗菌活性。

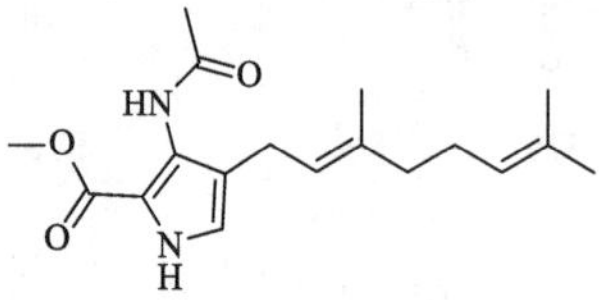

583 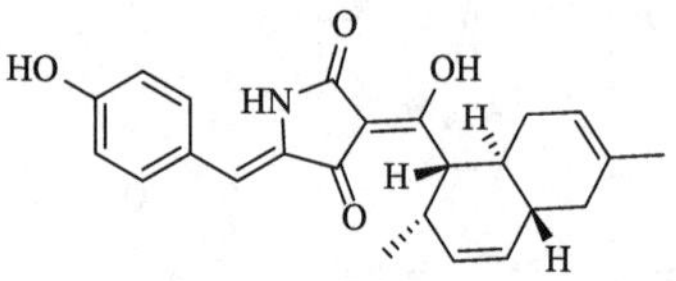   584

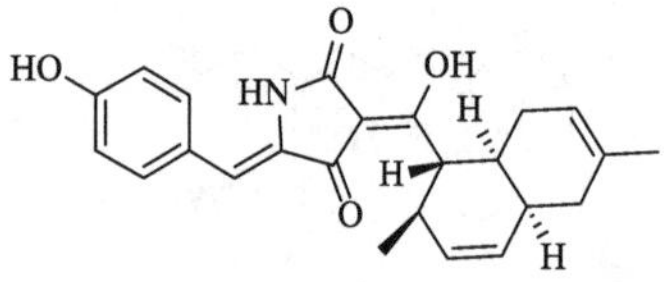

585 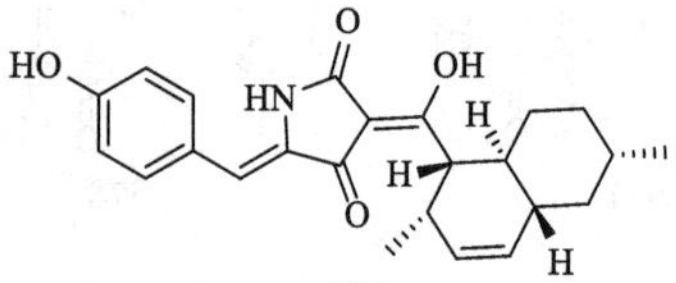   586

（五）细胞松弛素

细胞松弛素（cytochalasin）是一大类真菌代谢产物，由聚酮与氨基酸杂合产生。此类化合物能够与肌动蛋白结合，从而改变后者的聚合反应，进而影响细胞的正常生长，因此被统称为细胞松弛素。细胞松弛素有广泛的生物活性，包括免疫调节、细胞毒性和杀线虫活性等。

车永胜课题组从真菌 *Stachybotrys chartarum* 培养物中发现了一系列新的细胞松弛素类化合物 alachalasin A～G（587～593）。这些化合物中均含有丙氨酸来源的结构片段。化合物 592 和 593 均连有一个腺嘌呤单元，丰富了该类化合物的结构类型。在后续活性测试中发现，alachalasin A（587）具有较好的抗 HIV-1$_{LAI}$ 活性，alachalasin D（590）具有一定的抗菌活性[275]。张勇慧课题组从球毛壳霉（*Chaetomium globosum*）和黄柄曲霉（*Aspergillus flavipes*）中分离鉴定了细胞松弛素类化合物 150 余种。在对菌株 *Aspergillus flavipes* 代谢产物进行研究时，该课题组发现了四环细胞松弛素 flavichalasine A（594）和 flavichalasine B（595）、五环细胞松弛素 flavichalasine C～E（596～598）、三环细胞松弛素 flavichalasine F～H（599～601）。其中，flavichalasine A（594）是首个在大环上具有末端双键的细胞松弛素类化合物，flavichalasine E

（**598**）是首个具有 α 朝向氧桥的细胞松弛素[276]。张勇慧课题组采用 *Chaetomium globosum* 和 *Aspergillus flavipes* 共培养的方式从发酵产物中分离得到了细胞松弛素类化合物 cytochathiazine B（**602**）。**602** 具有罕见的噻嗪环，以细胞松弛素和二肽为主要单元组合而成，并可通过激活 caspase-3 和降解 ADP-核糖聚合酶诱导白血病细胞凋亡[277]。

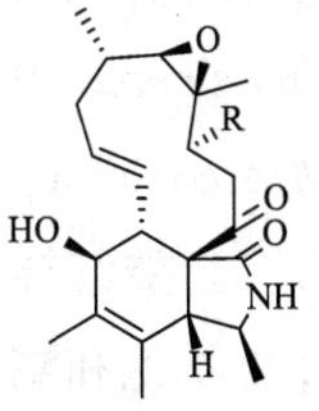

587 R= OH
588 R= OCH₃
589 R= H

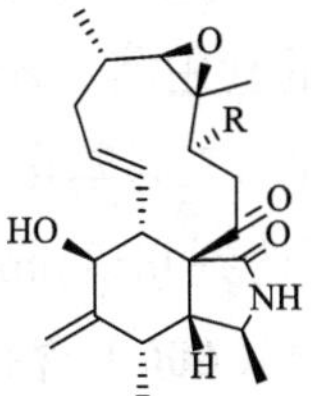

590 R= OH
591 R= OCH₃

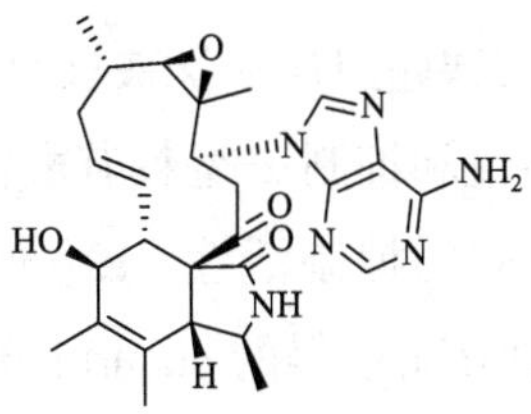

592

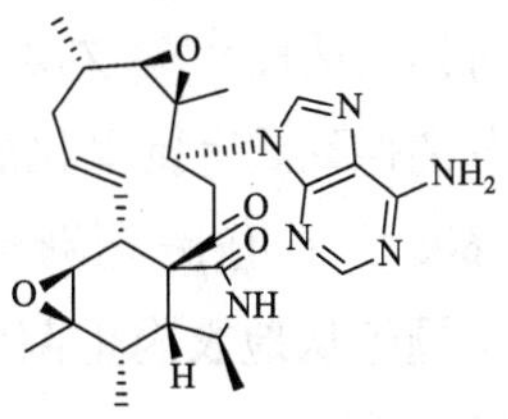

593

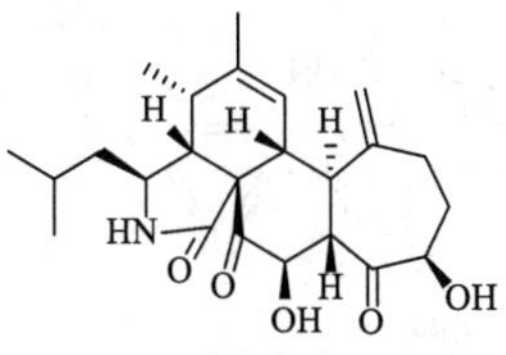

594

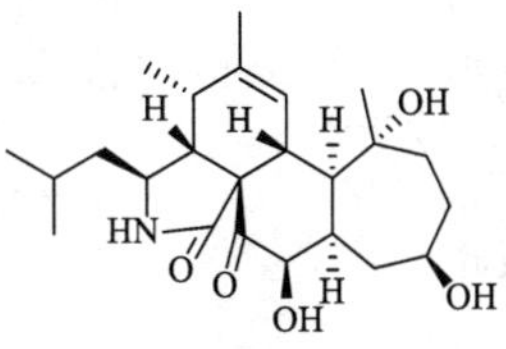

595

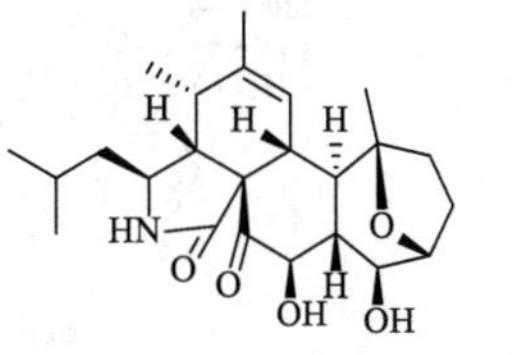

596

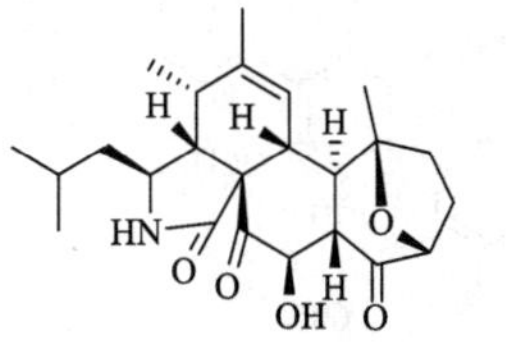

597

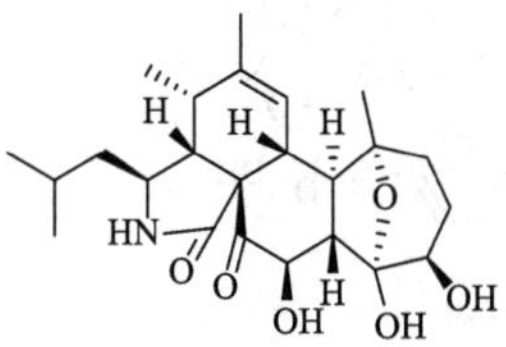

598

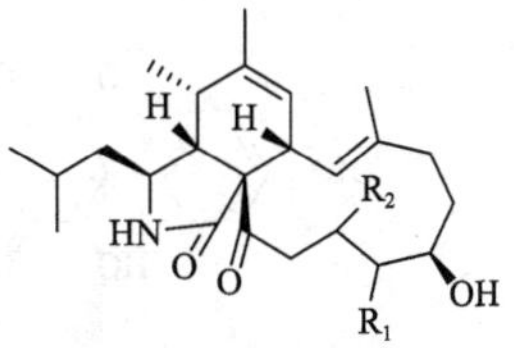

599 R₁= β-OH，R₂= β-OCH₃
600 R₁= β-OH，R₂= H
601 R₁= H，R₂= H

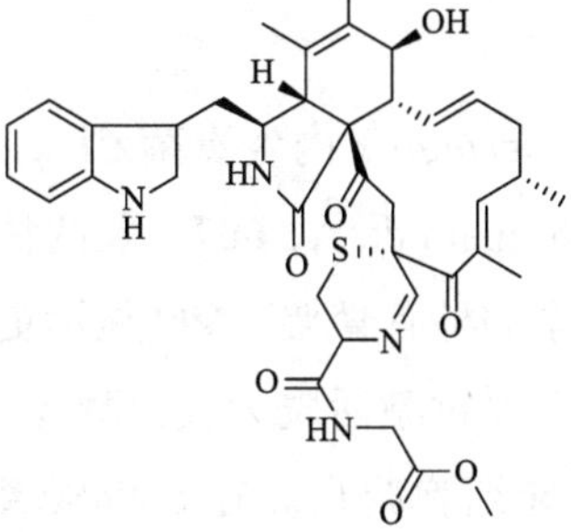

602

四、其他类型化合物

（一）三联苯

沈月毛课题组在研究 geldanamycin 的生物合成中，为了降低发酵过程中产生杂质的干扰，构建了 LZ35 Δ*gdmAI*，结果该菌株产生了一类新的三联苯化合物 echoside A（**603**）和 echoside D（**604**）。此类化合物对 I 型拓扑异构酶有抑制活性[278]。刘宏伟课题组从一株来自西藏的食用菌 *Sarcodon leucopus* 中分离得到具有抗氧化活性和抑制 α-葡糖苷酶活性的三联苯化合物 sarcoviolin β（**605**），具有 α-葡糖苷酶的抑制活性，IC_{50} 值可达到 0.58 μmol/L[279]。娄红祥课题组从地衣内生菌中分离获得的 cucurbitarin A（**606**）含有 α, β-不饱和酮结构[280]。

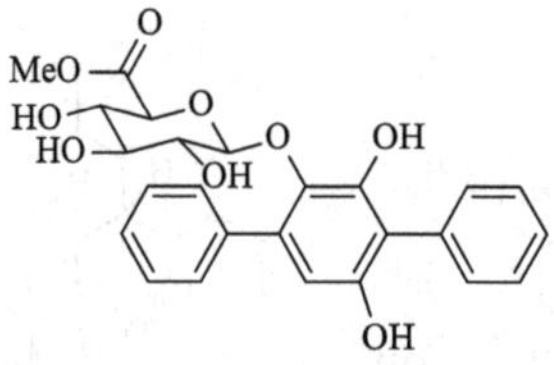

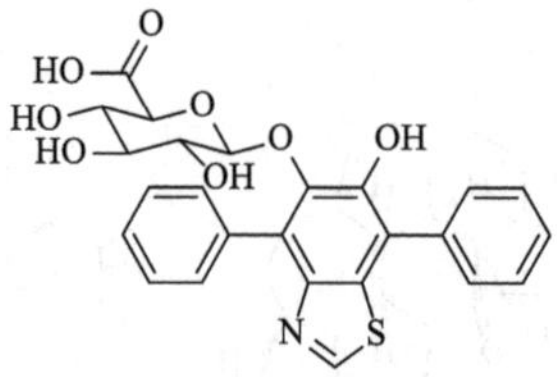

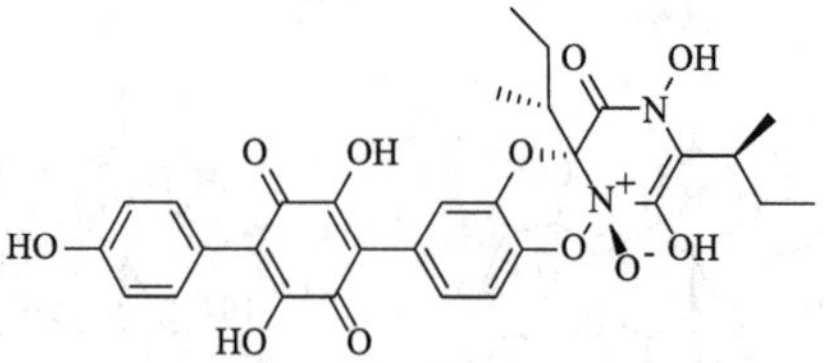

（二）肽类及环肽

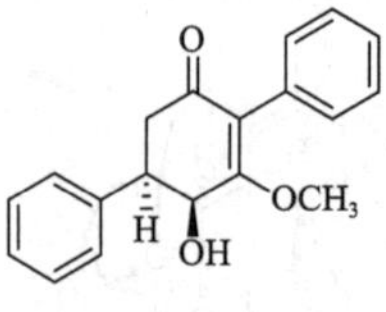

张勇慧课题组从春兰（*Cymbidium goeringii*）内生真菌 *Chaetomium* sp. 中分离鉴定出一种罕见的缩酚酸肽（chaetomiamide A，**607**）及两种已知的二酮哌嗪（**608** 和 **609**）。**607** 具有十三元环系的稀有骨架，**609** 显示更强的细胞毒性，在 G_2/M 阶段可诱导细胞周期停滞，通过激活胱天蛋白酶 3（caspase-3）、PARP（多腺苷二磷酸核糖聚合酶）诱导细胞凋亡。在 SW480 细胞中，Bax 水平升高，Bcl-2 水平降低[281]。

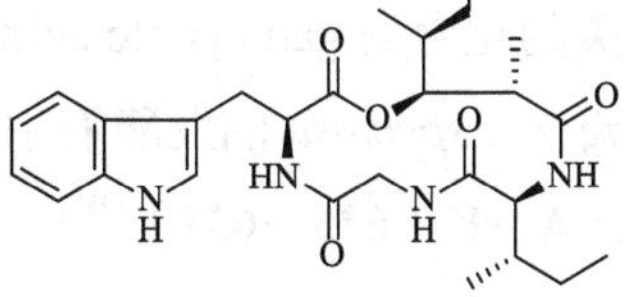

607 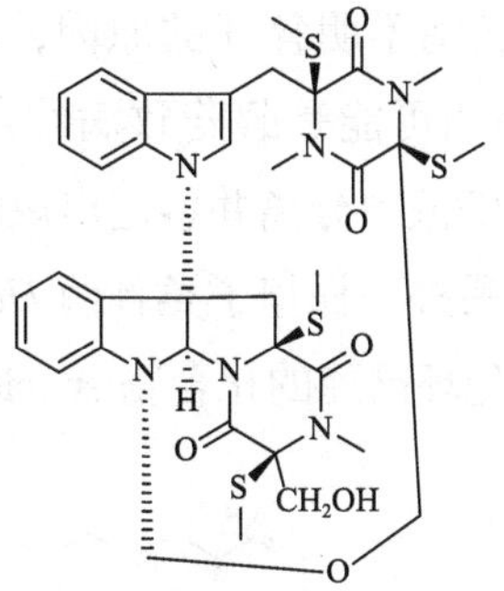　　　　　　　　　608 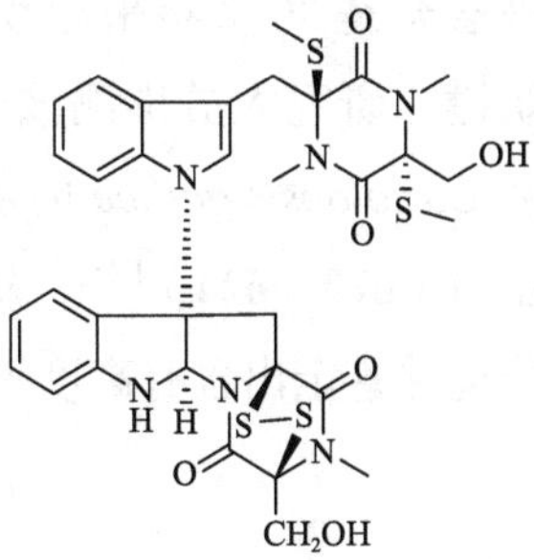　　　　　　　　　609

谭仁祥课题组从一株肠道内生真菌 *Nodulisporium* sp. 中分离得到一种结构特殊的环肽 nodupetide（**610**）[282]。该化合物含有一个 3-羟基-4-甲基己酸（HMHA）单元，其绝对构型通过 X 射线单晶衍射和 Marfey 反应得到确认。**610** 对一些病原菌具有良好的活性，MIC 值达到 5.0 μmol/L。沈月毛课题组从一株基因重组的放线菌 *Actinosynnema pretiosum* 中分离得到两种结构新型的环肽类化合物 actinosynneptide A（**611**）和 actinosynneptide B（**612**）。化合物 **611** 是首次报道含有 3-氨基-6-羟基-2-哌啶酮单元的环肽。活性筛选实验表明这两个环肽对 HeLa 和 PC3 细胞株具有较好的细胞毒性[283]。

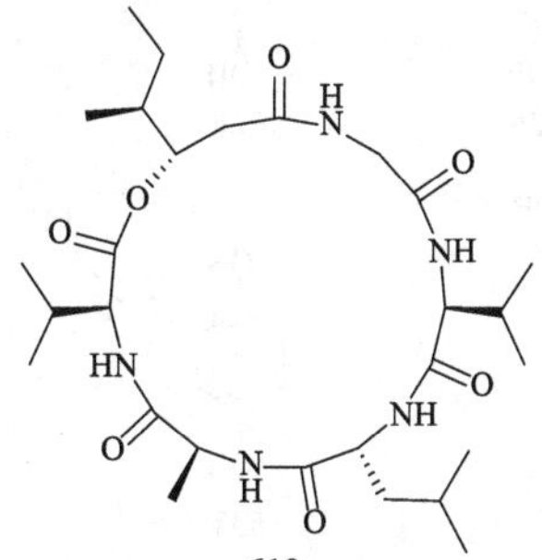

610 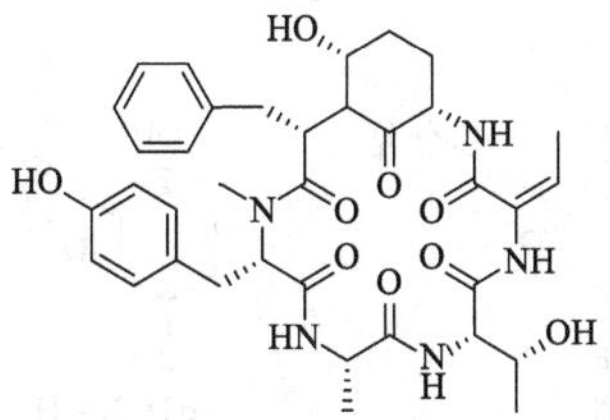　　　　　　　　　611 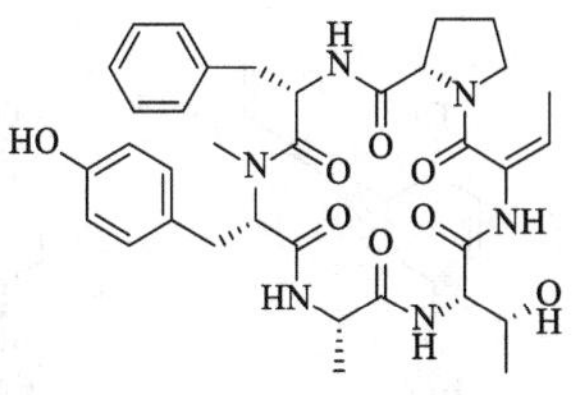　　　　　　　　　612

（三）多炔

炔类衍生物类化合物广泛存在于自然界中，特别是在担子菌群的真菌中。中国科学院昆明植物研究所刘吉开课题组从一株真菌 *Craterellus lutescens* 的子实体中分离得到新的炔酸衍生物 craterellyne A～E（**613**～**617**），其立体结构通过 Mosher 反应得到确定[284]。该课题组从云南新种蘑菇 *Trogia venenata* 中发现了两个新的非蛋白质氨基酸毒性成分化合物 **618** 和 **619**，并证实误食该蘑菇是 30 多年来导致云南不明猝死的原因，其结构主要是含有一个末端炔键。研究人员推测该基团可能是蘑菇致病的主要原因[285]。该课题组从真菌 *Coriolopsis gallica* 的发酵液中分离并鉴定出炔酸类的化合物 gallicynoic acid E～I（**620**～**624**）[286]，从另外一株担子类真菌 *Hexagonia speciosa* 的发酵液中分离并鉴定出含有高度氧化环己酯的化合物 speciosin A～K（**625**～**631**）[287]。

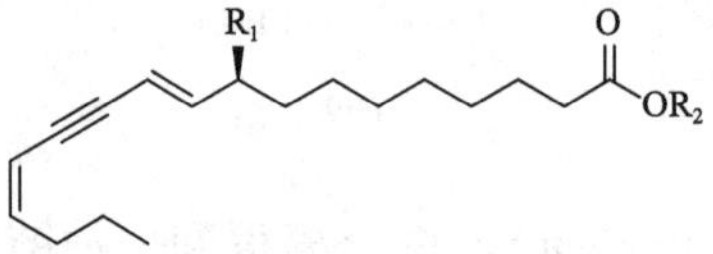

613　R₁=OH，R₂=CH₃
614　R₁=OH，R₂=CH₂CH₃
615　R₁=O，R₂=CH₂CH₃

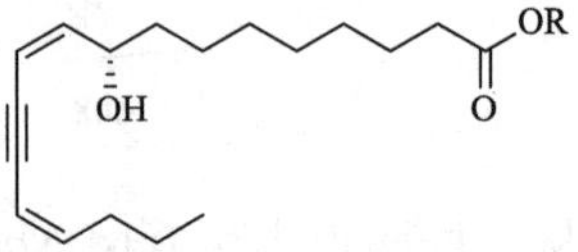

616　R=CH₂CH₃
617　R=H

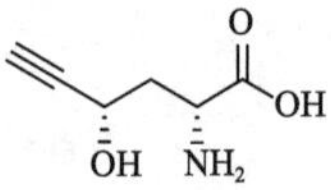

618

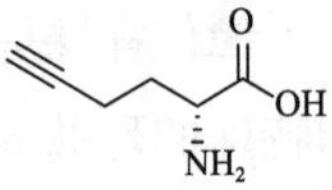

619

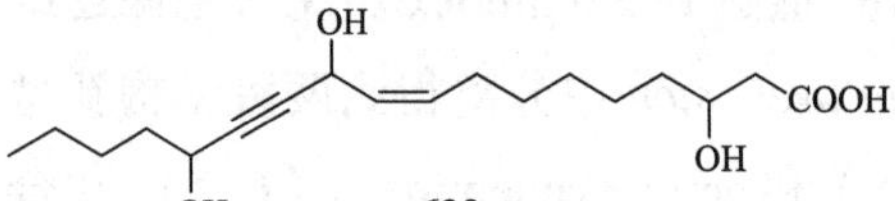

620

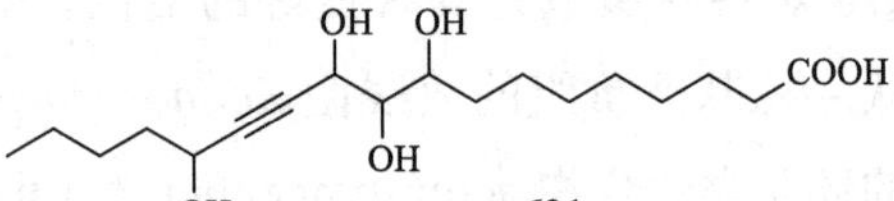

621

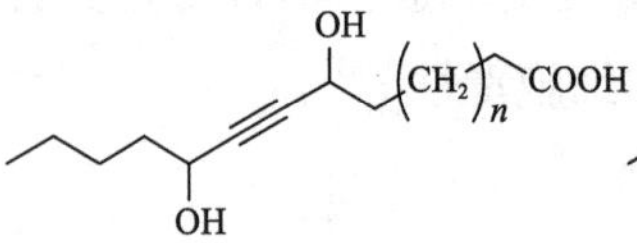

622 *n*=8
623 *n*=9

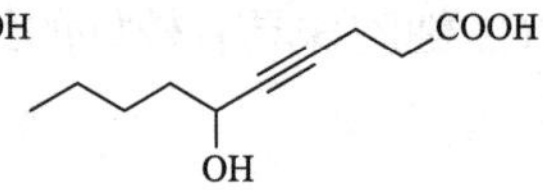

624

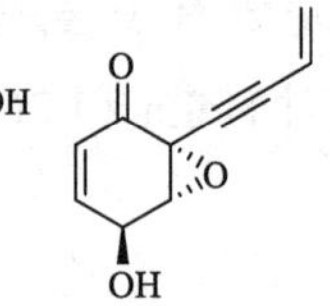

625

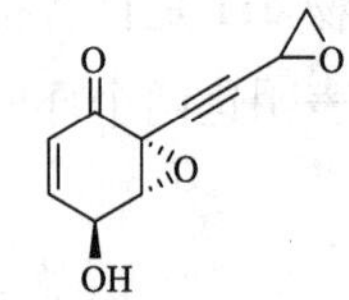

626

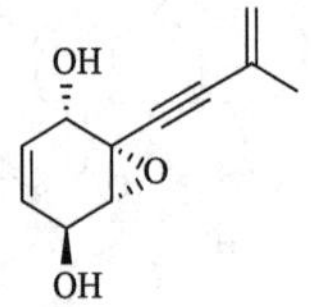

627

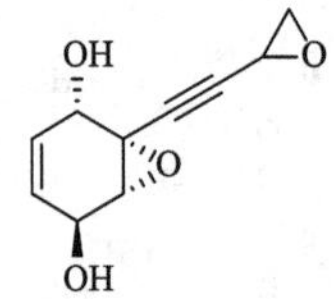

628

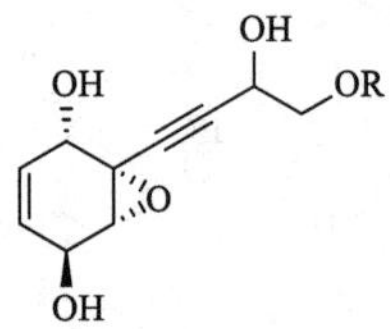

629 R=H
630 R=CH₃

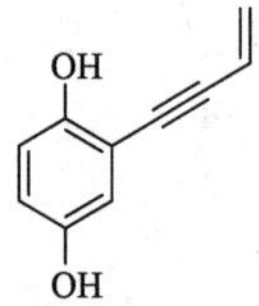

631

第四节　展　　望

　　经过我国天然产物化学学者的努力，从陆生植物和微生物中发现了一批结构新颖奇特、生物活性优异的次级代谢产物，为有机合成化学和创新药物研究提供了新颖的结构骨架和先导分子，获得了一批陆地天然产物化学系统性研究成果。这些成绩展现出我国天然产物化学学者在复杂天然产物分离获取和结构鉴定领域已处于国际领先水平。我国丰富的陆生生物资源是获取结构多样化学成分的宝库,陆生天然产物化学仍然是创新药物活性先导分子的重要来源。因此,发现结构新颖活性分子仍将是天然产物化学重要的研究工作。在此过程中,新分离分析技术和方法(如海绵晶体、质谱成像技术)的引入将改善天然化学成分研究成本高、周期长、结构确证难度大的现状,有效地提高研究效率。

未来的陆地天然产物研究工作,在巩固结构新颖天然产物发现的基础上,将更加注重和其他学科的交叉,解决陆地天然产物化学研究的瓶颈,实现陆地天然产物的化学与生物学多样性。①开展新的陆地动物、植物和微生物资源天然产物研究工作(如动植物内生菌、极端环境微生物等的代谢产物研究),同时探索次级代谢产物的生物合成规律,通过对不同合成基因和修饰基因进行特定的改造,进而产生所需要化合物或结构类似物,丰富天然产物的类型。②通过合成化学的手段实现结构复杂、多环稠合、立体构型多变的活性天然产物全合成,解决天然产物分离产率低、获取难度大的瓶颈,并进一步开展先导化合物结构修饰,实现结构多样化,获得候选药物。③将多样的、新颖的生物活性和药理作用评价模型应用于天然产物活性筛选,提高药用价值活性成分的发现概率并探讨其成药性。④采用多学科技术和方法开展天然化学分子生物活性和药理作用评价,阐明作用机制和靶点,揭示化学分子存在的本质规律和生态学意义。此外,利用天然活性分子作为探针,发现疾病治疗的新靶标,并进一步确证靶标的功能,探讨疾病发病机制,为发现治疗疾病的创新药物研发提供科学依据和策略。

本章参考文献

[1] Zhang H, Shyaula S L, Li J Y, et al. Himalensines A and B, alkaloids from *Daphniphyllum himalense*[J]. Organic Letters, 2016, 18(5): 1202-1205.

[2] Zhang C R, Liu H B, Dong S H, et al. Calycinumines A and B, two novel alkaloids from *Daphniphyllum calycinum*[J]. Organic Letters, 2009, 11(20): 4692-4695.

[3] Zhang C R, Liu H B, Feng T, et al. Alkaloids from the leaves of *Daphniphyllum*

subverticillatum[J]. Journal of Natural Products, 2009, 72(9): 1669-1672.

[4] Zhang C R, Fan C Q, Dong S H, et al. Angustimine and angustifolimine: two new alkaloids from *Daphniphyllum angustifolium*[J]. Organic Letters, 2011, 13(9): 2440-2443.

[5] Wang G C, Wang Y, Williams I D, et al. Andrographolactone, a unique diterpene from *Andrographis paniculata*[J]. Tetrahedron Letters, 2009, 50(34): 4824-4826.

[6] Zhang Y, Di Y T, Mu S Z, et al. Dapholdhamines A-D, alkaloids from *Daphniphyllum oldhamii*[J]. Journal of Natural Products, 2009, 72(7): 1325-1327.

[7] Xu J B, Zhang H, Gan L S, et al. Logeracemin A, an anti-HIV daphniphyllum alkaloid dimer with a new carbon skeleton from *Daphniphyllum longeracemosum*[J]. Journal of the American Chemical Society, 2014, 136(21): 7631-7633.

[8] Wang F, Mao M F, Wei G Z, et al. Hybridaphniphyllines A and B, daphniphyllum alkaloid and iridoid hybrids suggestive of Diels-Alder cycloaddition in *Daphniphyllum longeracemosum*[J]. Phytochemistry, 2013, 95: 428-435.

[9] Cai X H, Tan Q G, Liu Y P, et al. A cage-monoterpene indole alkaloid from *Alstonia scholaris*[J]. Organic Letters, 2008, 10(4): 577-580.

[10] Yang X W, Yang C P, Jiang L P, et al. Indole alkaloids with new skeleton activating neural stem cells[J]. Organic Letters, 2014, 16(21): 5808-5811.

[11] Pan Z, Qin X J, Liu Y P, et al. Alstoscholarisines H-J, indole alkaloids from *Alstonia scholaris*: structural evaluation and bioinspired synthesis of alstoscholarisine H[J]. Organic Letters, 2016, 18(4): 654-657.

[12] Cai X H, Bao M F, Zhang Y, et al. A new type of monoterpenoid indole alkaloid precursor from *Alstonia rostrata*[J]. Organic Letters, 2011, 13(14): 3568-3571.

[13] Zhu X X, Fan Y Y, Xu L, et al. Alstonlarsines A-D, four rearranged indole alkaloids from *Alstonia scholaris*[J]. Organic Letters, 2019, 21(5): 1471-1474.

[14] Zhu G Y, Yao X J, Liu L, et al. alistonitrine A, a caged monoterpene indole alkaloid from *Alstonia scholaris*[J]. Organic Letters, 2014, 16(4): 1080-1083.

[15] Yu H B, Wang X L, Zhang Y X, et al. Libertellenones O-S and eutypellenones A and B, pimarane diterpene derivatives from the arctic fungus *Eutypella* sp. D-1[J]. Journal of Natural Products, 2018, 81(7): 1553-1560.

[16] Bao M F, Yan J M, Cheng G G, et al. Cytotoxic indole alkaloids from *Tabernaemontana divaricata*[J]. Journal of Natural Products, 2013, 76(8): 1406-1412.

[17] Ma K, Wang J S, Luo J, et al. Tabercarpamines A-J, apoptosis-inducing indole alkaloids from the leaves of *Tabernaemontana corymbosa*[J]. Journal of Natural Products, 2014, 77(5): 1156-1163.

[18] Liu Z W, Zhang J, Li S T, et al. Ervadivamines A and B, two unusual trimeric

monoterpenoid indole alkaloids from *Ervatamia divaricata*[J]. Journal of Organic Chemistry, 2018, 83(17): 10613-10618.

[19] Tang B Q, Wang W J, Huang X J, et al. Iboga-type alkaloids from *Ervatamia officinalis*[J]. Journal of Natural Products, 2014, 77(8): 1839-1846.

[20] Cai Y S, Sarotti A M, Zhou T L, et al. Flabellipparicine, a flabelliformide-apparicine-type bisindole alkaloid from *Tabernaemontana divaricata*[J]. Journal of Natural Products, 2018, 81(9): 1976-1983.

[21] Feng T, Cai X H, Li Y, et al. Melohenines A and B, two unprecedented alkaloids from *Melodinus henryi*[J]. Organic Letters, 2009, 11(21): 4834-4837.

[22] Feng T, Cai X H, Liu Y P, et al. Melodinines A-G, monoterpenoid indole alkaloids from *Melodinus henryi*[J]. Journal of Natural Products, 2010, 73(1): 22-26.

[23] Feng T, Li Y, Liu Y P, et al. Melotenine A, a cytotoxic monoterpenoid indole alkaloid from *Melodinus tenuicaudatus*[J]. Organic Letters, 2010, 12(5): 968-971.

[24] Liu Y P, Zhao Y L, Feng T, et al. Melosuavines A-H, cytotoxic bisindole alkaloid derivatives from *Melodinus suaveolens*[J]. Journal of Natural Products, 2013, 76(12): 2322-2329.

[25] Cheng G G, Li D, Hou B, et al. Melokhanines A-J, bioactive monoterpenoid indole alkaloids with diverse skeletons from *Melodinus khasianus*[J]. Journal of Natural Products, 2016, 79(9): 2158-2166.

[26] Ding C F, Ma H X, Yang J, et al. Antibacterial indole alkaloids with complex heterocycles from *Voacanga africana*[J]. Organic Letters, 2018, 20(9): 2702-2706.

[27] Chen J, Chen J J, Yao X, et al. Kopsihainanines A and B, two unusual alkaloids from *Kopsia hainanensis*[J]. Organic & Biomolecular Chemistry, 2011, 9(15): 5334-5336.

[28] Zeng J, Zhang D B, Zhou P P, et al. Rauvomines A and B, two monoterpenoid indole alkaloids from *Rauvolfia vomitoria*[J]. Organic Letters, 2017, 19(15): 3998-4001.

[29] Fu Y H, Di Y T, He H P, et al. Angustifonines A and B, cytotoxic bisindole alkaloids from *Bousigonia angustifolia*[J]. Journal of Natural Products, 2014, 77(1): 57-62.

[30] Qu J, Fang L, Ren X D, et al. Bisindole alkaloids with neural anti-inflammatory activity from *Gelsemium elegans*[J]. Journal of Natural Products, 2013, 76(12): 2203-2209.

[31] Zhang W, Xu W, Wang G Y, et al. Gelsekoumidines A and B: two pairs of atropisomeric bisindole alkaloids from the roots of *Gelsemium elegans*[J]. Organic Letters, 2017, 19(19): 5194-5197.

[32] Li N P, Liu M, Huang X J, et al. Gelsecorydines A-E, five gelsedine-corynanthe-type bisindole alkaloids from the fruits of *Gelsemium elegans*[J]. Journal of Organic Chemistry, 2018, 83(10): 5707-5714.

[33] Zhang W, Huang X J, Zhang S Y, et al. Geleganidines A-C, unusual monoterpenoid indole

alkaloids from *Gelsemium elegans*[J]. Journal of Natural Products, 2015, 78(8): 2036-2044.

[34] Sun M X, Gao H H, Zhao J, et al. New oxindole alkaloids from *Gelsemium elegans*[J]. Tetrahedron Letters, 2015, 56(45): 6194-6197.

[35] Fu Y, Zhang Y, He H, et al. Strynuxlines A and B, alkaloids with an unprecedented carbon skeleton from *Strychnos nux-vomica*[J]. Journal of Natural Products, 2012, 75(11): 1987-1990.

[36] Shi Y S, Liu Y B, Ma S G, et al. Four new minor alkaloids from the seeds of *Strychnos nux-vomica*[J]. Tetrahedron Letters, 2014, 55(48): 6538-6542.

[37] Tan C J, Di Y T, Wang Y H, et al. Three new indole alkaloids from *Trigonostemon lii*[J]. Organic Letters, 2010, 12(10): 2370-2373.

[38] Ma S S, Mei W L, Guo Z K, et al. Two new types of bisindole alkaloid from *Trigonostemon lutescens*[J]. Organic Letters, 2013, 15(7): 1492-1495.

[39] Wang K B, Li D H, Hu P, et al. A series of beta-carboline alkaloids from the seeds of *Peganum harmala* show g-quadruplex interactions[J]. Organic Letters, 2016, 18(14): 3398-3401.

[40] Wang K B, Li S G, Huang X Y, et al. (+/−)-Peharmaline A: a pair of rare *β*-carboline-vasicinone hybrid alkaloid enantiomers from *Peganum harmala*[J]. European Journal of Organic Chemistry, 2017(14): 1876-1879.

[41] Wang K B, Di Y T, Bao Y, et al. Peganumine A, a *β*-carboline dimer with a new octacyclic scaffold from *Peganum harmala*[J]. Organic Letters, 2014, 16(15): 4028-4031.

[42] Chen M, Lin S, Li L, et al. Enantiomers of an indole alkaloid containing unusual dihydrothiopyran and 1, 2, 4-thiadiazole rings from the root of *Isatis indigotica*[J]. Organic Letters, 2012, 14(22): 5668-5671.

[43] Chen M, Gan L, Lin S, et al. Alkaloids from the root of *Isatis indigotica*[J]. Journal of Natural Products, 2012, 75(6): 1167-1176.

[44] Feng T, Duan K T, He S J, et al. Ophiorrhines A and B, two immunosuppressive monoterpenoid indole alkaloids from *Ophiorrhiza japonica*[J]. Organic Letters, 2018, 20(24): 7926-7928.

[45] Geng C A, Huang X Y, Ma Y B, et al. (±)-Uncarilins A and B, dimeric isoechinulin-type alkaloids from *Uncaria rhynchophylla*[J]. Journal of Natural Products, 2017, 80(4): 959-964.

[46] Zhang B J, Bao M F, Zeng C X, et al. Dimeric erythrina alkaloids from the flower of *Erythrina variegata*[J]. Organic Letters, 2014, 16(24): 6400-6403.

[47] Jiao W H, Gao H, Li C Y, et al. Quassidines A-D, bis-*β*-carboline alkaloids from the stems of *Picrasma quassioides*[J]. Journal of Natural Products, 2010, 73(2): 167-171.

[48] Yang S P, Zhang X W, Ai J, et al. Potent HGF/c-Met axis inhibitors from *Eucalyptus globulus*: the coupling of phloroglucinol and sesquiterpenoid is essential for the activity[J]. Journal of Medicinal Chemistry, 2012, 55(18): 8183-8187.

[49] Liu M, Lin S, Gan M, et al. Yaoshanenolides A and B: new spirolactones from the bark of *Machilus yaoshansis*[J]. Organic Letters, 2012, 14(4): 1004-1007.

[50] Tang Y, Xiong J, Zou Y, et al. Annotinolide F and lycoannotines A-I, further lycopodium alkaloids from *Lycopodium annotinum*[J]. Phytochemistry, 2017, 143: 1-11.

[51] Dong L B, Yang J, He J, et al. Lycopalhine A, a novel sterically congested lycopodium alkaloid with an unprecedented skeleton from *Palhinhaea cernua*[J]. Chemical Communications, 2012, 48(72): 9038-9040.

[52] Dong L B, Wu Y N, Jiang S Z, et al. Isolation and complete structural assignment of lycopodium alkaloid cernupalhine A: theoretical prediction and total synthesis validation[J]. Organic Letters, 2014, 16(10): 2700-2703.

[53] Zhao F W, Sun Q Y, Yang F M, et al. Palhinine A, a novel alkaloid from *Palhinhaea cernua*[J]. Organic Letters, 2010, 12(17): 3922-3925.

[54] Wang F X, Du J Y, Wang H B, et al. Total synthesis of lycopodium alkaloids palhinine A and palhinine D[J]. Journal of the American Chemical Society, 2017, 139(12): 4282-4285.

[55] Liu F, Wu X D, He J, et al. Casuarines A and B, lycopodium alkaloids from *Lycopodium casuarinoides*[J]. Tetrahedron Letters, 2013, 54(34): 4555-4557.

[56] Cheng J T, Liu F, Li X N, et al. Lycospidine A, a new type of lycopodium alkaloid from *Lycopodium complanatum*[J]. Organic Letters, 2013, 15(10): 2438-2441.

[57] Zhang Z J, Nian Y, Zhu Q F, et al. Lycoplanine A, a C16N lycopodium alkaloid with a 6/9/5 tricyclic skeleton from *Lycopodium complanatum*[J]. Organic Letters, 2017, 19(17): 4668-4671.

[58] Zhang Z J, Qi Y Y, Wu X D, et al. Lycogladines A-H, fawcettimine-type lycopodium alkaloids from *Lycopodium complanatum* var. *glaucum* Ching[J]. Tetrahedron, 2018, 74(14): 1692-1697.

[59] Xu S, Zhang J, Ma D, et al. Asymmetric total synthesis of (–)-lycospidine A[J]. Organic Letters, 2016, 18(18): 4682-4685.

[60] Gan L S, Fan C Q, Yang S P, et al. Flueggenines A and B, two novel C,C-linked dimeric indolizidine alkaloids from *Flueggea virosa*[J]. Organic Letters, 2006, 8(11): 2285-2288.

[61] Zhang H, Han Y S, Wainberg M A, et al. Anti-HIV securinega alkaloid oligomers from *Flueggea virosa*[J]. Tetrahedron, 2015, 71(22): 3671-3679.

[62] Zhao B X, Wang Y, Zhang D M, et al. Flueggines A and B, two new dimeric indolizidine alkaloids from *Flueggea virosa*[J]. Organic Letters, 2011, 13(15): 3888-3891.

[63] Zhao B X, Wang Y, Zhang D M, et al. Virosaines A and B, two new birdcage-shaped securinega alkaloids with an unprecedented skeleton from *Flueggea virosa*[J]. Organic Letters, 2012, 14(12): 3096-3099.

[64] Zhao B X, Wang Y, Li C, et al. Flueggedine, a novel axisymmetric indolizidine alkaloid dimer from *Flueggea virosa*[J]. Tetrahedron Letters, 2013, 54(35): 4708-4711.

[65] Wu Z L, Zhao B X, Huang X J, et al. Suffrutines A and B: a pair of *Z/E* isomeric indolizidine alkaloids from the roots of *Flueggea suffruticosa*[J]. Angewandte Chemie International Edition, 2014, 53(23): 5796-5799.

[66] Wu Z L, Huang X J, Xu M T, et al. Flueggeacosines A-C, dimeric securinine-type alkaloid analogues with neuronal differentiation activity from *Flueggea suffruticosa*[J]. Organic Letters, 2018, 20(23): 7703-7707.

[67] Qin S, Liang J Y, Gu Y C, et al. Suffruticosine, a novel octacyclic alkaloid with an unprecedented skeleton from *Securinega suffruticosa* (Pall.) Rehd.[J]. Tetrahedron Letters, 2008, 49(49): 7066-7069.

[68] Luo X K, Cai J, Yin Z Y, et al. Fluvirosaones A and B, two indolizidine alkaloids with a pentacyclic skeleton from *Flueggea virosa*[J]. Organic Letters, 2018, 20(4): 991-994.

[69] Guo Q, Xia H, Shi G, et al. Aconicarmisulfonine A, a sulfonated C-20-diterpenoid alkaloid from the lateral roots of *Aconitum carmichaelii*[J]. Organic Letters, 2018, 20(3): 816-819.

[70] Zong X, Yan X, Wu J L, et al. Potentially cardiotoxic diterpenoid alkaloids from the roots of *Aconitum carmichaelii*[J]. Journal of Natural Products, 2019, 82(4): 980-989.

[71] Bao M F, Zeng C X, Liu Y P, et al. Indole alkaloids from *Hunteria zeylanica*[J]. Journal of Natural Products, 2017, 80(4): 790-797.

[72] Mu Z Q, Gao H, Huang Z Y, et al. Puberunine and puberudine, two new C-18-diterpenoid alkaloids from *Aconitum barbatum* var. *puberulum*[J]. Organic Letters, 2012, 14(11): 2758-2761.

[73] Gao X H, Xu Y S, Fan Y Y, et al. Cascarinoids A-C, a class of diterpenoid alkaloids with unpredicted conformations from *Croton cascarilloides*[J]. Organic Letters, 2018, 20(1): 228-231.

[74] Zhang Y B, Zhang X L, Chen N H, et al. Four matrine-based alkaloids with antiviral activities against hbv from the seeds of *Sophora alopecuroides*[J]. Organic Letters, 2017, 19(2): 424-427.

[75] Zhang Y B, Yang L, Luo D, et al. Sophalines E-I, five quinolizidine-based alkaloids with antiviral activities against the hepatitis B virus from the seeds of *Sophora alopecuroides*[J]. Organic Letters, 2018, 20(18): 5942-5946.

[76] Cao M M, Zhang Y, Li X H, et al. Cyclohexane-Fused octahydroquinolizine alkaloids from

Myrioneuron faberi with activity against hepatitis C virus[J]. Journal of Organic Chemistry, 2014, 79(17): 7945-7950.

[77] Geng C A, Chen X L, Huang X Y, et al. Sweriyunnanlactone A, one unusual secoiridoid trimer from *Swertia yunnanensis*[J]. Tetrahedron Letters, 2015, 56(17): 2163-2166.

[78] Ni G, Shi G R, Li J Y, et al. The unprecedented iridal lactone and adducts of spiroiridal and isoflavonoid from *Belamcanda chinensis*[J]. RSC Advances, 2017, 7(33): 20160-20166.

[79] Ma S G, Gao R M, Li Y H, et al. Antiviral spiirooliganones A and B with unprecedented skeletons from the roots of *Illicium oligandrum*[J]. Organic Letters, 2013, 15(17): 4450-4453.

[80] Yuan T, Zhu R X, Yang S P, et al. Serratustones A and B representing a new dimerization pattern of two types of sesquiterpenoids from *Chloranthus serratus*[J]. Organic Letters, 2012, 14(12): 3198-3201.

[81] Zhou B, Liu Q F, Dalal S, et al. Fortunoids A-C, Three sesquiterpenoid dimers with different carbon skeletons from *Chloranthus fortunei*[J]. Organic Letters, 2017, 19(3): 734-737.

[82] Fan Y Y, Sun Y L, Zhou B, et al. Hedyorienoids A and B, two sesquiterpenoid dimers featuring different polycyclic skeletons from *Hedyosmum orientale*[J]. Organic Letters, 2018, 20(17): 5435-5438.

[83] Wu J, Tang C, Chen L, et al. Dicarabrones A and B, a pair of new epimers dimerized from sesquiterpene lactones via a [3+2] cycloaddition from *Carpesium abrotanoides*[J]. Organic Letters, 2015, 17(7): 1656-1659.

[84] Wang Y, Shen Y H, Jin H Z, et al. Ainsliatrimers A and B, the first two guaianolide trimers from *Ainsliaea fulvioides*[J]. Organic Letters, 2008, 10(24): 5517-5520.

[85] Nie L Y, Qin J J, Huang Y, et al. Sesquiterpenoids from *Inula lineariifolia* inhibit nitric oxide production[J]. Journal of Natural Products, 2010, 73(6): 1117-1120.

[86] He J B, Luo J, Zhang L, et al. Sesquiterpenoids with new carbon skeletons from the resin of *Toxicodendron vernicifluum* as new types of extracellular matrix inhibitors[J]. Organic Letters, 2013, 15(14): 3602-3605.

[87] Ma S G, Li M, Lin M B, et al. Illisimonin A, a caged sesquiterpenoid with a tricyclo [5.2.1.0^{1,6}] decane skeleton from the fruits of *Illicium simonsii*[J]. Organic Letters, 2017, 19(22): 6160-6163.

[88] Zhang Z X, Li H H, Qi F M, et al. Crocrassins A and B: two novel sesquiterpenoids with an unprecedented carbon skeleton from *Croton crassifolius*[J]. RSC Advances, 2014, 4(57): 30059-30061.

[89] Han J J, Zhang J Z, Zhu R X, et al. Plagiochianins A and B, two *ent*-2, 3-*seco*-aromadendrane

derivatives from the liverwort *Plagiochila duthiana*[J]. Organic Letters, 2018, 20(20): 6550-6553.

[90] Zhang Y L, Zhou X W, Wang X B, et al. Xylopiana A, a dimeric guaiane with a case-shaped core from *Xylopia vielana*: structural elucidation and biomimetic conversion[J]. Organic Letters, 2017, 19(11): 3013-3016.

[91] Xue G M, Han C, Chen C, et al. Artemisians A-D, diseco-guaianolide involved heterodimeric [4+2] adducts from *Artemisia argyi*[J]. Organic Letters, 2017, 19(19): 5410-5413.

[92] Qin D P, Pan D B, Xiao W, et al. Dimeric cadinane sesquiterpenoid derivatives from *Artemisia annua*[J]. Organic Letters, 2018, 20(2): 453-456.

[93] Zhang R, Tang C, Liu H C, et al. Ainsliatriolides A and B, two guaianolide trimers from *Ainsliaea fragrans* and their cytotoxic activities[J]. Journal of Organic Chemistry, 2018, 83(22): 14175-14180.

[94] Wang W G, Du X, Li X N, et al. New bicyclo [3.1.0] hexane unit *ent*-kaurane diterpene and its *seco*-derivative from *Isodon eriocalyx* var. *laxiflora*[J]. Organic Letters, 2011, 14(1): 302-305.

[95] Zhao W, Wang W G, Li X N, et al. Neoadenoloside A, a highly functionalized diterpene C-glycoside, from *Isodon adenolomus*[J]. Chemical Communications, 2012, 48(62): 7723-7725.

[96] Zhou M, Zhang H B, Wang W G, et al. Scopariusic acid, a new meroditerpenoid with a unique cyclobutane ring isolated from *Isodon scoparius*[J]. Organic Letters, 2013, 15(17): 4446-4449.

[97] Liu X, Yang J, Wang W G, et al. Diterpene alkaloids with an aza-*ent*-kaurane skeleton from *Isodon rubescens*[J]. Journal of Natural Products, 2015, 78(2): 196-201.

[98] Zou J, Du X, Pang G, et al. Ternifolide A, a new diterpenoid possessing a rare macrolide motif from *Isodon ternifolius*[J]. Organic Letters, 2012, 14(12): 3210-3213.

[99] Liu J, He X F, Wang G H, et al. Aphadilactones A-D, four diterpenoid dimers with DGAT inhibitory and antimalarial activities from a Meliaceae plant[J]. Journal of Organic Chemistry, 2013, 79(2): 599-607.

[100] Zhao J X, Yu Y Y, Wang S S, et al. Structural elucidation and bioinspired total syntheses of ascorbylated diterpenoid hongkonoids A-D[J]. Journal of the American Chemical Society, 2018, 140(7): 2485-2492.

[101] Chen H D, He X F, Ai J, et al. Trigochilides A and B, two highly modified daphnane-type diterpenoids from *Trigonostemon chinensis*[J]. Organic Letters, 2009, 11(18): 4080-4083.

[102] Chen H D, Yang S P, He X F, et al. Trigochinins A-C: three new daphnane-type diterpenes

from *Trigonostemon chinensis*[J]. Organic Letters, 2010, 12(6): 1168-1171.

[103] Zhang L, Luo R H, Wang F, et al. Highly functionalized daphnane diterpenoids from *Trigonostemon thyrsoideum*[J]. Organic Letters, 2009, 12(1): 152-155.

[104] Wang G C, Zhang H, Liu H B, et al. Laevinoids A and B: two diterpenoids with an unprecedented backbone from *Croton laevigatus*[J]. Organic Letters, 2013, 15(18): 4880-4883.

[105] Zhang W Y, Zhao J X, Sheng L, et al. Mangelonoids A and B, two pairs of macrocyclic diterpenoid enantiomers from *Croton mangelong*[J]. Organic Letters, 2018, 20(13): 4040-4043.

[106] Ni G, Zhang H, Fan Y Y, et al. Mannolides A-C with an intact diterpenoid skeleton providing insights on the biosynthesis of antitumor cephalotaxus troponoids[J]. Organic Letters, 2016, 18(8): 1880-1883.

[107] Xu J B, Fan Y Y, Gan L S, et al. Cephalotanins A-D, four norditerpenoids represent three highly rigid carbon skeletons from *Cephalotaxus sinensis*[J]. Chemistry-A European Journal, 2016, 22(41): 14648-14654.

[108] Tian Y, Guo Q, Xu W, et al. A minor diterpenoid with a new 6/5/7/3 fused-ring skeleton from *Euphorbia micractina*[J]. Organic Letters, 2014, 16(15): 3950-3953.

[109] Wang L, Yang J, Kong L M, et al. Natural and semisynthetic tigliane diterpenoids with new carbon skeletons from *Euphorbia dracunculoides* as a Wnt signaling pathway inhibitor[J]. Organic Letters, 2017, 19(14): 3911-3914.

[110] Wan L S, Nian Y, Peng X R, et al. Pepluanols C-D, two diterpenoids with two skeletons from *Euphorbia peplus*[J]. Organic Letters, 2018, 20(10): 3074-3078.

[111] Fei D Q, Dong L L, Qi F M, et al. Euphorikanin A, a diterpenoid lactone with a fused 5/6/7/3 ring system from *Euphorbia kansui*[J]. Organic Letters, 2016, 18(12): 2844-2847.

[112] Li Y, Liu Y B, Liu Y L, et al. Mollanol A, a diterpenoid with a new C-*nor*-D-homograyanane skeleton from the fruits of *Rhododendron molle*[J]. Organic Letters, 2014, 16(16): 4320-4323.

[113] Zhou J, Sun N, Zhang H, et al. Rhodomollacetals A-C, ptp1b inhibitory diterpenoids with a 2, 3: 5, 6-di-*seco*-grayanane skeleton from the leaves of *Rhododendron molle*[J]. Organic Letters, 2017, 19(19): 5352-5355.

[114] Li C H, Niu X M, Luo Q, et al. Novel polyesterified 3, 4-*seco*-grayanane diterpenoids as antifeedants from *Pieris formosa*[J]. Organic Letters, 2010, 12(10): 2426-2429.

[115] Xu J, Sun Y, Wang M, et al. Bioactive diterpenoids from the leaves of *Callicarpa macrophylla*[J]. Journal of Natural Products, 2015, 78(7): 1563-1569.

[116] Zhou L, Tuo Y, Hao Y, et al. Cinnamomols A and B, immunostimulative diterpenoids with

a new carbon skeleton from the leaves of *Cinnamomum cassia*[J]. Organic Letters, 2017, 19(11): 3029-3032.

[117] Shou Q Y, Tan Q, Shen Z W. A novel sulfur-containing diterpenoid from *Fritillaria anhuiensis*[J]. Tetrahedron Letters, 2009, 50(28): 4185-4187.

[118] Wang X C, Zheng Z P, Gan X W, et al. Jatrophalactam, a novel diterpenoid lactam isolated from *Jatropha curcas*[J]. Organic Letters, 2009, 11(23): 5522-5524.

[119] Zhang J, Abdel-Mageed W M, Liu M, et al. Caesanines A-D, new cassane diterpenes with unprecedented N bridge from *Caesalpinia sappan*[J]. Organic Letters, 2013, 15(18): 4726-4729.

[120] Chen Q B, Xin X L, Yang Y, et al. Highly conjugated norditerpenoid and pyrroloquinoline alkaloids with potent PTP1B inhibitory activity from *Nigella glandulifera*[J]. Journal of Natural Products, 2014, 77(4): 807-812.

[121] Luo P, Xia W, Morris Natschke S L, et al. Vitepyrroloids A-D, 2-cyanopyrrole-containing labdane diterpenoid alkaloids from the leaves of *Vitex trifolia*[J]. Journal of Natural Products, 2017, 80(5): 1679-1683.

[122] Wang L N, Zhang J Z, Li X, et al. Pallambins A and B, unprecedented hexacyclic 19-*nor*-secolabdane diterpenoids from the Chinese liverwort *Pallavicinia ambigua*[J]. Organic Letters, 2012, 14(4): 1102-1105.

[123] Zhou J, Zhang J, Cheng A, et al. Highly rigid labdane-type diterpenoids from a Chinese liverwort and light-driven structure diversification[J]. Organic Letters, 2015, 17(14): 3560-3563.

[124] Guo D X, Zhu R X, Wang X N, et al. Scaparvin A, a novel caged *cis*-clerodane with an unprecedented C-6/C-11 bond, and related diterpenoids from the liverwort *Scapania parva*[J]. Organic Letters, 2010, 12(19): 4404-4407.

[125] Zhou J, Zhang J, Li R, et al. Hapmnioides A-C, rearranged labdane-type diterpenoids from the Chinese liverwort *Haplomitrium mnioides*[J]. Organic Letters, 2016, 18(17): 4274-4276.

[126] Luo S H, Luo Q, Niu X M, et al. Glandular trichomes of *Leucosceptrum canum* harbor defensive sesterterpenoids[J]. Angewandte Chemie International Edition, 2010, 49(26): 4471-4475.

[127] Li C H, Jing S X, Luo S H, et al. Peltate glandular trichomes of *Colquhounia coccinea* var. *mollis* harbor a new class of defensive sesterterpenoids[J]. Organic Letters, 2013, 15(7): 1694-1697.

[128] Shi Y M, Wang X B, Li X N, et al. Lancolides, antiplatelet aggregation nortriterpenoids with tricyclo $[6.3.0.0^{2,11}]$ undecane-bridged system from *Schisandra lancifolia*[J]. Organic

Letters, 2013, 15(19): 5068-5071.

[129] Meng F Y, Sun J X, Li X, et al. Schiglautone A, a new tricyclic triterpenoid with a unique 6/7/9-fused skeleton from the stems of *Schisandra glaucescens*[J]. Organic Letters, 2011, 13(6): 1502-1505.

[130] Zhou Z W, Yin S, Zhang H Y, et al. Walsucochins A and B with an unprecedented skeleton isolated from *Walsura cochinchinensis*[J]. Organic Letters, 2008, 10(3): 465-468.

[131] He X F, Wang X N, Gan L S, et al. Two novel triterpenoids from *Dysoxylum hainanense*[J]. Organic Letters, 2008, 10(19): 4327-4330.

[132] Fan Y Y, Zhang H, Zhou Y, et al. Phainanoids A-F, a new class of potent immunosuppressive triterpenoids with an unprecedented carbon skeleton from *Phyllanthus hainanensis*[J]. Journal of the American Chemical Society, 2015, 137(1): 138-141.

[133] Fan Y Y, Gan L S, Liu H C, et al. Phainanolide A, highly modified and oxygenated triterpenoid from *Phyllanthus hainanensis*[J]. Organic Letters, 2017, 19(17): 4580-4583.

[134] Jing S X, Luo S H, Li C H, et al. Biologically active dichapetalins from *Dichapetalum gelonioides*[J]. Journal of Natural Products, 2014, 77(4): 882-893.

[135] Song Y Y, Miao J H, Qin F Y, et al. Belamchinanes A-D from *Belamcanda chinensis*: triterpenoids with an unprecedented carbon skeleton and their activity against age-related renal fibrosis[J]. Organic Letters, 2018, 20(17): 5506-5509.

[136] Song Z J, Xu X M, Deng W L, et al. A new dimeric iridal triterpenoid from *Belamcanda chinensis* with significant molluscicide activity[J]. Organic Letters, 2010, 13(3): 462-465.

[137] Zhang C R, Fan C Q, Zhang L, et al. Chuktabrins A and B, two novel limonoids from the twigs and leaves of *Chukrasia tabularis*[J]. Organic Letters, 2008, 10(15): 3183-3186.

[138] Yuan T, Yang S P, Zhang C R, et al. Two limonoids, khayalenoids A and B with an unprecedented 8-oxa-tricyclo [4.3.2.0$^{2, 7}$] undecane motif, from *Khaya senegalensis*[J]. Organic Letters, 2008, 11(3): 617-620.

[139] Yuan T, Zhu R X, Zhang H, et al. Structure determination of grandifotane A from *Khaya grandifoliola* by NMR, X-ray diffraction, and ECD calculation[J]. Organic Letters, 2009, 12(2): 252-255.

[140] Yang S P, Chen H D, Liao S G, et al. Aphanamolide A, a new limonoid from *Aphanamixis polystachya*[J]. Organic Letters, 2010, 13(1): 150-153.

[141] Han M L, Zhang H, Yang S P, et al. Walsucochinoids A and B: new rearranged limonoids from *Walsura cochinchinensis*[J]. Organic Letters, 2011, 14(2): 486-489.

[142] Liu H B, Zhang H, Li P, et al. Chukrasones A and B: potential Kv1.2 potassium channel blockers with new skeletons from *Chukrasia tabularis*[J]. Organic Letters, 2012, 14(17): 4438-4441.

[143] Liu C P, Xu J B, Han Y S, et al. Trichiconins A-C, limonoids with new carbon skeletons from *Trichilia connaroides*[J]. Organic Letters, 2014, 16(20): 5478-5481.

[144] Yu J H, Liu Q F, Sheng L, et al. Cipacinoids A-D, four limonoids with spirocyclic skeletons from *Cipadessa cinerascens*[J]. Organic Letters, 2016, 18(3): 444-447.

[145] Geng Z L, Fang X, Di Y T, et al. Trichilin B, a novel limonoid with highly rearranged ring system from *Trichilia connaroides*[J]. Tetrahedron Letters, 2009, 50(18): 2132-2134.

[146] An F L, Luo J, Li R J, et al. Spirotrichilins A and B: two rearranged spirocyclic limonoids from *Trichilia connaroides*[J]. Organic Letters, 2016, 18(8): 1924-1927.

[147] Shao M, Wang Y, Liu Z, et al. Psiguadials A and B, two novel meroterpenoids with unusual skeletons from the leaves of *Psidium guajava*[J]. Organic Letters, 2010, 12(21): 5040-5043.

[148] Jian Y Q, Huang X J, Zhang D M, et al. Guapsidial A and guadials B and C: three new meroterpenoids with unusual skeletons from the leaves of *Psidium guajava*[J]. Chemistry-A European Journal, 2015, 21(25): 9022-9027.

[149] Li C J, Ma J, Sun H, et al. Guajavadimer A, a dimeric caryophyllene-derived meroterpenoid with a new carbon skeleton from the leaves of *Psidium guajava*[J]. Organic Letters, 2015, 18(2): 168-171.

[150] Li B, Kong D Y, Shen Y H, et al. Pseudolaridimers A and B, hetero-cycloartane-labdane Diels-Alder adducts from the cone of *Pseudolarix amabilis*[J]. Organic Letters, 2012, 14(21): 5432-5435.

[151] Xiong J, Hong Z L, Gao L X, et al. Chlorabietols A-C, phloroglucinol-diterpene adducts from the chloranthaceae plant *Chloranthus oldhamii*[J]. Journal of Organic Chemistry, 2015, 80(21): 11080-11085.

[152] Wang P, Li R J, Liu R H, et al. Sarglaperoxides A and B, sesquiterpene-normonoterpene conjugates with a peroxide bridge from the seeds of *Sarcandra glabra*[J]. Organic Letters, 2016, 18(4): 832-835.

[153] Shang Z C, Yang M H, Jian K L, et al. ^{1}H NMR-guided isolation of formyl-phloroglucinol meroterpenoids from the leaves of *Eucalyptus robusta*[J]. Chemistry-A European Journal, 2016, 22(33): 11778-11784.

[154] Liao H B, Lei C, Gao L X, et al. Two enantiomeric pairs of meroterpenoids from *Rhododendron capitatum*[J]. Organic Letters, 2015, 17(20): 5040-5043.

[155] Tang Z H, Liu Y B, Ma S G, et al. Antiviral spirotriscoumarins A and B: two pairs of oligomeric coumarin enantiomers with a spirodienone-sesquiterpene skeleton from *Toddalia asiatica*[J]. Organic Letters, 2016, 18(19): 5146-5149.

[156] Li C, Li C J, Ma J, et al. Magterpenoids A-C, three polycyclic meroterpenoids with PTP1B

Inhibitory activity from the bark of *Magnolia officinalis* var. *biloba*[J]. Organic Letters, 2018, 20(12): 3682-3686.

[157] Yang D S, Li Z L, Wang X, et al. Denticulatains A and B: unique stilbene-diterpene heterodimers from *Macaranga denticulata*[J]. RSC Advances, 2015, 5(18): 13886-13890.

[158] Feng T, Li X M, He J, et al. Nicotabin A, a sesquiterpenoid derivative from *Nicotiana tabacum*[J]. Organic Letters, 2017, 19(19): 5201-5203.

[159] Luo Q, Tian L, Di L, et al. (±)-Sinensilactam A, a pair of rare hybrid metabolites with Smad3 phosphorylation inhibition from *Ganoderma sinensis*[J]. Organic Letters, 2015, 17(6): 1565-1568.

[160] Yan Y M, Ai J, Zhou L L, et al. Lingzhiols, unprecedented rotary door-shaped meroterpenoids as potent and selective inhibitors of p-Smad3 from *Ganoderma lucidum*[J]. Organic Letters, 2013, 15(21): 5488-5491.

[161] Luo Q, Di L, Yang X H, et al. Applanatumols A and B, meroterpenoids with unprecedented skeletons from *Ganoderma applanatum*[J]. RSC Advances, 2016, 6(51): 45963-45967.

[162] Liao Y, Liu X, Yang J, et al. Hypersubones A and B, new polycyclic acylphloroglucinols with intriguing adamantane type cores from *Hypericum subsessile*[J]. Organic Letters, 2015, 17(5): 1172-1175.

[163] Duan Y T, Zhang J, Lao Y Z, et al. Spirocyclic polycyclic polyprenylated acylphloroglucinols from the ethyl acetate fraction of *Hypericum henryi*[J]. Tetrahedron Letters, 2018, 59(46): 4067-4072.

[164] Liu Y Y, Ao Z, Xue G M, et al. Hypatulone A, a homoadamantane-type acylphloroglucinol with an intricately caged core from *Hypericum patulum*[J]. Organic Letters, 2018, 20(24): 7953-7956.

[165] Zhu H, Chen C, Yang J, et al. Bioactive acylphloroglucinols with adamantyl skeleton from *Hypericum sampsonii*[J]. Organic Letters, 2014, 16(24): 6322-6325.

[166] Tian W J, Qiu Y Q, Jin X J, et al. Novel polycyclic polyprenylated acylphloroglucinols from *Hypericum sampsonii*[J]. Tetrahedron, 2014, 70(43): 7912-7916.

[167] Tian D S, Yi P, Xia L, et al. Garmultins A-G, biogenetically related polycyclic acylphloroglucinols from *Garcinia multiflora*[J]. Organic Letters, 2016, 18(22): 5904-5907.

[168] Fan Y M, Yi P, Li Y, et al. Two unusual polycyclic polyprenylated acylphloroglucinols, including a pair of enantiomers from *Garcinia multiflora*[J]. Organic Letters, 2015, 17(9): 2066-2069.

[169] Li Y P, Hu K, Yang X W, et al. Antibacterial dimeric acylphloroglucinols from *Hypericum japonicum*[J]. Journal of Natural Products, 2018, 81(4): 1098-1102.

[170] Wu X F, Hu Y C, Yu S S, et al. Lysidicins F-H, three new phloroglucinols from *Lysidice rhodostegia*[J]. Organic Letters, 2010, 12(10): 2390-2393.

[171] Cao J Q, Huang X J, Li Y T, et al. Callistrilones A and B, triketone-phloroglucinol-monoterpene hybrids with a new skeleton from *Callistemon rigidus*[J]. Organic Letters, 2016, 18(1): 120-123.

[172] Shi Y, Liu Y, Li Y, et al. Chiral Resolution and absolute configuration of a pair of rare racemic spirodienone sesquineolignans from *Xanthium sibiricum*[J]. Organic Letters, 2014, 16(20): 5406-5409.

[173] Lai Y, Liu T, Sa R, et al. Neolignans with a rare 2-oxaspiro 4.5 deca-6,9-dien-8-one motif from the stem bark of *Cinnamomum subavenium*[J]. Journal of Natural Products, 2015, 78(7): 1740-1744.

[174] Ding J Y, Yuan C M, Cao M M, et al. Antimicrobial constituents of the mature carpels of *Manglietiastrum sinicum*[J]. Journal of Natural Products, 2014, 77(8): 1800-1805.

[175] Cui H, Xu B, Wu T, et al. Potential antiviral lignans from the roots of *Saururus chinensis* with activity against epstein-barr virus lytic replication[J]. Journal of Natural Products, 2014, 77(1): 100-110.

[176] Lv H N, Wang S, Zeng K W, et al. Anti-inflammatory coumarin and benzocoumarin derivatives from *Murraya alata*[J]. Journal of Natural Products, 2015, 78(2): 279-285.

[177] Liu B Y, Zhang C, Zeng K W, et al. Anti-Inflammatory prenylated phenylpropenols and coumarin derivatives from *Murraya exotica*[J]. Journal of Natural Products, 2018, 81(1): 22-33.

[178] Su F, Zhao Z, Ma S, et al. Cnidimonins A-C, three types of hybrid dimer from *Cnidium monnieri*: structural elucidation and semisynthesis[J]. Organic Letters, 2017, 19(18): 4920-4923.

[179] Tang W Z, Ma S G, Qu J, et al. Dimeric prenylated C-6—C-3 compounds from the stem bark of *Illicium oligandrum*[J]. Journal of Natural Products, 2011, 74(5): 1268-1271.

[180] Zhang X, Chen C, Li Y, et al. Tadehaginosides A-J, phenylpropanoid glucosides from *Tadehagi triquetrum*, enhance glucose uptake via the upregulation of PPARγ and GLUT-4 in C2C12 myotubes[J]. Journal of Natural Products, 2016, 79(5): 1249-1258.

[181] Li J J, Chen G D, Fan H X, et al. Houttuynoid M, an anti-HSV active houttuynoid from *Houttuynia cordata* featuring a bis-houttuynin chain tethered to a flavonoid core[J]. Journal of Natural Products, 2017, 80(11): 3010-3013.

[182] He J, Yang Y N, Jiang J S, et al. Saffloflavonesides A and B, two rearranged derivatives of flavonoid C-glycosides with a furan tetrahydrofuran ring from *Carthamus tinctorius*[J]. Organic Letters, 2014, 16(21): 5714-5717.

[183] Yue S J, Qu C, Zhang P X, et al. Carthorquinosides A and B, quinochalcone C-glycosides with diverse dimeric skeletons from *Carthamus tinctorius*[J]. Journal of Natural Products, 2016, 79(10): 2644-2651.

[184] Zhang L J, Bi D W, Hu J, et al. Four hybrid flavan-chalcones, caesalpinnone a possessing a 10,11-dioxatricyclic [5.3.3.0^{1,6}]tridecane-Bridged system and caesalpinflavans A-C from *Caesalpinia enneaphylla*[J]. Organic Letters, 2017, 19(16): 4315-4318.

[185] Zhang F, Yang Y N, Song X Y, et al. Forsythoneosides A-D, neuroprotective phenethanoid and flavone glycoside heterodimers from the fruits of *Forsythia suspensa*[J]. Journal of Natural Products, 2015, 78(10): 2390-2397.

[186] Fu P, Lin S, Shan L, et al. Constituents of the moss *Polytrichum commune*[J]. Journal of Natural Products, 2009, 72(7): 1335-1337.

[187] Zhang H, Yang F, Qi J, et al. Homoisoflavonoids from the fibrous roots of *Polygonatum odoratum* with glucose uptake-stimulatory activity in 3T3-L1 adipocytes[J]. Journal of Natural Products, 2010, 73(4): 548-552.

[188] Hu X, Wu J W, Wang M, et al. 2-Arylbenzofuran, flavonoid, and tyrosinase inhibitory constituents of *Morus yunnanensis*[J]. Journal of Natural Products, 2012, 75(1): 82-87.

[189] Tang Y X, Fu W W, Wu R, et al. Bioassay-guided isolation of prenylated xanthone derivatives from the leaves of *Garcinia oligantha*[J]. Journal of Natural Products, 2016, 79(7): 1752-1761.

[190] Niu S L, Li D H, Li X Y, et al. Bioassay- and chemistry-guided isolation of scalemic caged prenylxanthones from the leaves of *Garcinia bracteata*[J]. Journal of Natural Products, 2018, 81(4): 749-757.

[191] Xu W J, Li R J, Quasie O, et al. Polyprenylated tetraoxygenated xanthones from the roots of *Hypericum monogynum* and their neuroprotective activities[J]. Journal of Natural Products, 2016, 79(8): 1971-1981.

[192] Li X L, Zhao B X, Huang X J, et al. (+)- and (−)-Cajanusine, a pair of new enantiomeric stilbene dimers with a new skeleton from the leaves of *Cajanus cajan*[J]. Organic Letters, 2014, 16(1): 224-227.

[193] Li S G, Huang X J, Li M M, et al. Multiflorumisides A-G, dimeric stilbene glucosides with rare coupling patterns from the roots of *Polygonum multiflorum*[J]. Journal of Natural Products, 2018, 81(2): 254-263.

[194] Yan S L, Su Y F, Chen L, et al. Polygonumosides A-D, stilbene derivatives from processed roots of *Polygonum multiflorum*[J]. Journal of Natural Products, 2014, 77(2): 397-401.

[195] Cao Y, Zha M, Zhu Y, et al. Diselaginellin B, an unusual dimeric molecule from *Selaginella pulvinata*, inhibited metastasis and induced apoptosis of SMMC-7721 human

hepatocellular carcinoma cells[J]. Journal of Natural Products, 2017, 80(12): 3152-3159.

[196] Liu X, Luo H B, Huang Y Y, et al. Selaginpulvilins A-D, new phosphodiesterase-4 inhibitors with an unprecedented skeleton from *Selaginella pulvinata*[J]. Organic Letters, 2014, 16(1): 282-285.

[197] Huo H X, Zhu Z X, Song Y L, et al. Anti-inflammatory dimeric 2-(2-phenylethyl) chromones from the resinous wood of *Aquilaria sinensis*[J]. Journal of Natural Products, 2018, 81(3): 543-553.

[198] Liu M, Lin S, Gan M, et al. Yaoshanenolides A and B: new spirolactones from the bark of *Machilus yaoshansis*[J]. Organic Letters, 2012, 14(4): 1004-1007.

[199] Tang Y Q, Li Y Q, Xie Y B, et al. Evodialones A and B: polyprenylated acylcyclopentanone racemates with a 3-ethyl-1,1-diisopentyl-4-methylcyclopentane skeleton from *Evodia lepta*[J]. Journal of Natural Products, 2018, 81(6): 1483-1487.

[200] Zhao S M, Wang Z, Zeng G Z, et al. New cytotoxic naphthohydroquinone dimers from *Rubia alata*[J]. Organic Letters, 2014, 16(21): 5576-5579.

[201] Qian C D, Jiang F S, Yu H S, et al. Antibacterial biphenanthrenes from the fibrous roots of *Bletilla striata*[J]. Journal of Natural Products, 2015, 78(4): 939-943.

[202] Hu Q F, Zhou B, Huang J M, et al. Antiviral phenolic compounds from *Arundina gramnifolia*[J]. Journal of Natural Products, 2013, 76(2): 292-296.

[203] Zhang B, Wang Y, Yang S P, et al. Ivorenolide A, an unprecedented immunosuppressive macrolide from *Khaya ivorensis*: structural elucidation and bioinspired total synthesis[J]. Journal of the American Chemical Society, 2012, 134(51): 20605-20608.

[204] Wang Y, Liu Q F, Xue J J, et al. Ivorenolide B, an immunosuppressive 17-membered macrolide from *Khaya ivorensis*: structural determination and total synthesis[J]. Organic Letters, 2014, 16(7): 2062-2065.

[205] Yu B W, Luo J G, Wang J S, et al. Pentasaccharide resin glycosides from *Lpomoea pescaprae*[J]. Journal of Natural Products, 2011, 74(4): 620-628.

[206] Wang T T, Wei Y J, Ge H M, et al. Acaulide, an osteogenic macrodiolide from *Acaulium* sp. H-JQSF, an isopod-associated fungus[J]. Organic Letters, 2018, 20(4): 1007-1010.

[207] Wang T T, Wei Y J, Ge H M, et al. Acaulins A and B, trimeric macrodiolides from *Acaulium* sp. H-JQSF[J]. Organic Letters, 2018, 20(8): 2490-2493.

[208] Xu L, He Z, Xue J, et al. β-Resorcylic acid lactones from a *Paecilomyces fungus*[J]. Journal of Natural Products, 2010, 73(5): 885-889.

[209] Xu L, Wu P, Xue J, et al. Antifungal and cytotoxic β-resorcylic acid lactones from a *Paecilomyces* species[J]. Journal of Natural Products, 2017, 80(8): 2215-2223.

[210] Yu Z, Wang L, Yang J, et al. A new antifungal macrolide from *Streptomyces* sp. KIB-H869

and structure revision of halichomycin[J]. Tetrahedron Letters, 2016, 57(12): 1375-1378.

[211] Zhang D, Tao X, Chen R, et al. Pericoannosin A, a polyketide synthase-nonribosomal peptide synthetase hybrid metabolite with new carbon skeleton from the endophytic fungus *Periconia* sp.[J]. Organic Letters, 2015, 17(17): 4304-4307.

[212] Liu Y, Wang H, Song R, et al. Targeted discovery and combinatorial biosynthesis of polycyclic tetramate macrolactam combamides A-E[J]. Organic Letters, 2018, 20(12): 3504-3508.

[213] Zhu H, Chen C, Liu J, et al. Hyperascyrones A-H, polyprenylated spirocyclic acylphloroglucinol derivatives from *Hypericum ascyron* Linn[J]. Phytochemistry, 2015, 115: 222-230.

[214] Lu C, Li Y, Deng J, et al. Hygrocins C-G, cytotoxic naphthoquinone ansamycins from *gdmAL*-disrupted *Streptomyces* sp. LZ35[J]. Journal of Natural Products, 2013, 76(12): 2175-2179.

[215] Li S, Li Y, Lu C, et al. Activating a cryptic ansamycin biosynthetic gene cluster to produce three new naphthalenic octaketide ansamycins with *N*-pentyl and *N*-butyl side chains[J]. Organic Letters, 2015, 17(15): 3706-3709.

[216] Xiao Y S, Zhang B, Zhang M, et al. Rifamorpholines A-E, potential antibiotics from locust-associated actinobacteria *Amycolatopsis* sp. Hca4[J]. Organic & Biomolecular Chemistry, 2017, 15(18): 3909-3916.

[217] Liu L, Liu R, Basnet B B, et al. New phenolic bisabolane sesquiterpenoid derivatives with cytotoxicity from *Aspergillus tennesseensis*[J]. Journal of Antibiotics, 2018, 71(5): 538-542.

[218] Wu G, Zhou H, Zhang P, et al. Polyketide production of pestaloficiols and macrodiolide ficiolides revealed by manipulations of epigenetic regulators in an endophytic fungus[J]. Organic Letters, 2016, 18(8): 1832-1835.

[219] Wang Y, Zheng Z, Liu S, et al. Oxepinochromenones, furochromenone, and their putative precursors from the endolichenic fungus *Coniochaeta* sp.[J]. Journal of Natural Products, 2010, 73(5): 920-924.

[220] Wu S, Huang T, Xie D, et al. Xantholipin B produced by the *stnR* inactivation mutant *Streptomyces flocculus* CGMCC 4.1223 WJN-1[J]. Journal of Antibiotics, 2017, 70(1): 90-95.

[221] Ding G, Zheng Z, Liu S, et al. Photinides A-F, cytotoxic benzofuranone-derived γ-lactones from the plant endophytic fungus *Pestalotiopsis photiniae*[J]. Journal of Natural Products, 2009, 72(5): 942-945.

[222] Cao P, Yang J, Miao C P, et al. New duclauxamide from *Penicillium manginii* YIM

PH30375 and structure revision of the duclauxin family[J]. Organic Letters, 2015, 17(5): 1146-1149.

[223] Zhang Y L, Ge H M, Zhao W, et al. Unprecedented immunosuppressive polyketides from *Daldinia eschscholzii*, a mantis-associated fungus[J]. Angewandte Chemie International Edition, 2008, 47(31): 5823-5826.

[224] Zhang Y L, Zhang J, Jiang N, et al. Immunosuppressive polyketides from mantis-associated *Daldinia eschscholzii*[J]. Journal of the American Chemical Society, 2011, 133(15): 5931-5940.

[225] Wang G, Fan J Y, Zhang W J, et al. Polyketides from mantis-associated fungus *Daldinia eschscholzii* IFB-TL01[J]. Chemistry & Biodiversity, 2015, 12(9): 1349-1355.

[226] Zhang A H, Tan R, Jiang N, et al. Selesconol, a fungal polyketide that induces stem cell differentiation[J]. Organic Letters, 2016, 18(21): 5488-5491.

[227] Zhang A H, Liu W, Jiang N, et al. Spirodalesol, an NLRP3 inflammasome activation inhibitor[J]. Organic Letters, 2016, 18(24): 6496-6499.

[228] Zhang A H, Liu W, Jiang N, et al. Sequestration of guest intermediates by dalesconol bioassembly lines in *Daldinia eschscholzii*[J]. Organic Letters, 2017, 19(8): 2142-2145.

[229] Li G, Wang H, Zhu R, et al. Phaeosphaerins A-F, cytotoxic perylenequinones from an endolichenic fungus, *Phaeosphaeria* sp.[J]. Journal of Natural Products, 2012, 75(2): 142-147.

[230] Chen G D, Chen Y, Gao H, et al. Xanthoquinodins from the endolichenic fungal strain *Chaetomium elatum*[J]. Journal of Natural Products, 2013, 76(4): 702-709.

[231] Wang W G, Li A, Yan B C, et al. LC-MS-guided isolation of penicilfuranone a: a new antifibrotic furancarboxylic acid from the plant endophytic fungus *Penicillium* sp. sh18[J]. Journal of Natural Products, 2016, 79(1): 149-155.

[232] Zhang F, Ding G, Li L, et al. Isolation, antimicrobial activity, and absolute configuration of the furylidene tetronic acid core of pestalotic acids A-G[J]. Organic & Biomolecular Chemistry, 2012, 10(27): 5307-5314.

[233] He X, Zhang Z, Chen Y, et al. Varitatin A, a highly modified fatty acid amide from *Penicillium variabile* cultured with a DNA methyltransferase inhibitor[J]. Journal of Natural Products, 2015, 78(11): 2841-2845.

[234] Wu P, Yao L, Xu L, et al. Bisacremines A-D, dimeric acremines produced by a soil-derived *Acremonium persicinum* strain[J]. Journal of Natural Products, 2015, 78(9): 2161-2166.

[235] Liu X, Biswas S, Tang G L, et al. Isolation and characterization of spliceostatin B, a new analogue of FR901464, from *Pseudomonas* sp. No. 2663[J]. Journal of Antibiotics, 2013, 66(9): 555-558.

[236] Wang Z Y, Sang X N, Sun K, et al. Lecanicillones A-C, three dimeric isomers of spiciferone A with a cyclobutane ring from an entomopathogenic fungus *Lecanicillium* sp. PR-M-3[J]. RSC Advances, 2016, 6(85): 82348-82351.

[237] Sang X N, Chen S F, Tang M X, et al. α-Pyrone derivatives with cytotoxic activities, from the endophytic fungus *Phoma* sp. YN02-P-3[J]. Bioorganic & Medicinal Chemistry Letters, 2017, 27(16): 3723-3725.

[238] Lin T, Lin X, Lu C, et al. Secondary metabolites of *Phomopsis* sp. XZ-26, an endophytic fungus from *Camptotheca acuminate*[J]. European Journal of Organic Chemistry, 2009, (18): 2975-2982.

[239] Chen S, Ren F, Niu S, et al. Dioxatricyclic and oxabicyclic polyketides from *Trichocladium opacum*[J]. Journal of Natural Products, 2014, 77(1): 9-14.

[240] Ren F, Zhu S, Wang B, et al. Hypocriols A-F, heterodimeric botryane ethers from *Hypocrea* sp., an insect-associated fungus[J]. Journal of Natural Products, 2016, 79(7): 1848-1856.

[241] Liu L, Zhao C, Li L, et al. Pestalotriols A and B, new spiro 2.5 octane derivatives from the endophytic fungus *Pestalotiopsis fici*[J]. RSC Advances, 2015, 5(96): 78708-78711.

[242] Wu Q, Jiang N, Han W B, et al. Antibacterial epipolythiodioxopiperazine and unprecedented sesquiterpene from *Pseudallescheria boydii*, a beetle (coleoptera)-associated fungus[J]. Organic & Biomolecular Chemistry, 2014, 12(46): 9405-9412.

[243] Tao Q, Ma K, Yang Y, et al. Bioactive sesquiterpenes from the edible mushroom *Flammulina velutipes* and their biosynthetic pathway confirmed by genome analysis and chemical evidence[J]. Journal of Organic Chemistry, 2016, 81(20): 9867-9877.

[244] Chen C J, Liu X X, Zhang W J, et al. Sesquiterpenoids isolated from an endophyte fungus *Diaporthe* sp.[J]. RSC Advances, 2015, 5(23): 17559-17565.

[245] Zheng Y, Shen Y. Clavicorolides A and B, sesquiterpenoids from the fermentation products of edible fungus *Clavicorona pyxidata*[J]. Organic Letters, 2009, 11(1): 109-112.

[246] Wang S J, Bao L, Han J J, et al. Pleurospiroketals A-E, perhydrobenzannulated 5, 5-spiroketal sesquiterpenes from the edible mushroom *Pleurotus cornucopiae*[J]. Journal of Natural Products, 2013, 76(1): 45-50.

[247] Zhao Z Z, Zhao K, Chen H P, et al. Terpenoids from the mushroom-associated fungus *Montagnula donacina*[J]. Phytochemistry, 2018, 147: 21-29.

[248] Wang Y, Bao L, Liu D, et al. Two new sesquiterpenes and six norsesquiterpenes from the solid culture of the edible mushroom *Flammulina velutipes*[J]. Tetrahedron, 2012, 68(14): 3012-3018.

[249] Ding J H, Feng T, Li Z H, et al. Trefolane A, a sesquiterpenoid with a new skeleton from

cultures of the basidiomycete *Tremella foliacea*[J]. Organic Letters, 2012, 14(18): 4976-4978.

[250] Yang X Y, Feng T, Li Z H, et al. Conosilane A, an unprecedented sesquiterpene from the cultures of basidiomycete *Conocybe siliginea*[J]. Organic Letters, 2012, 14(20): 5382-5384.

[251] Zhu Y C, Wang G, Yang X L, et al. Agrocybone, a novel bis-sesquiterpene with a spirodienone structure from basidiomycete *Agrocybe salicacola*[J]. Tetrahedron Letters, 2010, 51(26): 3443-3445.

[252] Li W, He J, Feng T, et al. Antroalbocin A, an antibacterial sesquiterpenoid from higher fungus *Antrodiella albocinnamomea*[J]. Organic Letters, 2018, 20(24): 8019-8021.

[253] Xiong Z J, Huang J, Yan Y, et al. Isolation and biosynthesis of labdanmycins: four new labdane diterpenes from endophytic *Streptomyces*[J]. Organic Chemistry Frontiers, 2018, 5(8): 1272-1279.

[254] Zhang M, Liu J M, Zhao J L, et al. Two new diterpenoids from the endophytic fungus *Trichoderma* sp. Xy24 isolated from mangrove plant xylocarpus granatum[J]. Chinese Chemical Letters, 2016, 27(6): 957-960.

[255] Zhang M, Liu J, Chen R, et al. Two furanharzianones with 4/7/5/6/5 ring system from microbial transformation of harzianone[J]. Organic Letters, 2017, 19(5): 1168-1171.

[256] Feng Y, Ren F, Niu S, et al. Guanacastane diterpenoids from the plant endophytic fungus *Cercospora* sp.[J]. Journal of Natural Products, 2014, 77(4): 873-881.

[257] He L, Han J, Li B, et al. Identification of a new cyathane diterpene that induces mitochondrial and autophagy-dependent apoptosis and shows a potent *in vivo* anti-colorectal cancer activity[J]. European Journal of Medicinal Chemistry, 2016, 111: 183-192.

[258] Guo Z K, Wang R, Huang W, et al. Aspergiloid I, an unprecedented spirolactone norditerpenoid from the plant-derived endophytic fungus *Aspergillus* sp. YXf3[J]. Beilstein Journal of Organic Chemistry, 2014, 10: 2677-2682.

[259] Ma K, Ren J, Han J, et al. Ganoboninketals A-C, antiplasmodial 3, 4-*seco*-27-norlanostane triterpenes from *Ganoderma boninense* pat[J]. Journal of Natural Products, 2014, 77(8): 1847-1852.

[260] Hu Z, Wu Y, Xie S, et al. Phomopsterones A and B, two functionalized ergostane-type steroids from the endophytic fungus *Phomopsis* sp. TJ507A[J]. Organic Letters, 2017, 19(1): 258-261.

[261] He Y, Hu Z, Li Q, et al. Bioassay-guided isolation of antibacterial metabolites from *Emericella* sp. TJ29[J]. Journal of Natural Products, 2017, 80(9): 2399-2405.

[262] Qi C, Bao J, Wang J, et al. Asperterpenes A and B, two unprecedented meroterpenoids

from *Aspergillus terreus* with BACE1 inhibitory activities[J]. Chemical Science, 2016, 7(10): 6563-6572.

[263] Li Y, Niu S, Sun B, et al. Cytosporolides A-C, antimicrobial meroterpenoids with a unique peroxylactone skeleton from *Cytospora* sp.[J]. Organic Letters, 2010, 12(14): 3144-3147.

[264] Wang C, Huo X K, Luan Z L, et al. Alismanin A, a triterpenoid with a C_{34} skeleton from *Alisma orientale* as a natural agonist of human pregnane X receptor[J]. Organic Letters, 2017, 19(20): 5645-5648.

[265] Lin L P, Yuan P, Jiang N, et al. Gene-inspired mycosynthesis of skeletally new indole alkaloids[J]. Organic Letters, 2015, 17(11): 2610-2613.

[266] Liu L, Wang L, Bao L, et al. Versicoamides F-H, prenylated indole alkaloids from *Aspergillus tennesseensis*[J]. Organic Letters, 2017, 19(4): 942-945.

[267] Liu L, Bao L, Wang L, et al. Asperorydines A-M: prenylated tryptophan-derived alkaloids with neurotrophic effects from *Aspergillus oryzae*[J]. Journal of Organic Chemistry, 2018, 83(2): 812-822.

[268] Zang Y, Genta-Jouve G, Zheng Y, et al. Griseofamines A and B: two indole-tetramic acid alkaloids with 6/5/6/5 and 6/5/7/5 ring systems from *Penicillium griseofulvum*[J]. Organic Letters, 2018, 20(7): 2046-2050.

[269] Yan Y, Ma Y T, Yang J, et al. Tropolone Ring construction in the biosynthesis of rubrolone B, a cationic tropolone alkaloid from endophytic *Streptomyces*[J]. Organic Letters, 2016, 18(6): 1254-1257.

[270] Zhou H, Li L, Wu C, et al. Penipyridones A-F, pyridone alkaloids from *Penicillium funiculosum*[J]. Journal of Natural Products, 2016, 79(7): 1783-1790.

[271] Han X, Liu Z, Zhang Z, et al. Geranylpyrrol A and piericidin f from *Streptomyces* sp. CHQ-64 Δ*rdmF*[J]. Journal of Natural Products, 2017, 80(5): 1684-1687.

[272] Ge H M, Zhang W Y, Ding G, et al. Chaetoglobins A and B, two unusual alkaloids from endophytic *Chaetomium globosum* culture[J]. Chemical Communications, 2008,(45): 5978-5980.

[273] Ge H M, Peng H, Guo Z K, et al. Bioactive alkaloids from the plant endophytic fungus *Aspergillus terreus*[J]. Planta Medica, 2010, 76(8): 822-824.

[274] Han J, Liu C, Li L, et al. Decalin-containing tetramic acids and 4-hydroxy-2-pyridones with antimicrobial and cytotoxic activity from the fungus *Coniochaeta cephalothecoides* collected in tibetan plateau (Medog)[J]. Journal of Organic Chemistry, 2017, 82(21): 11474-11486.

[275] Zhang Y, Tian R, Liu S, et al. Alachalasins A-G, new cytochalasins from the fungus *Stachybotrys charatum*[J]. Bioorganic & Medicinal Chemistry, 2008, 16(5): 2627-2634.

[276] Wei G, Tan D, Chen C, et al. Flavichalasines A-M, cytochalasan alkaloids from *Aspergillus flavipes*[J]. Scientific Reports, 2017, 7: 42434.

[277] Chen C, Zhu H, Li X N, et al. Armochaeglobines A and B, two new indole-based alkaloids from the arthropod-derived fungus *Chaetomium globosum*[J]. Organic Letters, 2015, 17(3): 644-647.

[278] Deng J, Lu C, Li S, et al. *p*-Terphenyl O-*β*-glucuronides, DNA topoisomerase inhibitors from *Streptomyces* sp. LZ35 Δ*gdmAI*[J]. Bioorganic & Medicinal Chemistry Letters, 2014, 24(5): 1362-1365.

[279] Ma K, Han J, Bao L, et al. Two sarcoviolins with antioxidative and alpha-glucosidase inhibitory activity from the edible mushroom *Sarcodon leucopus* collected in tibet[J]. Journal of Natural Products, 2014, 77(4): 942-947.

[280] Jiao Y, Li G, Wang H Y, et al. New metabolites from endolichenic fungus *Pleosporales* sp.[J]. Chemistry & Biodiversity, 2015, 12(7): 1095-1104.

[281] Wang F, Jiang J, Hu S, et al. Secondary metabolites from endophytic fungus *Chaetomium* sp. induce colon cancer cell apoptotic death[J]. Fitoterapia, 2017, 121: 86-93.

[282] Wu H M, Lin L P, Xu Q L, et al. Nodupetide, a potent insecticide and antimicrobial from *Nodulisporium* sp. associated with *Riptortus pedestris*[J]. Tetrahedron Letters, 2017, 58(7): 663-665.

[283] Lu C, Xie F, Shan C, et al. Two novel cyclic hexapeptides from the genetically engineered *Actinosynnema pretiosum*[J]. Applied Microbiology and Biotechnology, 2017, 101(6): 2273-2279.

[284] Zheng Y, Ma K, Lyu H, et al. Genetic manipulation of the COP9 signalosome subunit PfCsnE leads to the discovery of pestaloficins in *Pestalotiopsis fici*[J]. Organic Letters, 2017, 19(17): 4700-4703.

[285] Zhou Z Y, Shi G Q, Fontaine R, et al. Evidence for the natural toxins from the mushroom *Trogia venenata* as a cause of sudden unexpected death in Yunnan province, China[J]. Angewandte Chemie International Edition, 2012, 51(10): 2368-2370.

[286] Zhou Z Y, Wang F, Tang J G, et al. Gallicynoic acids A-I, acetylenic acids from the basidiomycete *Coriolopsis gallica*[J]. Journal of Natural Products, 2008, 71(2): 223-226.

[287] Jiang M Y, Zhang L, Liu R, et al. Speciosins A-K, oxygenated cyclohexanoids from the basidiomycete *Hexagonia speciosa*[J]. Journal of Natural Products, 2009, 72(8): 1405-1409.

（撰稿人：娄红祥、谭仁祥、叶文才、刘吉开、沈涛、戈惠明、岳建民；

统稿人：娄红祥）

第三章
海洋天然产物化学

第一节　概　　述

　　浩瀚的大海是生物多样性的宝库，蕴藏着地球上尚未被人类开发利用的丰富的海洋生物资源和天然产物。在陆地资源日趋枯竭的今天，前瞻性、战略性地开展海洋天然产物资源的可持续开发和利用对于提升我国综合国力及改善社会民生具有重大意义。海洋天然产物是创新药物的关键来源之一，海洋活性化合物的发现为当今新药筛选提供了重要的物质基础。活性海洋天然产物的研究始于 20 世纪 60 年代的美国，美国国立卫生研究院（National Institutes of Health，NIH）率先提出了"向海洋要药"的口号，各国化学家、生物学家纷纷"下海"，海洋天然产物化学领域得到突飞猛进的发展，相关研究成果犹如雨后春笋般涌现。在过去的 60 年里，科学家们已从海洋生物中发现了 3 万左右种天然产物小分子实体，其中 50% 具有药用活性，这些天然产物不仅具有重要的生态学意义，而且是创新药物研究的重要源泉。

　　继 Cephalothin（抗菌-海洋真菌）、Rifampicin（抗结核-海洋细菌）、Cytosar-U（抗癌-海绵）、Protamine Sulfate（肝素中和剂-鲑鱼）、Vira-A（抗病毒-海绵）、Fludara（抗癌-海绵）、Lovaza（处方调血脂药-海鱼）、Prialt（镇痛-芋螺）、Arranon（抗癌-海绵）、Yondelis（抗癌-海鞘）10 个海洋药物被批准上市后，2009～2018 年，Halaven（抗癌-海绵）、Adcetris（抗癌-海兔）、Vascepa（处方调血脂药-海鱼）、Carragelose（抗病毒-红藻）4 种海洋药物也相继获批上市。2009～2018 年,在科学技术部和国家自然科学基金委员会各类科技计划的支持下,我国海洋天然产物研究蓬勃兴起,取得了显著的成绩。我国学者发现了约 5300 余种新海洋天然产物(MNPs),每年平均报道约 530 余种新MNPs,在国际上有较大占比。同时,我国从事海洋天然产物研究工作的学者的高引用率论文占比呈逐年递增趋势,足见我国在 2009～2018 年这 10 年间在该领域的迅猛发展和国际影响力的不断攀升。

从来源方面来看,我国在 2009～2018 年从海绵中发现了 570 种新MNPs,占同期全球海绵来源新 MNPs 发现总量(2805 种)的 20.3%,排名第一;从珊瑚中发现了 1500 种新 MNPs,占同期全球珊瑚来源新 MNPs 发现总量(2143 种)的 70.0%,排名第一;从红树中发现了 275 种新 MNPs,占同期全球红树来源新 MNPs 发现总量(373 种)的 73.7%,排名第一;从海洋真菌中发现了 2343 种新 MNPs,占同期全球海洋真菌来源新 MNPs 发现总量(3553 种)的 65.9%,排名第一;从海藻、细菌中分别发现了 170 种和 437 种新 MNPs,也在全球占有相当份额,分别占同期海藻、细菌来源新 MNPs 发现总量(654 种和 1375 种)的 26.0% 和 31.8%;从棘皮动物和软体动物中发现新 MNPs 相对较少,国内从事相关研究者较少(图 3-1)。

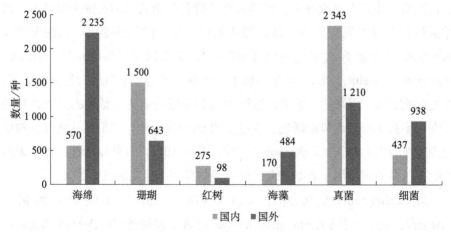

图 3-1　2009～2018 年中国及国外从海洋动植物及共附生微生物中发现新 MNPs 的数量

从研究单位和作者方面来看,上海交通大学林厚文教授对海绵进行了深入的研究,2009～2018 年从海绵中发现新 MNPs 192 种,占同期全球海绵来源新 MNPs 发现总量(2805 种)的 6.8%,北京大学林文翰教授、中国科学院上海药物研究所郭跃伟研究员、中国海洋大学李国强教授也对海绵进行了深入的研究，发现新 MNPs 数量分别占同期全球海绵来源新 MNPs 总量的5.1%、1.9%、1.3%（图 3-2）。沈雅敬、许志宏和杜昌益课题组对珊瑚进行了长期的研究，发现的珊瑚来源的 MNPs 总量占同期全球总量的 56%。早期，我国仅有曾陇梅、郭跃伟、漆淑华、林文翰等少数课题组进行了珊瑚活性物质的研究。近年来，又有中国科学院南海海洋研究所的刘永宏课题组、第二军医大学的张文课题组、中国海洋大学李国强和王长云课题组、中山大学的尹胜课题组积极开展了相关研究。中国科学院海洋研究所王斌贵教授对海藻来源 MNPs 研究最多，发表海藻来源 MNPs 相关期刊论文（11 篇）占同期我国海藻来源 MNPs 相关期刊论文总量（60 篇）的 18.3%，毛水春、季乃云、宋福行等分别发表 9 篇、7 篇、7 篇，分别占同期我国海藻来源 MNPs 相关期刊论文总量的 15.0%、11.7%、11.7%。

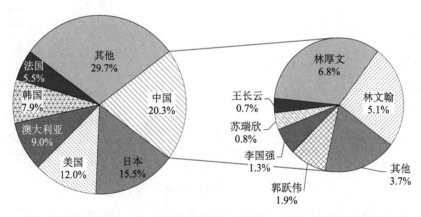

图 3-2　2009～2018 年各国和中国学者发现海绵来源新 MNPs 数量占比
图中数据为四舍五入的结果

从发表文章方面来看（本部分仅统计美国《科学引文索引》收录期刊），我国于 2009～2018 年发表的海洋来源 MNPs 相关期刊论文主要集中在 *Organic Letters*、*Journal of Natural Products*、*Marine Drugs*、*Tetrahedron & Tetrahedron Letters* 等刊物上。2009～2018 年，我国发表海洋真菌来源天然产物的期刊论文 710 篇，占全球同类 SCI 论文（980 篇）的 72.4%。其中，在该领域的主流期刊 *Organic Letters*、*Journal of Natural Products*、*Marine Drugs*、*Tetrahedron & Tetrahedron Letters* 等上分别发表研究论文 27 篇、86

篇、90篇、42篇，分别占全球相关论文总数的73.0%（37篇）、67.2%（128篇）、71.4%（126篇）、57.5%（73篇）；发表其他影响因子3以上的SCI论文92篇，占全球相关论文总数（130篇）的70.8%（图3-3）。发表海绵来源天然产物的期刊论文161篇，占同期全球发表海绵来源MNPs相关期刊论文总数（906篇）的17.8%，数量仅次于日本（167篇）。其中，影响因子大于3的SCI文章54篇，占全球相关论文总数（共393篇）的13.7%。发表红树来源天然产物的期刊论文60篇，占同期全球发表红树来源MNPs相关期刊论文总数（159篇）的37.7%，其中，影响因子大于3的SCI文章28篇，占全球相关论文总数（45篇）的62.2%。发表海洋细菌天然产物的论文198篇，占同期全球发表海洋细菌来源MNPs相关论文总数（636篇）的31.1%。

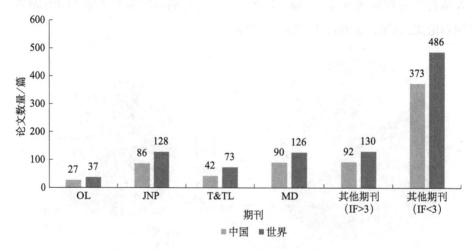

图3-3 2009～2018年我国及全球发表海洋真菌新天然产物的期刊论文数量对比
OL：*Organic Letters*；JNP：*Journal of Natural Products*；T & TL：*Tetrahedron & Tetrahedron Letters*；MD：*Marine Drugs*；其他期刊（IF>3）：影响因子大于3的其他SCI论文；其他期刊（IF>3）：影响因子小于3的其他SCI论文

从结构方面来看，我国发现的MNPs主要包括萜类、生物碱、聚酮、肽类、甾体、酚类、柠檬苦素等多种结构类型化合物，其中海绵的主要成分是萜类和生物碱类化合物；珊瑚的主要成分是二萜类化合物，包括普遍存在的西松烷二萜、briarane二萜和eunicellane二萜；软体动物的主要成分是生物碱和萜类化合物；棘皮动物的主要成分是三萜皂苷和甾体皂苷类化合物；红树的主要成分是柠檬苦素和萜类化合物；海藻的主要成分是聚酮和萜类化合物；海洋来源真菌的主要成分是生物碱和萜类化合物；海洋来源细菌主要成分是聚酮类、肽类、生物碱类化合物。从功能方面来看，这些 MNPs 主要具有抗肿瘤、抗菌、抗炎、抗病毒、抗疟、抗氧化、拒食、杀虫、免疫调节、酶抑制等多种生物活性。

第二节　海洋天然产物化学研究进展

2009～2018 年，我国科学家对海洋动植物及共附生微生物开展了系统的化学成分研究，发现了大量结构新颖、活性突出的化合物。根据化合物的结构类型，现将一些代表性的研究工作总结如下。

一、萜类

萜类化合物广泛存在于海洋生物中，我国学者从海绵、珊瑚、软体动物、红树、海藻、海洋来源真菌和细菌中都分离得到了萜类化合物，包含萜醌类、西松烷二萜类、二倍半萜、含法尼基异吲哚酮的混源萜类等多种类型。

Dysidea 属海绵富含丰富的萜醌类化合物，林厚文课题组从该属海绵中发现的萜醌总量占全球发现总量的 60%。2012 年，林厚文课题组从海绵 *Dysidea avara* 中分离得到 4 种具有罕见桥环骨架的倍半萜醌类化合物 dysidavarone A～D[1]。其中，dysidavarone A（**1**）被 *Natural Product Reports*（NPR）评选为"热点化合物"[2]。2018 年，该课题组继续从该海绵中还发现一种 C_{21} 杂萜二聚体类新骨架化合物 dysiarenone（**2**），结构中含有 2-氧螺环［双环［3.3.1］壬烷 9, 1′-环戊烷］碳骨架。它能够剂量依赖性抑制脂多糖刺激的 RAW264.7 巨噬细胞中 COX-2 的表达，同时能够显著抑制 PGE_2 生成，IC_{50} 值为 6.4 μmol/L[3]。2014 年，他们从海绵 *Dysidea fragilis* 中分离得到 13 种倍半萜胺醌类新化合物 dysidaminone A～M，其中 dysidaminone C、E、H、J 具有抑制 NF-κB 活性，IC_{50} 值为 0.11～0.23 μmol/L[4]。郭跃伟课题组从海绵 *Spongia officinalis* 中分离得到两对罕见的降三倍半萜类化合物 (±)-sponalisolide A 和 (±)-sponalisolide B，结构中含有呋喃环和丁醇内酯结构片段。它们能够显著降低弹性蛋白酶的表达，具有成为铜绿假单

胞菌的细菌群体感应抑制剂的潜能[5]。林厚文课题组从海绵 *Hippospongia lachne* 中分离得到一对罕见的对映异构体 (±)-hippolide J（**3**）、2 种二萜 hipposponlachnin A～B 及 8 种开环 manoalide 二倍半萜衍生物 hippolide A～H。其中，新骨架化合物 (±)-hippolide J 被 NPR 评选为"热点化合物"。它们对临床来源的 3 种致病真菌（*Candida albicans* SC5314、*Candida glabrata* 537、*Trichophyton rubrum* Cmccftla）具有显著的抑制活性，MIC_{50} 值介于 0.125 μg/mL 和 0.25 μg/mL[6, 7]。许志宏课题组从珊瑚 *Sarcophyton tortuosum* 中获得了新颖的西松烷二萜类化合物 tortuosene A 和 tortuosene B[8]。郭跃伟课题组从 *S. latum* 中获得了二聚型西松烷二萜[9]。林文翰课题组从 *Lobophytum pauciflorum* 中获得了系列二聚型西松烷二萜，其中 lobophytone A～G 为第尔斯-阿尔德反应聚合产物[10]。杜昌益课题组从 *L. crissum* 中获得了 1 种新骨架二环西松烷二萜 lobocrasol（**4**）[11]，从 *Sinularia capillosa* 和 *Nephthea chabroli* 中获得了新骨架倍半萜 capillosanol（**5**）和 chabranol（**6**）[12]。林文翰课题组从红树林植物 *Excoecaria agallocha* 中获得了 6 种 *ent*-kaurane 型二萜 agallochoal K～P 和 artisane 型二萜 agallochoal Q。其中，agallochoal K、agallochoal O、agallochoal Q 在抑制 TNF-α 的产生、白细胞介素 IL-6 的释放、NF-κB 的激活和激活蛋白-1 信号通路的调控方面表现出不同程度的活性[13]。佘志刚课题组从红树林内生曲霉菌 *Aspergillus* sp. 085242 的发酵产物中分离得到二倍半萜类化合物 aspterpenol A（**7**）及其 4-羟基化衍生物 aspterpenol B。它们具有新颖的 5/8/6/6 四环碳骨架，二者抑制乙酰胆碱酯酶的 IC_{50} 值分别为 2.3 μmol/L 和 3.0 μmol/L[14]。同年，该课题组从一株红树林内生曲霉菌 *Aspergillus* sp. 16-5 C 的发酵产物中分离得到 aspterpenoid A（**8**），它具有新颖的环丙烷骈环庚烷的 5/7(3)/6/5 五环二倍半萜骨架，对结核分枝杆菌 *Mycobacterium tuberculosis* 蛋白酪氨酸磷酸酶 B（mPTPB）具有抑制活性，IC_{50} 值为 2.2 μmol/L[15]；从红树林内生曲霉菌 *A. terreus* H010 的次级代谢产物中分离得到具有罕见 5/3/7/6/5 五环碳骨架的二倍半萜类化合物 aspterpenacid A（**9**）和 aspterpenacid B[16]。王斌贵课题组从红树林内生真菌 *Penicillium simplicissimum* MA-332 的代谢产物中分离并鉴定出一种新颖的混源萜类化合物 simpterpenoid A，其对流感病毒神经氨酸酶有显著抑制作用，IC_{50} 值为 8.1 nmol/L[17]。季乃云课题组从海藻真菌 *Trichoderma longibrachiatum* cf-11 的发

酵产物中分离获得了 harzianone（**10**），该化合物有抗菌活性，浓度为 30 μg/ 盘时对大肠杆菌和金黄色葡萄球菌的抑制圈直径分别为 8.3 mm 和 7.0 mm[18]。顾谦群课题组从莱州湾盐生植物内生真菌 *Emericella nidulans* HDN12-249 的次级代谢产物中分离出 6 种含有法尼基异吲哚酮的混源萜类新化合物。其中，emericellolide A～C 的法尼基部分氧化形成内酯，emeriphenolicin E～G 则含有 2 个法尼基单元，只有 emeriphenolicin E 对 HeLa 细胞有细胞毒性，IC$_{50}$ 值为 4.77 μmol/L，其他化合物如［emericellolide A（**11**）］没有肿瘤细胞毒性[19]。

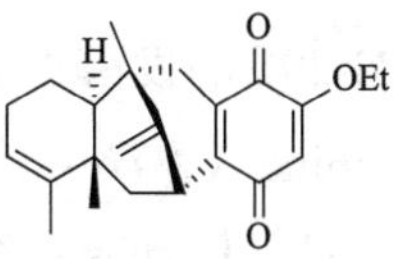

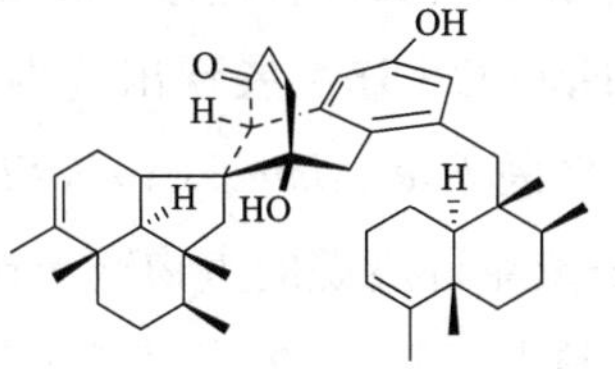

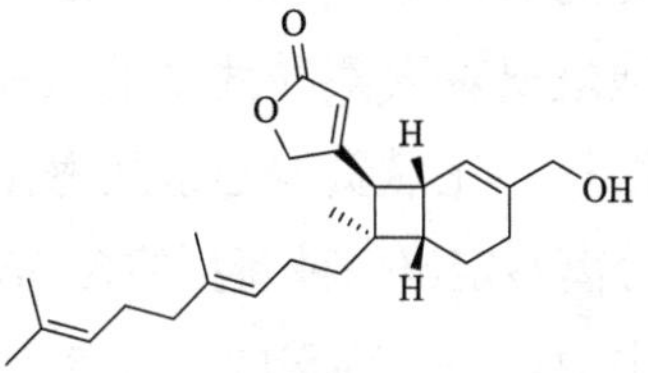

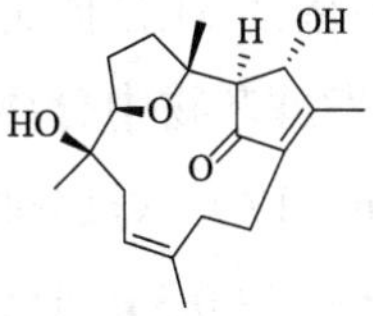

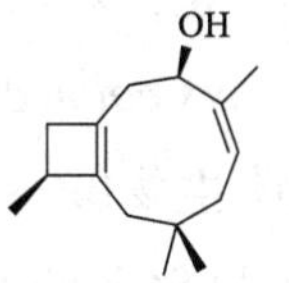

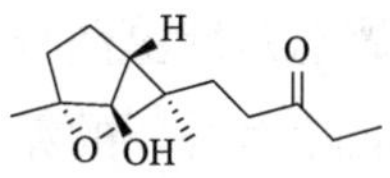

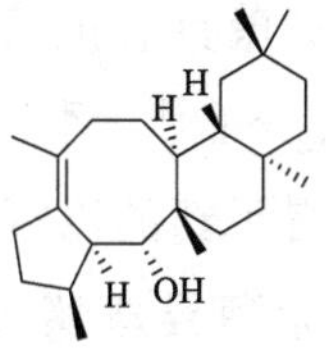

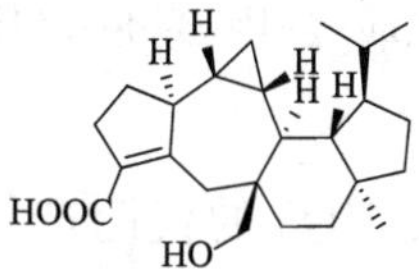

二、生物碱

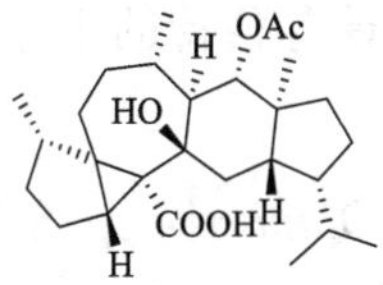

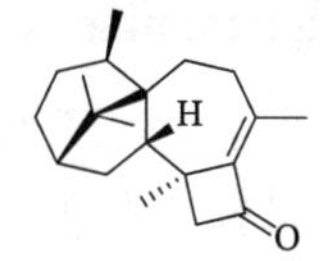

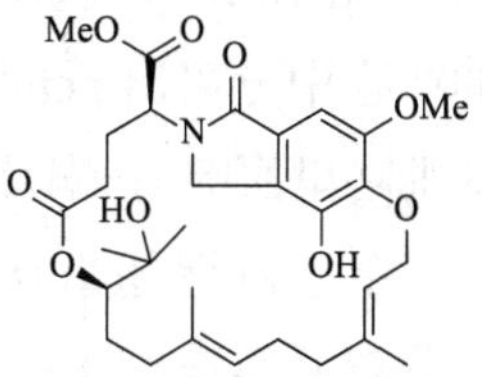

我国学者报道的新骨架生物碱类化合物多数源于海洋真菌和海绵。刘永宏课题组从海绵真菌 *Arthrinium arundinis* ZSDS1-F3 的发酵产物中获得了 3 种新的吡啶酮类生物碱 arthpyrone A～C，其中 arthpyrone A（**12**）和 arthpyrone B 具有罕见的氧杂双环 [3.3.1] 壬烷结构片段[20]。邵长伦课题组从珊瑚真菌 *Pestalotiopsis* sp. ZJ-2009-7-6 的发酵产物中分离鉴定了一对对映的二聚生物碱 (±)-pestaloxazine A，分子中有罕见的 2, 5-二螺［噁

嗪-二酮哌嗪]骨架片段。其中，(+)-pestaloxazine A（**13**）具有抗病毒活性，对肠道病毒 EV71 的 IC_{50} 值为 14.2 μmol/L[21]。蓝文健课题组从珊瑚真菌 *Pseudallescheria ellipsoidea* F42-3 的代谢产物中分离获得 3 种新的吲哚生物碱 pseudellone A～C。其中，pseudellone A（**14**）和 pseudellone B 为新颖的 2, 7-硫桥结构的吲哚二酮哌嗪生物碱[22]。该课题组通过添加氨基酸，从珊瑚真菌 *Scedosporium apiospermum* F41-1 的饲喂产物中分离获得了 14 种新生物碱 scedapin A～G 和 scequinadoline A～G。其中，scedapin A～E 有罕见的由四氢呋喃环分别螺合吲哚酮及稠合喹唑啉酮骈吡啶酮骨架，而带有磺酰氨基丙氨酸残基的 scedapin C（**15**）展现出抗丙型肝炎病毒（HCV）活性[23]。王斌贵课题组从海藻真菌 *Paecilomyces variotii* EN-291 的发酵产物中分离鉴定出一种新型的含 3*H*-氧杂环庚烷的生物碱 varioxepine A（**16**），结构中融合一个特殊的 3, 6, 8-三氧杂双环 [3.2.1] 辛烷骨架，对人体和水产致病细菌具有抗菌活性，MIC 值为 16～64 μg/mL，对禾谷镰刀菌的 MIC 值为 4 μg/mL[24]。季乃云课题组从绿藻曲霉菌 *A. versicolor* dl29 的发酵产物中分离获得了新的以氨基甲酸酯为桥环的氰基吲哚生物碱 aspeverin（**17**），可以抑制赤潮异弯藻 *Heterosigma akashiwo*，24 h 和 96 h 的 EC_{50} 分别为 6.3 μg/mL 和 3.4 μg/mL[25]。郭跃伟课题组从红树林内生青霉菌 *Penicillium* sp. GD6 的发酵产物中分离出 penibruguieramine A，具有独特的 1-链烯基-2-甲基-8-羟甲基吡咯里西啶-3-酮骨架[26]。

佘志刚课题组从红树林内生真菌 *Diaporthe* sp. SYSU-HQ3 的代谢产物中分离并鉴定出 3 种新的异戊烯基异吲哚生物碱 diaporisoindole A～C，其中 diaporisoindole C 是由其单体异吲哚酮的羰基还原偶合而成的二聚体；单体 A 具有显著的 mPTPB 抑制活性，IC_{50} 值为 4.2 μmol/L，但单体 B 和二聚体 C 无活性[27]。顾谦群课题组从红树林真菌 *Neosartorya udagawae* HDN13-313 分离得到 2 种新的喹唑啉酮生物碱 neosartoryadin A（**18**）及其 N_{18}-羟基化衍生物 neosartoryadin B，抑制 H1N1 病毒的 IC_{50} 值分别为 66 μmol/L 和 58 μmol/L，强于对照药利巴韦林（IC_{50} 值为 94 μmol/L）[28]。并且，该课题组从另一株红树林内生真菌 *Aspergillus versicolor* HDN11-84 中分离得到一种新的吲哚生物碱 taichunamide H（**19**），并修正了 taichunamide A 的结构[29]。朱伟明课题组从珊瑚曲霉菌 *A. versicolor* LCJ-5-4 的发酵产物中分离并鉴定出 3 种新的喹唑啉酮生物碱 cottoquinazoline B～D，其中 cottoquinazoline D（**20**）分子中含有罕见的 α-氨基环丙烷甲酸结构片段，具有抗白色念珠菌活性，MIC 值为 22.6 μmol/L[30]。王斌贵课题组从红树林泥样真菌 *P. brocae* MA-231 的发酵产物中分离得到有新颖的螺苯骈呋喃二酮哌嗪骨架的生物碱 brocazine A～C 和过硫二酮哌嗪衍生物 brocazine G。其中，brocazine A（**21**）具有抗菌活性，对金黄色葡萄球菌（Staphylococcus aureus）的 MIC 值为 16.0 μg/mL[31]。刘永宏课题组从深海沉积物来源的青霉菌 *P. chrysogenum* SCSIO 41001 的发酵产物中分离得到 3 种新颖的对硝基苯基环氧酰胺的二聚体 chrysamide A～C。其中，chrysamide A 还具有 1, 5-氧桥哌嗪结构片段[32]。王发左课题组从海底沉积物海泥来源的真菌 *Eurotium* sp. SCSIO F452 的次级代谢产物中分离得到 3 对新颖的螺环二酮哌嗪外消旋体 variecolortin A～C。其中，化合物 (+)-variecolortin B（**22**）显示出较强的抗氧化活性，清除 DPPH 自由基的 IC_{50} 值为 58.4 μmol/L[33]。谭仁祥课题组从海鱼共生真菌 *Curvularia* sp. IFB-Z10 的发酵产物中分离并鉴定出一种新颖的吡咯生物碱 curvulamine，具有抗菌活性，抑制 *Veillonella parvula*、*Streptococcus* sp.、*Peptostreptococcus* sp. 和 *Bacteroides vulgatus* 的 MIC 值均为 0.37 μmol/L[34]。

李国强课题组从采自我国西沙群岛的海绵 *Fascaplysinopsis reticulata* 中分离并鉴定出一对新骨架生物碱 (±)-spiroreticulatine。这是首次从海绵中得到的喹啉-咪唑双杂环结合的螺环化合物，结构上是由 *N*-醛基-1, 2-二氢喹啉与 1, 3-二甲基-2, 4-咪唑烷酮通过手性螺原子连接形成，外消旋体 (±)-spiroreticulatine 及对映异构体 (+)-spiroreticulatine 和 (−)-spiroreticulatine 都在抗炎测试中显示出显著的活性，抑制白细胞介素 IL-2 呈浓度依赖关系[35]。该课题组还从采自我国西沙群岛的海绵 *Aaptos suberitoides* 中分离得到 4 种 aaptamine 二聚体新骨架生物碱，命名为 suberitine A～D。aaptamine 是一类具有苯并二氮杂萘母核的生物碱。这是首次发现两分子 aaptamine 生物碱通过 C-3—C-3′ 或者 C-3—C-6′ 键连接形成二聚体。Suberitine B（**23**）和 suberitine D 对小鼠淋巴细胞性白血病细胞 P388 具有细胞毒性，IC_{50} 值分别为 1.8 μmol/L 和 3.5 μmol/L。具有细胞毒性的 fradcarbazole A～C、streptocarbazole A～B、具有罕见的 [5, 5] 及 [5, 6] 螺环骨架结构的双吲哚生物碱 spiroindimicin A～D，都是从海洋链霉菌中分离得到的[36-38]。朱伟明课

题组从 *Micromonospora* sp. 和 *Actinoalloteichus cyanogriseus* WH1-2216-6 中分别分离得到了 pyrazolofluostatin A～C、cyanogramide、cyanogriside A～D 和 caerulomycin F～K、ZHD-0501，其中化合物 cyanogramide 在 5 μmol/L 的浓度下能够逆转阿霉素诱导的 K562/A02 和 MCF-7/Adr 细胞的耐药性及长春新碱诱导 KB/VCR 的耐药性，逆转倍数值分别为 15.5、41.5 及 9.7[39]。林厚文课题组从海绵 *Agelas mauritiana* 中分离得到 4 种生物碱，其中 3 种是 agelasine 类生物碱。agelasine 是一类由萜和 9-甲基腺嘌呤组成的萜类生物碱。化合物 (−)-8′-oxo-agelasine D 和 (+)-2-oxo-agelasidine C 具有抗真菌（对 *Cryptococcus neoformans* 的 IC_{50}/MIC 分别为 5.94/10.00 和 4.96/10.00 μg/mL）和抗利什曼虫活性（对 *Leishmania donovani* 的 IC_{50}/IC_{90} 分别为 29.28/33.96 和 28.55/33.19 μg/mL），(+)-2-oxo-agelasidine C 具有抗细菌活性，对金黄色葡萄球菌的 IC_{50}/MIC = 7.21/10.00 μg/mL[40]。

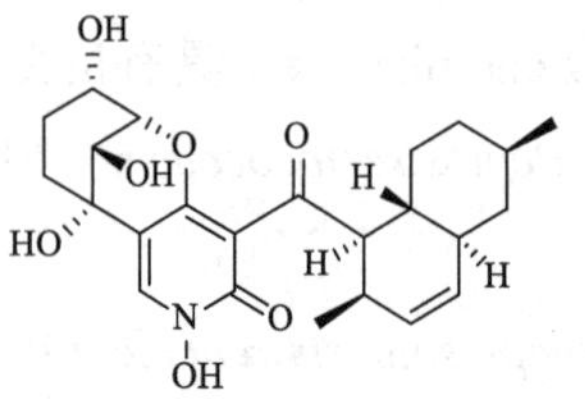

12

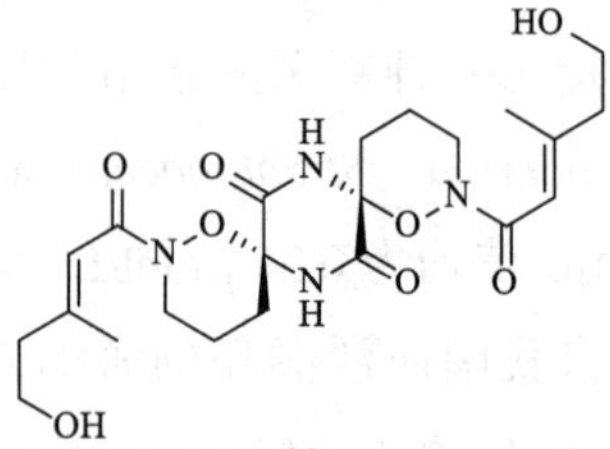

13

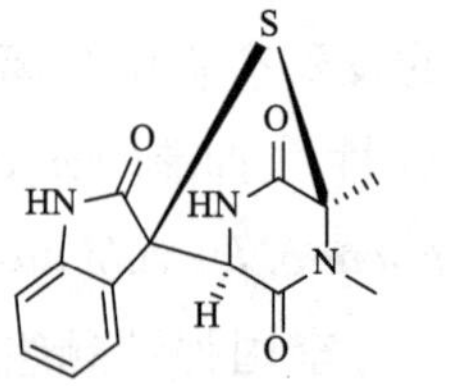

14

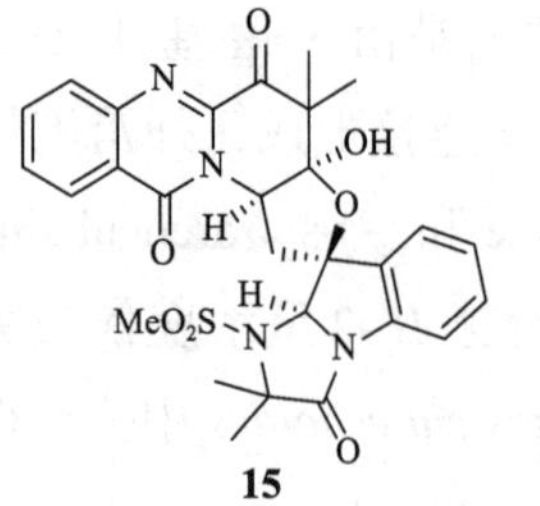

15

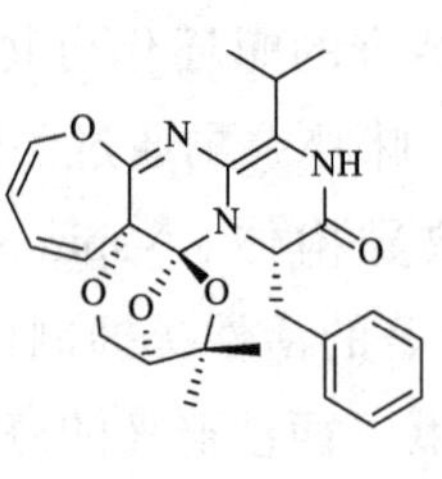

16

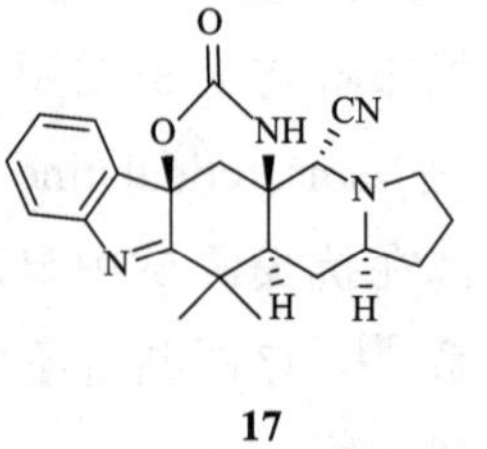

17

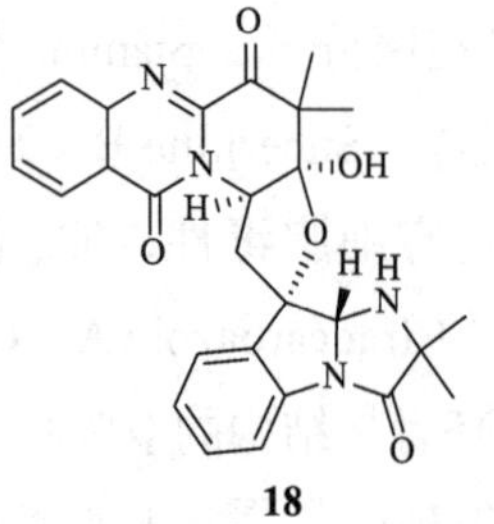

18

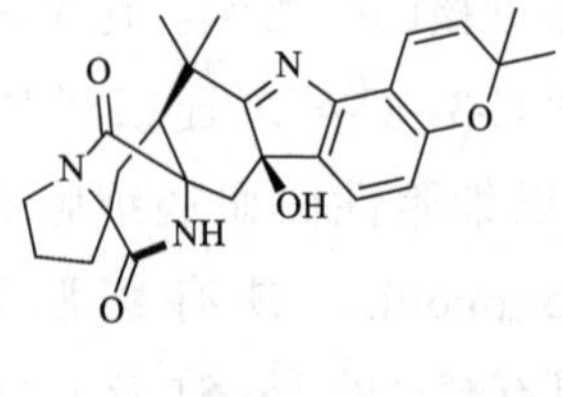

19

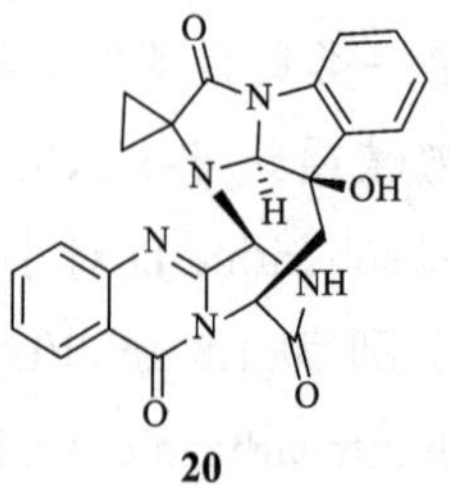

20

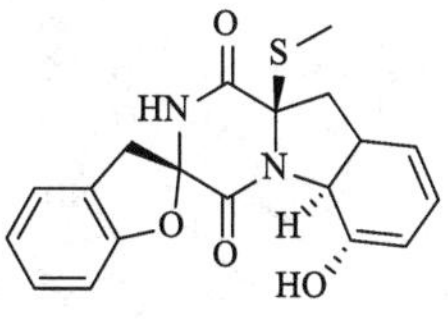

21 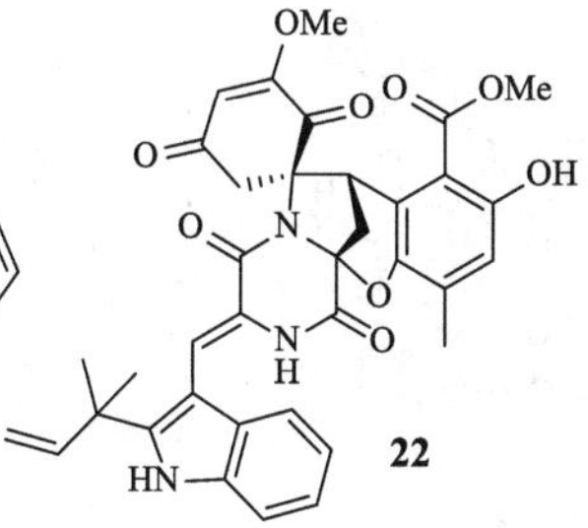　　**22** 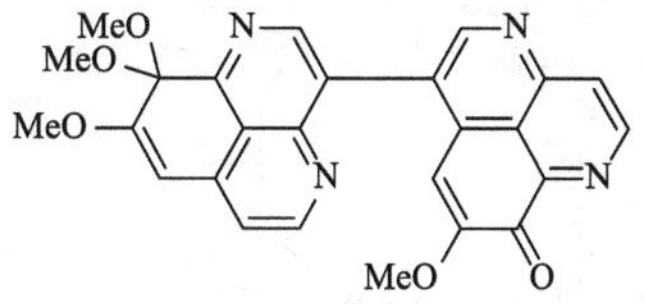　　**23**

三、肽类

肽类化合物广泛存在于海洋细菌的次级代谢产物中。来自深海放线菌 *S. atratus* SCSIO ZH16 中含有 *L*-3-硝基-酪氨酸和 *L*-2-氨基-4-乙烯酸结构单元的环七肽类化合物怡莱霉素 E（ilamycin E）体外抗结核活性 MIC 值为 9.8 nmol/L，是一线抗结核药物利福平活性的 30 倍，且其对正常细胞的毒性较低，在抗结核活性和细胞毒性之间的选择性指数为 400～1500，显示出较好的安全性窗口，具有良好的成药前景[41]。分离自我国南海沉积物放线菌 *Marinactinospora thermotolerans* SCSIO 00652 的含有噻唑和噻唑啉结构的新奇环肽化合物 marthiapeptide A（**24**）对一系列革兰氏阳性菌具有良好的抑制活性，MIC 值为 2.0～8.0 μg/mL，并对多种人类肿瘤细胞具有很强的细胞毒性，IC$_{50}$ 值在 0.38～0.52 μmol/L，为阳性对照药顺铂的 5～10 倍[42]。海洋链霉菌来源的化合物 marformycin A～F、tetroazolemycin A（**25**）和 tetroazolemycin B 对不同的病原菌具有显著的抑制活性[43]。林厚文课题组从海绵 *Phakellia fusca* 和 *Reniochalina stalagmitis* 中分离并鉴定出 9 种新的环肽类化合物 phakellistatin 15～18 和 reniochalistatin A～E。其中，phakellistatin 15～18 的平面结构是通过高分辨电喷雾离子源质谱（HR-ESIMS）、NMR、基质辅助激光解吸附电离串联飞行时间质谱（MALDI-TOF/TOF）序列分析确定的，氨基酸残基的绝对构型是通过手性高效液相色谱分析确定的[44]。reniochalistatin A～E 的氨基酸残基的绝对构型是通过 Marfey 法确定的[45]。林文翰课题组从海绵 *Stylissa massa* 中分离并鉴定出 3 种新的环庚肽类化合物 stylissatin B～D，并通过 Marfey 法确定了氨基酸残基的绝对构型。stylissatin B（**26**）对 HCT-116、HepG2、BGC-823、NCI-H1650、A2780、MCF7 六种肿瘤细胞系具有抑制活性，IC$_{50}$ 值为 2.4～9.8 μmol/L[46]。

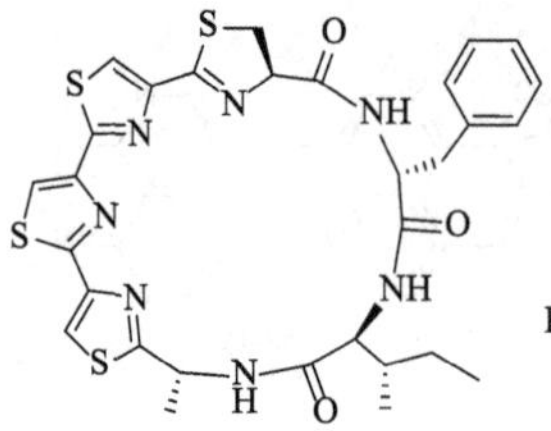

| 24 | 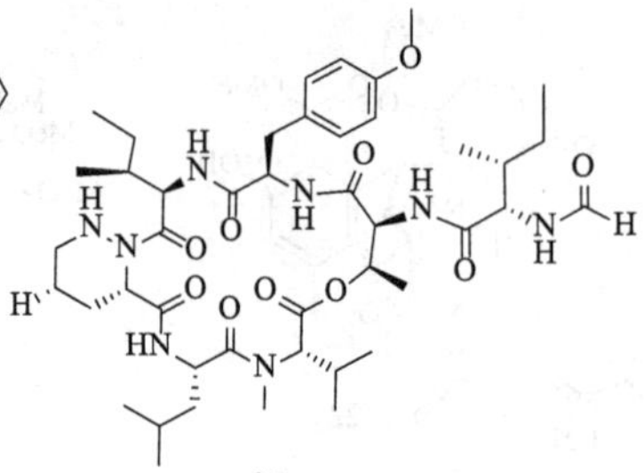 25 | 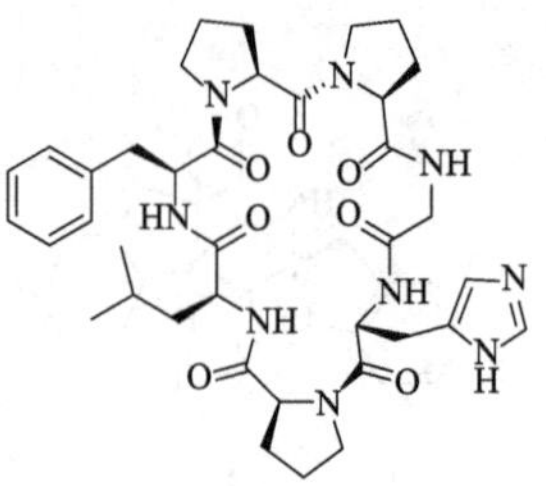 26 |

四、聚酮

林厚文课题组从海绵 *Plakortis simplex* 中分离得到 2 种新骨架聚酮类化合物 simplextone A（**27**）和 simplextone B，它们通过简单的碳-碳单键连接形成环戊烷[47]。该课题组还从该海绵中还发现了 6 种丁酸衍生的聚酮类化合物[48]；同年，又从该海绵中获得 3 种链状聚酮类化合物 woodylide A～C，woodylide A 和 woodylide C 具有中等程度的抗菌活性，IC$_{50}$ 值分别为 3.67 μg/mL 和 10.85 μg/mL，woodylide C 能够抑制 PTP1B 的活性，IC$_{50}$ 值为 4.7 μg/mL[49]。李国强课题组从该海绵中分离得到的化合物 plakortoxide A 和 plakortoxide B 具有 α,β-不饱和-γ-丁内酯和环氧环组合的结构片段[50]。林厚文课题组从海绵 *H. lachne* 中分离得到的新骨架 4/5/5 三环骈合的聚酮类化合物 hippolachnin A（**28**）对 3 种病原真菌 *Cryptococcus neoformans*、*Trichophyton rubrum*、*Microsporum gypseum* 都显示出较强的抑制活性，MIC 值为 0.41 μmol/L[51]；从南海 *Verrucosispora* sp. 中分离得到了抗结核杆菌深渊霉素（abyssomicin）类化合物及其二聚体 abyssomicin J（**29**）～L[52]。刘伟忠和朱荣秀课题组从黄河三角洲的盐碱土壤真菌 *Penicillium raistrickii* 的发酵产物中分离得到新颖的聚酮类化合物 peniciketal A（**30**）～C，对 HL-60 有细胞毒性，IC$_{50}$ 值分别为 3.2 μmol/L、6.7 μmol/L 和 4.5 μmol/L[53]。张文课题组从海绵 *Plakortis* sp. 中分离并鉴定出 1 种新的聚酮类化合物 simplextone E[54]。多聚乙酰（acetogenin）属于聚酮类化合物，其结构特征是分子中含有氧化官能团的线型碳链并进而形成不同大小的醚环（五元～八元环为主）。从海藻中发现的多聚乙酰类化合物主要是 C$_{15}$-多聚乙酰和 C$_{12}$-多聚乙酰，均来自凹顶藻属海洋红藻，大部分含溴取代，且分子中多含末端烯炔或溴代丙二烯单元。王斌贵课题组从采自三亚的一种中国海域首次发现的红藻 *Laurencia nidifica* 中分离并鉴定出一种溴代 C_{15}-多聚乙酰类化合物 laurenidificin（**31**）。该化合物具有六氢呋喃并 [3, 2-*b*] 呋喃结构单元和末端烯-炔键，与之前从该海藻中分离获得的 C_{15}-多聚乙酰类化合物的结构类型截然不同[13]。该课题组还从采自山东威海的冈村凹顶藻（*L. okamurai*）中发现并报道了一种新的溴代 C_{12}-多聚乙酰类化合物 okamuragenin（**32**）。该化合物分子中的八元氧环偶合了一个四元氧环，且含有醛基结构单元，为首个含醛基的 C_{12}-多聚乙酰类化合物，具有一定的卤虫致死活性[2]。季乃云课题组从冈村凹顶藻（采自山东荣成）中发现并报道了一种新的溴代 C_{12}-多聚乙酰类化合物 desepilaurallene（**33**）。该化合物的分子中含有八元氧环骈合五元氧环的特征结构[14]。

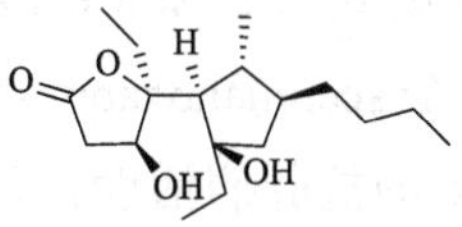

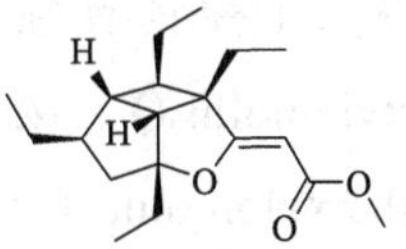

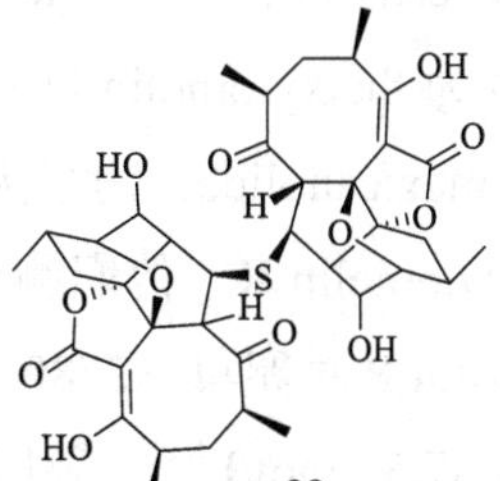

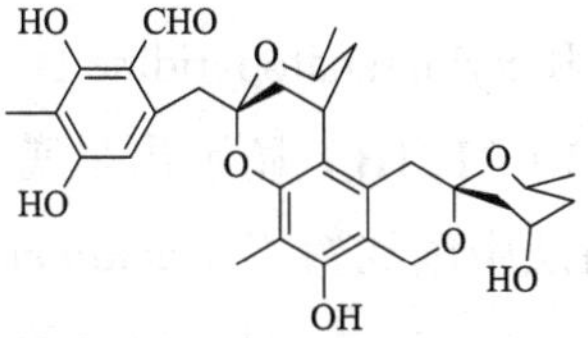

五、柠檬苦素

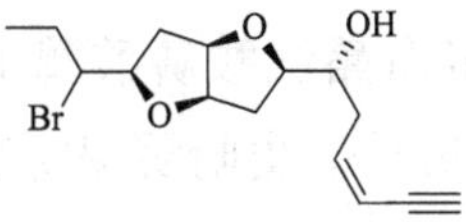

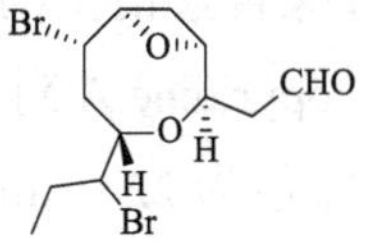

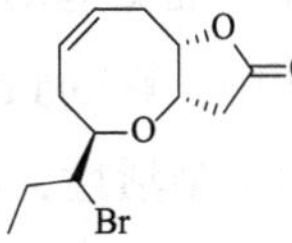

红树植物中含有大量的柠檬苦素类化合物。从红树植物 *Xylocarpus moluccensis* 和 *X. granatum* 中分离得到了一系列柠檬苦素类化合物。吴军课题组从泰国红树 *X. moluccensis* 的种子中分离得到两种新的柠檬苦素衍生物 thaixylomolin A（**34**）和 thaixylomolin B（**35**），**35** 对脂多糖和 IFN-γ 诱导的 RAW264.7 小鼠巨噬细胞中的一氧化氮产生有抑制活性，IC_{50} 值为 84.3 μmol/L[55]；从该红树种子中分离得到化合物 thaixylomolin G～N、phragmalin、mexicanolide，其中 thaixylomolin 类化合物是首次从红树植物 *Xylocarpus* 中分离得到的，

化合物 thaixylomolin I（**36**）、thaixylomolin K、thaixylomolin M 对甲型流感病毒（H1N1 亚型）表现出中等的抑制活性[56]。同时，该课题组还从该种子中获得了柠檬苦素类化合物 moluccensin A（**37**）～G 和 moluccensin R～Y[57,58]；从 *X. granatum* 中获得了新的柠檬苦素类似物 granatumin A～G 和 hainangranatumin A～J。值得注意的是，hainangranatumin A 中含有（*R*）2-甲基丁酸的构型，而在 hainangranatumin B 中是（*S*）构型，hainangranatumin I 和 hainangranatumin J 含有罕见的骨架连接，推测是人工产物，分别来源于 hainangranatumin C 和已知的柠檬苦素类似物 xylomexicanin A[59,60]。该课题组还从红树植物 *X. granatum* 发现了两种具有罕见 B/C 环新骨架的柠檬苦素类化合物 xylomexicanin I～J（**38**）[61]。申丽课题组从泰国董里府的红树植物 *X. moluccensis* 种子中分离出 2 种新的 phragmalin 8, 9, 12-ort-hoester 化合物，命名为 thaixylomolin O～P（**39**）；1 种具有独特顺式 H-5 和 Me-19 的 9,10-*seco* mexicanolide，命名为 thaixylomolin Q；第 1 个 secomahoganin 类化合物 thaixylomolin R。他们测试了 thaixylomolin O～R 的抗肿瘤活性，只有 thaixylomolin P 对卵巢 A2780 和 A2780/T 细胞表现出抗肿瘤活性，其 IC_{50} 的平均值为 37.5 μmol/L[62]。郭跃伟课题组从红树 *X. granatum* 中分离得到 2 种含有吡啶基的柠檬苦素衍生物 xylogranatopyridine A 和 xylogranatopyridine B。其中，xylogranatopyridine A 对蛋白酪氨酸磷酸酶 1B（PTP1B）显示出显著的抑制活性，IC_{50} 值为 22.9 μmol/L[63]。史晴雯课题组从中国红树 *X. granatum* 的种子中分离得到 4 种新的柠檬苦素衍生物 xylomexicanin E～H，化合物 xylomexicanin F 对 A549 和 RERF 细胞株显示出中等抑制活性，IC_{50} 值分别为 18.833 μmol/L 和 15.83 μmol/L[64]。

34　　　　　　　　**35**　　　　　　　　**36**

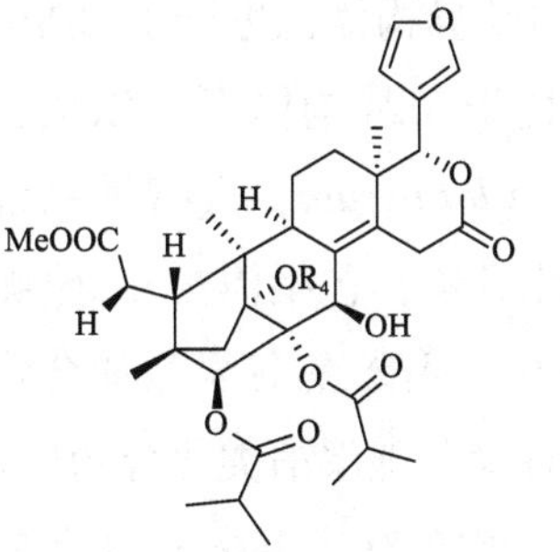

六、酚类

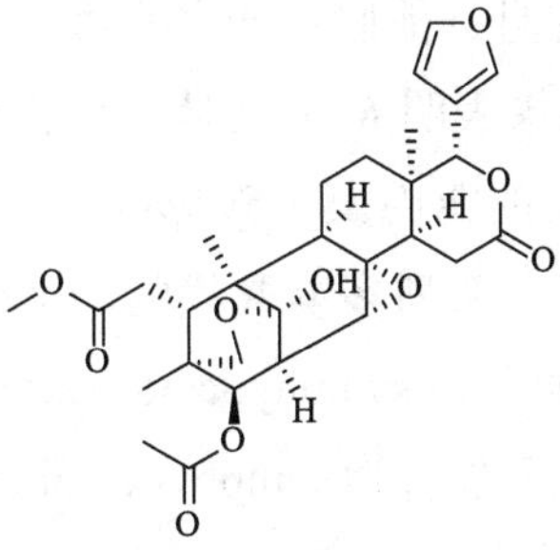

2009～2018 年，酚类化合物主要从松节藻属（*Rhodomela*）和鸭毛藻属（*Symphyocladia*）海藻中分离获得，均为溴酚类化合物。从采自大连的松节藻（*Rhodomela confervoides*）中分离并鉴定出 6 种多溴取代的酚类化合物，随后又从该松节藻中发现了 5 种含氮溴酚类化合物。这些化合物的分子中大多含有 2, 3-二溴-4, 5-二羟基苄基结构单元。这是松节藻溴酚类化合物的典型特征，其中化合物 3, 4-dibromo-5-((methylsulfonyl)methyl)benzene-1, 2-diol（**40**）中还含有砜基结构片段。这是从该藻中发现的首个含砜基结构片段的溴酚类化合物，而化合物 3-(2, 3-dibromo-4, 5-dihydroxybenzyl) pyrrolidine-2, 5-dione（**41**）中则含有琥珀酰亚胺结构单元[65, 66]。这些化合物均具有显著的 DPPH 和 ABTS 自由基清除活性。构效关系研究表明，苯环上羟基的数目与自由基清除活性密切相关，羟基越多，活性越强。另外，溴的数目和取代位置也对活性有一定影响[65-67]。近期，王斌贵课题组与徐涛课题组合作，从松节藻中又分离得到一种溴酚类化合物 rhodomelin A。该化合物属于 γ-氨基丁酸-脲基-吡咯烷酮偶合物，是自然界中发现的首个该类型的化合物[68]。虽然只有一个手性中心，但是该化合物的绝对构型鉴定比较困难，而且由于手性中心离发色团比较远，电子圆二色谱等方法也无法确定其绝对构型。为此，他们采用化学合成方法，分别以 *D/L*-焦谷氨酸为起始原料合成了相应的对映异构体，并通过手性高效液相色谱（HPLC）分析最终确定该化合物的手性中心为 R 构型。rhodomelin A（**42**）对 DPPH 和 ABTS 自由基均具有显著清除活性，活性强度分别为阳性对照 2, 6-二叔丁基-4-甲基苯酚（BHT）和抗

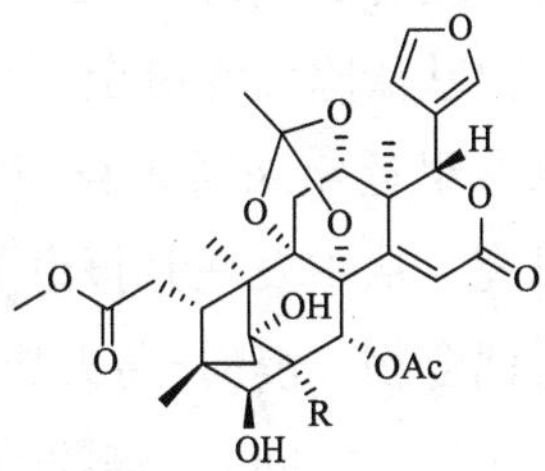

坏血酸的 21 倍和 4 倍。并且，他们对合成的两个对映异构体也进行了 DPPH 自由基清除活性测定，结果表明 *R*-异构体的活性优于 *S*-异构体[68]。宋福行课题组近年来对采自青岛的鸭毛藻（*Symphyocladia latiuscula*）进行了系统研究，从中发现并报道了一系列多溴取代的酚类化合物，包括溴酚-二酮哌嗪偶合物、溴酚-乌头酸加合物 symphyocladin A～E、溴酚-焦谷氨酸加合物 symphyocladin F、溴酚-尿素加合物 symphyocladin G 及其他溴酚类化合物[24]。这些溴酚类化合物的分子中苯环大多为全取代模式，均含有 2, 3, 6-三溴-4,5-二羟基苄基结构单元，是鸭毛藻溴酚类化合物的典型特征。活性筛选结果显示，该类化合物如 symphyocladin G 具有一定的抗菌活性。

40　　　　　　　　**41**　　　　　　　　**42**

七、其他类型化合物

林厚文课题组从海绵曲霉菌 *Aspergillus flocculosus* 16D-1 发酵物中分离得到两种新颖的裂环麦角甾醇衍生物 aspersecosteroid A（**43**）和 aspersecosteroid B 及新的麦角甾 asperflosterol。aspersecosteroid A 和 aspersecosteroid B 具有罕见的二氧杂环 11(9→10)-*abeo*-5,10-裂环甾体骨架，具有免疫抑制活性：抑制炎症因子 TNF-α 的 IC_{50} 值分别为 28 μmol/L 和 31 μmol/L，抑制 IL-6 的 IC_{50} 值分别为 21 μmol/L 和 26 μmol/L[26]。张文课题组从海绵 *Theonella swinhoei* 中发现了 2 种具有 6/6/5/7 稠合新骨架的重排甾体类化合物 swinhoeisterol A（**44**）和 swinhoeisterol B，它们能够显著抑制 A549（IC_{50} 值为 8.6 μmol/L、14.6 μmol/L）和 MG-63（IC_{50} 值为 10.3 μmol/L、20.0 μmol/L）的生长，同时化合物 swinhoeisterol A 能够显著抑制组蛋白乙酰转移酶 (h) p300 的活性，IC_{50} 值为 2.9 μmol/L[69]。郭跃伟课题组从海绵 *Xestospongia testudinaria* 中分离并鉴定出 8 种溴代不饱和脂肪族类新化合物 xestonariene A～H[70]。严鹏程课题组从软珊瑚 *Sinularia verruca* 中获得了新的吡咯二氢吲

哚生物碱 verrupyrroloin doline 和环戊烯酮衍生物[71]。张文和易杨华课题组从海参 *Apostichopus japonicus* Selenka 中分离并鉴定出 1 种降三萜皂苷 26-*nor*-25-oxo-holotoxin A₁（**45**）和 4 种三萜皂苷 holotoxins D～G。这是首次从海参中发现降三萜皂苷类化合物。这些化合物具有潜在的抗真菌活性，构效关系显示具有 18（20）内酯环和 Δ^{25} 末端双键的化合物具有较强的活性[72]。郭跃伟课题组从红树植物 *Sonneratia paracaseolaris* 中获得第一种丁烯酸内酯类二聚体 paracaseolide A[73]。季乃云课题组从一株藻生真菌 *Trichoderma asperellum* cf44-2 的发酵产物中鉴定出一种新颖的裂环麦角甾醇衍生物 tricholumin A（**46**）。该化合物对赤潮异弯藻（*Heterosigma akashiwo*）等 4 种浮游植物有抑制作用，IC₅₀ 值为 0.2～0.6 μg/mL[74]。林文瀚课题组从硫酸二甲酯诱导的海绵真菌 *Emericella variecolor* 突变株 XSA-07-2-M3 的发酵产物中分离并获得新颖的二聚体 diasteltoxin A（**47**）～C，推测为 asteltoxin 通过 [2+2] 环加成得到，具有硫氧还蛋白还原酶（TrxR）抑制活性，IC₅₀ 值为 7～13 μmol/L[75]。

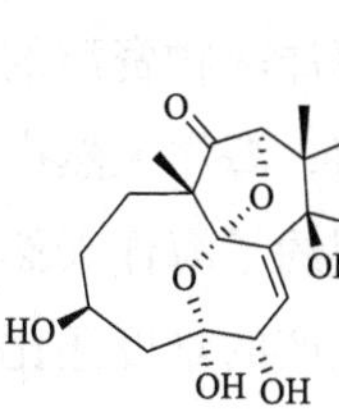

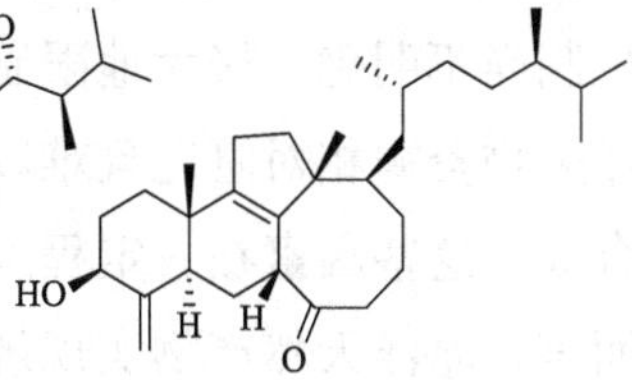

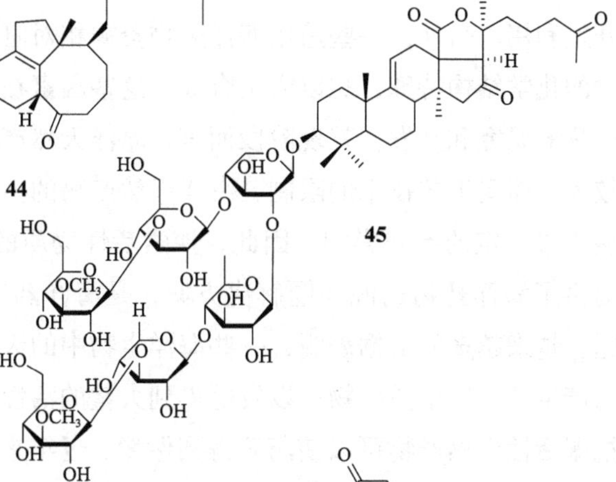

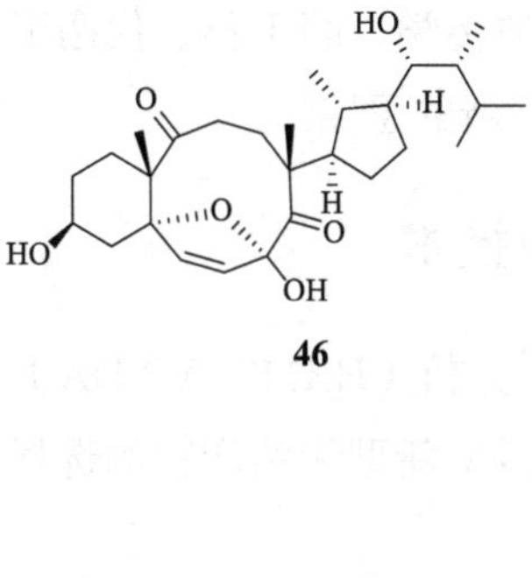

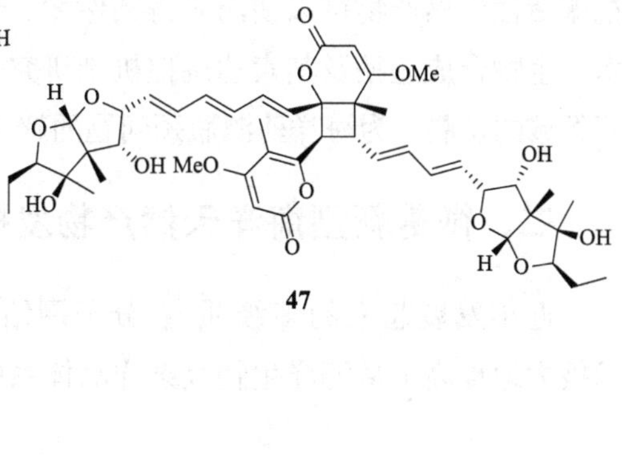

第三节 展　望

近年来,我国在海洋天然产物研究方面取得了可喜的成绩和丰硕的积累,但是研究工作多局限于海洋天然产物的提取分离-结构解析-初步活性测试等"老三段",论文质量或引用率与美国、日本等发达国家仍然存在一定差距,在成果转化方面也面临着"最后一公里"的障碍。随着新一轮科技革命的不断演进,海洋天然产物学科的发展也向纵深推进,一些基本科学问题正孕育重大突破。

一、药源瓶颈问题解决的新方法

我国海洋生物资源虽然丰富,但是所含活性物质的含量低微,化学结构复杂,化学合成难度极大,不能满足毒理、药理、临床等研究的需要,并且重复采集会严重破坏海洋生态系统;海洋低等生物与微生物通常以复杂共生体的方式存在,活性物质产生机制尚不明确,极大地限制了海洋药物资源的开发利用。另外,一些药用海洋生物资源相对匮乏且难以养殖,海洋天然产物的化学结构特殊,难以人工合成,这些因素在一定程度上制约了海洋天然产物的研究和开发。就现阶段而言,海洋天然产物实现规模生产的难度还比较大,而受工艺技术的限制,海洋天然产物的生产成本居高不下,对行业发展带来一定的不利影响。因此,探索活性物质的产生机制等关键科学问题,提供了海洋药物药源问题解决方案,是海洋药物研究领域需迫切解决的问题。越来越多的证据表明,一些海洋生物中的天然产物其实是由其共生微生物产生的。鉴于微生物可以发酵得到大量的活性次级代谢产物,从微生物中挖掘活性天然产物可以使药源得到保障。近年来,海洋共生微生物的培养技术、生物合成途径及其表达调控机制研究,表观遗传学、酶工程、代谢工程等领域的发展,为海洋药源瓶颈问题的解决提供了新的思路。

二、微量新型海洋天然产物发掘的新技术

近年发展起来的多级质谱-分子网络数据库分析(HRMS"-MNDA)技术极大地提高了从海洋生物复杂样品体系中发现微量新型天然产物的选择性

和灵敏度。该分析策略的实现首先需要构筑天然产物多级质谱数据库，如天然产物多级质谱数据库（GNPS）。将样品的超高压液相串联高分辨多级质谱（UPLC-HRMS^n）数据输入在线 GNPS 数据库比对后，使复杂天然产物提取物中各成分与数据库中化合物的多级质谱数据建立联系，并通过可视化的 Mapping 技术呈现，从而在实现快速排重的同时可以预测新天然产物的分子结构类型并可进行指向性追踪。目前，HRMS^n-MNDA 已在微生物次级代谢产物结构多样性研究、分子排重预测及新颖结构发现方面显示出巨大的潜力。例如，使用该策略从海洋蓝藻中定向分离获得具有抗肿瘤活性的新型环八肽化合物 samoamide A。另外，海洋微生物来源的次级代谢产物本质上是由基因组生物合成的。尽管生物活性筛选和谱学导向（HPLC-DAD-UV，HPLC-MS^n）相结合的传统筛选模式还将在长时间内发挥重要作用，但随着人们对天然产物生物合成途径及其功能基因的深入了解，基因筛选技术体现出独特的优势。根据特定类型化合物（如聚酮、聚肽、萜类、糖苷类和某些生物碱）生物合成的关键酶的保守区序列设计简并引物，对批量菌株进行聚合物链式反应（PCR）扩增，可以快速筛选获得阳性海洋来源的菌株，从而定向筛选其特定骨架类型化合物。另外，针对基因沉默或隐性代谢产物，基因组挖掘技术主要有以下两种发掘策略。①基因簇表达调控：在定位目标基因簇后，失活其中的负调控基因，或者超表达一些正调控基因，或者导入并过表达一些合成关键酶等，可以激活沉默的基因簇，启动化合物的生物合成。②基因簇的异源表达：通过将次级代谢产物的生物合成基因或基因簇克隆至合适载体，并导入生长迅速、遗传操作简捷、化学背景单一的近源宿主，启动基因或基因簇的异源表达，合成目标化合物。基因组挖掘技术可以克服传统方法的局限性，缩短工作周期，将成为海洋微生物天然产物研究的利器。

三、海洋天然产物活性筛选的新手段

天然产物的活性筛选和作用机制研究仍然是海洋药物研发的技术瓶颈，常规的药物筛选一般以细胞和整体动物为主，工作量大且样品用量大，导致效率低、成本高，且结果具有一定的片面性。近年来兴起的虚拟筛选和实验筛选、表型筛选和靶点筛选相结合的方法将带来领域内的重大突破。①虚拟筛选也称计算机筛选，即在进行生物活性筛选之前，利用计算机上的分子对接软件模拟目标靶点与候选化合物之间的相互作用，计算两者之间的亲和力大小，提高活性化合物的发现效率。②通过表型筛选发现活性化合物，利用蛋白质芯片和基因表达谱等多组学手段，结合表面等离子共振技术、多维液相色谱-质谱联用技术和计算机模拟技术，发现和确认先导化合物的作用靶点。③基于靶点筛选，以分子水平的药物模型为基础，采用生命活动中具有重要功能的酶、受体、离子通道、核酸等生物分子作为筛选的靶点，确定活性分子的作用靶点。今后，构建新颖多样的筛选模型和多种技术有机结合进行活性筛选，利用细胞生物学、分子生物学和模式动物，研究先导化合物药效作用机制，仍是海洋药物研究的重要方向，将有效提高海洋药物研发的成功率。现今随着细胞培养技术、细胞工程技术、转基因动物实验室技术和生物芯片技术的发展，分子和细胞水平的高通量筛选已日渐成熟，该方法需要的样品量少、操作简单、筛选费用低，可较好反映待测样品的作用机制。利用高通量或高内涵筛选技术可以较大限度地促进微量海洋天然产物的活性发现，为海洋新药研发奠定基础。

　　一个有趣的事实是，人类对于海洋的探究远远不及对于太空的探索。我们生活的大陆被海洋包围，生命和海洋紧密相关，人类社会和经济活动同样依赖海洋，海洋生物产生这些"奇形怪状"的天然产物到底是为了什么？到底有什么功能？这些问题都环绕着一层层神秘的面纱，正在等待被科学家揭开。现今，海洋天然产物研究已经成为一门综合性的交叉学科，需要与药理学、合成化学、化学生物学、生态化学、基因/代谢工程、微生物学等多方形成合力。打破学科界限，协同攻关，拓展可利用生物资源，深度探索海洋天然产物的新功能，对于海洋生物资源利用潜力挖掘具有重要意义，也切合我国"提高海洋资源开发能力，发展海洋经济，保护海洋生态环境，维护国家海洋权益，建设海洋强国"的战略任务和重要需求。

本章参考文献

[1] Jiao W H, Huang X J, Yang J S, et al. Dysidavarones A-D, new sesquiterpene quinones from the marine sponge *Dysidea avara*[J]. Organic Letters, 2012, 14(1): 202-205.

[2] Hill R A, Sutherland A. Hot off the press[J]. Natural Product Reports, 2012, 29(4): 435-439.

[3] Jiao W H, Cheng B H, Chen G D, et al. Dysiarenone, a dimeric C_{21} meroterpenoid with inhibition of COX-2 expression from the marine sponge *Dysidea arenaria*[J]. Organic Letters, 2018, 20(10): 3092-3095.

[4] Jiao W H, Xu T T, Yu H B, et al. Dysidaminones A-M, cytotoxic and NF-κB Inhibitory sesquiterpene aminoquinones from the South China Sea sponge *Dysidea fragilis*[J]. RSC Advances, 2014, 4(18): 9236-9246.

[5] Sun D Y, Han G Y, Yang N N, et al. Racemic trinorsesquiterpenoids from the beihai sponge *Spongia officinalis*: structure and biomimetic total synthesis[J]. Organic Chemistry Frontiers, 2018, 5(6): 1022-1027.

[6] Jiao W H, Hong L L, Sun J B, et al. (±)-Hippolide J-A pair of unusual antifungal enantiomeric sesterterpenoids from the marine sponge *Hippospongia lachne*[J]. European Journal of Organic Chemistry, 2017, 2017(24): 3421-3426.

[7] Hill R A, Sutherland A. Hot off the press[J]. Natural Product Reports, 2017, 34(10): 1180-1184.

[8] Lin K H, Tseng Y J, Chen B W, et al. Tortuosenes A and B, new diterpenoid metabolites from the formosan soft coral *Sarcophyton tortuosum*[J]. Organic Letters, 2014, 16(5): 1314-1317.

[9] Jia R, Kurtán T, Mándi A, et al. Biscembranoids formed from an α, β-Unsaturated γ-Lactone ring as a dienophile: structure revision and establishment of their absolute configurations using theoretical calculations of electronic circular dichroism spectra[J]. The Journal of Organic Chemistry, 2013, 78(7): 3113-3119.

[10] Yan P, Lv Y, Van Ofwegen L, et al. Lobophytones A-G, new isobiscembranoids from the soft coral *Lobophytum pauciflorum*[J]. Organic Letters, 2010, 12(11): 2484-2487.

[11] Lin S T, Wang S K, Cheng S Y, et al. Lobocrasol, a new diterpenoid from the soft coral *Lobophytum crassum*[J]. Organic Letters, 2009, 11(14): 3012-3014.

[12] Cheng S Y, Huang K J, Wang S K, et al. New terpenoids from the soft corals *Sinularia capillosa* and *Nephthea chabroli*[J]. Organic Letters, 2009, 11(21): 4830-4833.

[13] Li Y, Liu J, Yu S, et al. TNF-α inhibitory diterpenoids from the chinese mangrove plant *Excoecaria agallocha* L.[J]. Phytochemistry, 2010, 71(17): 2124-2131.

[14] Xiao Z, Huang H, Shao C, et al. Asperterpenols A and B, new sesterterpenoids isolated from a mangrove endophytic fungus *Aspergillus* sp. 085242[J]. Organic Letters, 2013, 15(10): 2522-2525.

[15] Huang X, Huang H, Li H, et al. Asperterpenoid A, a new sesterterpenoid as an inhibitor of mycobacterium tuberculosis protein tyrosine phosphatase B from the culture of *Aspergillus* sp. 16-5c[J]. Organic Letters, 2013, 15(4): 721-723.

[16] Liu Z, Chen Y, Chen S, et al. Aspterpenacids A and B, two sesterterpenoids from a mangrove endophytic fungus *Aspergillus terreus* H010[J]. Organic Letters, 2016, 18(6): 1406-1409.

[17] Li H L, Xu R, Li X M, et al. Simpterpenoid A, a meroterpenoid with a highly functionalized cyclohexadiene moiety featuring gem-propane-1,2-dione and methylformate groups, from the mangrove-derived *Penicillium simplicissimum* MA-332[J]. Organic Letters, 2018, 20(5): 1465-1468.

[18] Miao F P, Liang X R, Yin X L, et al. Absolute configurations of unique harziane diterpenes from *Trichoderma* species[J]. Organic Letters, 2012, 14(15): 3815-3817.

[19] Zhou H, Sun X, Li N, et al. Isoindolone-containing meroperpenoids from the endophytic fungus *Emericella nidulans* HDN12-249[J]. Organic Letters, 2016, 18(18): 4670-4673.

[20] Wang J, Wei X, Qin X, et al. Arthpyrones A-C, pyridone alkaloids from a sponge-derived fungus *Arthrinium arundinis* ZSDS1-F3[J]. Organic Letters, 2015, 17(3): 656-659.

[21] Jia Y L, Wei M Y, Chen H Y, et al. (+)- and (−)-Pestaloxazine A, a pair of antiviral enantiomeric alkaloid dimers with a symmetric spiro[oxazinane-piperazinedione] skeleton from *Pestalotiopsis* sp.[J]. Organic Letters, 2015, 17(17): 4216-4219.

[22] Liu W, Li H J, Xu M Y, et al. Pseudellones A-C, three alkaloids from the marine-derived fungus *Pseudallescheria ellipsoidea* F42-3[J]. Organic Letters, 2015, 17(21): 5156-5159.

[23] Huang L H, Xu M Y, Li H J, et al. Amino acid-directed strategy for inducing the marine-derived fungus *Scedosporium apiospermum* F41-1 to maximize alkaloid diversity[J]. Organic Letters, 2017, 19(18): 4888-4891.

[24] Zhang P, Mándi A, Li X M, et al. Varioxepine A, a 3*H*-oxepine-containing alkaloid with a new oxa-cage from the marine algal-derived endophytic fungus *Paecilomyces variotii*[J]. Organic Letters, 2014, 16(18): 4834-4837.

[25] Ji N Y, Liu X H, Miao F P, et al. Aspeverin, a new alkaloid from an algicolous strain of *Aspergillus versicolor*[J]. Organic Letters, 2013, 15(10): 2327-2329.

[26] Zhou Z F, Kurtán T, Yang X H, et al. Penibruguieramine A, a novel pyrrolizidine alkaloid from the endophytic fungus *Penicillium* sp. GD6 associated with Chinese mangrove *Bruguiera gymnorrhiza*[J]. Organic Letters, 2014, 16(5): 1390-1393.

[27] Cui H, Lin Y, Luo M, et al. Diaporisoindoles A-C: three isoprenylisoindole alkaloid derivatives from the mangrove endophytic fungus *Diaporthe* sp. SYSU-HQ3[J]. Organic Letters, 2017, 19(20): 5621-5624.

[28] Yu G, Zhou G, Zhu M, et al. Neosartoryadins A and B, fumiquinazoline alkaloids from a mangrove-derived fungus *Neosartorya udagawae* HDN13-313[J]. Organic Letters, 2016, 18(2): 244-247.

[29] Li F, Zhang Z, Zhang G, et al. Determination of taichunamide H and structural revision of taichunamide A[J]. Organic Letters, 2018, 20(4): 1138-1141.

[30] Zhuang Y, Teng X, Wang Y, et al. New quinazolinone alkaloids within rare amino acid residue from coral-associated fungus, *Aspergillus versicolor* LCJ-5-4[J]. Organic Letters, 2011, 13(5): 1130-1133.

[31] Meng L H, Wang C Y, Mándi A, et al. Three diketopiperazine alkaloids with spirocyclic skeletons and one bisthiodiketopiperazine derivative from the mangrove-derived endophytic fungus *Penicillium brocae* MA-231[J]. Organic Letters, 2016, 18(20): 5304-5307.

[32] Chen S, Wang J, Lin X, et al. Chrysamides A-C, three dimeric nitrophenyl trans-epoxyamides produced by the deep-sea-derived fungus *Penicillium chrysogenum* SCSIO41001[J]. Organic Letters, 2016, 18(15): 3650-3653.

[33] Zhong W, Wang J, Wei X, et al. Variecolortins A-C, three pairs of spirocyclic diketopiperazine enantiomers from the marine-derived fungus *Eurotium* sp. SCSIO F452[J]. Organic Letters, 2018, 20(15): 4593-4596.

[34] Han W B, Lu Y H, Zhang A H, et al. Curvulamine, a new antibacterial alkaloid incorporating two undescribed units from a *Curvularia* species[J]. Organic Letters, 2014, 16(20): 5366-5369.

[35] Wang Q, Tang X, Luo X, et al. (+)- and (–)-Spiroreticulatine, a pair of unusual spiro bisheterocyclic quinoline-imidazole alkaloids from the South China Sea sponge *Fascaplysinopsis reticulata*[J]. Organic Letters, 2015, 17(14): 3458-3461.

[36] Fu P, Zhuang Y, Wang Y, et al. New indolocarbazoles from a mutant strain of the marine-derived actinomycete *Streptomyces fradiae* 007M135[J]. Organic Letters, 2012, 14(24): 6194-6197.

[37] Liu C, Tang X, Li P, et al. Suberitine A-D, four new cytotoxic dimeric aaptamine alkaloids from the marine sponge *Aaptos suberitoides*[J]. Organic Letters, 2012, 14(8): 1994-1997.

[38] Fu P, Yang C, Wang Y, et al. Streptocarbazoles A and B, two novel indolocarbazoles from the marine-derived actinomycete strain *Streptomyces* sp. FMA[J]. Organic Letters, 2012, 14(9): 2422-2425.

[39] Fu P, Kong F, Li X, et al. Cyanogramide with a new spiro[indolinone-pyrroloimidazole] skeleton from *Actinoalloteichus cyanogriseus*[J]. Organic Letters, 2014, 16(14): 3708-3711.

[40] Yang F, Hamann M T, Zou Y, et al. Antimicrobial metabolites from the paracel islands sponge *Agelas mauritiana*[J]. Journal of Natural Products, 2012, 75(4): 774-778.

[41] Ma J, Huang H, Xie Y, et al. Biosynthesis of ilamycins featuring unusual building blocks and engineered production of enhanced anti-tuberculosis agents[J]. Nature Communications, 2017, 8(1): 391.

[42] Zhou X, Huang H, Chen Y, et al. Marthiapeptide A, an anti-infective and cytotoxic polythiazole cyclopeptide from a 60 L scale fermentation of the deep sea-derived *Marinactinospora thermotolerans* SCSIO 00652[J]. Journal of Natural Products, 2012, 75(12): 2251-2255.

[43] Liu N, Shang F, Xi L J, et al. Tetroazolemycins A and B, two new oxazole-thiazole siderophores from deep-sea *Streptomyces olivaceus* FXJ8.012[J]. Marine Drugs, 2013, 11(5): 1524-1533.

[44] Zhang h j, Yi Y H, Yang G J, et al. Proline-containing cyclopeptides from the marine sponge *Phakellia fusca*[J]. Journal of Natural Products, 2010, 73(4): 650-655.

[45] Zhan K X, Jiao W H, Yang F, et al. Reniochalistatins A-E, cyclic peptides from the marine sponge *Reniochalina stalagmitis*[J]. Journal of Natural Products, 2014, 77(12): 2678-2684.

[46] Sun J, Cheng W, de Voogd N J, et al. Stylissatins B-D, cycloheptapeptides from the marine sponge *Stylissa massa*[J]. Tetrahedron Letters, 2016, 57(38): 4288-4292.

[47] Liu X F, Song Y L, Zhang H J, et al. Simplextones A and B, unusual polyketides from the marine sponge *Plakortis simplex*[J]. Organic Letters, 2011, 13(12): 3154-3157.

[48] Liu X F, Shen Y, Yang F, et al. Simplexolides A-E and plakorfuran a, six butyrate derived polyketides from the marine sponge *Plakortis simplex*[J]. Tetrahedron, 2012, 68(24): 4635-4640.

[49] Yu H B, Liu X F, Xu Y, et al. Woodylides A-C, new cytotoxic linear polyketides from the South China Sea sponge *Plakortis simplex*[J]. Marine Drugs, 2012, 10(5): 1027-1036.

[50] Zhang J, Tang X, Li J, et al. Cytotoxic polyketide derivatives from the South China Sea sponge *Plakortis simplex*[J]. Journal of Natural Products, 2013, 76(4): 600-606.

[51] Piao S J, Song Y L, Jiao W H, et al. Hippolachnin A, a new antifungal polyketide from the South China Sea sponge *Hippospongia lachne*[J]. Organic Letters, 2013, 15(14): 3526-3529.

[52] Wang Q, Song F, Xiao X, et al. Abyssomicins from the South China Sea deep-sea sediment *Verrucosispora* sp.: natural thioether michael addition adducts as antitubercular prodrugs[J]. Angewandte Chemie International Edition, 2013, 52(4): 1231-1234.

[53] Liu W Z, Ma L Y, Liu D S, et al. Peniciketals A-C, New spiroketals from saline soil derived *Penicillium raistrichii*[J]. Organic Letters, 2014, 16(1): 90-93.

[54] Li J, Li C, Riccio R, et al. Chemistry and selective tumor cell growth inhibitory activity of polyketides from the South China Sea sponge *Plakortis* sp.[J]. Marine Drugs, 2017, 15(5): 129.

[55] Li J, Li M Y, Bruhn T, et al. Thaixylomolins A-C: limonoids featuring two new motifs from the thai *Xylocarpus moluccensis*[J]. Organic Letters, 2013, 15(14): 3682-3685.

[56] Li W, Jiang Z, Shen L, et al. Antiviral limonoids including khayanolides from the trang mangrove plant *Xylocarpus moluccensis*[J]. Journal of Natural Products, 2015, 78(7): 1570-1578.

[57] Li J, Li M Y, Feng G, et al. Moluccensins R-Y, limonoids from the seeds of a mangrove, *Xylocarpus moluccensis*[J]. Journal of Natural Products, 2012, 75(7): 1277-1283.

[58] Li M Y, Yang S X, Pan J Y, et al. Moluccensins A-G, phragmalins with a conjugated C-30 carbonyl group from a krishna mangrove, *Xylocarpus moluccensis*[J]. Journal of Natural Products, 2009, 72(9): 1657-1662.

[59] Pan J Y, Chen S L, Li M Y, et al. Limonoids from the seeds of a hainan mangrove, *Xylocarpus granatum*[J]. Journal of Natural Products, 2010, 73(10): 1672-1679.

[60] Li M Y, Yang X B, Pan J Y, et al. Granatumins A-G, limonoids from the seeds of a krishna mangrove, *Xylocarpus granatum*[J]. Journal of Natural Products, 2009, 72(12): 2110-2114.

[61] Wu Y B, Wang Y Z, Ni Z Y, et al. Xylomexicanins I and J: limonoids with unusual B/C rings from *Xylocarpus granatum*[J]. Journal of Natural Products, 2017, 80(9): 2547-2550.

[62] Dai Y G, Li W S, Pedpradab P, et al. Thaixylomolins O-R: four new limonoids from the trang mangrove, *Xylocarpus moluccensis*[J]. RSC Advances, 2016, 6(89): 85978-85984.

[63] Zhou Z F, Liu H L, Zhang W, et al. Bioactive rearranged limonoids from the chinese mangrove *Xylocarpus granatum* koenig[J]. Tetrahedron, 2014, 70(37): 6444-6449.

[64] Wu Y B, Qing X, Huo C H, et al. Xylomexicanins E-H, new limonoids from *Xylocarpus granatum*[J]. Tetrahedron, 2014, 70(30): 4557-4562.

[65] Li K, Li X M, Gloer J B, et al. Isolation, characterization, and antioxidant activity of bromophenols of the marine red alga *Rhodomela confervoides*[J]. Journal of Agricultural and Food Chemistry, 2011, 59(18): 9916-9921.

[66] Li K, Li X M, Gloer J B, et al. New nitrogen-containing bromophenols from the marine red alga *Rhodomela confervoides* and their radical scavenging activity[J]. Food Chemistry, 2012, 135(3): 868-872.

[67] Wang B G, Gloer J B, Ji N Y, et al. Halogenated organic molecules of rhodomelaceae origin: chemistry and biology[J]. Chemical Reviews, 2013, 113(5): 3632-3685.

[68] Li K, Wang Y F, Li X M, et al. Isolation, synthesis, and radical-scavenging activity of rhodomelin A, a ureidobromophenol from the marine red alga *Rhodomela confervoides*[J]. Organic Letters, 2018, 20(2): 417-420.

[69] Gong J, Sun P, Jiang N, et al. New steroids with a rearranged skeleton as (h)P300 inhibitors from the sponge *Theonella swinhoei*[J]. Organic Letters, 2014, 16(8): 2224-2227.

[70] Liang L F, Wang T, Cai Y S, et al. Brominated polyunsaturated lipids from the chinese sponge *Xestospongia testudinaria* as a new class of pancreatic lipase inhibitors[J]. European

Journal of Medicinal Chemistry, 2014, 79: 290-297.

[71] Yuan W, Cheng S, Fu W, et al. Structurally diverse metabolites from the soft coral *Sinularia verruca* collected in the South China Sea[J]. Journal of Natural Products, 2016, 79(4): 1124-1131.

[72] Wang Z, Zhang H, Yuan W, et al. Antifungal nortriterpene and triterpene glycosides from the sea cucumber *Apostichopus japonicus* Selenka[J]. Food Chemistry, 2012, 132(1): 295-300.

[73] Chen X L, Liu H L, Li J, et al. Paracaseolide A, first α-alkylbutenolide dimer with an unusual tetraquinane oxa-cage bislactone skeleton from Chinese mangrove *Sonneratia paracaseolaris*[J]. Organic Letters, 2011, 13(19): 5032-5035.

[74] Song Y P, Shi Z Z, Miao F P, et al. Tricholumin A, a highly transformed ergosterol derivative from the alga-endophytic fungus *Trichoderma asperellum*[J]. Organic Letters, 2018, 20(19): 6306-6309.

[75] Long H, Cheng Z, Huang W, et al. Diasteltoxins A-C, asteltoxin-based dimers from a mutant of the sponge-associated *Emericella variecolor* fungus[J]. Organic Letters, 2016, 18(18): 4678-4681.

（撰稿人：林厚文、鞠建华、朱伟明、王斌贵、李国强、佘志刚；

统稿人：林厚文）

第四章
天然化合物的分离与立体结构确证技术

天然产物是大自然赐予人类的宝藏，如何有效地获取和利用是伴随人类文明、进步、发展的重大战略和科学问题。现代天然产物研究的主要对象是生物体，在千差万别、五彩缤纷的生物体内及其生命过程中，蕴含着人类智力难以想象和预测的数量庞大的天然产物及其多变复杂的分子结构。一方面，生物体、生存环境及生命周期的复杂性，决定着一个生物样品中天然产物组成的复杂多样性及其含量的多变性；另一方面，生物体的"天然手征性"，决定着一种生物样本中天然产物分子的立体结构和功能的专一性与选择性。这些独特属性使得分离获取和立体结构确定技术成为天然产物研究取得突破和创新发展的两个主要瓶颈。追溯历史，人类基于对天然产物和其他天然物质的获取和应用研究，创建了制药、酿造和化学等工业。尤其是在近 200 年来，也正是基于对天然产物和其他天然物质化学组成、分子结构及其特性、功能、相互作用机理等的研究，人类创造发明了化学和色谱分离分析及波谱分析等前沿技术和方法，创立了化学、物理学、色谱学、波谱学、量子力学和化学生物学等自然科学的基础、分支和新兴交叉学科，推动相应学科理论和技术的不断进步，开启了从原子、分子水平研究和认知物质微观世界的航程。天然产物研究的发展，也离不开化学、色谱学、波谱学和量子力学及其理论和技术的创新与突破。2009～2018 年，正是通过这些学科前沿技术和方法的应用与构建，在新颖骨架天然化合物发现方面，我国科学家取得了举世瞩目的研究成果。

第一节　天然化合物的分离技术

天然产物是活性先导化合物和药物分子的重要来源，在创新药物的研究与开发中具有十分重要的作用。重要活性天然化合物的发现，往往会给有机合成化学提出挑战，同时也推动药物作用新靶标的发现和药理学的研究。天然产物成分复杂、含量低，多见同分异构体（构造异构和立体异构）共存，高效、高分辨、多功能分离技术的综合运用是进行天然产物研究的重要手段。高效液相色谱（HPLC）是目前应用最普遍、最有效的分离分析方法之一。HPLC与不同前处理方法及不同类型检测器联用，极大地提高了天然产物研究的效率。此外，由于高速逆流色谱（HSCCC）的高制备能力和无死吸附的优点，也常被用于天然产物的分离分析。现就2009～2018年天然产物常用分离技术及相关实例进行概述。

一、高效液相色谱–紫外检测导向分离技术

高效液相色谱–紫外（HPLC-UV）检测指纹谱图是天然产物复杂体系通过HPLC分离、UV检测器分析、获取化学成分的轮廓图。通过扫描获取各色谱峰的紫外吸收谱图，可以有效地识别各色谱峰的结构类别，特别是含特征共轭结构片段的化合物类别，从而实现目标成分的导向分离。HPLC仪器的普及改变了过去主要依靠薄层色谱（TLC）紫外观测和化学显色的监测方法，显著提高了天然产物分离工作的可视化程度。例如，车永胜课题组通过对子囊菌 *Neonectria* sp. 粗提物的指纹谱图深入分析，发现与目标化合物 neonectrolide A（**1**）具有相似UV特征的色谱峰，进一步通过导向分离和富集成功得到了4种neonectrolide A同结构类型的新化合物 neonectrolide B～E（**2**～**5**）（图4-1）[1]。制备型HPLC仪的使用，解决了分离的量和分离过程的可视化监测等制约天然产物高效分离的两个主要问题，显著提高了从天然资源中发现微量、结构新颖天然产物的效率。总之，HPLC-UV检测导向分离

技术在天然产物分析和分离中的普及使用，为天然产物的发现与分离插上了"腾飞的翅膀"，由此分离和发现了越来越多结构新颖的微量天然产物。

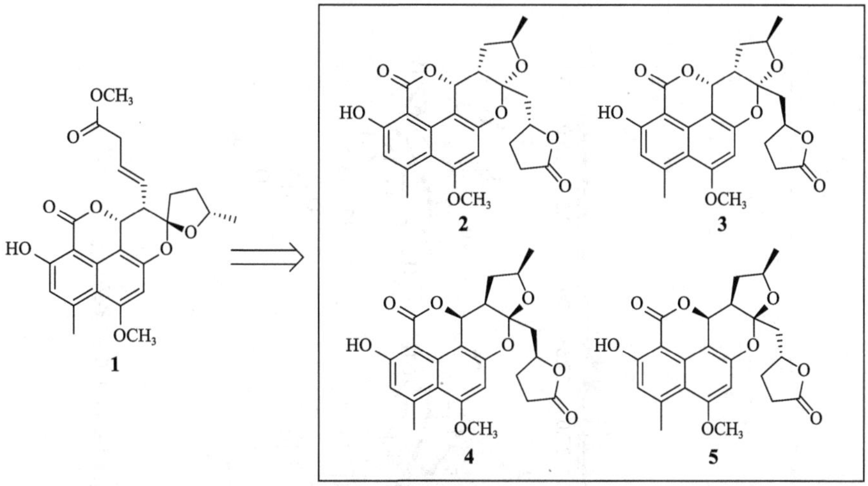

图 4-1　基于 HPLC-UV 检测技术导向分离子囊菌 *Neonectria* sp. 中 neonectrolide 系列化合物

二、高效液相色谱–质谱联用技术

高效液相色谱–质谱（HPLC-MS）联用技术，将 HPLC 对复杂样品的高分离能力与质谱（MS）技术的高选择性、高灵敏度及能够提供分子量与结构信息等优点有机结合起来，实现了不经分离纯化即可获得天然产物结构信息，已经成为发现识别复杂天然产物样品中潜在微量新结构化合物的强有力工具。例如，陈纪军课题组利用 HPLC-MS 联用技术导向分离，从蒙自獐牙菜（*Swertia leducii*）中发现了一个分子量为 388 的目标色谱峰，进一步通过分离获得了一对结构高度新颖的多环化内酯对映体（图 4-2）[2]。邱明华课题组采用 HPLC-MS 联合技术，对民间药用植物升麻（*Actaea cimicifuga*）中结构新颖的化学成分进行分析识别和导向分离，发现分子量大于 1000 的目标色谱峰，进一步结合多种分离手段，得到了 7 种罕见的环阿尔廷型三萜皂苷与色原酮苷的二聚体 cimitriteromone A～G[3]。庾石山课题组采用 HPLC-MS 联用技术，对贯筋藤（*Dregeasinensis* var. *corrugata*）中的化学成分进行识别和导向分离，基于质谱裂解规律，鉴定了 30 种甾体皂苷类成分，其中新化合物有 18 种[4]。张庆英课题组利用 HPLC-MS 联用技术，首次对臭棘豆

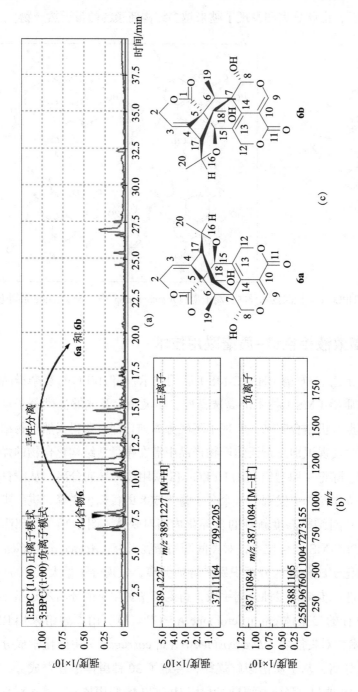

图 4-2 基于 LC-MS 联用技术导向分离蒙自獐牙菜（Swertia leducii）中的多环内酯类化合物

（*Oxytropis chiliophylla*）中的查耳酮二聚体进行识别，通过目标分子量提取，快速、高效地发现了一系列查耳酮二聚体的同分异构体，进一步利用多种色谱分离手段对目标色谱峰进行定向分离纯化，最终得到 10 种查耳酮二聚体，包括 6 种新化合物及 3 对首次从天然产物中发现的对映体[5]。HPLC-MS 联用技术的应用，使得提前预知复杂天然产物样品中潜在的微量新结构成为可能，增强了天然产物分离工作的针对性。

三、高效液相色谱–核磁共振联用技术

核磁共振（nuclear magnetic resonance，NMR）技术具有高重现性、非选择性的特点，是一种功能强大的分子结构鉴定手段。HPLC-NMR 联用技术可以快速、高效地实现天然产物组分的化学筛选，指导定向分离，完成在常规条件下难以获得的微量成分的分离与鉴定。庚石山课题组采用 HPLC-NMR 联用技术，对鹿角杜鹃（*Rhododendron latoucheae*）中的微量三萜类成分进行针对性的结构识别，发现部分微量成分显示出与众不同的波谱特征，进一步进行定向、快速分离纯化得到 15 种微量新颖的乌苏烷型 C_{28} 降三萜（图 4-3）[6]，显示了该技术在微量天然产物分离上的高效性。

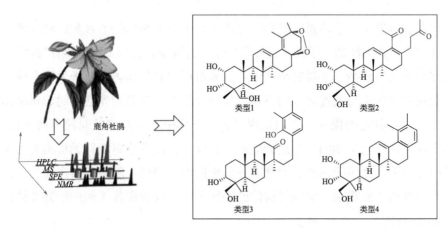

图 4-3　基于 LC-NMR 联用技术导向分离鹿角杜鹃中的微量三萜类化合物

四、高速逆流色谱技术

高速逆流色谱（HSCCC）是一种连续液-液色谱技术，具有无固体载体

的特点，可以避免分离样品与固体载体发生化学反应而变性和不可逆吸附等缺陷，使用的两相溶剂体系选择广，理论上适用于任何极性范围的样品分离，而且对样品的预处理要求较低，适用于粗提物的分离，是重结晶、柱色谱及 HPLC 等常规分离手段的一个较好的补充。高制备能力、低廉的液态固定相和低的溶剂消耗等独特优点使 HSCCC 在天然产物的分离中运用越来越广泛。陈晓青课题组采用超滤 HPLC 技术，从咖啡黄葵（*Abelmoschus esculentus*）粗提物中快速发现 3 个抑制 α-淀粉酶活性的色谱峰，进一步通过在线二维 HSCCC 技术实现了从粗提物中一步分离得到目标活性化合物，并在分离过程采用推出-高速逆流色谱（extrusion HSCCC，E-HSCCC）解决了在固定相上高保留值化合物的快速释放[7]。牛宇戈课题组采用 HPCCC 技术，通过两步分离程序，从黄杞（*Engelhardia roxburghiana*）水提物中得到 4 对二氢黄酮苷非对映异构体，纯度均在 96% 以上，这是首次在 HPCCC 的传统流动相中添加羟丙基-β-环糊精，改善了非对映异构体之间的分离度[8]。

第二节　对映异构天然化合物的分离技术

在自然界中，手性是普遍存在的现象。组成生命体的氨基酸、糖、蛋白质、DNA 都是手性的，手性问题涉及生命的起源及各种生命体的生存和演化。天然产物结构复杂，常具有手性中心，易出现旋光异构体。由于生物合成途径受到酶的催化与调控因素的影响，复杂天然产物多以旋光活性的非对映体存在。随着研究的深入，人们发现了天然产物中越来越多的对映异构现象。由于物理性质完全相同，常规的硅胶、凝胶、反相等分离填料无法实现对映异构体分离，诸多天然产物通常以外消旋的形式得到。随着天然产物的手性问题越来越受到重视，对映异构体的手性分离已成为现代天然产物分离纯化的重要一环。

对映异构体分离的基本原理是通过引入手性环境使对映异构体间呈现物理特征的差异，从而达到旋光异构体拆分，所用的方法通常包括手性固定相和手性流动相等方法。手性固定相又包括环糊精型固定相、大环抗生素型固定相、多糖衍生物类固定相和金属-有机骨架材料类固定相等。手性添加剂主要包括环糊精类衍生物、酒石酸及酒石酸酯类等。目前对映异构体天然化合物分离中，使用手性色谱柱的高效液相色谱是最主要采用的方法，其次是添加手性选择剂的高速逆流色谱技术。2009～2018 年，我国天然产物研究学者采用上述两种方法与技术对多种结构类型的天然产物对映异构体进行了制备性分离。

一、配备手性色谱柱的高效液相色谱技术

在天然产物研究中，先通过常规的填料和方法，制备得到天然产物的单体化合物，并解析其结构。配备手性色谱柱的 HPLC 仪，将 HPLC 的高效可视化分离和手性色谱柱对对映体的拆分效果相结合，可以高效拆分天然产物中大多数的对映异构体。目前商品化的手性色谱柱的固定相分为刷（Brush）型或 Prikle 型、纤维素（cellulose）型、环糊精（cyclodextrin）型、大环抗生素型等。运用多种商品化的手性色谱柱，可以对多种结构类型的天然对映异构体进行制备性分离。2009～2018 年，中国学者共发表对映异构天然产物发现与制备性分离的论文约 80 篇，分离获得包括萜类、混源萜类、生物碱、香豆素、新木脂素等多种结构类型的天然产物对映体约 200 对。其中在 *J. Nat. Prod.* 上发表 27 篇共 82 对对映体，在 *Org. Lett.* 上发表 18 篇共 30 对新骨架对映体，在 *Chem-Eur. J.*、*J. Org. Chem.*、*Tetrahedron* 等有机化学经典期刊发表 16 篇共 42 对化合物。现将 2009～2018 年我国天然产物研究学者在 *Org. Lett.* 上发表的具有全新骨架的对映异构体天然产物总结如下。

刘吉开课题组从乌药（*Lindera aggregata*）的根中分离得到一对结构新颖、具有螺环戊二酮骨架的对映体 (±)-linderaspirone A（**7**），并经手性柱 Chiralcel OD 拆分得到光学纯化合物 [9]。张卫东课题组从藏波罗花（*Incarvillea younghusbandii*）中分离得到 1 对结构新颖的二聚体 (±)-incarvilleatone，经手性柱 Chiral IA 拆分并用 X 射线单晶衍射和 ECD 计算确定了它们的绝对构型 [10]。程永现课题组从灵芝（*Ganoderma lucidum*）子实体中分离得到 1 对新颖的混源萜类 (±)-lingzhiol，经手性柱 Daicel Chiralpak AD-H 拆分得到光学纯化合物，并经 X 射线单晶衍射确定了绝对构型，发现 (–)-lingzhiol 对 TGF-β1 介导的 Smad3 磷酸化的抑制作用较 (+)-lingzhiol 更显著 [11]。石建功课题组从菘蓝（*Isatis tinctoria*）的根中分离得

到 1 对具有二氢硫吡喃和 1, 2, 4-噻二唑片段的吲哚生物碱非等量对映异构体，经手性柱 Chiralpak AD-H 拆分，并用改良 Mosher 法和 ECD 计算确定了绝对构型，活性研究表明 (−)-对映异构体和 (+)-对映异构体对 HSV-1 均显示出抗病毒活性[12]。

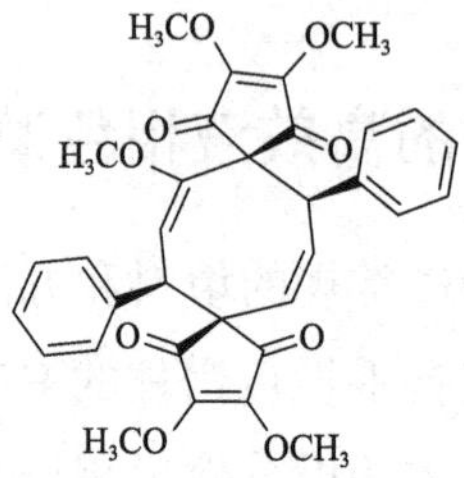

7

陈纪军课题组从川赤芍（*Paeonia veitchii*）的根中分离得到 1 对结构新颖的双降二萜 (±)-paeoveitol，经手性柱 Chiralpak AS-H 拆分，并用 X 射线单晶衍射和 ECD 计算确定了绝对构型[13]。程永现课题组从九香虫次生代谢产物中分离得到 1 对结构新颖的多巴胺三聚而成的对映异构体 (±)-aspongamide A，但未能实现其手性分离[14]。邱明华课题组从背柄紫灵芝（*Ganoderma cochlear*）子实体中分离得到 4 对新颖的多环混源萜类对映体 (±)-ganocin A～D，对这些外消旋体用手性柱 Chiralcel OD-H 进行了分析[15]。庾石山课题组从苍耳（*Xanthium sibiricum*）果实中分离得到 1 对结构新颖的螺二烯酮类新木脂素 (±)-sibiricumin A，经 Chiralpak AD-H 手性柱拆分得到光学纯化合物，绝对构型由 X 射线单晶衍射和 ECD 计算确定[16]。

谭宁华课题组从金剑草（*Rubia alata*）的根和根茎中分离得到了 2 种具有细胞毒性新颖的萘醌类化合物 rubialatin A 和 rubialatin B。(±)-rubialatin A 经手性柱 Chiralpak IC 拆分得到光学纯化合物，化合物的绝对构型由 X 射线单晶衍射确定。(+)-rubialatin A 具有细胞毒性，且对 NF-κB 通路有抑制作用，而 (−)-rubialatin A 无细胞毒性[17]。郝小江课题组从木竹子（*Garcinia multiflora*）的枝叶中分离得到 2 种新颖的多环多异戊烯基取代酰化间苯三酚 garcimulin A 和 garcimulin B。(±)-Garcimulin A 经手性柱 Chiralpak IC 拆分，(+)-garcimulin A 表现出中等程度的细胞毒性，而 (−)-garcimulin A 的活性不佳[18]。孔令义课题组从三桠苦（*Melicope pteleifolia*）叶中分离得到 2 对异戊

烯化的聚酮 (±)-melicolone A 和 (±)-melicolone B，经手性柱 Daicel Chiralpak AD-H 分离得到光学纯化合物。化合物的绝对构型由 X 射线单晶衍射确定，这些化合物对人脐静脉内皮细胞（HUVEC）由高浓度葡萄糖引起的急性氧化损伤具有保护作用[19]。庾石山课题组从鹰爪花（*Artabotry shexapetalus*）中分离得到倍半萜对映体 artaboterpenoid B（**8**），经手性柱 Chiralcel OZ-H 拆分得到光学纯化合物。(–)-artaboterpenoid B 对 HCT-116、HepG2、BGC-823、NCI-H1650 和 A2780 5 种细胞系均表现出较好的细胞毒性，而其他化合物的活性并不显著[20]。庾石山课题组从飞龙掌血（*Toddalia asiatica*）的茎皮中分离得到两对香豆素寡聚合物 (±)-spirotriscoumarin A 和 (±)-spirotriscoumarin B，经手性柱 Daicel Chiralpak AD-H 拆分得到光学纯化合物。相对于光学纯单体，外消旋体表现出更强的抗病毒活性[21]。

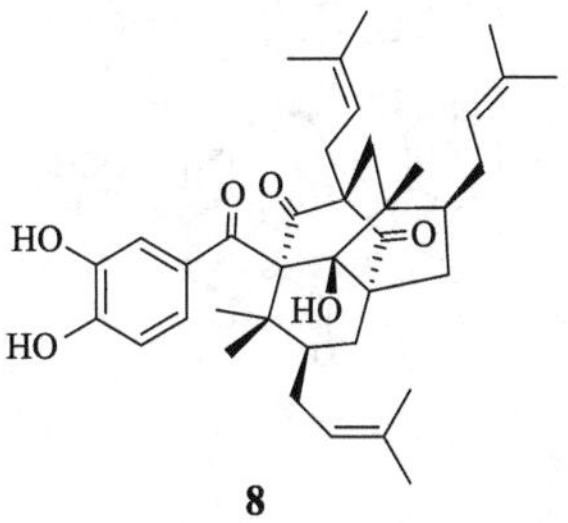

8

孔令义课题组采用 HPLC-CD-PDA 技术，快速发现了 4 种黄酮醇二苯乙烯聚合体的手性互变现象，并确定了这些异构体的绝对构型[22]。多种商品化的手性色谱柱也广泛地应用于各种结构类型的天然产物对映异构体的手性分离。例如，张勇慧课题组运用 Chiralpak IC 手性色谱柱从石菖蒲（*Acorus tatarinowii*）的根茎中共得到 6 对新的木脂素类对映异构体[23]。叶文才课题组运用手性色谱柱从山姜属植物高良姜（*Alpinia officinarum*）根茎中得到 5 对二芳基庚烷与单萜和倍半萜的第尔斯-阿尔德加合物 (±)-alpininoid A～B 和 (±)-alpininoid C～E[24]。侯爱君课题组基于 HPLC 手性分离手段，从头花杜鹃（*Rhododendron capitatum*）中首次发现了以不完全外消旋体形式存在的杂萜，手性分离得到 7 对具有独特环系的杂萜对映体 (±)-rhodonoid A～G[25, 26]。邱明华课题组从树舌灵芝（*Ganoderma applanatum*）子实体中分离得到了 1 对混源萜对映体 (±)-ganoapplanin，并经手性柱 Chiralcel AD-H 拆分得到光学纯化合物[27]。叶文才课题组从木豆（*Cajanus cajan*）叶中分离得到 3 对黄酮芪类化合物 cajanusflavanol A（**9**）等，化合物经手性柱 Cellulose-4 和 Cellulose-1 拆分得到光学纯化合物，并经 X 射线单晶衍射和 ECD 计算确定了绝对构型[28]。岳建民课题组从曼哥龙巴豆（*Croton mangelong*）的枝叶中分离得到 2 对大环二萜对映体（±）mangelonoid A 和（±）mangelonoid B，并经手性柱 Daicel chiralpak AD-H 拆分，（–)-mangelonoid A 表现了更强的对 NF-κB 的抑制作用[29]。王发左课题组从南海沉积环境来源真菌 *Eurotium* sp. SCSIO F452 代谢产物中分离得到 3 对螺环二酮哌嗪对映体（±）variecolortin A～C，经手性柱 Daicel Chiralpak IA 和 Daicel Chiralpak IC 拆分纯化，通过 X 射线单晶衍射和 ECD 计算确定了这些化合物的绝对构型[30]。

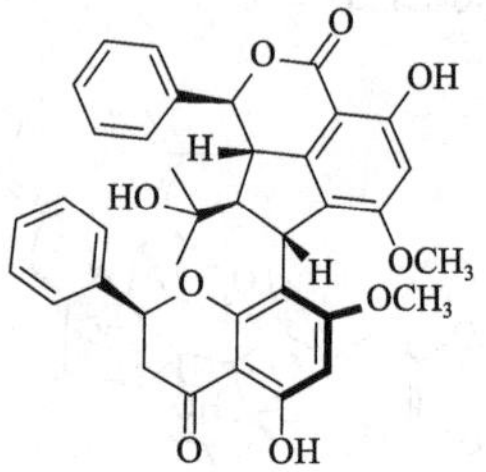

9

二、高速逆流色谱–手性选择剂联用技术

将手性选择剂添加到 HSCCC 流动相或者固定相中，也可用于天然产物对映体的分离。添加手性选择剂的 HSCCC 技术，使手性拆分不依赖于价格昂贵且分离容量小的手性色谱柱，显著提高了对映异构体天然产物的分离效率。但是，由于商业化的手性选择剂较少及手性分离条件摸索较难，该方法在天然产物对映体分离方面的应用不如使用手性色谱柱的 HPLC 技术普遍。现简要概述 2009～2018 年我国天然产物研究学者在 HSCCC 用于对映异构体分离方面取得的研究成果。

孔令义课题组在 HSCCC 用于对映异构体天然产物的制备性分离方面开展了系统的研究。2014 年，将诱导的圆二色谱技术与 HSCCC 联用，以羟丙基-*β*-环糊精为手性选择剂，建立了快速高效制备性手性分离天然产物白藜芦醇二聚体 *trans-δ*-viniferin 的逆流色谱条件。与经典的手性液–液萃取相比，该方法具有操作简单、效率高、筛选条件准确等优点[31]。2015 年，又将新型手性拆分剂 Cu$_2$(Ⅱ)-β-环糊精应用到 HSCCC，成功分离了 6 种芳香性的 α-羟基羧酸类天然产物。实验证明，Cu$_2$(Ⅱ)-β-环糊精中的铜离子与 α-环己基扁桃酸的羧基负离子形成的配位键对手性拆分发挥了关键作用[32]。2016 年，建立了离子液体络合铜离子与羟丙基-β-环糊精协同应用于配体交换 HSCCC 手性分离柚皮素的体系（图 4-4），并从化学动态平衡方面证明了能够成功手性分离的原因是由空间位阻引起的 (±)-柚皮素形成的多元络合物的热稳定性不同[33]。在上述研究的基础上，通过对比 Cu$_2$(Ⅱ)-β-环糊精与羟丙基-β-环糊精，发现当铜离子不与 β-环糊精络合时，单独添加的铜离子同样可以提高手性高速逆流色谱的分离效果，并成功应用于 3 种二氢黄酮类对映异构体的拆分[34]。此外，阳卫军课题组联用 HSCCC 与双相识别手性萃取技术，建立了苯基琥珀酸（PSA）对映体的拆分方法，双相识别 HSCCC 为有效分离外消旋体提供了新手段[35]。

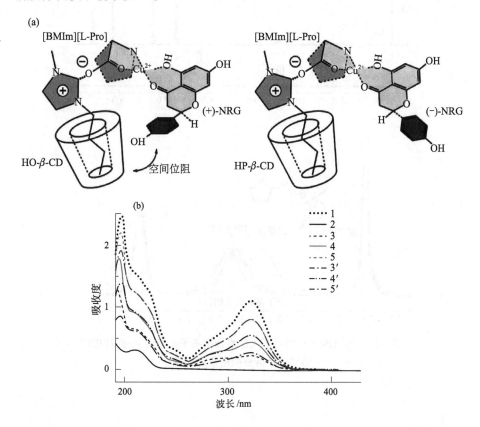

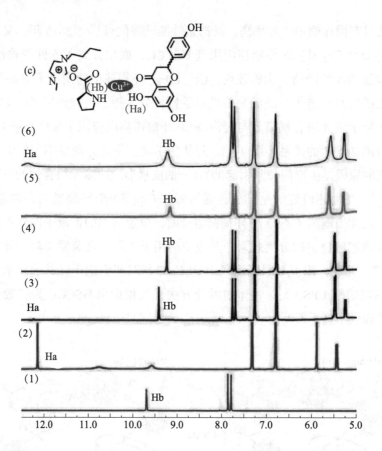

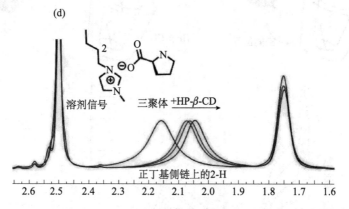

图 4-4　基于 HSCCC 的离子液体络合铜离子与羟丙基-β-环糊精
协同体系拆分柚皮素的机理

第三节　水溶性天然化合物的分离技术

自古以来，中草药多采用水煎服用或制取成药。研究发现，水溶性天然化合物是中药中不可忽视的药理活性物质。水溶性天然化合物也多存在于海洋生物中，如多糖类、聚醚类和大环内酯类等，大多具有重要的生物活性。水溶性天然化合物的研究已经成为现今天然产物研究的热点之一。但是水溶性天然化合物在分离方面存在较大难点：①水溶性天然化合物通常极性较大，对多种分离材料都有较强的吸附性；②水溶性天然化合物的结构不稳定，传统的分离手段容易使其发生化学转化从而产生人工产物；③水溶性天然化合物与无机盐、大分子化合物的极性相当，分离时容易受它们的干扰。

高效的分离技术已经成为研究水溶性天然化合物的关键。经典的分离方法一般通过反复的柱色谱得到目标化合物。但是，水溶性成分复杂，生物活性成分往往比较微量，故在分离过程中易损失，难以富集得到。随着色谱理论和色谱材料的不断更新和完善，分离纯化更趋有效。色谱材料的种类繁多，不同的材料可以发挥不同的分离作用，较好地克服了传统正相材料吸附性强、样品损失大的弊端，因此水溶性天然化合物的分离取得了较大进展。近年来，研究者多采用大孔吸附树脂色谱、凝胶色谱、反相色谱、HPLC 相结合的措施，快速有效地获得了目标化合物。此外，根据不同化合物的色谱特征和结构信息，多种色谱-波谱联用技术（如 HPLC-MS 和 HPLC-NMR）也用于高效识别目标组分，指导目标化合物的分离。由于固定相和流动相均是液体，HSCCC 样品吸附少，几乎无损失，也常用于水溶性天然化合物的分离。

近年来，我国学者在水溶性成分的分离方面取得了重要进展。各种色谱材料的应用并结合反相 HPLC 是分离水溶性天然化合物的有效方法。例如，张东明和李创军等通过大孔吸附树脂二乙烯苯交联树脂（HPD）、正相硅胶和反相 RP-18 等柱色谱并结合反相 HPLC 从田七（*Panax notoginseng*）叶的水部位中得到 3 种具有独特环系的达玛烷型三萜皂苷 nototroneside A（**10**）、nototroneside B～C[36]。张培成等同样采用大孔树脂 Diaion HP-20、凝胶 Sephadex LH-20 等柱色谱并结合反相 HPLC，对虎杖（*Reynoutria japonica*）和红花（*Carthamus tinctorius*）的水溶性成分进行了系统分离，分别得到

1 种结构新颖的黄烷醇稠合二苯乙烯苷类化合物 polyflavanostilbene A 和 2 种重排的黄酮苷类化合物 saffloflavoneside A~B[37, 38]。宣利江等利用多种分离手段（包括 NH₂ 柱和反相 HPLC 等），分别从篱栏网（*Merremia hederacea*）和丁香茄（*Ipomoea muricata*）中获得多个具有复杂环系的五糖树脂糖苷类化合物 merremin A（**11**）、merremin B~G 和 calonyctin B~J[39, 40]。

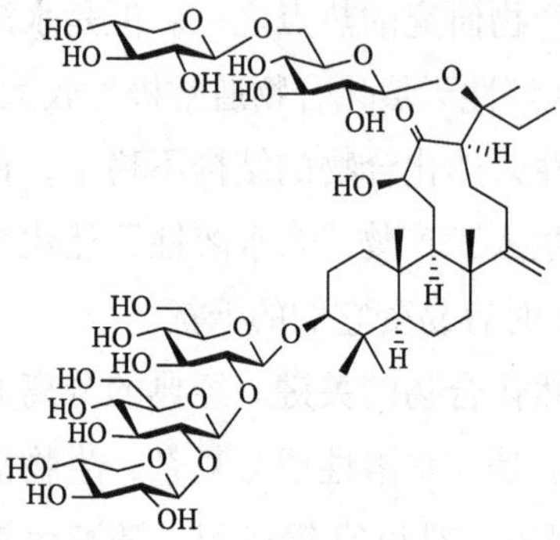

10 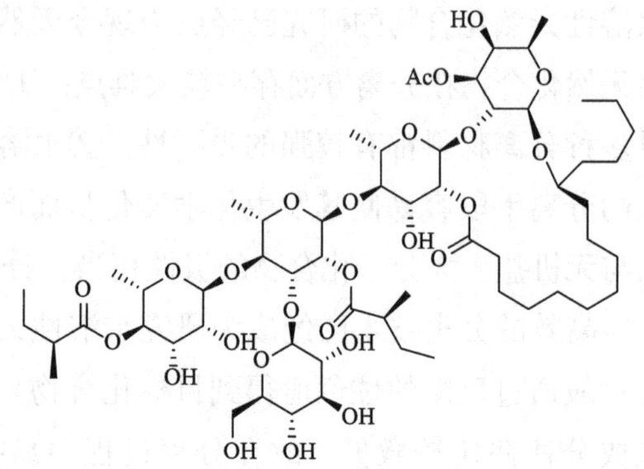   **11**

多种联用技术（如 HPLC-MS 和 HPLC-NMR）因可以提供化合物的色谱特征和结构信息，已被用于高效识别水溶性天然化合物，极大地提高了目标化合物的分离效率。例如，赵维民和左建平等采用 HPLC-MS 联用技术，对杠柳皮（*Periploca sepium*）提取物中的目标化合物进行识别，分离得到了 9 种螺原酸酯孕酮型皂苷、periploside P~V 和 3-O-formyl-periploside A，缩短了寻找目标化合物的时间，提高了分离效率[41]。果德安和吴婉莹等采用 HPLC-MS 联用技术，对消渴丸主要成分人参（*Panax ginseng*）的根、茎叶、花蕾、浆果、种子各个部位进行化学成分分析识别，发现花蕾中可能含有结构新颖的丙二醇人参皂苷，进一步地导向分离得到了 19 种丙二酰基取代的三萜皂苷，其中 15 种是新的达玛烷型丙二酰基人参皂苷[42]。唐惠儒等通过 HPLC-MS 联用技术，对牛至（*Origanum vulgare*）叶进行了化学成分分析，结合 UV 和高分辨质谱，迅速识别了其中的新化合物，并使用 HPLC-NMR 联用技术，富集得到 3 种具有独特环辛烯骨架的新颖多酚类化合物 origanine A~C[43]。

分离技术的综合运用也是水溶性天然化合物分离的重要手段。例如，陈为等发现花青素苷类化合物在 HSCCC 和 HPLC 上的保留时间差异较大，利用 HSCCC 结合 HPLC 技术，成功从 6 种莓类浆果中分离得到 15 种花青素苷类化合物，探索出一种天然花青素苷类化合物提纯的新方法[44]。魏芸等成功合成了几种磁性粒子，并筛选得到 1 种 $Fe_3O_4@SiO_2@DIH@EMIMLpro$ 的粒子，结合 HSCCC 技术（图 4-5），快速有效地从薇甘菊（*Mikania micrantha*）中分离得到 7 种黄酮类成分，包括 3 种黄酮苷类化合物[45]。近些年来，HPCCC 技术也迅速发展，与 HSCCC 相比，该技术可以承载更高的流速从而大大降低分离的时间。罗国安和 Ian Sutherland 等通过 HPCCC-ELSD[①] 技术从人参中分离得到多种人参皂苷类成分[46]。

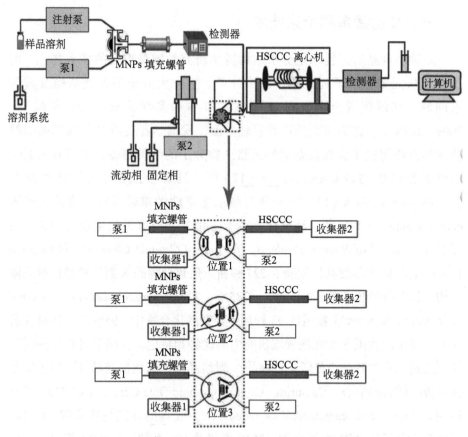

图 4-5 基于磁性纳米粒子与高速逆流色谱系统相结合的分离技术

---

① 蒸发光散射检测器（evaporative light-scattering detector，ELSD）

第四节 天然化合物的立体结构确证技术

天然化合物立体结构研究的内容主要是对构成分子的原子在三维空间排布特征的表征。长期以来，X 射线单晶衍射和比旋光测定，以及核磁共振谱和圆二色谱等波谱技术结合化学转化和手性合成是研究天然化合物立体结构的关键技术和基本方法。近十多年来，量子力学与高速发展的计算机技术相结合，基于密度泛函理论（DFT）等的分子与电磁波相互作用关系的近似模拟计算取得了较大进步，使得理论计算的预测结果在一定程度上能够与实验结果匹配，极大地推动了天然化合物复杂分子的立体结构研究[47-49]。

一、X 射线单晶衍射技术

X 射线单晶衍射技术是分子结构科学研究领域最重要的技术之一，用于研究从元素、原子到天然产物小分子、生物大分子的各类结构及其前沿问题，在该领域至少已有 25 项成果和 49 位科学家获得诺贝尔奖[50]。2009～2018 年，在新型天然产物发现方面，我国学者运用 X 射线单晶衍射技术和方法解决了大批复杂活性天然产物分子的结构难题，如具有抗 HIV 活性的新型生物碱 logeracemin A（**12**）[51]、具有极强免疫抑制活性的新型三萜 phainanoid A（**13**）[52] 和具有强细胞毒性的单萜吲哚生物碱三聚体 ervadivamine A（**14**）[53]。经统计，在美国化学会报道天然化合物的 3 个主要期刊 *Journal of Natural Products*、*Journal of Organic Chemistry* 和 *Organic Letters* 上，2018 年度共计发表了 227 种新天然化合物的 X 射线单晶衍射晶体结构，其中我国学者发表 193 种，占 85%；尤其在 *Organic Letters* 和 *Journal of Organic Chemistry* 上报道的 93 种新骨架天然化合物中，95% 以上源自我国学者，显示出我国学者在该领域研究中的优势和特色。我国学者在一些国际期刊正式发表的各类小分子化合物的 X 射线晶体衍射数据和结构，均已储存在剑桥晶体数据中心（Cambridge Crystallographic Data Centre，CCDC），可通过网站（www.ccdc.cam.ac.uk/data_request/cif）或其他方式免费获取。CCDC 已储存小分子化合物 98 万余种，2019 年超过 100 万种。自 2014 年起，每年存入增量在 5 万种以上，其中天然化合物 500 种左右。就天然化合物而言，我国学者的贡献占比超过 80%。大量天然化合物 X 射线单晶衍射晶体结构解析和数据积累，结合生源联系，不但为同系物或衍生物的结构和构型确定提供了参考，为相关化合物理化特性和功能等深入研究创造了条件，而且为量子力学理论和计算化学等研究提供了重要支撑。

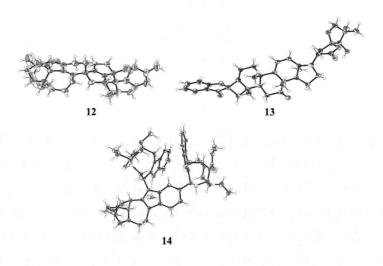

12　　　　　　　　　　　**13**

14

二、核磁共振技术

近年来，NMR 技术发展迅速，微量和低温探头技术的应用，极大地提高了仪器的检测灵敏度；高磁场超导技术应用显著地改善了信号的分辨率。基于硬件技术的发展，构建了大量新型脉冲序列和自旋核调控实验方法，提高了 NMR 技术的检测灵敏度和分辨率，并用于复杂混合样品和固体样品的定性或定量分析[54, 55]。

在天然化合物立体结构的相对构型确定方面，基于 NMR 技术的 $^2J_{C,H}$ 和 $^3J_{C,H}$ 测定是有效手段[56]，通过一系列化合物的 $^3J_{H,H}$、$^2J_{H,C}$ 和 $^3J_{C,H}$ 测定，建立了 1, 2-和 1, 3-二取代次甲基开链结构单元的相对构型确定方法，即基于偶合常数的构象分析方法。2009～2018 年，我国学者应用相关技术和方法确定了包括生物碱 tripterygiumine A（**15**）[57] 及三萜 micrandilactone J 和 22, 23-di-*epi*-micrandilactone J[58] 等大量复杂结构天然化合物的立体结构。同时，针对特定结构类型的化合物，通过化合物 NMR 数据规律的总结，修正了一系列化合物的结构，建立了利用化学位移规律判别类似化合物相对构型的方法[59-62]。

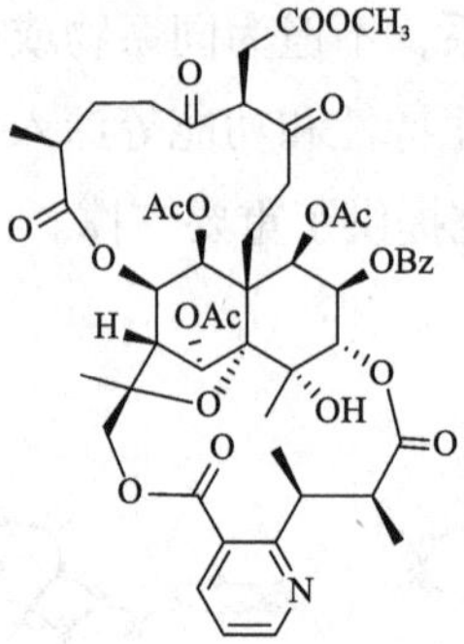

15

在绝对构型确定方面，基于衍生化试剂 (R)-/(S)-α-甲氧基-α-三氟甲基苯乙酸［(R)-/(S)-MTPA］建立的 Mosher 法及其改良法，已用于含有羟基或氨基的数百种天然产物分子的绝对构型确定[63]。在该方法解决大量活性天然化合物绝对构型的同时，新型辅助试剂的开发持续进行，结合变温实验和络合物或配合物形成等方法，用 NMR 技术确定未知化合物绝对构型的应用范围得到不断拓展，已用于含多种和多个功能团取代的特定手性碳原子绝对构型的确定，如硫醇、氰醇、羧酸、亚砜、二醇、氨基醇和三醇等[64]。近年来，应用 Mosher 法及其改良法，我国学者确定了数十种天然活性化合物的绝对构型，如细胞毒性化合物 aureochaeglobosin B（**16**）和 aureochaeglobosin C[65]、BACE1 抑制剂 phomophyllin F[66]、peniisocoumarin D[67]、alashanoid B[68]、setosphapyrone A[69] 和 patchouliguaiol C[70]，也发现了 Mosher 法不适用的情况[71]。同时，通过对系列化合物 NMR 数据分析和总结，构建了利用 NMR 数据直接确定类似化合物绝对构型的简便方法[72, 73]。

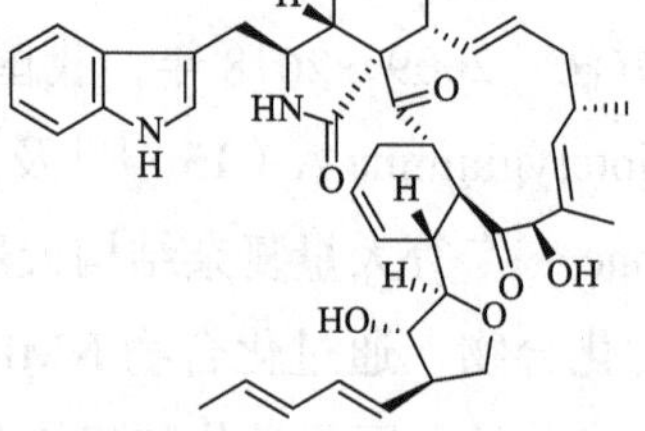

16

另外，伴随量子理论和计算机技术的发展，NMR 计算方法已取得显著进步，通过 NMR 化学位移或 / 和偶合常数的计算预测和实验测定，与数理统计分析方法相结合，已成为快速发展并用于复杂天然分子立体结构研究的新型方法[73-75]。我国学者在复杂结构天然化合物发现研究中，已比较普遍地采用了 NMR 计算预测方法。经检索，2018 年度，来自不同机构的课题组在 *J. Org. Chem.* 和 *Org. Lett.* 上发表了相关研究论文。他们通过 NMR 计算预测与其他方法相结合，修正了 taichunamide A 的结构[76]，解决了一些新型骨架天然化合物分子的复杂立体结构难题，包括 isopenicin A～C[77]、griseofamine B[78]、kadsuraol A[79]、premnafulvol A[80]、cytochathiazine A[81]、purpurolide A[82]、aspersecosteroid A 和 aspersecosteroid B[83] 及 diaporindene B～D[84]。另外，也有人利用新型的 NMR 残留偶极偶合（residual dipolar coupling，RDC）分析方法结合量子化学计算，确定了 vatiparol（**17**）的复杂结构及其绝对构型[85]。

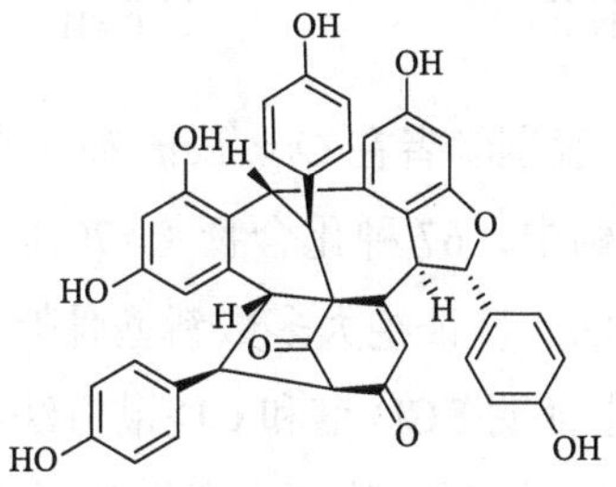

17

三、圆二色谱技术

圆二色谱（circular dichroism spectrum，CD spectrum）是确定天然化合物等分子立体结构最为常见和应用最普遍的手性光谱学方法。CD 谱的理论计算和实验研究，已从紫外区扩展到红外乃至 X 射线等各种不同波长光区范围[86-91]。CD 谱具有检测技术成熟、检测灵敏度高、科顿（Cotton）效应信号简单并特征明显、与分子构型和构象的关系相对明确和有规律可循等特点，而成为研究手性天然化合物等分子立体结构的常用方法之一。同时，基于电子理论的 ECD 谱的量子力学理论计算方法日趋成熟，直接比较理论计算预测 ECD 谱与实验测定 CD 谱的相似性，已成为确定手性天然化合物立体结构的常规方法。2009～2018 年，我国学者在数以万计新结构天然化合物发现研究中，除 X 射线单晶衍射外，不少于 80% 的化合物绝对构型的确定，采用了 CD 谱经验规则或理论计算预测 ECD 谱与实验测定 CD 谱相似性比较的方法。例如，用 Snatzke 法确定了 majusanins A～B[92]、ternatusine A[93] 的绝对构型；用理论计算预测 ECD 谱与实验测定 CD 谱比较的方法确定了 methyl sarcotroate A[94]、lancolide A～D（**18～21**）[95]、lancifonin A 和 lancifonin E[96]、hyperisampsin A[97]、kadcoccinone A[98]。

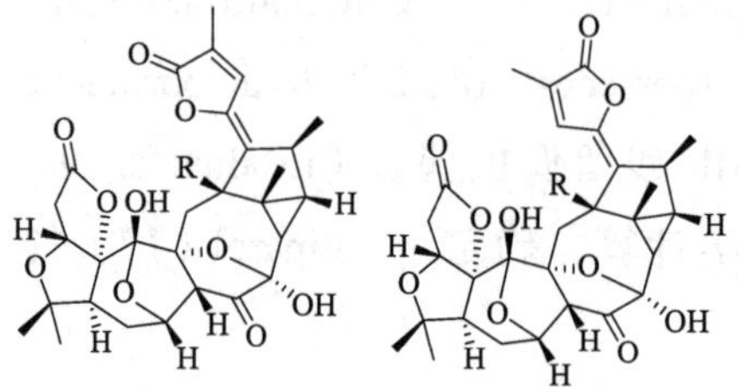

18 R= OH
19 R= H

20 R= OH
21 R= H

经统计，2018 年度，我国学者在 *Org. Lett.* 和 *J. Org. Chem.* 上发表的 93 种新骨架化合物的晶体结构中，67 种化合物（>70%）的立体结构研究同时使用了 ECD 谱和 CD 谱方法，确证绝大多数新型骨架化合物分子在晶体和溶液中立体结构的趋同性，也证明 ECD 谱和 CD 谱方法在难结晶同系物与衍生物立体结构研究中的可靠性。同时，我国学者发现了 ECD 谱和 CD 谱方法在确定 schinortriterpenoid 构型中的问题，对 arisanlactone 的结构进行了修正[99]。特别是，我国学者发现了特殊结构化合物 cascarinoid A～C（**22～24**）在晶体和溶液中的反常构象和分子内色散作用[100]，彰显了我国科学家在该领域的领先研究水平和深度研究潜力。

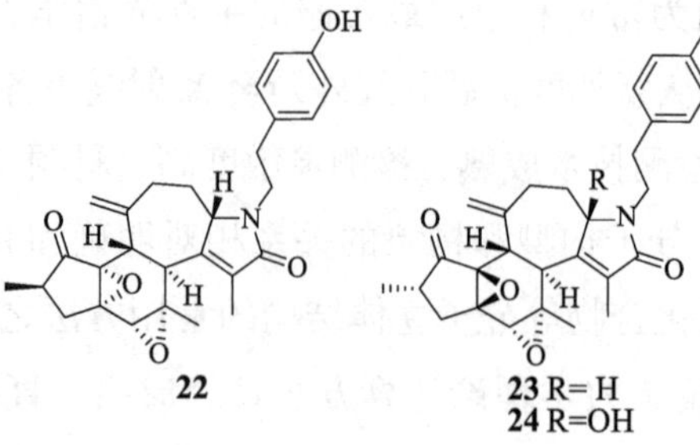

22

23 R=H
24 R=OH

第五节　展　　望

结构多样、生物活性显著的天然产物是新药先导化合物的重要来源，从天然药物中发现并分离结构多样的天然产物仍然是天然产物研究的重要内容之一。随着科学技术的发展与进步，天然产物的分离方法与技术也有了长足的进步，天然化合物的分离效率和能力也得到显著提升。树脂、凝胶和键合硅胶等多种分离填料的大量应用，中压制备色谱仪和 HPLC 仪的普及，使得天然产物的实验分离变得越来越容易，成为天然产物研究中的常规工作。高效率发现结构新颖的微量天然产物、对映异构体天然产物的制备性分离、高效率大量制备获取有药用价值的单体成分等将是天然产物研究进一步发展的主要方向。

在今后的研究工作中，要充分应用 HPLC-UV、HPLC-MS 和 HPLC-NMR 等现代分析技术，使天然产物分离工作的"千里眼"和"顺风耳"帮助我们快速识别、追踪、定位天然药物中的目标分子，提高研究工作的针对性和分离效率。HSCCC 具有多种优点，但需要根据待分离化合物的结构来探索分离条件，限制了其在未知天然产物分离中的普遍应用。这需要加强 HSCCC 在天然产物分离中普适性的研究与探索，扩大 HSCCC 在未知结构天然产物分离中的运用，并与制备型 HPLC 互相配合，取长补短，提高天然产物的分离效率。对映异构体的制备性分离是现代天然产物分离的重点也是难点，基于手性固定相的分离不仅成本高而且会出现因死吸附而导致的化合物损失。HSCCC 技术不需要将手性拆分剂通过化学反应键合到固体介质上，不仅降低了成本而且不存在死吸附，将是对映体制备性分离的一个良好选择。此外，只要选择了合适的两相溶剂系统和手性选择剂，同一逆流色谱柱可以多次地用于不同种类的手性天然产物的分离。同时，改变加入到固定相或者流动相中的手性拆分剂的量，同一支逆流色谱分离柱，既可以用于手性分析水平检测，又可以用于手性制备水平分离。这些都是 HSCCC 用于对映体手性制备拆分的明显优势。

2009～2018 年，用于天然化合物分子立体结构研究的技术和方法有了很大进步和发展，但是各种技术和方法仍然存在缺陷和适用范围。例如，X 射线单晶衍射只适用于能够形成单晶的物质；CD 技术与量子力学计算多适用于刚性分子；对于少氢、缺氢及柔性分子，NMR 技术及相关量子力学计算方法的适用性仍然不足；已有技术和方法的合理有效应用，需要雄厚的专业知识支撑。因此，更加简便易行的新型技术和方法的研发，仍有广阔前景。尤其是，现有的核心技术和方法多数源自国外，在技术和方法的研发及其应用方面，我国有更大的发展空间。

通过已有技术和方法的组合运用，结合经典的化学降解和手性合成方法，绝大多数天然化合物的立体结构问题能够得到有效解决。但是，由于天然化合物结构的复杂多样性，相关研究过程仍然是一项专业性极强、挑战性极大，乃至十分耗时的艰巨任务，众多天然化合物的立体结构仍旧需要借助各种波谱学与化学降解和合成相结合的方法得以确定 [101-103]。另外，解决立体结构并非天然化合物分子发现研究的终点，相关技术、理论、方法等知识体系的构建和积累，必将为分子立体结构所携载的各种功能特性及其理论规律和应用价值的源头创新研究开拓广阔的空间。

已有的大量实验和理论研究显示，构象是极其重要的立体化学问题，决定着一种分子的内外作用模式和固有特性。对于生物大分子（多糖、蛋白质和核酸），人们熟知三维结构的构象往往决定着功能，构象改变则其内外作用模式和功能随之改变，乃至变性失去功能。然而，在小分子天然化合物结构研究中，构象往往被忽略。由于分子运动的永恒性，构象及其作用模式不仅存在空间效应，而且存在时间效应。尤其是，分子的可能构象及其分布概率和作用模式取决于体系的整体状态，与物态、温度、浓度、介质、pH 值和离子强度等条件因素密切相关。现有的实验方法都是在特定条件和特定时间域内测定，只能获得体系中分子可能构象及其作用模式的综合特性。同时，量子力学理论计算方法不但采用了对波函数的近似模拟，而且都是在特定理论水平和限定基组条件下进行分子构象和作用模式的搜索和优化，只能获得有限的分子构象及其玻尔兹曼分布概率和作用模式。对于刚性且无强作用功能团的分子，在体系中分子的构象和作用模式相对固定，且受条件因素影响相对较小。因此，在绝大多数情况下，无论是实验测定还是理论计算预测，获得的特性和功能参数都能较好地反映分子在体系中主要构象及其作用模式的特征。但是，绝大多数天然产物分子的部分或整体不具有刚性，且含有多个强作用功能团，如羟基、氨基、巯基和羧基等。对于这些具有柔性和强作用功能团的分子，它们在体系中的构象和作用模式不能相对固定，存在多种构象和作用模式的动态变化与平衡，且受条件因素的影响显著。在这种情况下，一方面，实验方法测得的综合特性，对实验条件敏感；另一方面，量子力学理论计算方法不能完整地预测分子的主要构象及其玻尔兹曼分布特征和作用模式。以上两方面因素都会造成实验和理论预测结果之间出现显著偏差，以致存在相互之间无法匹配的情况。因此，分子结构的构象及其作用模式问题是阐明天然产物固有特性和特定功能的核心科学问题，相关研究有望在新型技术、方法和理论体系的构建及其系统性应用方面取得重大突破。

伴随着中药现代化的进程，国家更加重视中药和天然药物化学的研究。在我国经济实力不断增强、国家科研投入不断增加的形势下，我国天然药物化学研究的仪器设备条件得到显著改善。我们天然产物化学工作者充分利用优越的设备条件，通过分离分析和立体结构确定技术的改革与创新，发展新的技术和方法，深入挖掘我国特有的中药和天然药物资源，将会发现更多结构新颖、生物活性显著的天然化合物，为创新药物的研究与开发提供更多更优的先导化合物，从源头上推动我国具有自主知识产权的新药创制。

总之，天然产物作为维持生物体生命活动的功能物质，特别是作为包括传统中草药的天然药物的药效物质，对它们的研究和认知尚是"雾里看花"。首先，微量天然产物特别是水溶性微量成分和对映异构体的分离获取与立体结构研究挑战巨大。其次，不稳定、难溶、难结晶、柔性多手性、缺氢和少碳等特殊类型成分的分离、分子构造和立体结构确证难点重重。另外，介于大分子（蛋白质、核酸和多糖）和小分子（多指分子量小于 2000 Da）之间的成分类群（寡肽、寡核苷酸和寡糖或杂合体等）的纯化分离和结构表征研究裹足不前。以上基本问题的解决，依然期待新型技术和方法的构建和突破。最后，需要强调，无论是分离还是结构表征研究，现有核心技术依赖于发达国家，可持续引领发展必须有自己的核心技术，必须在相关理论方面有所突破，有短板就有更大的跨越和突破的空间。

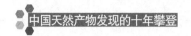

本章参考文献

[1] Ren J, Niu S, Li L, et al. Identification of oxaphenalenone ketals from the ascomycete fungus *Neonectria* sp.[J]. Journal of Natural Products, 2015, 78(6): 1316-1321.

[2] Geng C A, Chen X L, Zhou N J, et al. LC-MS guided isolation of (±)-sweriledugenin A, a pair of enantiomeric lactones, from *Swertia leducii*[J]. Organic Letters, 2014, 16(2): 370-373.

[3] Shi Q Q, Lu J, Peng X R, et al. Cimitriteromone A-G, macromolecular triterpenoid-chromone hybrids from the rhizomes of *Cimicifuga foetida*[J]. Journal of Organic Chemistry, 2018, 83(17): 10359-10369.

[4] Liu Y B, Su E N, Li J B, et al. Steroidal glycosides from *Dregea sinensis* var. *corrugata* screened by liquid chromatography-electrospray ionization tandem mass spectrometry[J]. Journal of Natural Products, 2009, 72(2): 229-237.

[5] Liu Y, Zhang X, Kelsang N, et al. Structurally diverse cytotoxic dimeric chalcones from *Oxytropis chiliophylla*[J]. Journal of Natural Products, 2018, 81(2): 307-315.

[6] Liu F, Wang Y N, Li Y, et al. Minor nortriterpenoids from the twigs and leaves of *Rhododendron latoucheae*[J]. Journal of Natural Products, 2018, 81(8): 1721-1733.

[7] Zeng H, Liu Q, Yu J, et al. Separation of α-amylase inhibitors from *Abelmoschus esculentus* (L). moench by on-line two-dimensional high-speed counter-current chromatography target-guided by ultrafiltration-HPLC[J]. Journal of Separation Science, 2015, 38(22): 3897-3904.

[8] Shi H, Liu M, Wang R, et al. Separating four diastereomeric pairs of dihydroflavonol glycosides from *Engelhardia roxburghiana* using high performance counter-current chromatography[J]. Journal of Chromatography A, 2015, 1383: 79-87.

[9] Wang F, Gao Y, Zhang L, et al. A pair of windmill-shaped enantiomers from *Lindera aggregata* with activity toward improvement of insulin sensitivity[J]. Organic Letters, 2010, 12(14): 3196-3199.

[10] Gao Y P, Shen Y H, Zhang S D, et al. Incarvilleatone, a new cyclohexylethanoid dimer from *Incarvillea younghusbandii* and its inhibition against nitric oxide (NO) release[J]. Organic Letters, 2012, 14(8): 1954-1957.

[11] Yan Y M, Ai J, Zhou L L, et al. Lingzhiols, unprecedented rotary door-shaped meroterpenoids as potent and selective inhibitors of p-Smad3 from *Ganoderma lucidum*[J]. Organic Letters, 2013, 15(21): 5488-5491.

[12] Chen M H, Lin S, Li L, et al. Enantiomers of an indole alkaloid containing unusual dihydrothiopyran and 1, 2, 4-thiadiazole rings from the root of *Isatis indigotica*[J]. Organic

Letters, 2012, 14(22): 5668-5671.

[13] Liang W J, Geng C A, Zhang X M, et al. (±)-Paeoveitol, a pair of new norditerpene enantiomers from *Paeonia veitchii*[J]. Organic Letters, 2014, 16(2), 424-427.

[14] Yan Y M, Ai J, Shi Y N, et al. (±)-Aspongamide A, an nacetyldopamine trimer isolated from the insect *Aspongopus chinensis*, is an inhibitor of p-Smad3[J]. Organic Letters, 2014, 16(2): 532-535.

[15] Peng X R, Liu J Q, Wan L S, et al. Four new polycyclic meroterpenoids from *Ganoderma cochlear*[J]. Organic Letters, 2014, 16(20): 5262-5265.

[16] Shi Y S, Liu Y B, Li Y, et al. Chiral resolution and absolute configuration of a pair of rare racemic spirodienone sesquineolignans from *Xanthium sibiricum*[J]. Organic Letters, 2014, 16(20): 5406-5409.

[17] Zhao S M, Wang Z, Zeng G Z, et al. New cytotoxic naphthohydroquinone dimers from *Rubiaalata*[J]. Organic Letters, 2014, 16(21): 5576-5579.

[18] Fan Y M, Yi P, Li Y, et al. Two unusual polycyclic polyprenylated acylphloroglucinols, including a pair of enantiomers from *Garcinia multiflora*[J]. Organic Letters, 2015, 17(9): 2066-2069.

[19] Xu J F, Zhao H J, Wang X B, et al. (±)-Melicolones A and B, rearranged prenylated acetophenone stereoisomers with an unusual 9-oxatricyclo[3.2.1.13, 8] nonane core from the leaves of *Melicope ptelefolia*[J]. Organic Letters, 2015, 17(1): 146-149.

[20] Xi F M, Ma S G, Liu Y B, et al. Artaboterpenoids A and B, bisabolene-derived sesquiterpenoids from *Artabotrys hexapetalus*[J]. Organic Letters, 2016, 18(14): 3374-3377.

[21] Tang Z H, Liu Y B, Ma S G, et al. Antiviral spirotriscoumarins A and B: two pairs of oligomeric coumarin enantiomers with a spirodienone-sesquiterpene skeleton from *Toddalia asiatica*[J]. Organic Letters, 2016, 18(19): 5146-5149.

[22] Wan C X, Luo J G, Ren X P, et al. Interconverting flavonostilbenes with antibacterial activity from *Sophora alopecuroides*[J]. Phytochemistry, 2015, 116: 290-297.

[23] Lu Y Y, Xue Y B, Liu J J, et al. (±)-Acortatarinowins A-F, norlignan, neolignan, and lignan enantiomers from *Acorus tatarinowii*[J]. Journal of Natural Product, 2015, 78, 9: 2205-2214.

[24] Liu H, Wu Z L, Huang X J, et al. Evaluation of diarylheptanoid-terpene adduct enantiomers from *Alpinia officinarum* for neuroprotective activities[J]. Journal of Natural Product, 2018, 81: 162-170.

[25] Liao H B, Huang G H, Yu M H, et al. Five pairs of meroterpenoid enantiomers from *Rhododendron capitatum*[J]. Journal of Organic Chemistry, 2017, 82(3): 1632-1637.

[26] Liao H B, Lei C, Gao L X, et al. Two enantiomeric pairs of meroterpenoids from

Rhododendron capitatum[J]. Organic Letters, 2015, 17(20): 5040-5043.

[27] Li L, Li H, Peng X R, et al. (±)-Ganoapplanin, a pair of polycyclic meroterpenoid enantiomers from *Ganoderma applanatum*[J]. Organic Letters, 2016, 18(23): 6078-6081.

[28] He Q F, Wu Z L, Huang X J, et al. Cajanusflavanols A-C, three pairs of flavonostilbene enantiomers from *Cajanus cajan*[J]. Organic Letters, 2018, 20(3): 876-879.

[29] Zhang W Y, Zhao J X, Sheng L, et al. Mangelonoids A and B, two pairs of from *Croton mangelong*[J]. Organic Letters, 2018, 20(13): 4040-4043.

[30] Zhong W M, Wang J F, Wei X Y, et al. Variecolortins A-C, three pairs of spirocyclic diketopiperazine enantiomers from the marine-derived fungus *Eurotium* sp. SCSIO F452[J]. Organic Letters, 2018, 20(15): 4593-4596.

[31] Han C, Xu J F, Wang X B, et al. Enantioseparation of racemic *trans*-δ-viniferin using high speed counter-current chromatography based on induced circular dichroism technology[J]. Journal of Chromatography A, 2014, 1324: 164-170.

[32] Han C, Luo J G, Xu J F, et al. Enantioseparation of aromatic α-hydroxycarboxylic acids: the application of a dinuclear $Cu_2(II)$-β-cyclodextrin complex as a chiral selector in high speed counter-current chromatography compared with native β-cyclodextrin[J]. Journal of Chromatography A, 2015, 1375: 82-91.

[33] Wang S S, Han C, Wang S, et al. Development of a high speed counter-current chromatography system with $Cu(II)$-chiral ionic liquid complexes and hydroxypropyl-β-cyclodextrin as dual chiral selectors for enantioseparation of naringenin[J]. Journal of Chromatography A, 2016, 1471: 155-163.

[34] Han C, Wang W L, Xue G M, et al. Metal ion-improved complexation countercurrent chromatography for enantioseparation of dihydroflavone enantiomers[J]. Journal of Chromatography A, 2018, 1532: 1-9.

[35] Sun G, Tang K, Zhang P, et al. Separation of phenylsuccinic acid enantiomers using biphasic chiral recognition high-speed counter-current chromatography[J]. Journal of Separation Science, 2014, 37(14): 1736-1741.

[36] Liu X Y, Li C J, Chen F Y, et al. Nototronesides A-C, three triterpene saponins with a 6/6/9 fused tricyclic tetranordammarane carbon skeleton from the leaves of *Panax notoginseng*[J]. Organic Letters, 2018, 20(15): 4549-4553.

[37] Li F, Zhan Z, Liu F, et al. Polyflavanostilbene A, a new flavanol-fused stilbene glycoside from *Polygonum cuspidatum*[J]. Organic Letters, 2013, 15(3): 674-677.

[38] He J, Yang Y N, Jiang J S, et al. Saffloflavonesides A and B, two rearranged derivatives of flavonoid C-glycosides with a furan-tetrahydrofuran ring from *Carthamus tinctorius*[J]. Organic Letters, 2014, 16(21): 5714-5717.

[39] Wang W Q, Song W B, Lan X J, et al. Merremins A-G, resin glycosides from *Merremia hederacea* with multidrug resistance reversal activity[J]. Journal of Natural Products, 2014, 77(10): 2234-2240.

[40] Wang W Q, Liu S S, Song W B, et al. Resin glycosides from the seeds of *Ipomoea muricata* and their multidrug resistance reversal activities[J]. Phytochemistry, 2018, 149: 24-30.

[41] Wangl Y, Qin J J, Chen Z H, et al. Absolute configuration of periplosides C and F and isolation of minor spiro-orthoester group-containing pregnane-type steroidal glycosides from *Periploca sepium* and their t-lymphocyte proliferation inhibitory activities[J]. Journal of Natural Products, 2017, 80(4):1102-1109.

[42] Qiu S, Yang W Z, Yao C L, et al. Malonylginsenosides with potential antidiabetic activities from the flower buds of *Panax ginseng*[J]. Journal of Natural Products, 2017, 80(4): 899-908.

[43] Liu H, Zheng A, Liu H, et al. Identification of three novel polyphenolic compounds, origanine A-C, with unique skeleton from *Origanum vulgare* L. using the hyphenated LC-DAD-SPE-NMR/MS methods[J]. Journal of Agricultural and Food Chemistry, 2012, 60(1): 129-135.

[44] Xu Y, Xie L, Xie J, et al. Pelargonidin-3-O-rutinoside as a novel α-glucosidase inhibitor for improving postprandial hyperglycemia[J]. Chemical Communications, 2019, 55(1): 39-42.

[45] Wang J, Geng S, Wang B, et al. Magnetic nanoparticles and high-speed countercurrent chromatography coupled in-line and using the same solvent system for separation of quercetin-3-O-rutinoside, luteoloside and astragalin from a *Mikania micrantha* extract[J]. Journal of Chromatography A, 2017, 1508: 42-52.

[46] Qi X, Ignatova S, Luo G, et al. Preparative isolation and purification of ginsenosides Rf, Re, Rd and Rb1 from the roots of *Panax ginseng* with a salt/containing solvent system and flow step-gradient by high performance counter-current chromatography coupled with an evaporative light scattering detector[J]. Journal of Chromatography A, 2010, 1217(13):1995-2001.

[47] Polavarapu P L. Optical rotation: recent advances in determining the absolute configuration[J]. Chirality, 2002, 14: 768-781.

[48] Harada N. Determination of absolute configurations by X-ray crystallography and ^{1}H NMR anisotropy[J]. Chirality, 2008, 20: 691-723.

[49] Helgaker T, Coriani S, Jorgensen P, et al. Recent advances in wave function-based methods of molecular-property calculations[J]. Chemical Review, 2012, 112: 543-563.

[50] Bazley I J, Erie E A, Feiereisel G M, et al. X-ray crystallography analysis of complexes synthesized with tris(2-pyridylmethyl)amine: a laboratory experiment for undergraduate

students integrating interdisciplinary concepts and techniques[J]. Journal of Chemical Education, 2018, 95: 876-881.

[51] Xu J X, Zhang H, Gan L S, et al. Logeracemin A, an anti-HIV daphniphyllum alkaloid dimer with a new carbon skeleton from *Daphniphyllum longeracemosum*[J]. Journal of America Chemical Society, 2014, 136: 7631-7633.

[52] Fan Y Y, Zhang H, Zhou Y, et al. Phainanoids A-F, a new class of potent immunosuppressive triterpenoids with an unprecedented carbon skeleton from *Phyllanthus hainanensis*[J]. Journal of America Chemical Society, 2015, 137: 138-141.

[53] Liu Z W, Zhang J, Li S T, et al. Ervadivamines A and B, two unusual trimeric monoterpenoid indole alkaloids from *Ervatamia divaricata*[J]. Journal of Organic Chemistry, 2018, 83: 10613-10618.

[54] Zangger K. Pure shift NMR[J]. Progress in Nuclear Magnetic Resonance Spectroscopy, 2015, 86-87: 1-20.

[55] Li X, Hu K. Quantitative NMR studies of multiple compound mixtures[J]. Annual Reports on NMR Spectroscopy, 2017, 90: 85-143.

[56] Lin Y, Zeng Q, Lin L, et al. High-resolution methods for the measurement of scalar coupling constants[J]. Progress in Nuclear Magnetic Resonance Spectroscopy, 2018, 109: 135-159.

[57] Luo Y, Pu X, Luo G, et al. Nitrogen-containing dihydro-β-agarofuran derivatives from *Tripterygium wilfordii*[J]. Journal of Natural Products, 2014, 77: 1650-1657.

[58] Wang X, Liu J, Pandey P, et al. Assignment of the absolute configuration of hepatoprotective highly oxygenated triterpenoids using X-ray, ECD, NMR J-based configurational analysis and HSQC overlay experiments[J]. Biochemistry and Biophysics Acta, 2017, 1861: 3089-3095.

[59] Gan M, Zhang Y, Lin S, et al. Glycosides from the root of *Iodes cirrhosa*[J]. Journal of Natural Products, 2008, 71: 647-654.

[60] Xiong L, Zhu C, Li Y, et al. Lignans and neolignans from *Sinocalamus affinis* and their absolute configurations[J]. Journal of Natural Products, 2011, 74: 1188-1200.

[61] Yang Y N, Zhu H, Chen Z, et al. NMR spectroscopic method for the assignment of 3, 5-dioxygenated aromatic rings in natural products[J]. Journal of Natural Products, 2015, 78: 705-711.

[62] Shao S Y, Yang Y N, Feng Z M, et al. An efficient method for determining the relative configuration of furofuran lignans by ^{1}H NMR spectroscopy[J]. Journal of Natural Products, 2018, 81: 1023-1028.

[63] Cimmino A, Masi M, Evidente M, et al. Application of Mosher's method for absolute configuration assignment to bioactive plants and fungi metabolites[J]. Journal of

Pharmaceutical and Biomedical Analysis, 2017, 144: 59-89.

[64] Seco J M, Quinoa E, Riguera R. The Assignment of the Absolute Configuration by NMR Using Chiral Derivatizing Agents. a Practical Guide[M]. New York: Oxford University Press, 2015.

[65] Yang M H, Gu M L, Han C, et al. Aureochaeglobosins A-C, three [4+2] adducts of chaetoglobosin and aureonitol derivatives from *Chaetomium globosum*[J]. Organic Letters, 2018, 20: 3345-3348.

[66] Xie S, Wu, Y, Qiao Y, et al. Protoilludane, illudalane, and botryane sesquiterpenoids from the endophytic fungus *Phomopsis* sp. TJ507A[J]. Journal of Natural Products, 2018, 81: 1311-1320.

[67] Cai R, Wu Y, Chen S, et al. Peniisocoumarins A-J: isocoumarins from *Penicillium commune* QQF-3, an endophytic fungus of the mangrove plant *Kandelia candel*[J]. Journal of Natural Products, 2018, 81: 1376-1383.

[68] Zhang R, Feng X, Su G, et al. Bioactive sesquiterpenoids from the peeled stems of *Syringa pinnatifolia*[J]. Journal of Natural Products, 2018, 81: 1711-1720.

[69] Pang X, Lin X, Yang J, et al. Spiro-phthalides and isocoumarins isolated from the marine-ponge-derived fungus *Setosphaeria* sp. SCSIO41009[J]. Journal of Natural Products, 2018, 81: 1860-1868.

[70] Zhou Q M, Chen M H, Li X H, et al. Absolute configurations and bioactivities of guaiane-type sesquiterpenoids isolated from *Pogostemon cablin*[J]. Journal of Natural Products, 2018, 81: 1919-1927.

[71] Ma S, Gao R M, Li Y H, et al. Antiviral spirooliganones A and B with unprecedented skeletons from the roots of *Illicium oligandrum*[J]. Organic Letters, 2013, 15: 4450-4453.

[72] Shao S Y, Zhang F, Yang Y N, et al. An approach for determining the absolute configuration of C-2 in 2-oxygenated phenylethanoid glycosides by ^{1}H NMR spectroscopy[J]. Organic Letters, 2016, 18: 4084-4087.

[73] Elyashberg M, Williams A J, Blinov K. Structural revisions of natural products by computer-assisted structure elucidation (CASE) systems[J]. Natural Product Reports, 2010, 27: 1296-1328.

[74] Lodewyk M W, Siebert M R, Tantillo D J. Computational prediction of ^{1}H and ^{13}C chemical shifts: a useful tool for natural product, mechanistic, and synthetic organic chemistry[J]. Chemical Reviews, 2012, 112: 1839-1862.

[75] Kutateladze A G, Kuznetsov D M, Beloglazjina A A. Addressing the challenges of structure elucidation in natural products possessing the oxirane moiety[J]. Journal of Organic Chemistry, 2018, 83: 8341-8352.

[76] Li F, Zhang Z, Zhang G, et al. Determination of taichunamide H and structural revision of taichunamide A[J]. Organic Letters, 2018, 20: 1183-1141.

[77] Tang J W, Kong L M, Zu W Y, et al. Isopenicins A-C: two types of antitumor meroterpenoids from the plant endophytic fungus *Penicillium* sp. sh18[J]. Organic Letters, 2018, 20: 771-775.

[78] Zang Y, Genta-Jouve G, Zheng Y, et al. Griseofamines A and B: two indole-tetramic acid alkaloids with 6/5/6/5 and 6/5/7/5 ring systems from *Penicillium griseofulvum*[J]. Organic Letters, 2018, 20: 2046-2050.

[79] Wang X, Liu J, Pandey P, et al. Computationally assisted assignment of the kadsuraols, a class of chemopreventive agents for the control of liver cancer[J]. Organic Letters, 2018, 20: 5559-5563.

[80] Pu D B, Du B W, Chen W, et al. Premnafulvol A: a diterpenoid with a 6/5/7/3-fused tetracyclic core and its biosynthetically related analogues from *Premna fulva*[J]. Organic Letters, 2018, 20: 6314-6317.

[81] Wang W, Zeng F, Bie Q, et al. Cytochathiazines A-C: three merocytochalasans with a 2*H*-1, 4-thiazine functionality from coculture of *Chaetomium globosum*and and *Aspergillus flavipes*[J]. Organic Letters, 2018, 20: 6817-6821.

[82] Wang Y N, Xia G Y, Wang L Y, et al. Purpurolide A, 5/5/5 spirocyclic sesquiterpene lactone in nature from the endophytic fungus *Penicillium purpurogenum*[J]. Organic Letters, 2018, 20: 7341-7344.

[83] Gu B B, Wu W, Jiao F R, et al. Aspersecosteroids A and B, two 11(9→10)-abeo-5, 10-secosteroids with a dioxatetraheterocyclic ring system from *Aspergillus flocculosus* 16D-1[J]. Organic Letters, 2018, 20: 7957-7960.

[84] Cui H, Liu Y, Li J, et al. Diaporindenes A-D: four unusual 2, 3-dihydro-1*H*-indene analogues with anti-inflammatory activities from the mangrove endophytic fungus *Diaporthe* sp. SYSU-HQ3[J]. Journal of Organic Chemistry, 2018, 83: 11804-11813.

[85] Ge H M, Sun H, Jiang N, et al. Relative and absolute configuration of vatiparol(1 mg): a novel anti-inflammatory polyphenol[J]. Chemistry-A European Journal, 2012, 18(17): 5213-5221.

[86] Lahiri P, Wiberg K B, Vaccaro P H, et al. Large solvation effect in the optical rotatory dispersion of norbornenone[J]. Angewandt Chemie International Edition, 2014, 53: 1386-1389.

[87] Murphy V L, Kahr B. Huckel theory and optical activity[J]. Journal of the America Chemical Society, 2015, 137: 5177-5183.

[88] Cai H H, Bao M F, Zhang Y, et al. A new type of monoterpenoid indole alkaloid precursor

from *Alstonia rostrate*[J]. Organic Letters, 2011, 13(14): 3568-3571.

[89] Qi X L, Zhang Y Y, Zhao P, et al. Ent-kauranediterpenoids with neuroprotective properties from corn silk (Zeamays)[J]. Journal of Natural Products, 2018, 81: 1225-1234.

[90] Hong A, Jang H, Jeong C, et al. Electronic circular dichroism spectroscopy of Jet-cooled phenylalanine and its hydrated clusters[J]. Journal of Physical Chemistry Letters, 2016, 7: 4385-4390.

[91] Patterson D, Schnell M, Doyle J M. Enantiomer-specific detection of chiral molecules via microwave spectroscopy[J]. Nature, 2013, 497: 475-478.

[92] Wang Y D, Zhang G J, Qu J, et al. Diterpenoids and sesquiterpenoids from the roots of *Illicium majus*[J]. Journal of Natural Products, 2013, 76: 1976-1983.

[93] Zhan Z, Feng Z, Yang Y, et al. Ternatusine A, a new pyrrole derivative with an epoxyoxepino ring from *Ranunculus ternatus*[J]. Organic Letters, 2013, 15: 1970-1973.

[94] Liang L F, Kurtan T, Mandi A, et al. Unprecedented diterpenoids as a PTP1B inhibitor from the hainan soft coral *Sarcophyton trocheliophorum* marenzeller[J]. Organic Letters, 2013, 15: 274-277.

[95] Shi Y M, Wang X B, Li X N, et al. Lancolides, antiplatelet aggregation nortriterpenoids with tricycle [6.3.0.0$^{2, 11}$] undecane-bridged system from *Schisandra lancifolia*[J]. Organic Letters, 2013, 15: 5068-5071.

[96] Shi Y M, Yang J, Xu L, et al. Structural characterization and antioxidative activity of lancifonins: unique nortriterpenoids from *Schisandra lancifolia*[J]. Organic Letters, 2014, 16: 1370-1373.

[97] Zhu H, Chen C, Yang J, et al. Bioactive acylphloroglucinols with adamantyl skeleton from *Hypericum sampsonii*[J]. Organic Letters, 2014, 16: 6322-6325.

[98] Hu Z X, Shi Y M, Wang W G, et al. Kadcoccinones A-F, new biogenetically related lanostane-type triterpenoids with diverse skeletons from *Kadsura coccinea*[J]. Organic Letters, 2015, 17: 4616-4619.

[99] Shi Y M, Hu K, Pescitelli G, et al. Schinortriterpenoids with identical configuration but distinct ECD spectra generated by nondegenerate exciton coupling[J]. Organic Letters, 2018, 20: 1500-1504.

[100] Gao X H, Xu Y S, Fan Y Y, et al. Cascarinoids A-C, a class of diterpenoid alkaloids with unpredicted conformations from *Croton cascarilloides*[J]. Organic Letters, 2018, 20: 228-231.

[101] Zhang B, Wang Y, Yang S P, et al. Ivorenolide A, an unprecedented immunosuppressive macrolide from *Khaya ivorensis*: structural elucidation and bioinspired total synthesis[J]. Journal of America Chemical Society, 2012, 134: 20605-20608.

[102] Liu J, He X F, Wang G H, et al. Aphadilactones A-D, four diterpenoid dimers with DGAT inhibitory and antimalarial activities from a Meliaceae plant[J]. Journal of Organic Chemistry, 2014, 79: 599-607.

[103] Zhao J X, Yu Y Y, Wang S S, et al. Structural elucidation and bioinspired total syntheses of ascorbylated diterpenoid hongkonoids A-D[J]. Journal of America Chemical Society, 2018, 140: 2485-2492.

（撰稿人：石建功、孔令义、侯爱君、罗晓东；统稿人：石建功）

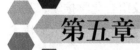

第五章
天然产物的药理活性与生态功能

第一节 天然产物活性和功能的研究发展与趋势

不同于化学合成化合物，天然产物结构复杂多样是生命体长期进化筛选的结果，是特定的生命体代谢产物，具有生物相关性[1,2]。生命体产生的天然产物具有重要的生理生态功能和生物学意义，认识天然产物的内在功能是生命科学的重要研究内容。人类在生存与发展历史中逐渐发现天然产物的药用及其他用途，其中药用价值最为重要，半数以上临床药物直接或间接来源于天然产物[3]，发现天然产物的药理活性与疾病治疗价值是天然产物研究最重要的目标。

天然药物发现的主要内容就是发现天然产物的结构、药理活性与疾病治疗价值，按现代药理学要求，进行分子水平、细胞水平、动物水平和人体临床试验水平等层次的有效性和安全性评价，最终走向临床应用。回溯历史，早期的天然药物发现基于民间药用启示和生产实践中的偶然发现。吗啡（morphine）（**1**）、阿司匹林（aspirin）（**2**）、奎宁（quinine）（**3**）、二甲双胍（metformin）（**4**）等的发现源于民间药用启示，青霉素则是研究中的意外发现。虽然基于民间药用启示与研究中偶然发现的模式效率不高，但在药物发现中发挥了重要作用，发现了一批改变人类命运的药物，至今这种模式对药物发现仍有指导意义[4]。20 世纪 60 年代后期到 80 年代，由于现代药理学发展，天然药物发现进入大规模筛选时代，这一时期发现了紫杉醇（taxol）

（**5**）、喜树碱（camptothecine）（**6**）、洛伐他汀（lovastatin）（**7**）等一批天然药物，青蒿素（artemisinin）（**8**）和石杉碱甲（huperzine A）（**9**）是我国独立自主发现的具有国际影响的天然先导化合物[5]。自 20 世纪 90 年代初，随着分子生物学、细胞生物学和计算机技术的发展，以及组合化学推动，基于分子水平和细胞水平的高通量筛选（high throughput screening, HTS）技术得到快速发展。与高通量筛选技术同时期发展起来的还有虚拟筛选（virtual screening）技术，这两种技术的结合可以提高活性化合物的发现效率。虽然高通量筛选、虚拟筛选和组合化学没有像预期的那样为药物筛选与发现带来革命性改变，但也取得一些可喜成绩，如默克制药公司通过对 25 万种天然样品进行高通量筛选，发现广谱抗生素平板霉素（platensimycin）（**10**）及新的作用靶点[6]。复杂疾病往往与多个靶点相关，一种化合物也常常作用于多个靶点。因此，为了从细胞筛选中获得更多有效信息，发展了高内涵筛选（high content screening）。高内涵筛选对靶标预测及作用机制研究具有重要作用[7]，在天然产物活性发现方面具有较好优势，但目前还没有成功的案例[8]。基于表型筛选（phenotype based screening）是近年来研究较多的活性筛选策略[9]。作为天然药物发现的基础，活性筛选更应该注重组合筛选途径[10]。

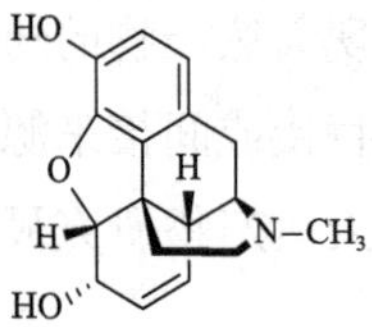

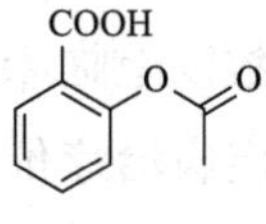

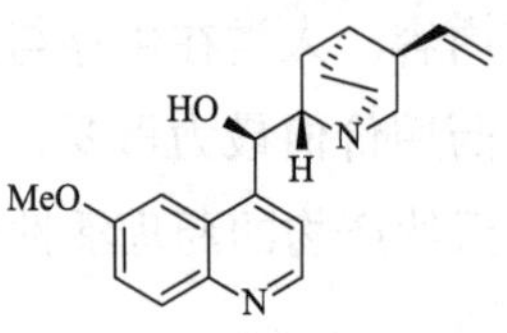

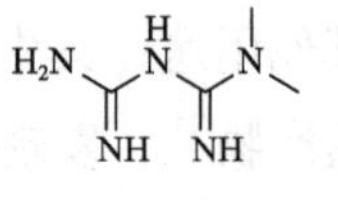

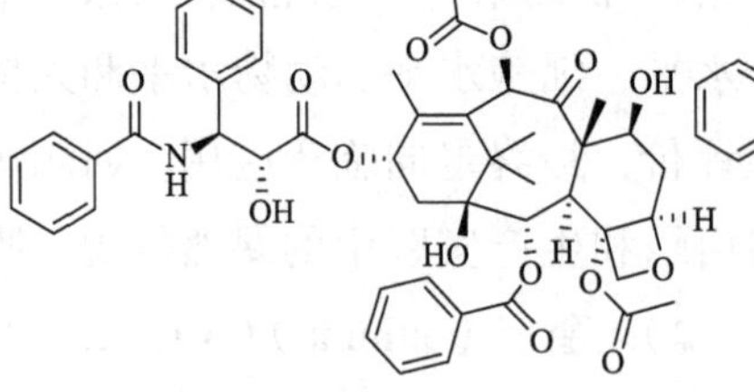

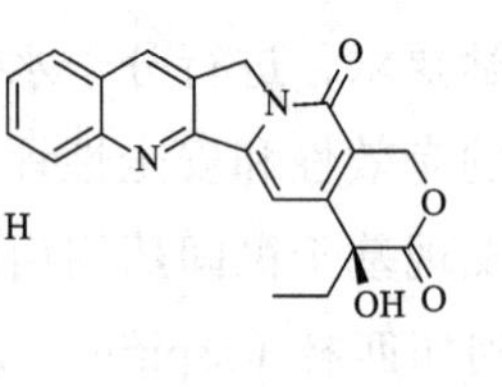

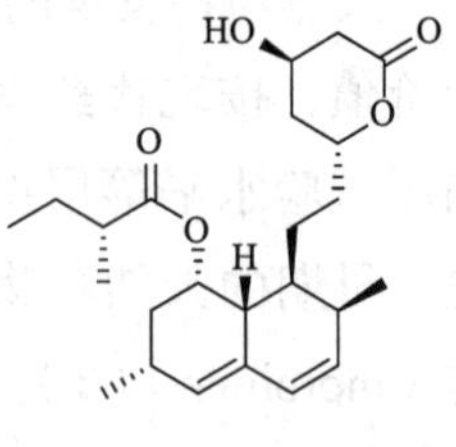

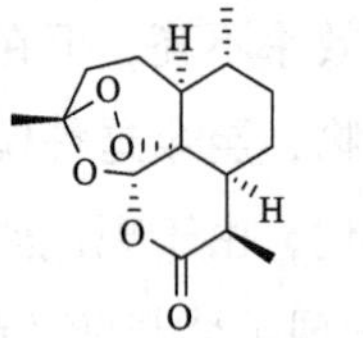

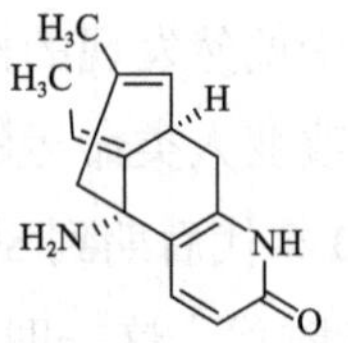

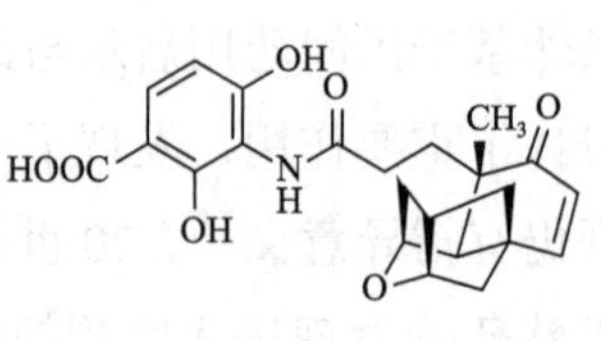

　　分离技术手段与结构鉴定技术快速发展，每年有大量关于新颖结构天然产物的报道。目前从植物、动物及微生物资源中发现的天然产物总数有近30万种，如何快速高效地进行天然产物活性筛选仍是需要解决的一大难题。新结构天然产物，特别是新骨架类型天然产物，往往以微量成分被分离发现，现有的筛选方法难以满足微量、多种模型的筛选。随着结构生物学的发展，大量与生理功能和疾病相关的蛋白质被发现，在计算机技术和人工智能技术的辅助下，对天然产物的活性预测会成为未来重要的发展方向。

　　天然产物是生命体代谢产物，一般认为不直接参与生长和发育过程，传统上称为次级代谢产物（secondary metabolite）。与之相反，初级代谢产物（primary metabolite）在生命体基本代谢中起到重要作用。在认识和利用天然产物外在功能的同时，人们对天然产物在生命体中内在生理生态功能和生物学意义有了越来越多的认识。天然产物在人体正常生命活动中起重要作用，如肾上腺素（adrenaline）（**11**）、甲状腺素（thyroxine）（**12**）、雌酮（oestrone）（**13**）、多巴胺（dopamine）（**14**）、组胺（histamine）（**15**）、5-羟基色氨（5-hydroxytryptamine）（**16**）等。天然产物除了可被人类利用的活性与功能外，对生命体本身也具有生理生态功能。植物、动物、微生物中存在的天然产物对于生命体适应生态环境有重要作用。研究生物次生代谢物的生态功能及进化作用衍生出化学生态学这一学科。吗啡、奎宁等被认为是植物化学防御的物质[11]，烟草中的尼古丁具有重要生态功能[12]。天然产物内在的生理生态功能与生物生存和竞争密切相关，这是天然产物研究的重要领域，具有广阔的研究前景。

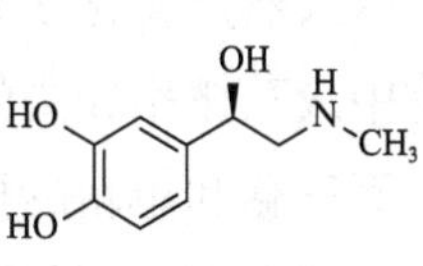

11 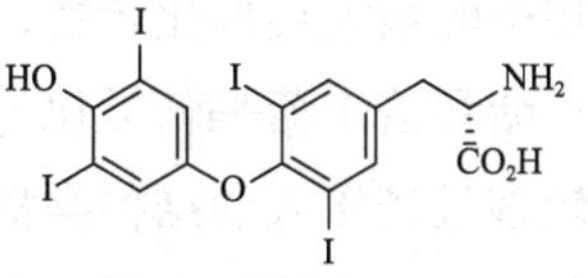　　　　　　　　　　**12** 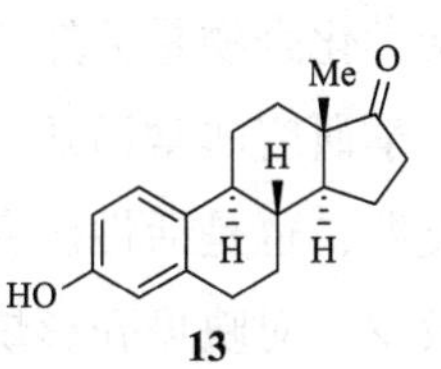　　　　　　　　　　**13**

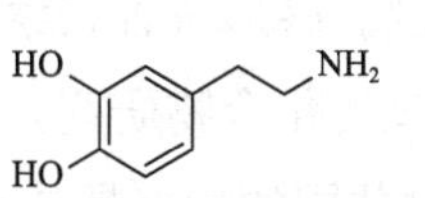

14 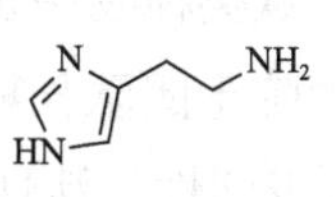　　　　　　　　　　**15** 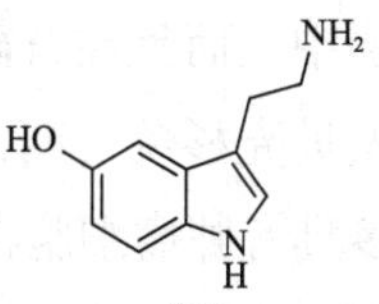　　　　　　　　　　**16**

第二节　天然产物的药理活性

天然产物一直是药物发现的重要源泉，我国天然产物化学家与药理学家合作，在感染性疾病（infectious diseases）、肿瘤（cancer）、代谢性疾病（metabolic disorders）、自身免疫性疾病（autoimmune diseases）和精神神经系统等疾病领域的天然产物药理活性发现方面成绩显著，发现了一批先导化合物、工具分子和具有成药前景的天然活性化合物。其中，抗肿瘤、抗感染活性研究较多，神经、精神系统活性研究与发现迅速增加，取得了一些突破性研究成果。

一、天然产物的抗肿瘤活性

天然产物是抗癌药物发现的重要来源，临床上使用的抗癌药物有 50% 来自天然产物，长春碱（vinblastine）、鬼臼毒素（podophyllotoxin）、喜树碱（camptothecine）、三尖杉酯碱（harringtonine）、紫杉醇（taxol）等为植物来源的天然产物。来自微生物和海洋天然产物的抗癌药物也快速发展，如epothilone、geldanamycin、trabectedin、eribulin 等先导化合物及药物。国内天然产物的抗肿瘤活性研究较活跃，发现了一批活性化合物及若干先导化合物和候选药物分子，涉及的化合物结构类型多样，包括萜类、生物碱、木脂素、环肽、皂苷等，其中萜类化合物和生物碱的抗肿瘤活性研究最多。

（一）萜类的抗肿瘤活性

萜类化合物是天然产物中的最大类群化合物，我国天然产物化学家对萜类的化学研究非常活跃。二萜和倍半萜是萜类化合物中成药概率较高的两个结构类群，也是活性研究较多且较深入的结构类群，而三萜和单萜的抗肿瘤研究较少。对映贝壳杉烷二萜类化合物在天然产物中广泛存在，不仅存在于被子植物中，而且在苔藓植物、蕨类植物中也有发现。唇形科香茶菜属植物富含对映贝壳杉烷二萜，孙汉董院士团队长期开展该类化合物研究。这类化合物大多具有肿瘤细胞毒性和抗炎活性，活性化合物共同的特点是具有 α, β-不饱和酮结构 [13]。其中，代表性活性化合物毛萼乙素（eriocalyxin B）、冬凌草甲素（rubescensin A）、腺花素（adenanthin）的抗肿瘤和抗炎机制的研究工

作较为深入 [14-16]，对冬凌草甲素的结构修饰与构效关系的研究也较充分 [17]。娄红祥团队从中国产的苔类植物中发现一系列具有显著的抗肿瘤活性对映贝壳杉烷二萜 [18]。赵勤实与合作者发现 vibsanin A 和 vibsanin B 的抗肿瘤活性，并发现新的作用机制。其中，vibsanin A 能诱导白血病细胞分化 [19]，vibsanin B 具有抗炎活性 [20]。后期，他们采用结构生物学和药物化学及计算机辅助药物设计等多学科交叉的研究模式发现具有 vibsanin B 结构骨架的化合物是一类具有潜在抗癌作用的新型 HSP90 C 末端抑制剂 [21]。雷公藤内酯（triptolide）是中药雷公藤中的活性二萜化合物，缪泽鸿、丁键等提出了雷公藤内酯结合 B 组着色性干皮病偶联因子（XPB）重组蛋白 [Recombinant Xeroderma Pigmentosum, Complementation Group B（XPB）]、降解 RNA 聚合酶 II（RNA polymerase II -RNAP II ）的通用机制，并进行了结构修饰研究 [22, 23]。岳建民、丁键等发现土荆皮乙酸（pseudolaric acid B）具有显著的抗肿瘤细胞新生血管形成的作用，并对化合物进行了结构修饰与构效关系研究 [24]。

倍半萜结构类型丰富，在萜类化合物中数量最多。岳建民发现草珊瑚（*Sarcandra glabra*）中的倍半萜二聚体 sarcandrolide A～C 对肿瘤细胞株 HL-60 具有显著的抑制作用，IC_{50} 值分别为 3.1 μmol/L、8.4 μmol/L 和 8.5 μmol/L，sarcandrolide A 和 sarcandrolide C 对 A-549 细胞株抑制的 IC_{50} 值分别为 7.2 μmol/L 和 4.7 μmol/L [25]。高坤对具有抗肿瘤活性的倍半萜进行了结构设计与构效关系研究。通过酯化反应，以较高产率合成了 4 种结构类型的倍半萜氮芥，并测试了所有目标化合物的细胞毒性，其中衍生物 2e（**17**）和 2g（**18**）可选择性地引起 L02 和 HepG2 的凋亡和周期阻滞，并能够较高程度地引起细胞内 DNA 的交联，引起细胞内 GSH 的消耗，成为具有选择性的抗肿瘤先导化合物 [26]。天然产物 1- 氧-乙酰旋覆花内酯（1-O-acetylbritannilactone，ABL）是从药用植物欧亚旋覆花（*Inula britannica*）中分离得到的倍半萜类化合物，具有良好的抗肿瘤活性。高锦明对该倍半萜的构效关系研究表明，酯化的 6-OH（亲脂性增强）和 α-甲烯基-γ-内酯基团为药效官能团。在所有衍生物中，化合物 **19** 对四株肿瘤细胞株的抑制与阳性对照依托泊苷相当，IC_{50} 值为 2.91～6.78 μmol/L。该化合物在低浓度下可以引起 HCT116 细胞的凋亡，并诱导 G_2/M 期周期阻滞 [27]。张卫东发现了一系列结构新颖倍半萜 [28-30]，ainsliadimer A 是从我国传统中草药大头兔耳风中分离出来的一种结构复杂新颖独特的倍半萜内酯二聚体，具有良好的抗炎和抗肿瘤活性。雷晓光课题组完成了这类天然产物的不对称全合成 [31-33]，并进一步开展了 ainsliadimer A 的探针化与化学生物学研究。揭示该天然产物的作用靶点为 IKK 蛋白，通过生化和质谱手段，确定该化合物与其靶标蛋白的结合位点是 46 位半胱氨酸，详细阐明了 ainsliadimer A 抑制炎症反应 NF-κB 通路和促进细胞凋亡作用是通过一个对 IKK 蛋白全新的变构抑制机制实现的 [34]。从贵州天名精（ *Carpesium faberi* ）中分离得到的 4 个倍半萜二聚体 carpedilactone A～D 对人类白血病（CCRF-CEM）细胞具有强细胞毒性，IC_{50} 值分别为 0.14 µmol/L、0.32 µmol/L、0.35 µmol/L 和 0.16 µmol/L[35]。陈悦等设计合成了 70 个小白菊内酯（parthenolide）衍生物，并对该类衍生物抗三阴性乳腺癌（TNBC）活性进行了评价，其中化合物 **20** 对不同类型乳腺癌细胞的活性最强，IC_{50} 值范围为 0.20～0.27 µmol/L。该化合物可以通过线粒体途径诱导 SUM 159 细胞凋亡，引起细胞 G_1 期阻滞。这些结果表明，化合物 **20** 作为抗三阴性乳腺癌药物的先导化合物，值得进一步研究 [36]。

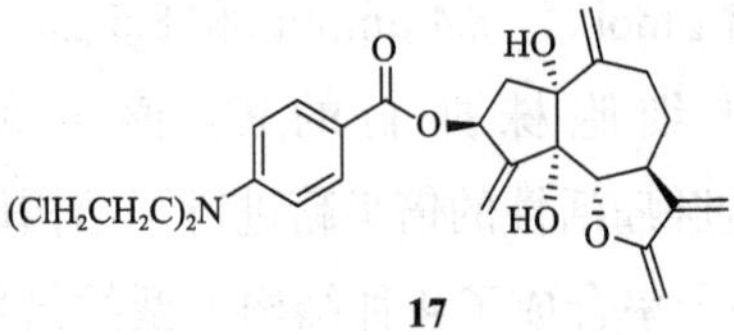

17 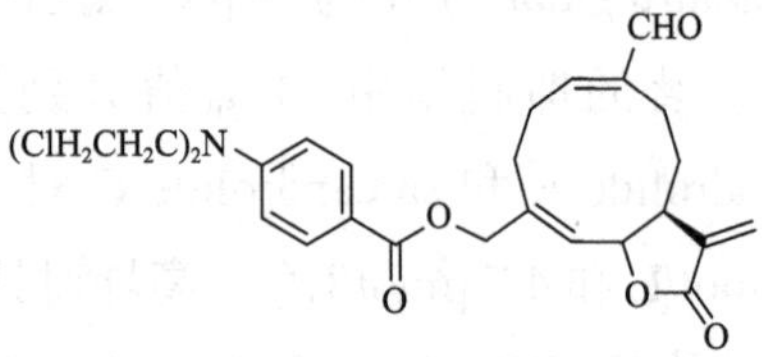　　**18**

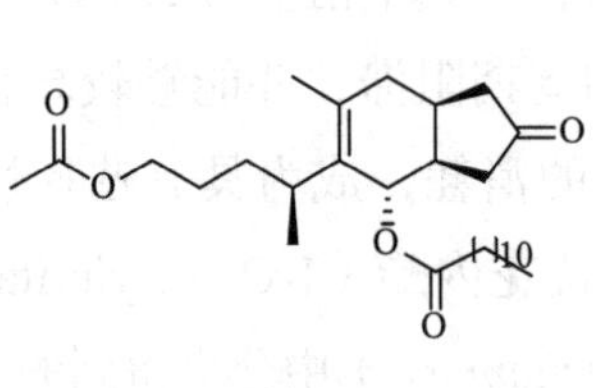

19 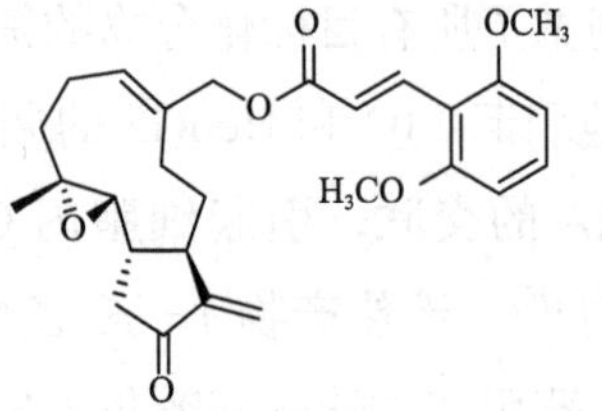　　**20**

（二）生物碱的抗肿瘤活性

生物碱是抗肿瘤药物发现的重要来源，长春碱、喜树碱、三尖杉酯碱、秋水仙碱（colchicine）都被用作抗肿瘤药物。2009～2018 年，中国天然产物化学家发现了一批抗肿瘤活性化合物，部分已成为候选药物正在开展临床前研究。

吲哚生物碱（indole alkaloid）是生物碱中的最大结构类群，国内学者对植物来源的吲哚生物碱进行了较系统的研究，发现了一批抗肿瘤吲哚生物碱。罗晓东等发现吲哚生物碱 scholraisine Q 和 scholarisine R 具有显著抑制神经胶质干细胞活性 [37]；郝小江等发现 angustifonine A 和 angustifonine B 对多种肿瘤细胞株有显著抑制作用 [38]。郭跃伟等从海洋软体动物 *Phidiana militaris* 中发现了具有显著肿瘤细胞毒性的吲哚生物碱 phidianidine A 和 phidianidine B[39]；王斌贵等从海洋绿藻内生菌 *Chaetomium globosum* QEN-14 中发现具有细胞毒活性的吲哚生物碱 cytoglobosin C 和 cytoglobosin D[40]；朱伟明等从海洋放线菌中发现结构新颖的抗肿瘤活性吲哚生物碱 cyanogramide、fradcarbazole A～C[41, 42]；谭仁祥等从内生菌 *Aspergillus fumigatus* 中发现对白血病细胞有显著抑制活性的吲哚生物碱 9-deacetoxyfumigaclavine C[43]。

虎皮楠生物碱（daphniphyllum alkaloids）是三萜生物碱，结构复杂多样 [44]。岳建民等从虎皮楠属植物假轮叶虎皮楠（*Daphniphyllum subverticillatum*）叶中分离得到的化合物 daphnilongeridine 具有显著的细胞毒性 [45]；郭跃伟等从交让木（*Daphniphyllum macropodum*）中分离得到的虎皮楠生物碱 macropodumine L 和 daphniglaucin G 对人肝癌细胞株 SMMC-7721 和人卵巢癌细胞株 HO-8910 具有微弱的细胞毒性 [46]；郝小江等从同一植物中分离得到了 10 种新的虎皮楠生物碱，并对该批化合物的细胞毒性进行了评价，未发现具有显著细胞毒性的成分 [47]。

甾体生物碱（steroid alkaloid）分布不广泛，抗肿瘤活性研究也不多。王明奎等从茄科植物龙葵（*Solanum nigrum*）中分离鉴定的 solanine A 具有显著的抗肿瘤活性 [48]；杜江等报道了从黄杨科野扇花属植物 *Sarcococca hookeriana* 根和茎中分离得到的 sarcorucinine G 具有显著的细胞毒性 [49]；周光雄等从海洋来源的放线菌 *Streptomyces anandii* H41-59 中分离得到的甾体生物碱 anandin A 具有显著的细胞毒性 [50]。

少有二萜生物碱（diterpenoid alkaloid）抗肿瘤活性的报道。郝小江等合成了二萜生物碱 spiramine 的衍生物，结果显示对 spiramine 的简单修饰可得到抗肿瘤活性显著的衍生物，诱导肿瘤细胞凋亡 [51]。

卡波林生物碱（carboline alkaloid）是来自色氨酸的生物碱。华会明等从药用植物骆驼蓬（*Peganum harmala*）中分离了一系列具有抗肿瘤活性的卡波林生物碱。其中，peganumine A 是一种具有新颖骨架类型的八环系生物碱，该化合物对 HL-60 细胞株有显著的细胞毒性，IC_{50} 值为 5.8 μmol/L[52, 53]。张卫东、郝小江也报道了卡波林生物碱的细胞毒性[54, 55]。

除了以上结构类型生物碱外，我国天然产物化学家也发现了其他结构类型生物碱的抗肿瘤活性。朱伟明等发现了海洋来源的放线菌 *Actinoalloteichus cyanogriseus* 产生的吡啶类生物碱具有细胞毒性[56]。李国强等报道了从海绵 *Aaptos suberitoides* 中分离得到的 4 种新颖骨架类型的 aaptamine 二聚体生物碱 suberitine A～D。其中，suberitine B 和 suberitine D 对白血病细胞 P388 细胞系具有显著的细胞毒性，IC_{50} 值分别为 1.8 μmol/L 和 3.5 μmol/L[57]。庾石山等发现 PF403 对 hedgehog 信号通路活化的髓母细胞瘤（medulloblastoma，MB）和胶质母细胞瘤（glioblastoma，GBM）细胞有较强的抑制活性，IC_{50} 值为 0.01 nmol/L。随后，他们设计合成了化合物 CAT3 作为 PF403 的前药，该化合物主要通过阻断 Hh（hedgehog）信号通路抑制 MB 和 GBM。

（三）其他类化合物的抗肿瘤活性

木脂素（lignan）是植物中广泛存在的一大类天然产物，结构多样的木脂素具有多样的生物活性，其中鬼臼毒素具有显著的抗肿瘤活性，是抗癌药物的先导化合物[59]。和厚朴酚（honokiol）是抗肿瘤候选药物[60]，陈俐娟等对和厚朴酚和厚朴酚（magnolol）进行了结构修饰与衍生物合成，发现具有显著抗肿瘤活性的衍生物[61, 62]。

环肽（cyclopeptide）是一类以酰胺键形成的结构独特的化合物。周俊、谭宁华开展了植物环肽系统研究[63]，发现了一系列抗肿瘤活性的环肽类化合物，其中 RA-V 具有显著细胞毒性[64, 65]。

皂苷（saponin）是苷元为三萜或螺旋甾烷类化合物的一类糖苷。三萜皂苷和甾体皂苷广泛存在于多种科属植物中，具有显著的抗肿瘤活性[66]。李英霞等开展了齐墩果烷型三萜皂苷合成、抗肿瘤活性及构效关系研究[67]；刘洋等通过对 albiziabioside A 结构优化发现了靶向 p53 的候选分子 D13[68]。

黄酮（flavone）类化合物广泛存在于植物中，并具有多样的活性，被认为是肿瘤预防和治疗的潜在药物[69]，国内学者报道活性研究很多，但并没有发现活性特别显著的化合物。

综上所述，我国抗肿瘤天然产物的研究涉及的结构类型广泛，其中萜类化合物和生物碱研究较多，有进入临床前研究的候选分子，也有正在开展临床研究的分子。

二、天然产物的抗感染活性

目前临床上使用的抗感染药物多来自天然产物及其衍生物。由于耐药菌不断进化，现在抗菌药物面临耐药危机，抗结核杆菌、幽门螺杆菌的药物是临床急需研发的药物。针对艾滋病、乙型肝炎、丙型肝炎、流感等病毒需要发现新的先导化合物。

（一）天然产物的抗微生物活性

幽门螺杆菌是导致慢性胃炎与胃癌的主要原因之一，目前临床上使用多种抗生素联合治疗，尚无单一的治疗药物。岳建民等发现中药成分补骨脂素（psoralen）具有显著的抗幽门螺菌活性，并开展了结构优化与构效关系研究，发现了活性更优的衍生物 **21**[70]。奎宁、青蒿素等是从天然产物中发现的治疗疟疾的特效药物。疟原虫对该类药物已经产生了耐药性，严重影响治疗效果，因此开发新的抗疟疾药物是目前迫切需要付诸行动的方向，张宏杰等对植物来源的抗疟活性成分进行了综述[71]。金粟兰科植物丝穗金粟兰（*Chloranthus fortunei*）又称"四块瓦"，民间用于治疗疟疾。岳建民等从该植物中分离并鉴定出 40 多种二聚倍半萜，其中 16 种二聚体具有较强的抗疟原虫活性（IC_{50} 值 <100 nmol/L），新化合物 fortunilide A 和另外 2 种已知化合物的 IC_{50} 值为 1~7 nmol/L，具有进一步研究价值[72]。由于艾滋病和结核分枝杆菌耐药菌株的出现、免疫抑制剂的应用及吸毒等因素的影响，结核病仍然是世界上最致命的传染病之一，急需开发新一代抗结核药物。海洋天然产物是发现新型抗结核先导化合物的重要资源。邵长伦、刘永宏等分别对海洋天然产物抗结核杆菌的活性成分进行了综述[73, 74]。鞠建华等从深海微生物 *Streptomyces atratus* SCSIO ZH16 中发现了一类大环化合物，通过基因失活、同位素标记等方法阐明了该类化合物可能的生物合成途径。突变菌株产生的化合物 ilamycins E_1/E_2 对结核分枝杆菌 H37RV 的最低抑制浓度约为 9.8 nmol/L，

是极具前景的抗结核药物先导物[75]。现有药物耐药和脱靶毒副作用使得抗真菌药物治疗特别是侵袭性真菌感染（invasive fungal disease）面临新的挑战，开发新型抗真菌药物、发现克服真菌耐药的策略对治疗真菌感染具有重要意义[76]。娄红祥基于团队长期以来对苔藓植物化学成分抗真菌活性的研究，首次通过建立荧光标记的野生菌和外排泵敲除菌共培养模型，对苔藓植物来源的萜类小分子库进行高通量筛选，发现了一批对敲除菌有活性而对野生菌无活性的化合物；进一步通过化学修饰，得到一种与临床抗真菌药两性霉素B活性相当的杀菌剂IS-2-Pi-TPP[77]。汤海峰等从海参 Holothuria（Microthele）axiloga 中发现三萜皂苷具有显著的抗真菌活性[78]。刘永宏等报道了深海来源的真菌 Aspergillus fumigatus SCSIO 41012 和 Aspergillus versicolor SCSIO 05879 的代谢产物具有抗真菌活性，其中 versicoloid A 和 versicoloid B 的活性结果优于阳性对照药 cycloheximide[79, 80]。郝小江等开展了 C_{21} 甾体衍生物的合成与抗真菌活性评价研究，获得了4种对核盘菌（Sclerotinia sclerotiorum）具有显著抑制活性的甾体衍生物，IC_{50} 值为3～9 nmol/L[81]。

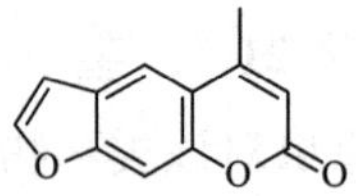

21

（二）天然产物的抗病毒活性

病毒感染一直威胁人类健康，中国是乙型肝炎病毒感染大国，艾滋病发病率也居世界前列，流感每年都发生，抗病毒药物面临抗药性突变株的挑战。为克服抗病毒药物存在的缺点，应尽可能寻找有效的新化学实体药物。陈纪军等从药用植物茵陈蒿（Artemisia capillaris）中发现一批抗乙型肝炎病毒活性化合物[82]。林文翰等从深海真菌 Spiromastix sp. MCCC 3A00308 中发现一批内酯化合物。其中，spiromastilactone D 对甲型和乙型流感病毒均表现良好的抑制作用，该化合物与血凝素蛋白 HA 结合，阻止病毒颗粒通过 HA 蛋白与特异性含唾液酸的受体结合。此外，该化合物对病毒基因组复制也具有抑制作用[83]。该课题组从另一种深海真菌 Eurotium rubrum 中分离并鉴定出15种新生物碱，neoechinulin B 对流感病毒 H1N1 具有较强的抑制作用，对流感病毒具有高效广谱、低耐药性的作用，是开发流感病毒抑制剂的候选分子[84]。刘永宏等从红树林来源的真菌 *Diaporthe* sp. SCSIO 41011 代谢产物中发现聚酮类化合物具有显著的抗流感病毒活性，pestalotiopsone F、pestalotiopsone B 及 3, 8-dihydroxy-6-methyl-9-oxo-9*H*-xanthene-1-carboxylate 对 H1N1 和 H3N2 甲型流感病毒具有显著的抑制活性，IC_{50} 值为 2.52～39.97 μmol/L[85]。叶文才等发现石蒜（*Lycoris radiata*）中的生物碱成分具有抗流感病毒活性，化合物 AA1、AA3 的抗病毒活性较高。机理研究表明，AA1、AA3 石蒜生物碱单体在流感病毒复制过程中可以抑制核酸核蛋白复合体（RNP）从细胞核的输出，从而导致病毒的复制无法正常进行[86]。

岳建民等从虎皮楠属植物 *Daphniphyllum longeracemosus* 中发现的具有显著抗 HIV 活性的新颖骨架生物碱 logeracemin A 的 EC_{50} 值为 (4.5±0.1) μmol/L，选择性指数为 6.2，并对该化合物的构效关系进行了简单的探讨[87]。郝小江等从三宝木属植物（*Trigonostemon thyrsoideus*）分离得到了一系列的瑞香烷型二萜，活性筛选结果显示这类二萜具有良好的抗 HIV 病毒活性，其中 trigothysoid N 的 EC_{50} 值为 0.001 nmol/L 且具有较高的治疗指数，是药物开发的候选分子[88]。

三、天然产物的免疫抑制活性

自身免疫性疾病和器官移植都需要免疫抑制药物，目前临床上可供选择的免疫抑制剂有限，只有环孢菌素（cyclosporine）、他克莫司（tacrolimus, FK506）、雷帕霉素（rapamycin）、霉酚酸酯（mycophenolate mofetil）等几种。尽管这些药物安全有效，由于个体差异及疾病发生原因和机制的复杂性，目前临床治疗药物还不能满足需求。从天然产物中发现免疫抑制剂的概率较高，但是国内天然产物化学家在这一研究领域的研究不多。

岳建民与左建平合作，发现了一系列免疫抑制活性天然产物[89-91]，从我国海南植物海南叶下珠（*Phyllanthus hainanensis*）中分离出一系列具有免疫抑制作用的三萜化合物，其中效果最好的 phainanoid F 对于 T 细胞和 B 细胞的免疫增殖抑制效果较环孢菌素 A 分别提高了 7 倍和 221 倍[92, 93]。谭仁祥课题组从狭叶坡垒（*Hopea chinensis*）中发现白藜芦醇类化合物具有显著的免疫抑制活性[94]。该课题组以跨物种免疫相似性为线索，从白茅（*Imperata* cylindrica）根部分离出的内生真菌 Trichothecium roseum IFB-E066 中发现了免疫抑制剂 trichomide A。该化合物通过选择性下调 Bcl-2 的表达、上调 Bax 的表达发挥免疫抑制作用 [95]。最近，该课题组与戈惠明团队合作从两株真菌（Arthrinium sp. NF2194 和 Nectria sp. Z14-w）中分析鉴定出两个高度同源的杂萜生物合成基因簇，利用逆转录聚合酶链式反应（RT-PCR）对不同培养基发酵下两基因簇的表达量进行分析，选择表达量最高的条件进行大规模发酵，最终分离并鉴定出 10 种杂萜分子，其中 arthripenoid C 化合物具有较强的免疫抑制活性 [96]。鞠建华等从海洋真菌 Penicillium sp. SOF07 中鉴定了 3 种霉酚酸衍生物，发现其免疫抑制活性 [97]。郭跃伟等发现海洋来源的天然产物 phidianidine 具有免疫抑制活性，并对其进行了衍生物合成和构效关系研究，发现 2 种具有显著活性的衍生物 [98]。肌苷-5″-单磷酸脱氢酶 2（IMPDH2）是涉及鸟苷和脱氧鸟苷生物合成的主要限速酶，在免疫细胞中广泛表达，因此可以作为免疫抑制剂的靶标。屠鹏飞团队的研究结果揭示了传统中药苏木的抗神经炎症活性成分苏木酮 A（sappanone A）可以通过诱导 IMPDH2 变构失活，抑制靶标蛋白下游的多条炎症相关信号通路的激活，最终实现抗神经炎症作用 [99]。中国科学院上海药物研究所左建平等正在开展雷公藤内酯衍生物 LLDT-8 的临床前研究 [100]。

四、天然产物调控代谢性疾病的活性

代谢性疾病，即因代谢紊乱引起的疾病，主要由糖脂代谢异常引起，包括糖尿病、肥胖和高血脂等。由于饮食结构及生活方式的改变，糖尿病等代谢性疾病的发病率逐年上升，我国已成为糖尿病大国。天然产物是发现代谢性疾病治疗药物的重要来源，二甲双胍（metformin）是从豆科植物山羊豆（Galega officinalis L.）中分离得到的山羊豆碱衍生物；达格列净（dapagliflozin）是天然产物根皮苷（phlorizin）衍生物；传统中药黄连的抗菌活性成分小檗碱（berberine）具有显著的降糖、降脂活性，雷公藤红素（celastrol）具有显著的减肥作用；甘草次酸（glycyrrhetinic acid）具有显著的抑制 11β-HSD1 的活性。降脂药洛伐他汀（lovastatin）源自微生物天然产物，而目前期望值最高的 NASH（非酒精性脂肪性肝炎）治疗药物奥贝胆酸（obeticholic acid）是内源性天然产物胆酸（cholic acid）的结构优化产物。因此，从天然产物中发现糖脂代谢调节活性化合物是代谢性疾病治疗新药发现的重要途径。

我国天然产物化学家与药理学家合作，开展了糖脂代谢活性成分研究，发现了一批活性分子和候选药物。二肽基肽酶DPP-4是2型糖尿病治疗靶点。李洪林、李静雅等发现天然产物异瑞香素（isodaphnetin）对DPP-4表现出中等强度的抑制活性（IC_{50}值为14.13 μmol/L）。他们在此基础上开展了骨架跃迁、药效团嫁接等计算机辅助设计，并进一步考虑配体与蛋白质结合位点的静电匹配，高效率地设计并合成出活性提高约7400倍的一类骨架新颖的DPP-4抑制剂，代表性化合物 **22** 的IC_{50}值约为2.0 nmol/L，且具有良好的药代动力学性质，是靶向DPP-4的长效抗糖尿病候选化合物[101]。蛋白酪氨酸磷酸化酶1B（protein tyrosine phosphatase 1B）是治疗2型糖尿病及肥胖的潜在有效靶点。侯爱君等从两种桑科植物［桑（*Morus alba*）、川桑（*Morus notabilis*）]中发现了具有显著活性的PTP1B抑制剂[102, 103]。张培成等从苦参（*Sophora flavescens*）的根中发现了一系列具有显著PTP1B抑制活性的双黄酮类化合物[104]。11β-HSD1是2型糖尿病的药物靶点，甘草次酸是该靶点的抑制剂，但缺乏选择性。岳建民等从割舌树中发现的柠檬苦素类化合物具有显著的11β-HSD1活性[105]。赵勤实等发现了一系列的11β-HSD1选择性抑制剂，其中降三萜化合物hupehensin A展示良好活性[106-108]。小檗碱（berberine）是中药黄连的抗菌活性成分。蒋建东等发现了其降低血脂作用，并对其进行结构优化与构效关系研究[109]。冷颖等发现牛蒡子苷元（arctigenin）通过抑制线粒体呼吸复合物I间接激活腺苷酸激活蛋白激酶（AMPK），增加了骨骼肌葡萄糖摄取，改善胰岛素抵抗进而发挥抗糖尿病作用[110]。该课题组还发现乌药醚内酯（linderane）通过ERK/STAT3间接增强肝细胞内磷酸二酯酶Ⅲ（PDE3）的活性，下调细胞内环磷酸腺苷（cAMP）水平，抑制环磷腺苷效应元件结合蛋白（CREB）磷酸化，抑制肝细胞糖异生，进而改善2型糖尿病 *ob/ob* 小鼠的高血糖症状[111]。宋保亮等发现白桦脂醇（betulin）通过抑制胆固醇调节元件结构蛋白（SREBP）下调胆固醇和脂肪酸合成，改善高血脂和胰岛素抵抗，并具有减少动脉粥样硬化斑块的作用[112]。王峥涛等发现穿心莲内酯（andrographolide）也可以通过抑制SREBP而发挥减肥和改善胰岛素抵抗的作用[113]。

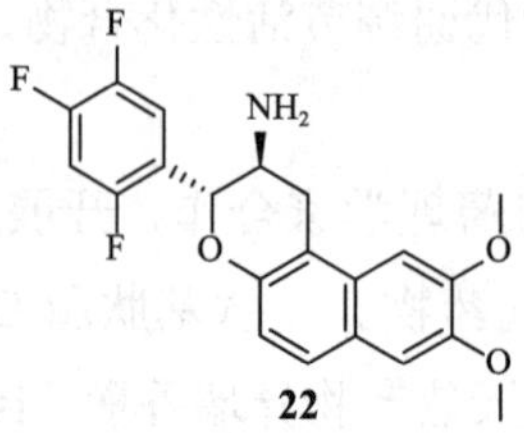

22

五、天然产物调节神经精神系统的活性

神经精神系统疾病是人类重大疾病，神经病是指神经系统的组织发生病变或机能发生障碍的疾病，精神病是指人的大脑功能紊乱而突出表现为精神失常的病。在神经系统疾病中，神经退行性疾病是一类（包括有 600 多种）复杂的疾病，病因为神经系统进行性和不可逆性病变。神经退行性疾病最常见的有阿尔茨海默病（Alzheimer's disease，AD）、帕金森病（Parkinson's disease，PD）、亨廷顿病（Huntington's disease，HD）、肌萎缩侧索硬化（amyotrophic lateral sclerosis，ALS），这类疾病在临床上治疗药物缺乏或者很少 [114]。就精神系统疾病而言，目前常见的有抑郁、焦虑、癫痫、精神分裂症等。在现代社会中，由于生活压力和社会老龄化的加剧，神经精神系统疾病的发病率持续增加，相关治疗药物的需求极其迫切。

天然产物在神经精神系统疾病的治疗中发挥了重要作用：吗啡是中枢神经系统镇痛药；加蓝他敏（galantamin）和石杉碱甲（huperzine A）具有抗乙酰胆碱酯酶活性，是治疗轻、中度阿尔茨海默病的经典药物；大麻酚（cannabinol）被用于治疗帕金森病和多发性硬化。蒋华良等总结了天然产物及其衍生物在治疗中枢神经系统疾病的临床应用和临床试验现状。结果表明，天然产物不仅是临床有效的治疗药物，而且是结构修饰的先导化合物，为中枢神经系统疾病的治疗带来了新的途径 [115]。庾石山等从神经炎症活性天然活性化合物出发，对苗头化合物进行设计、结构优化，发现治疗帕金森病候选药物 (S)-3-hydroxy-2-[(2, 4, 6-trimethoxybenz yl) amino]propanoic acid 具有较强的体外抗神经炎症作用、良好的血脑屏障穿透性 [116]。张培成等从菊花（Chrysanthemum morifolium）中发现咖啡酰基奎宁酸类化合物对过氧化氢诱导的人神经母细胞瘤细胞（SH-SY5Y）损伤具有保护作用 [117]。天然产物具有多种化学结构和良好的活性，是治疗抑郁症的新来源。陈纪军等综述了 1992~2013 年中国专利中记载的天然抗抑郁药物情况[118]，发现厚朴酚类化合物的抗抑郁活性，并开展了结构修饰与构效关系研究，发现了候选分子 magnolol-4-O-*β*-*D*-glucopyranoside[119]。李林等总结了近年来报道的对帕金森病具有保护作用的天然分子，分析发现这些天然分子可以减轻帕金森病模型中的氧化应激挽救神经细胞死亡[120]。王晓良等综述了丁基苯酞（NBP）及其衍生物在中风及神经退行性疾病中的应用[121]。吴正治等总结目前小檗碱对神经退行性疾病的治疗潜力，重点关注其对阿尔茨海默病、帕金森病和亨廷顿病影响的分子机制[122]。

第三节 天然产物的生态功能

天然产物曾被当作生物初级代谢过程产生的"废物"。20 世纪中叶，随着新兴交叉学科"化学生态学"的诞生和崛起，人们才逐渐发现天然产物并不是对生物没有用途的"废物"，而是生物体在充满竞争的复杂生态系统中，为了生存、繁衍和适应自然，通过长期进化而产生的具有不同重要生物功能的化学物质。因此，天然产物的生物功能正受到越来越多的关注，近年来一直是国际研究的前沿和热点，主要集中在抗虫、抗微生物等防御功能，吸引传粉，化感作用，信号分子等方面，我国学者在 2009~2018 年也取得了较好的研究成果。

一、植物腺毛防御功能天然产物

植物腺毛（glandular trichome）是分布于植物地上部分表面的一类特殊适应性结构，能够合成、储存和分泌各种类型的天然产物（被誉为植物"细胞化学工厂"），用来抵御环境中的各种生物胁迫，是植物对病虫害的"第一道防线"。然而，由于腺毛结构微小，难以准确收集，迄今绝大多数植物腺毛中的天然产物及其生物功能都还属于未知领域。为此，黎胜红课题组建立了激光显微切割-超低温核磁共振-超高压液相色谱/质谱联用（LMD-cryoNMR-UPLC/MS/MS）的新技术方法，实现了单细胞水平或植物特定组织中天然产物的超微量和高精确度研究。该课题组从唇形科大型木本和有色花蜜植物米团花（*Leucosceptrum canum*）的腺毛中首次发现了二倍半萜类（C_{25}）天然产物，具有新奇复杂的四环骨架，命名为米团花烷二倍半萜 leucosceptroid A 和 leucosceptroid B。该类化合物对杂食性昆虫甜菜夜蛾（*Spodoptera exigua*）和棉铃虫（*Helicoverpa armigera*）具有较强的拒食活性，拒食中浓度（AFC_{50}）为 3.78~20.38 $\mu g/cm^2$，并对多种植物病原真菌也有明显抑制作用。定量分析发现，leucosceptroid A 和 leucosceptroid B 在米团花叶片中的含量与其 EC_{50} 值相当或更高，足以有效地阻止昆虫的取食，表明米团花腺毛能合成和储存具有防御功能的二倍半萜化合物，拓展了人们对植物腺毛化学防御的认识[123]。从米团花腺毛中成功克隆并功能鉴定了一种二倍半萜生物合成途径的关键酶——香叶基法尼基焦磷酸酯合成酶（GFDPS）。它能够特异性地催化二倍半萜 C_{25} 直链前体 GFDP 的生成，并发现植物二倍半萜的生源途径是定位于质体中的 MEP（2-C-methy1-D-erythritol-4-phosphate）途径，发现茉莉酸甲酯能够诱导米团花中 GFDPS 的表达及主要二倍半萜 leucosceptroid B 和 11β-H-leucosceptroid B 在腺毛和叶片中的积累，同时提高植物的抗虫防御功能[124]。进一步从米团花叶和花中还发现了系列结构新颖且高度变化的二倍半萜或降二倍半萜化合物，这些化合物普遍具有较强的拒食活性，表明二倍半萜在米团花中具有重要的防御功能[125-129]。采用激光显微切割-超高压液相色谱/质谱联用（LMD-UPLC/MS/MS）技术方法，该课题组从喜马拉雅特有唇形科植物火把花（*Colquhounia coccinea* var. *mollis*）的盾状腺毛中发现了另外一类新奇骨架（命名为火把花烷）的二倍半萜 colquhounoid A~C。该类二倍半萜与米团花烷较相似但却有本质的区别，手性碳 C-6 和 C-7 的立体化学完全相反，C-4 位侧链被进一步修饰，C-8 位被氧化，在部分化合物中进一步与 C-4 位之间形成氧桥，从而形成更新颖复杂的笼状结构。这类二倍半萜对植食性昆虫和病原真菌同样具有显著的防御功能，对棉铃虫和甜菜夜蛾的 EC_{50} 值为 7.11~18.59 $\mu g/cm^2$。定量分析结果显示，这类化合物在火把花叶和腺毛中的含量同样足以抵御植食性昆虫的取食，从而起到防御功能[130]。该课题组从藤状火把花（*C. seguinii*）的盾状腺毛中发现了 3 种含有 α,β-不饱和内酯的新颖克罗烷二萜 seguiniilactone A~C，对甜菜夜蛾均显示出强拒食活性，EC_{50} 值为 0.22~14.72 $\mu g/cm^2$。其中，seguiniilactone A 的拒食活性（EC_{50} 值为 0.22 μg/cm²）比商业化印棟乳油（EC_{50} 值为 3.71 μg/cm²）强，具有潜在的应用价值[131]。

采用激光显微切割-超低温核磁共振-高效液相色谱（LMD-cryoNMR-HPLC）技术方法，该课题组从爵床科植物南一笼鸡（*Paragutzlaffia henryi*）花序的头状腺毛中发现了 5 种半日花烷二萜，对拟南芥（*Arabidopsis thaliana*）种子萌发及根生长均表现出明显的抑制活性，并在植物花序水淋液提取物及根际周围土壤中能检测到主要植物毒活性成分 paraguhenryisin C，且该化合物在土壤中的含量与其植物毒活性中浓度值相当，而在植物的根中未检测到该化合物，表明存储在植物腺毛中的植物毒活性成分能够通过雨水淋溶途径释放到周围环境中，推测其为该植物防御竞争性植物提供了帮助[132]。

该课题组应天然产物领域权威综述期刊 *Natural Product Reports* 邀请，撰写并发表了植物腺毛中非挥发性天然产物的化学、生物活性和生物合成研究长篇综述[133]。

二、杀虫、拒食活性天然产物

郝小江课题组从苦木科植物牛筋果（*Harrisonia perforata*）中发现了骨架新颖的 C_{25} 型苦木素 perforalactone A，其氧杂金刚烷结构单元为首次在植物源天然产物中发现，推测来源于酶促攫氢及自由基串联加成反应的生物合成途径[134]。此外，其 20S 构型为首次在天然苦木素类化合物中发现，为苦木素的阿朴大戟醇起源假说提供了直接证据。perforalactone A 及其生源前体 perforalactone B 对苜蓿蚜（*Aphis medicaginis*）均显示出优异的杀虫活性，且未显示细胞毒性。机制研究显示，perforalactone A 为烟碱型乙酰胆碱受体（nAChR）拮抗剂，其活性（EC_{50} =1.26 nmol/L）与一线农药吡虫啉（imidacloprid）相当。新结构的苦木素与吡虫啉的化学结构差异显著，且为非含氮化合物，提示该类化合物可以作为开发高效低毒绿色农药的先导化合物。

高坤课题组和南志标课题组合作从感染内生真菌 *Epichloe bromicola* 的披碱草（*Elymus dahuricus*）中发现了肽-聚酮（peptide-polyketide）杂合生源化合物 dahurelmusin A，对禾谷缢管蚜（*Rhopalosiphum padi*）和甘蓝蚜（*Brevicoryne brassicae*）具有显著毒杀活性，LD_{50} 值分别为 0.092 μmol/L 和 0.251 μmol/L[135]。

王成树课题组在解析昆虫病原真菌白僵菌（beauveria bassiana）中卵胞霉素（oosporein）的生物合成途径的过程中发现，酮-烯醇互变反应生成了一系列中间产物，包括首次发现的5, 5'-双脱氧卵胞霉素（5, 5'-dideoxy-oosporein）。它能够抑制蜡螟细胞免疫、抗菌酶类的活性及抗菌肽基因的表达，从而促进白僵菌感染杀虫，表明卵胞霉素可能参与真菌-昆虫互作[136]。范艳华课题组发现，卵胞霉素仅在白僵菌致死其宿主昆虫后合成，具有抑制死亡虫体上细菌增殖的功能，保障真菌最大可能地获得营养物质，完成菌丝生长及产孢[137]。

蔡青年课题组发现水稻品种中阿魏酸的含量与其褐飞虱（Nilaparvata lugens）抗性相关。活性测试发现，阿魏酸对褐飞虱的毒杀活性具有浓度依赖性，LD_{25}值和LD_{50}值分别为5.81 μg/mL和23.30 μg/mL，阿魏酸在浓度低于LD_{50}时能够增强褐飞虱谷胱甘肽S-转移酶（GST）和羧酸酯酶（CarE）的活性，在浓度低于LD_{25}时能诱导褐飞虱GST家族的NlGSTD1和NlGSTE1基因及CarE家族的NlCE基因的表达，并且阿魏酸对沉默这3个基因的褐飞虱的毒杀作用增强[138]。

郝小江课题组从山棟（Aphanamixis polystachya）中发现了aphanaxixoid A等柠檬苦素类新骨架化合物，对棉铃虫和甜菜夜蛾均具有显著拒食活性，EC_{50}值在0.008～0.052 μmol/cm^2 [139, 140]。吴军课题组从印度红树植物Xylocarpus moluccensis中发现了对椰心叶甲（Brontispa longissimi）具有拒食活性的柠檬苦素类化合物moluccensin[141]。罗晓东课题组对近70年来988篇文献中关于楝科植物中柠檬苦素的化学与生物活性进行了综述。根据结构特征，把其间发表的1159种天然柠檬苦素划分为4大类型、31个亚型；归纳总结了它们的资源分布、合成与结构衍生、生物活性、构效关系、作用机制及化学分类意义，并对文献中存在的同名异物、异名同物的化合物进行了指正，还简要介绍了印楝等在中国的栽培和应用现状[142]。

有毒植物中的天然产物往往表现出较好的昆虫拒食活性，黎胜红课题组从美丽马醉木（Pieris formosa）中发现了一类新颖的多酯化3, 4-断裂-木藜芦烷二萜pierisoid A和pierisoid B，对棉铃虫具有显著拒食活性[143]；从毒鼠子（Dichapetalum gelonioides）中发现了一系列具有显著昆虫拒食的dichapeltin A等苯并吡喃三萜类化合物，对棉铃虫的拒食中浓度为3.1～3.4 μg/cm^2 [144]。

罗晓东课题组发现彝药臭灵丹（*Laggera pterodonta*）植株被鳞翅目幼虫取食后，产生了6种呋喃桉烷倍半萜。茉莉酸、水杨酸、脱落酸、UV、高温等可以独立诱导植株合成呋喃桉烷倍半萜，且这些化合物对植食性昆虫具有拒食活性[145]。天然克罗烷二萜具有显著的昆虫拒食活性，广泛存在于植物、真菌、细菌和海洋生物中，李蓉涛等对1990~2015年发现的1300余种克罗烷二萜的研究进展进行了综述[146]。舒庆尧课题组与娄永根课题组合作发现，在敏感的野生型水稻中，稻飞虱的侵食会诱导5-羟色胺和水杨酸的合成，而敲除负责催化色胺合成5-羟色胺的细胞色素P450酶基因 *CYP1A1* 的突变体水稻则不合成5-羟色胺，但水杨酸含量升高，植株对虫害的抗性增强。将5-羟色胺添加到 *CYP71A1* 基因敲除水稻和其他褐飞虱抗性水稻品种中，会导致水稻的抗虫能力减弱，而在人工饲料中添加5-羟色胺则会加快虫子发育，表明5-羟色胺在水稻抗虫方面发挥了重要作用[147]。

牛雪梅课题组从嗜热真菌 *Talaromyces thermophilus* 中发现了一类真菌聚酮合酶-非核糖体多肽合成酶（PKS-NRPS）杂合生源的大环内酯类化合物 thermolide，其中化合物 thermolide A 和 thermolide B 对南方根结线虫（*Meloidogyne incognita*）、松材线虫（*Bursaphelenches siylopilus*）和全齿复活线虫（*Panagrellus redivivus*）具有显著毒杀活性，LD_{50} 值为 0.5~1 μg/mL，与商业化的阿维菌素活性相当[148]。孙明课题组发现反式乌头酸（*trans-aconitic acid*）具有毒杀南方根结线虫的活性，LD_{50} 值为 226.3 μg/mL[149]。

王斌贵课题组从红树林植物红海榄（*Rhizophora stylosa*）内生真菌 *Aspergillus nidulans* MA-143 中发现具有毒杀卤虫（*Artemia salina*）活性的二氢喹诺酮类衍生物 aniduquinolone，LD_{50} 值为 4.5~7.1 μmol/L[150]；从海洋真菌 *Eurotium rubrum* MA-150 和 *Penicillium adametzioides* AS-53 中分别发现了具有毒杀卤虫活性的 isoechinulin 型 indolediketopiperazine 生物碱化合物和 bisthiodiketopiperazine 衍生物，LD_{50} 值为 2.4~4.8 μmol/L[151, 152]。郝小江课题组从杜楝（*Turraea pubescens*）中发现了具有毒杀卤虫活性的柠檬苦素类化合物，在 100 ppm 时卤虫致死率为 81.7%~100%[153]。

挥发性化合物在植物与植食性昆虫、食草动物及寄生生物间的相互作用中扮演重要角色。娄永根课题组发现沉默 (*S*)-芳樟醇 [(*S*)-linalool] 合酶基因的水稻，在减少芳樟醇释放量、提高对褐飞虱引诱作用的同时，降低了对稻飞虱卵期天敌稻虱缨小蜂（*Anagrus nilaparvatae*）的吸引作用，而沉默 (*E*)-*β*-石竹烯 [(*E*)-*β*-caryophyllene] 合成酶基因的水稻则同时降低了对褐飞虱及稻虱缨小蜂的引诱作用[154]。

三、防御微生物活性天然产物

除了上述防御昆虫的功能外，天然产物在抵御病原菌侵染中也扮演着重要角色。陈晓亚课题组分离鉴定了棉酚生物合成途径中的 4 个新酶基因，并获得了数个棉酚生物合成途径中间体，发现细胞色素 P450 单加氧酶 CYP71BE79 的底物——8-羟基-7-羰基-*δ*-杜松烯在棉花中的积累会严重干扰植物的抗病性，CYP71BE79 的活性明显高于棉酚途径其他的细胞色素 P450 单加氧酶，推测在正常植株中 8-羟基-7-羰基-*δ*-杜松烯被迅速转化，从而避免了中间产物的积累[155]。

孔垂华课题组在水稻壳中检测到麦黄酮（tricin），并发现富含麦黄酮的水稻壳可以抑制引起小麦幼苗腐烂的尖孢镰刀菌（*Fusarium oxysporum*）和立枯丝核菌（*Rhizoctonia solani kuhn*），并通过化学合成获得了抑菌活性更好的麦黄酮异构体 5, 7, 4′-trihydroxy-3′, 5′-dimethoxyaurone[156]。该课题组还发现小麦根际的 2, 4-二羟基-7-甲氧基-1, 4-苯并噁嗪-3-酮（DIMBOA）和 6-甲氧基-1, 4-苯并噁嗪-2-酮（MBOA）及大豆根际的异黄酮（黄豆苷元和染料木素）能够影响土壤微生物群落[157, 158]。另外，该课题组发现稻田、玉米地、荒地和休耕地中的无羁萜和土壤微生物群落随着季节而变化，且呈正相关，而施加无羁萜会影响土壤微生物群落结构，推测无羁萜与不同土地和不同季节中微生物群落节律相关[159]。

王斌贵课题组从红树林植物榄李（*Lumnitzera racemosa*）根际土壤真菌 *Penicillium bilaiae* MA-267 中发现了 2 种具有三甲基三环 [6.3.1.0^{1, 5}] 十二烷骨架的倍半萜 penicibilaene A 和 penicibilaene B。它们选择性地抑制植物病原真菌 *Colletotrichum gloeosporioides*，最低抑菌浓度（MIC）分别为 1.0 μg/mL 和 0.125 μg/mL[160]；从 *Penicillium aculeatum* SD-321 中发现了具有抑制水生病原细菌和植物病原真菌活性的含酚环的没药烷倍半萜类化合物，MIC 值为 0.5～8.0 μg/mL[161]；从深海真菌 *Aspergillus wentii* SD-310 中发现了具有抑制禾谷镰刀菌（*Fusarium graminearum*）的 20-降-异海松烷二萜 aspewentin D

和 aspewentin H，MIC 值分别为 2.0 μg/mL 和 4.0 μg/mL[162]；从海藻内生真菌 *Paecilomyces variotii* 中发现了含 3*H*-oxepine 生物碱 varioxepine A，对禾谷镰刀菌也有显著抑制活性，MIC 值为 4 μg/mL[163]。

车永胜课题组从子囊菌 *Leptosphaeria* sp. 中发现了具有抑制植物病原真菌活性的聚酮类化合物 leptosphaerin，其中 leptosphaerin D 对 *Fusarium nivale* 和 *Piricularia oryzae* 的 IC[50] 值分别为 12.5 μmol/L 和 18.1 μmol/L，leptosphaerin G 对 *Aspergillus flavus* 的 IC[50] 值为 14.8 μmol/L[164]；从定殖于姬琉璃卷叶象鼻虫（*Euops chinesis*）幼虫的真菌 *Perenniporia* sp. 中发现了萘酮衍生物 perenniporide A，对 5 种植物病原真菌 *F. moniliforme*、*Verticillium alboatrum*、*Gibberella zeae*、*F. oxysporum* 和 *Alternaria longipes* 均具有抑制活性，MIC 值为 10~20 μg/mL[165]。王明安课题组从盾叶薯蓣（*Dioscorea zingiberensis*）内生真菌 *Berkleasmium* sp. 中发现了具有抑制植物病原真菌 *Magnaporthe oryzae* 孢子萌发的 spirobisnaphthalene 类化合物 palmarumycin，其中 palmarumycin C[8] 的 IC[50] 值为 9.1 μg/mL[166]。魏孝义课题组从 *Paecilomyces* sp. 中发现了根赤壳菌素类化合物 monocillin Ⅵ 和 4-methoxymonocillin Ⅳ，对植物病原真菌 *Peronophythora litchii* 的孢子萌发具有抑制活性，IC[50] 值分别为 9.2 μmol/L 和 19.3 μmol/L[167]。

刘永宏课题组从 *Streptomyces solisilvae* HNM30702 中发现阿扎霉素 F4a 和 F5a 具有显著抗真菌活性，对 5 种植物内生真菌 *C. gloeosporioides*、*C. asianum*、*C. acutatum*、*F. oxysporum* 和 *Pyricularia oryzae* 的 MIC 值为 1.25~5 μg/mL，强于阳性对照放线菌酮[168]；从 *Aspergillus versicolor* SCSIO 05879 中发现了 2 种含 oxepine 生物碱化合物 versicoloid A 和 versicoloid B，对真菌 *C. acutatum* 的 MIC 值为 1.6 μg/mL[169]。

四、植物毒活性天然产物

植物种间和种内可以通过天然产物进行化学通信识别，进而启动相应的生长和防御策略。孔垂华课题组一直从事植物化感作用相关研究，发现黑麦草内酯 [(–)-loliolide] 是植物中普遍存在并能通过根系释放到土壤中介导植物地下化学通信识别的有效信号物质，并阐明了小麦是通过根分泌的黑麦草内酯及茉莉酸信号物质识别邻近的其他植物从而合成释放化感物质显示化感效应，揭示了植物间的化学作用涉及化学识别和化感作用 2 个密不可分的机制 [170]。该课题组还发现杉木（*Cunninghamia lanceolata*）根系能够释放自毒物质环二肽 6-hydroxy-1, 3-dimethyl-8-nonadecyl-[1, 4]-diazocane-2, 5-diketone 到周围土壤中，导致其自身生长被抑制，并使土壤微生物退化 [171, 172]。然而，当杉木与阔叶树醉香含笑（*Michelia macclurei*）生长在一起时，杉木的生长会被促进。进一步研究发现，醉香含笑能够通过地下化学相互作用减少环二肽的释放，并促进该化合物在土壤中的降解，同时改良土壤微生物群落 [173]。

娄红祥课题组从圆叶裸蒴苔（*Haplomitrium mnioides*）中发现了 2 种具有植物毒活性的新颖半日花烷二萜 haplomintrin A 和 haplomintrin B，并发现 haplomintrin B 及前体化合物 haplomitrenonolide A 能够抑制拟南芥主根伸长，IC_{50} 值分别为 (44.57 ± 0.78) μg/mL 和 (19.08 ± 0.73) μg/mL [174]。高坤课题组从湖北大戟（*Euphorbia hylonoma*）的根中发现了具有抑制早熟禾（*Poa annua*）和高羊茅（*Festuca arundinacea*）幼苗的根和芽生长的对映-异海松烷型二萜类化合物 [175]。华中科技大学张勇慧从 *Penicillium* sp. DT10 中发现了具有抑制鸭舌草（*Monochoria vaginalis*）种子萌发活性的二萜苷类化合物 [176]。张国林课题组从真菌 *Chaetomium convolutum* 中发现了 2 种具有 6/6/5/5/7 五环骨架的新颖生物碱 chaetoconvosin A 和 chaetoconvosin B，其中 chaetoconvosin B 能够抑制小麦主根伸长，推测其可能是真菌影响小麦生长的病原因子 [177]。陈欣课题组发现黄芩释放的化感物质黄芩苷通过直接的自毒作用和间接诱导土壤中病原菌的活性，从而抑制黄芩自身生长 [178]。

五、吸引功能天然产物

自然界中有色花蜜植物（据报道约 70 种）的花蜜中的色素物质及其生物功能大多数还是谜。米团花是唇形科中目前发现的唯一有色花蜜植物，花蜜呈棕褐色，能吸引 40 多种鸟类取食，被称为鸟类的"可口可乐树"。黎胜红课题组从该植物的花蜜中首次成功分离得到其主要色素物质，新颖的对苯二醌-脯氨酸共轭体 2, 5- 二-[*N*-(–)-脯氨酰基] 对苯二醌（简称 DPBQ）。他们通过颜色比对证实该化合物为引起米团花花蜜颜色的主要色素物质，在此基础上测定了米团花花蜜的分泌量、糖组成、糖浓度和 pH 值，并对 DPBQ 在花蜜中的含量进行了定量分析。基于这些数据和信息，他们采用米团花的主要传粉鸟之——暗绿绣眼鸟（*Zosterops japonicus*）设计进行了鸟取食行为实验，证实 DPBQ 对传粉鸟类具有显著的吸引功能。该结果表明，有色花蜜比普通的无色花蜜对传粉动物更具有吸引力，可能为少部分植物更为进化的特征[179]。进一步研究还发现，DPBQ 具有较好的抗氧化活性和肿瘤细胞毒性，在自然界中已经对 40 多种鸟进行了"动物安全性实验"，因此是一类具有潜在应用前景的活性天然色素（ZL201210109715.1）。孙航课题组发现蓼科大黄属的塔黄（*Rheum nobile*）花期时挥发的 2-甲基丁酸甲酯对传粉蕈蚊具有强烈的吸引作用，从而帮助传粉蕈蚊在空旷的流石滩上快速发现开花的塔黄[180]。宋启示课题组等发现鸡嗉子榕（*Ficus semicordata*）通过释放挥发性化合物对甲苯甲醚达到对传粉小蜂（*Ceratosolen gravelyi*）的专一性吸引的目的，建立了一种独特的榕树 / 榕小蜂专一性共生关系[181]。

六、昆虫信号分子天然产物

康乐课题组一直从事昆虫化学生态学研究，发现儿茶酚胺代谢途径的多巴胺与飞蝗（*Locusta migratoria*）散居型到群居型的转变起始和保持相关[182]。该课题组与徐国旺课题组合作，发现脂质代谢途径在散居型和群居型飞蝗间差异显著，并鉴定了肉碱和乙酰肉碱等化合物在群居型形成过程中起关键作用[183]。该课题组还发现雌性斑潜蝇（*Liriomyza huidobrensis*）产生的绿叶挥发物 (Z)-3-己烯醇和 (Z)-3-己烯基乙酸酯不仅引起成虫强烈的电生理反应，而且引起雌雄双方显著的嗅觉偏好。在近距离，绿叶挥发物通过影响斑潜蝇的空间分布，进一步促进了雌雄振动二重唱的频率，最终增加了交配的成功率[184]。此外，该课题组发现群居型飞蝗（*Gregarious locusts*）大量释放挥发性化合物苯乙腈，而散居型飞蝗（*Solitary locust*）几乎不合成苯乙腈，苯乙腈一方面作为嗅觉警告信号警告天敌，另一方面又能被进一步转化为剧毒物质氢氰酸，进而起到有效抵抗天敌捕食的作用[185]。该课题组还发现 β-胡萝卜素和 β-胡萝卜素结合蛋白（β-CBP）与群居型蝗虫黑色体色直接相关，β-CBP 与 β-胡萝卜素的结合与分离受到种群密度的调控。高密度时，β-CBP 与 β-胡萝卜素相互结合导致红色素累积，其与蝗虫原有绿色体色叠加，从而形成黑色体色；低密度时，β-CBP 与 β-胡萝卜素相互分离，蝗虫呈现绿色体色[186]。

本章参考文献

[1] Clardy J, Walsh C. Lessons from natural molecules[J]. Nature, 2004, 432(7019): 829-837.

[2] Peterson I, Anderson E A. The renaissance of natural products as drug candidates[J]. Science, 2005, 310(5747): 451-453.

[3] Newman D J, Cragg G M. Natural products as sources of new drugs from 1981 to 2014[J]. Journal of Natural Products, 2016, 79(3): 629-661.

[4] 聂岁峰, 李捷玮. 药物的发现与发明史 [M]. 上海: 第二军医大学出版社, 2013.

[5] 杜冠华. 天然小分子药物——源自于植物的小分子药物 [M]. 北京: 人民卫生出版社, 2018.

[6] Li J W H, Vederas J C. Drug discovery and natural products: end of an era or an endless frontier?[J]. Science, 2009, 325(5937): 161-165.

[7] Krutzik P O, Crane J M, Clutter M R, et al. High-content single-cell drug screening with phosphospecific flow cytometry[J]. Nature Chemical Biology, 2008, 4(2): 132-142.

[8] Kurita K L, Glassey E, Linington R G. Integration of high-content screening and untargeted metabolomics for comprehensive functional annotation of natural product libraries[J]. Proceedings of the National Academy of Sciences of the United States of America, 2015, 112(39): 11999-12004.

[9] Futamura Y, Yamamoto K, Osada H. Phenotypic screening meets natural products in drug discovery[J]. Bioscience Biotechnology and Biochemistry, 2017, 81(1): 28-31.

[10] Isgut M, Rao M, Yang C, et al. Application of combination high-throughput phenotypic screening and target identification methods for the discovery of natural product-based combination drugs[J]. Medicinal Research Reviews, 2018, 38(2): 504-524.

[11] 布坎南 B B, 格鲁依森姆 W, 琼斯 R L. 植物生物化学与分子生物学 [M]. 瞿礼嘉, 顾红雅, 白书农, 译. 北京: 科学出版社, 2004.

[12] Jassbi A R, Zare S, Asadollahi M, et al. Ecological roles and biological activities of specialized metabolites from the genus *Nicotiana*[J]. Chemical Reviews, 2017, 117(19): 12227-12280.

[13] Liu M, Wang W G, Sun H D, et al. Diterpenoids from *Isodon* species: an update[J]. Natural Product Reports, 2017, 34(9): 1090-1140.

[14] Liu C X, Yin Q Q, Zhou H C, et al. Adenanthin targets peroxiredoxin I and II to induce differentiation of leukemic cells[J]. Nature Chemical Biology, 2012, 8(5): 486-493.

[15] Lu Y, Chen B, Song J H, et al. Eriocalyxin B ameliorates experimental autoimmune encephalomyelitis by suppressing Th1 and Th17 cells[J]. Proceedings of the National

Academy of Sciences of the United States of America, 2013, 110(6): 2258-2263, S2258/2251-S2258/2254.

[16] Yao Z, Xie F, Li M, et al. Oridonin induces autophagy via inhibition of glucose metabolism in p53-mutated colorectal cancer cells[J]. Cell Death & Disease, 2017, 8(2): e2633.

[17] Ding Y, Li D, Ding C, et al. Regio- and stereospecific synthesis of oridonin D-ring aziridinated analogues for the treatment of triple-negative breast cancer via mediated irreversible covalent warheads[J]. Journal of Medicinal Chemistry, 2018, 61(7): 2737-2752.

[18] Lin Z, Guo Y, Gao Y, et al. Ent-kaurane diterpenoids from Chinese liverworts and their antitumor activities through michael addition as detected in situ by a fluorescence probe[J]. Journal of Medicinal Chemistry, 2015, 58(9): 3944-3956.

[19] Yu Z Y, Xiao H, Wang L M, et al. Natural product vibsanin a induces differentiation of myeloid leukemia cells through PKC activation[J]. Cancer Research, 2016, 76(9): 2698-2709.

[20] Ye B X, Deng X, Shao L D, et al. Vibsanin B preferentially targets HSP90β, inhibits interstitial leukocyte migration, and ameliorates experimental autoimmune encephalomyelitis[J]. Journal of Immunology, 2015, 194(9): 4489-4497.

[21] Shao L D, Su J, Ye B, et al. Design, synthesis, and biological activities of vibsanin B derivatives: a new class of HSP90 C-terminal inhibitors[J]. Journal of Medicinal Chemistry, 2017, 60(21): 9053-9066.

[22] Manzo S G, Zhou Z L, Wang Y Q, et al. Natural product triptolide mediates cancer cell death by triggering CDK7-dependent degradation of RNA polymerase II[J]. Cancer Research, 2012, 72(20): 5363-5373.

[23] Li Z, Zhou Z L, Miao Z H, et al. Design and synthesis of novel C_{14}-hydroxyl substituted triptolide derivatives as potential selective antitumor agents[J]. Journal of Medicinal Chemistry, 2009, 52(16): 5115-5123.

[24] Yang S P, Cai Y J, Zhang B L, et al. Structural modification of an angiogenesis inhibitor discovered from traditional Chinese medicine and a structure-activity relationship study[J]. Journal of Medicinal Chemistry, 2008, 51(1): 77-85.

[25] He X F, Yin S, Ji Y C, et al. Sesquiterpenes and dimeric sesquiterpenoids from Sarcandra glabra[J]. Journal of Natural Products, 2010, 73(1): 45-50.

[26] Xu Y Z, Gu X Y, Peng S J, et al. Design, synthesis and biological evaluation of novel sesquiterpene mustards as potential anticancer agents[J]. European Journal of Medicinal Chemistry, 2015, 94: 284-297.

[27] Dong S, Tang J J, Zhang C C, et al. Semisynthesis and in vitro cytotoxic evaluation of new analogues of 1-O-acetylbritannilactone, a sesquiterpene from Inula britannica[J]. European

Journal of Medicinal Chemistry, 2014, 80: 71-82.

[28] Wu Z L, Wang Q, Wang J X, et al. Vlasoulamine A, a neuroprotective [3.2.2]cyclazine sesquiterpene lactone dimer from the roots of *Vladimiria souliei*[J]. Organic Letters, 2018, 20(23): 7567-7570.

[29] Wang Y, Shen Y H, Jin H Z, et al. Ainsliatrimers A and B, the first two guaianolide trimers from *Ainsliaea fulvioides*[J]. Organic Letters, 2008, 10(24): 5517-5520.

[30] Wu Z J, Xu X K, Shen Y H, et al. Ainsliadimer A, a new sesquiterpene lactone dimer with an unusual carbon skeleton from *Ainsliaea macrocephala*[J]. Organic Letters, 2008, 10(12): 2397-2400.

[31] Li C, Jones A X, Lei X. Synthesis and mode of action of oligomeric sesquiterpene lactones[J]. Natural Product Reports, 2016, 33(5): 602-611.

[32] Li C, Yu X, Lei X. A biomimetic total synthesis of (+)-ainsliadimer A[J]. Organic Letters, 2010, 12(19): 4284-4287.

[33] Li C, Dian L, Zhang W, et al. Biomimetic syntheses of (–)-gochnatiolides A-C and (–)-ainsliadimer B[J]. Journal of the American Chemical Society, 2012, 134(30): 12414-12417.

[34] Dong T, Lei X, Dong T, et al. Ainsliadimer A selectively inhibits IKK α/β by covalently binding a conserved cysteine[J]. Nature Communications, 2015, 6: 6522.

[35] Yang Y X, Shan L, Liu Q X, et al. Carpedilactones A-D, four new isomeric sesquiterpene lactone dimers with potent cytotoxicity from *Carpesium faberi*[J]. Organic Letters, 2014, 16(16): 4216-4219.

[36] Ge W, Hao X, Han F, et al. Synthesis and structure-activity relationship studies of parthenolide derivatives as potential anti-triple negative breast cancer agents[J]. European Journal of Medicinal Chemistry, 2019, 166: 445-469.

[37] Wang B, Dai Z, Yang X W, et al. Novel *nor*-monoterpenoid indole alkaloids inhibiting glioma stem cells from fruits of *Alstonia scholaris*[J]. Phytomedicine, 2018, 48: 170-178.

[38] Shao S, Zhang H, Yuan C M, et al. Cytotoxic indole alkaloids from the fruits of *Melodinus cochinchinensis*[J]. Phytochemistry, 2015, 116: 367-373.

[39] Carbone M, Li Y, Irace C, et al. Structure and cytotoxicity of phidianidines A and B: first finding of 1, 2, 4-oxadiazole system in a marine natural product[J]. Organic Letters, 2011, 13(10): 2516-2519.

[40] Cui C M, Li X M, Li C S, et al. Cytoglobosins A-G, cytochalasans from a marine-derived endophytic fungus, *Chaetomium globosum* QEN-14[J]. Journal of Natural Products, 2010, 73(4): 729-733.

[41] Fu P, Kong F, Li X, et al. Cyanogramide with a new spiro[indolinone-pyrroloimidazole]

skeleton from *Actinoalloteichus cyanogriseus*[J]. Organic Letters, 2014, 16(14): 3708-3711.

[42] Fu P, Zhuang Y, Wang Y, et al. New indolocarbazoles from a mutant strain of the marine-derived actinomycete *Streptomyces fradiae* 007M135[J]. Organic Letters, 2012, 14(24): 6194-6197.

[43] Ge H M, Yu Z G, Zhang J, et al. Bioactive alkaloids from endophytic *Aspergillus fumigatus*[J]. Journal of Natural Products, 2009, 72(4): 753-755.

[44] Chattopadhyay A K, Hanessian S. Recent progress in the chemistry of *Daphniphyllum* alkaloids[J]. Chemical Reviews, 2017, 117(5): 4104-4146.

[45] Zhang C R, Liu H B, Feng T, et al. Alkaloids from the leaves of *Daphniphyllum subverticillatum*[J]. Journal of Natural Products, 2009, 72(9): 1669-1672.

[46] Li Z Y, Xu H G, Zhao Z Z, et al. Two new *Daphniphyllum* alkaloids from *Daphniphyllum macropodum* miq[J]. Journal of Asian Natural Products Research, 2009, 11(2): 153-158.

[47] Cao M, Zhang Y, He H, et al. Daphmacromines A-J, alkaloids from *Daphniphyllum macropodum*[J]. Journal of Natural Products, 2012, 75(6): 1076-1082.

[48] Gu X Y, Shen X F, Wang L, et al. Bioactive steroidal alkaloids from the fruits of *Solanum nigrum*[J]. Phytochemistry (Elsevier), 2018, 147:125-131.

[49] Huo S, Wu J, He X, et al. Two new cytotoxic steroidal alkaloids from *Sarcococca hookeriana*[J]. Molecules, 2018, 24(1):1-7.

[50] Zhang Y M, Liu B L, Zheng X H, et al. Anandins A and B, two rare steroidal alkaloids from a marine *Streptomyces anandii* H41-59[J]. Marine Drugs, 2017, 15(11): 355/351-355/359.

[51] Yan C, Huang L, Liu H C, et al. Spiramine derivatives induce apoptosis of bax$^{-/-}$/bak$^{-/-}$ cell and cancer cells[J]. Bioorganic & Medicinal Chemistry Letters, 2014, 24(8): 1884-1888.

[52] Wang K B, Di Y T, Bao Y, et al. Peganumine A, a β-carboline dimer with a new octacyclic scaffold from *Peganum harmala*[J]. Organic Letters, 2014, 16(15): 4028-4031.

[53] Wang K B, Li D H, Hu P, et al. A series of β-carboline alkaloids from the seeds of *Peganum harmala* show G-quadruplex interactions[J]. Organic Letters, 2016, 18(14): 3398-3401.

[54] Hu X J, Di Y T, Wang Y H, et al. Carboline alkaloids from *Trigonostemon lii*[J]. Planta Medica, 2009, 75(10): 1157-1161.

[55] Tian J, Shen Y, Li H, et al. Carboline alkaloids from *Psammosilene tunicoides* and their cytotoxic activities[J]. Planta Medica, 2012, 78(6): 625-629.

[56] Fu P, Zhu Y, Mei X, et al. Acyclic congeners from *Actinoalloteichus cyanogriseus* provide insights into cyclic bipyridine glycoside formation[J]. Organic Letters, 2014, 16(16): 4264-4267.

[57] Liu C, Tang X, Li P, et al. Suberitine A-D, four new cytotoxic dimeric aaptamine alkaloids from the marine sponge *Aaptos suberitoides*[J]. Organic Letters, 2012, 14(8): 1994-1997.

[58] Chen J, Lv H, Hu J, et al. CAT3, a novel agent for medulloblastoma and glioblastoma treatment, inhibits tumor growth by disrupting the hedgehog signaling pathway[J]. Cancer Letters, 2016, 381(2): 391-403.

[59] Teponno R B, Kusari S, Spiteller M. Recent advances in research on lignans and neolignans[J]. Natural Product Reports, 2016, 33(9): 1044-1092.

[60] Rauf A, Patel S, Imran M, et al. Honokiol: an anticancer lignan[J]. Biomedicine & Pharmacotherapy, 2018, 107: 555-562.

[61] Ma L, Chen J, Wang X, et al. Structural modification of honokiol, a biphenyl occurring in *Magnolia officinalis*: the evaluation of honokiol analogues as inhibitors of angiogenesis and for their cytotoxicity and structure-activity relationship[J]. Journal of Medicinal Chemistry, 2011, 54(19): 6469-6481.

[62] Tang H, Zhang Y, Li D, et al. Discovery and synthesis of novel magnolol derivatives with potent anticancer activity in non-small cell lung cancer[J]. European Journal of Medicinal Chemistry, 2018, 156: 190-205.

[63] Tan N H, Zhou J. Plant cyclopeptides[J]. Chemical Reviews, 2006, 106(3): 840-895.

[64] Fan J T, Su J, Peng Y M, et al. Rubiyunnanins C-H, cytotoxic cyclic hexapeptides from *Rubia yunnanensis* inhibiting nitric oxide production and NF-κB activation[J]. Bioorganic & Medicinal Chemistry, 2010, 18(23): 8226-8234.

[65] Zhao S M, Kuang B, Fan J T, et al. Antitumor cyclic hexapeptides from *Rubia* plants: History, chemistry, and mechanism(2005-2011)[J]. CHIMIA International Journal for Chemistry, 2011, 65(12): 952-956.

[66] Zhao Y Z, Zhang Y Y, Han H, et al. Advances in the antitumor activities and mechanisms of action of steroidal saponins[J]. Chinese Journal of Natural Medicines, 2018, 16(10): 732-748.

[67] Liu Q C, Liu H C, Zhang L, et al. Synthesis and antitumor activities of naturally occurring oleanolic acid triterpenoid saponins and their derivatives[J]. European Journal of Medicinal Chemistry, 2013, 64: 1-15.

[68] Wei G F, Sun J H, Hou Z, et al. Novel antitumor compound optimized from natural saponin albiziabioside a induced caspase-dependent apoptosis and ferroptosis as a p53 activator through the mitochondrial pathway[J]. European Journal of Medicinal Chemistry, 2018, 157: 759-772.

[69] Estrela J M, Mena S, Obrador E, et al. Polyphenolic phytochemicals in cancer prevention and therapy: bioavailability versus bioefficacy[J]. Journal of Medicinal Chemistry, 2017, 60(23): 9413-9436.

[70] Zhang B L, Fan C Q, Dong L, et al. Structural modification of a specific antimicrobial lead

against *Helicobacter pylori* discovered from traditional Chinese medicine and a structure-activity relationship study[J]. European Journal of Medicinal Chemistry, 2010, 45(11): 5258-5264.

[71] Pan W H, Xu X Y, Shi N, et al. Antimalarial activity of plant metabolites[J]. International Journal of Molecular Sciences , 2018, 19(5): 675-692.

[72] Zhou B, Wu Y, Dalal S, et al. Nanomolar antimalarial agents against chloroquine-resistant *Plasmodium falciparum* from medicinal plants and their structure-activity relationships[J]. Journal of Natural Products, 2017, 80(1): 96-107.

[73] Hou X M, Wang C Y, Gerwick W H, et al. Marine natural products as potential anti-tubercular agents[J]. European Journal of Medicinal Chemistry, 2019, 165: 273-292.

[74] Wang L, Wang J, Liu J, et al. Antitubercular marine natural products[J]. Current Medicinal Chemistry, 2018, 25(20): 2304-2328.

[75] Ma J, Huang H, Xie Y, et al. Biosynthesis of ilamycins featuring unusual building blocks and engineered production of enhanced anti-tuberculosis agents[J]. Nature Communications, 2017, 8(1): 391.

[76] Perfect J R. The antifungal pipeline: a reality check[J]. Nature Reviews Drug Discovery, 2017, 16(9): 603-616.

[77] Chang W, Liu J, Zhang M, et al. Efflux pump-mediated resistance to antifungal compounds can be prevented by conjugation with triphenylphosphonium cation[J]. Nature Communications, 2018, 9(1): 1-12.

[78] Yuan W H, Yi Y H, Tan R X, et al. Antifungal triterpene glycosides from the sea cucumber *Holothuria (Microthele) axiloga*[J]. Planta Medica, 2009, 75(6): 647-653.

[79] Limbadri S, Luo X, Lin X, et al. Bioactive novel indole alkaloids and steroids from deep sea-derived fungus *Aspergillus fumigatus* Scsio 41012[J]. Molecules, 2018, 23(9): 2379.

[80] Wang J, He W, Huang X, et al. Antifungal new oxepine-containing alkaloids and xanthones from the deep-sea-derived fungus *Aspergillus versicolor* Scsio 05879[J]. Journal of Agricultural and Food Chemistry, 2016, 64(14): 2910-2916.

[81] Huang L J, Wang B, Zhang J X, et al. Synthesis and evaluation of antifungal activity of C_{21}-steroidal derivatives[J]. Bioorganic & Medicinal Chemistry Letters, 2016, 26(8): 2040-2043.

[82] Geng C A, Yang T H, Huang X Y, et al. Anti-hepatitis B virus effects of the traditional Chinese herb *Artemisia capillaris* and its active enynes[J]. Journal of Ethnopharmacology, 2018, 224: 283-289.

[83] Niu S, Si L, Liu D, et al. Spiromastilactones: a new class of influenza virus inhibitors from deep-sea fungus[J]. European Journal of Medicinal Chemistry, 2016, 108: 229-244.

[84] Chen X, Si L, Liu D, et al. Neoechinulin B and its analogues as potential entry inhibitors of influenza viruses, targeting viral hemagglutinin[J]. European Journal of Medicinal Chemistry, 2015, 93: 182-195.

[85] Luo X, Yang J, Chen F, et al. Structurally diverse polyketides from the mangrove-derived fungus *Diaporthe* sp. SCSIO 41011 with their anti-influenza a virus activities[J]. Frontiers in Chemistry (Lausanne, Switz), 2018, 6: 282.

[86] He J, Qi W B, Wang L, et al. Amaryllidaceae alkaloids inhibit nuclear-to-cytoplasmic export of ribonucleoprotein (RNP) complex of highly pathogenic avian influenza virus H5N1[J]. Influenza and Other Respiratory Viruses, 2013, 7(6): 922-931.

[87] Xu J B, Zhang H, Gan L S, et al. Logeracemin a, an anti-HIV daphniphyllum alkaloid dimer with a new carbon skeleton from *Daphniphyllum longeracemosum*[J]. Journal of the American Chemical Society, 2014, 136(21): 7631-7633.

[88] Cheng Y Y, Chen H, He H P, et al. Anti-HIV active daphnane diterpenoids from *Trigonostemon thyrsoideum*[J]. Phytochemistry (Elsevier), 2013, 96: 360-369.

[89] Zhang B, Wang Y, Yang S P, et al. Ivorenolide a, an unprecedented immunosuppressive macrolide from *Khaya ivorensis*: structural elucidation and bioinspired total synthesis[J]. Journal of the American Chemical Society, 2012, 134(51): 20605-20608.

[90] Wang Y, Liu Q F, Xue J J, et al. Ivorenolide B, an immunosuppressive 17-membered macrolide from *Khaya ivorensis*: structural determination and total synthesis[J]. Organic Letters, 2014, 16(7): 2062-2065.

[91] Gao X H, Xu Y S, Fan Y Y, et al. Cascarinoids A-C, a class of diterpenoid alkaloids with unpredicted conformations from *Croton cascarilloides*[J]. Organic Letters, 2018, 20(1): 228-231.

[92] Fan Y Y, Zhang H, Zhou Y, et al. Phainanoids A-F, a new class of potent immunosuppressive triterpenoids with an unprecedented carbon skeleton from *Phyllanthus hainanensis*[J]. Journal of the American Chemical Society, 2015, 137(1): 138-141.

[93] Fan Y Y, Gan L S, Liu H C, et al. Phainanolide A, highly modified and oxygenated triterpenoid from *Phyllanthus hainanensis*[J]. Organic Letters, 2017, 19(17): 4580-4583.

[94] Ge H M, Yang W H, Shen Y, et al. Immunosuppressive resveratrol aneuploids from *Hopea chinensis*[J]. Chemistry-A European Journal, 2010, 16(21): 6338-6345.

[95] Zhang A H, Wang X Q, Han W B, et al. Discovery of a new class of immunosuppressants from *Trichothecium roseum* co-inspired by cross-kingdom similarity in innate immunity and pharmacophore motif[J]. Chemistry-An Asian Journal, 2013, 8(12): 3101-3107.

[96] Zhang X, Wang T T, Xu Q L, et al. Genome mining and comparative biosynthesis of meroterpenoids from two phylogenetically distinct fungi[J]. Angewandte Chemie

International Edition, 2018, 57(27): 8184-8188.

[97] Chen Z, Zheng Z, Huang H, et al. Penicacids A-C, three new mycophenolic acid derivatives and immunosuppressive activities from the marine-derived fungus *Penicillium* sp. SOF07[J]. Bioorganic & Medicinal Chemistry Letters, 2012, 22(9): 3332-3335.

[98] Liu J, Li H, Chen K X, et al. Design and synthesis of marine phidianidine derivatives as potential immunosuppressive agents[J]. Journal of Medicinal Chemistry, 2018, 61(24): 11298-11308.

[99] Liao L X, Song X M, Wang L C, et al. Highly selective inhibition of IMPDH2 provides the basis of antineuroinflammation therapy[J]. Proceedings of the National Academy of Sciences of the United States of America, 2017, 114(29): E5986-E5994.

[100] Tang w, Zuo J P. Immunosuppressant discovery from *Tripterygium wilfordii* Hook f: the novel triptolide analog(5*R*)-5-hydroxytriptolide (LLDT-8)[J]. Acta Pharmacologica Sinica, 2012, 33(9): 1112-1118.

[101] Li S, Xu H, Cui S, et al. Discovery and rational design of natural-product-derived 2-phenyl-3, 4-dihydro-2*H*-benzo[*f*]chromen-3-amine analogs as novel and potent dipeptidyl peptidase 4 (DPP-4) inhibitors for the treatment of type 2 diabetes[J]. Journal of Medicinal Chemistry, 2016, 59(14): 6772-6790.

[102] Wang M, Gao L X, Wang J, et al. Diels-Alder adducts with PTP1B inhibition from *Morus notabilis*[J]. Phytochemistry, 2015, 109: 140-146.

[103] Huang Q H, Lei C, Wang P P, et al. Isoprenylated phenolic compounds with PTP1B inhibition from *Morus alba*[J]. Fitoterapia, 2017, 122: 138-143.

[104] Yan H W, Zhu H, Yuan X, et al. Eight new biflavonoids with lavandulyl units from the roots of *Sophora flavescens* and their inhibitory effect on PTP1B[J]. Bioorganic Chemistry, 2019, 86: 679-685.

[105] Wang G C, Yu J H, Shen Y, et al. Limonoids and triterpenoids as 11β-HSD1 inhibitors from *Walsura robusta*[J]. Journal of Natural Products, 2016, 79(4): 899-906.

[106] Chen X Q, Shao L D, Pal M, et al. Hupehenols A-E, selective 11β-hydroxysteroid dehydrogenase type 1(11β-HSD1) inhibitors from *Viburnum hupehense*[J]. Journal of Natural Products, 2015, 78(2): 330-334.

[107] Deng X, Shen Y, Yang J, et al. Discovery and structure-activity relationships of *ent*-kaurene diterpenoids as potent and selective 11β-HSD1 inhibitors: potential impact in diabetes[J]. European Journal of Medicinal Chemistry, 2013, 65: 403-414.

[108] Shao L D, Bao Y, Shen Y, et al. Synthesis of selective 11β-HSD1 inhibitors based on dammarane scaffold[J]. European Journal of Medicinal Chemistry, 2017, 135: 324-338.

[109] Li Y H, Yang P, Kong W J, et al. Berberine analogues as a novel class of the low-

density-lipoprotein receptor up-regulators: synthesis, structure-activity relationships, and cholesterol-lowering efficacy[J]. Journal of Medicinal Chemistry, 2009, 52(2): 492-501.

[110] Huang S L, Yu R T, Gong J, et al. Arctigenin, a natural compound, activates AMP-activated protein kinase via inhibition of mitochondria complex I and ameliorates metabolic disorders in *ob/ob* mice[J]. Diabetologia, 2012, 55(5): 1469-1481.

[111] Xie W, Ye Y, Feng Y, et al. Linderane suppresses hepatic gluconeogenesis by inhibiting the cAMP/PKA/CREB pathway through indirect activation of PDE 3 via ERK/STAT3[J]. Frontiers in Pharmacology , 2018, 9: 476.

[112] Tang J J, Li J G, Qi W, et al. Inhibition of SREBP by a small molecule, betulin, improves hyperlipidemia and insulin resistance and reduces atherosclerotic plaques[J]. Cell Metabolism, 2011, 13(1): 44-56.

[113] Ding L, Li J, Song B, et al. Andrographolide prevents high-fat diet-induced obesity in C57BL/6 mice by suppressing the sterol regulatory element-binding protein pathway[J]. Journal of Pharmacology and Experimental Therapeutics, 2014, 351(2): 474-483, 410.

[114] Trippier P C, Jansen Labby K, Hawker D D, et al. Target- and mechanism-based therapeutics for neurodegenerative diseases: strength in numbers[J]. Journal of Medicinal Chemistry, 2013, 56(8): 3121-3147.

[115] Zhang J, He Y, Jiang X, et al. Nature brings new avenues to the therapy of central nervous system diseases—an overview of possible treatments derived from natural products[J]. Science China Life Sciences, 2019: 1-36.

[116] Wang Y D, Bao X Q, Xu S, et al. A novel parkinson's disease drug candidate with potent anti-neuroinflammatory effects through the Src signaling pathway[J]. Journal of Medicinal Chemistry, 2016, 59(19): 9062-9079.

[117] Yang P F, Feng Z M, Yang Y N, et al. Neuroprotective caffeoylquinic acid derivatives from the flowers of *Chrysanthemum morifolium*[J]. Journal of Natural Products, 2017, 80(4): 1028-1033.

[118] Sun C L, Geng C A, Yin X J, et al. Natural products as antidepressants documented in Chinese patents from 1992 to 2013[J]. Journal of Asian Natural Products Research, 2015, 17(2): 188-198.

[119] Yang T H, Ma Y B, Geng C A, et al. Synthesis and biological evaluation of magnolol derivatives as melatonergic receptor agonists with potential use in depression[J]. European Journal of Medicinal Chemistry, 2018, 156: 381-393.

[120] Ding Y, Xin C, Zhang C W, et al. Natural molecules from Chinese herbs protecting against parkinson's disease via anti-oxidative stress[J]. Frontiers in Aging Neuroscience, 2018, 10: 246.

[121] Huang L, Wang S, Ma F, et al. From stroke to neurodegenerative diseases: the multi-target neuroprotective effects of 3-*N*-butylphthalide and its derivatives[J]. Pharmacological Research, 2018, 135: 201-211.

[122] Fan D H, Liu L P, Wu Z Z, et al. Combating neurodegenerative diseases with the plant alkaloid berberine: molecular mechanisms and therapeutic potential[J]. Current Neuropharmacology, 2019, 17(6): 563 - 579.

[123] Luo S H, Luo Q, Niu X M, et al. Glandular trichomes of *Leucosceptrum canum* harbor defensive sesterterpenoids[J]. Angewandte Chemie International Edition, 2010, 49(26): 4471-4475.

[124] Liu Y, Luo S H, Schmidt A, et al. A geranylfarnesyl diphosphate synthase provides the precursor for sesterterpenoid (C_{25}) formation in the glandular trichomes of the mint species *Leucosceptrum canum*[J]. Plant Cell, 2016, 28(3): 804-822.

[125] Luo S H, Weng L H, Xie M J, et al. Defensive sesterterpenoids with unusual antipodal cyclopentenones from the leaves of *Leucosceptrum canum*[J]. Organic Letters, 2011, 13(7): 1864-1867.

[126] Luo S H, Hua J, Li C H, et al. New antifeedant C-20 terpenoids from *Leucosceptrum canum*[J]. Organic Letters, 2012, 14(22): 5768-5771.

[127] Luo S H, Hua J, Niu X M, et al. Defense sesterterpenoid lactones from *Leucosceptrum canum*[J]. Phytochemistry, 2013, 86: 29-35.

[128] Luo S H, Hua J, Li C H, et al. Unusual antifeedant spiro-sesterterpenoid from the flowers of *Leucosceptrum canum*[J]. Tetrahedron Letters, 2013, 54(3): 235-237.

[129] Luo S H, Hugelshofer C L, Hua J, et al. Unraveling the metabolic pathway in *Leucosceptrum canum* by isolation of new defensive leucosceptroid degradation products and biomimetic model synthesis[J]. Organic Letters, 2014, 16(24): 6416-6419.

[130] Li C H, Jing S X, Luo S H, et al. Peltate glandular trichomes of *Colquhounia coccinea* var. *mollis* harbor a new class of defensive sesterterpenoids[J]. Organic Letters, 2013, 15(7): 1694-1697.

[131] Li C H, Liu Y, Hua J, et al. Peltate glandular trichomes of *Colquhounia seguinii* harbor new defensive clerodane diterpenoids[J]. Journal of Integrative Plant Biology, 2014, 56(9): 928-940.

[132] Wang Y, Luo S H, Hua J, et al. Capitate glandular trichomes of *Paragutzlaffia henryi* harbor new phytotoxic labdane diterpenoids[J]. Journal of Agricultural and Food Chemistry, 2015, 63(45): 10004-10012.

[133] Liu Y, Jing S X, Luo S H, et al. Non-volatile natural products in plant glandular trichomes: chemistry, biological activities and biosynthesis[J]. Natural Product Reports, 2019, 36(4):

626-665.

[134] Fang X, Di Y T, Zhang Y, et al. Unprecedented quassinoids with promising biological activity from *Harrisonia perforata*[J]. Angewandte Chemie International Edition, 2015, 54(19): 5592-5595.

[135] Song Q Y, Yu H T, Zhang X X, et al. Dahurelmusin A, a hybrid peptide-polyketide from *Elymus dahuricus* infected by the *Epichloë bromicola* endophyte[J]. Organic Letters, 2017, 19(1): 298-300.

[136] Feng P, Shang Y, Cen K, et al. Fungal biosynthesis of the bibenzoquinone oosporein to evade insect immunity[J]. Proceedings of the National Academy of Sciences of the United States of America, 2015, 112(36): 11365-11370.

[137] Fan Y, Liu X, Keyhani N O, et al. Regulatory cascade and biological activity of *Beauveria bassiana* oosporein that limits bacterial growth after host death[J]. Proceedings of the National Academy of Sciences of the United States of America, 2017, 114(9): E1578-E1586.

[138] Yang J, Sun X Q, Yan S Y, et al. Interaction of ferulic acid with glutathione *S*-transferase and carboxylesterase genes in the brown planthopper, *Nilaparvata lugens*[J]. Journal of Chemical Ecology, 2017, 43(7): 693-702.

[139] Cai J Y, Zhang Y, Luo S H, et al. Aphanamixoid A, a potent defensive limonoid, with a new carbon skeleton from *Aphanamixis polystachya*[J]. Organic Letters, 2012, 14(10): 2524-2527.

[140] Cai J Y, Chen D Z, Luo S H, et al. Limonoids from *aphanamixis polystachya* and their antifeedant activity[J]. Journal of Natural Products, 2014, 77(3): 472-482.

[141] Li J, Li M Y, Feng G, et al. Moluccensins R-Y, limonoids from the seeds of a mangrove, *Xylocarpus moluccensis*[J]. Journal of Natural Products, 2012, 75(7): 1277-1283.

[142] Tan Q G, Luo X D. Meliaceous limonoids: chemistry and biological activities[J]. Chemical Reviews, 2011, 111(11): 7437-7522.

[143] Li C H, Niu X M, Luo Q, et al. Novel polyesterified 3, 4-*seco*-grayanane diterpenoids as antifeedants from *Pieris formosa*[J]. Organic Letters, 2010, 12(10): 2426-2429.

[144] Jing S X, Luo S H, Li C H, et al. Biologically active dichapetalins from *Dichapetalum gelonioides*[J]. Journal of Natural Products, 2014, 77(4): 882-893.

[145] Liu Y P, Lai R, Yao Y G, et al. Induced furoeudesmanes: a defense mechanism against stress in *Laggera pterodonta*, a Chinese herbal plant[J]. Organic Letters, 2013, 15(19): 4940-4943.

[146] Li R, Morris-Natschke S L, Lee K H. Clerodane diterpenes: sources, structures, and biological activities[J]. Natural Product Reports, 2016, 33(10): 1166-1226.

[147] Lu H P, Luo T, Fu H W, et al. Resistance of rice to insect pests mediated by suppression of serotonin biosynthesis[J]. Nature Plants, 2018, 4(6): 338-344.

[148] Guo J P, Zhu C Y, Zhang C P, et al. Thermolides, potent nematocidal PKS-NRPS hybrid metabolites from thermophilic fungus *Talaromyces thermophilus*[J]. Journal of the American Chemical Society, 2012, 134(50): 20306-20309.

[149] Du C, Cao S, Shi X, et al. Genetic and biochemical characterization of a gene operon for *trans*-aconitic acid, a novel nematicide from *Bacillus thuringiensis*[J]. Journal of Biological Chemistry, 2017, 292(8): 3517-3530.

[150] An C Y, Li X M, Luo H, et al. 4-Phenyl-3, 4-dihydroquinolone derivatives from *Aspergillus nidulans* MA-143, an endophytic fungus isolated from the mangrove plant *Rhizophora stylosa*[J]. Journal of Natural Products, 2013, 76(10): 1896-1901.

[151] Meng L H, Du F Y, Li X M, et al. Rubrumazines A-C, indolediketopiperazines of the isoechinulin class from *Eurotium rubrum* MA-150, a fungus obtained from marine mangrove-derived rhizospheric soil[J]. Journal of Natural Products, 2015, 78(4): 909-913.

[152] Liu Y, Li X M, Meng L H, et al. Bisthiodiketopiperazines and acorane sesquiterpenes produced by the marine-derived fungus *Penicillium adametzioides* AS-53 on different culture media[J]. Journal of Natural Products, 2015, 78(6): 1294-1299.

[153] Yuan C M, Tang G H, Zhang Y, et al. Bioactive limonoid and triterpenoid constituents of *Turraea pubescens*[J]. Journal of Natural Products, 2013, 76(6): 1166-1174.

[154] Xiao Y, Wang Q, Erb M, et al. Specific herbivore-induced volatiles defend plants and determine insect community composition in the field[J]. Ecology Letters, 2012, 15(10): 1130-1139.

[155] Tian X, Ruan J X, Huang J Q, et al. Characterization of gossypol biosynthetic pathway[J]. Proceedings of the National Academy of Sciences of the United States of America, 2018, 115(23): E5410-E5418

[156] Kong C H, Xu X H, Zhang M, et al. Allelochemical tricin in rice hull and its aurone isomer against rice seedling rot disease[J]. Pest Management Science, 2010, 66(9): 1018-1024.

[157] Chen K J, Zheng Y Q, Kong C H, et al. 2, 4-dihydroxy-7-methoxy-1, 4-benzoxazin-3-one (DIMBOA) and 6-methoxy-benzoxazolin-2-one (MBOA) levels in the wheat rhizosphere and their effect on the soil microbial community structure[J]. Journal of Agricultural and Food Chemistry, 2010, 58(24): 12710-12716.

[158] Guo Z Y, Kong C H, Wang J G, et al. Rhizosphere isoflavones (daidzein and genistein) levels and their relation to the microbial community structure of mono-cropped soybean soil in field and controlled conditions[J]. Soil Biology & Biochemistry, 2011, 43(11):

2257-2264.

[159] Dong H Y, Kong C H, Wang P, et al. Temporal variation of soil friedelin and microbial community under different land uses in a long-term agroecosystem[J]. Soil Biology & Biochemistry, 2014, 69: 275-281.

[160] Meng L H, Li X M, Liu Y, et al. Penicibilaenes A and B, sesquiterpenes with a tricyclo[6.3.1.0^{1,5}]dodecane skeleton from the marine isolate of *Penicillium bilaiae* MA-267[J]. Organic Letters, 2014, 16(23): 6052-6055.

[161] Li X D, Li X M, Xu G M, et al. Antimicrobial phenolic bisabolanes and related derivatives from *Penicillium aculeatum* SD-321, a deep sea sediment-derived fungus[J]. Journal of Natural Products, 2015, 78(4): 844-849

[162] Li X D, Li X M, Li X, et al. Aspewentins D-H, 20-*nor*-isopimarane derivatives from the deep sea sediment-derived fungus *Aspergillus wentii* SD-310[J]. Journal of Natural Products, 2016, 79(5): 1347-1353.

[163] Zhang P, Mandi A, Li X M, et al. Varioxepine A, a 3*H*-oxepine-containing alkaloid with a new oxa-cage from the marine algal-derived endophytic fungus *Paecilomyces variotii*[J]. Organic Letters, 2014, 16(18): 4834-4837.

[164] Lin J, Liu S, Sun B, et al. Polyketides from the ascomycete fungus *Leptosphaeria* sp.[J]. Journal of Natural Products, 2010, 73(5): 905-910.

[165] Feng Y, Wang L, Niu S, et al. Naphthalenones from a *Perenniporia* sp. inhabiting the larva of a phytophagous weevil, *Euops chinesis*[J]. Journal of Natural Products, 2012, 75(7): 1339-1345.

[166] Shan T, Tian J, Wang X, et al. Bioactive spirobisnaphthalenes from the endophytic fungus *Berkleasmium* sp.[J]. Journal of Natural Products, 2014, 77(10): 2151-2160.

[167] Xu L, Wu P, Xue J, et al. Antifungal and cytotoxic β-resorcylic acid lactones from a *Paecilomyces* species[J]. Journal of Natural Products, 2017, 80(8): 2215-2223.

[168] Wang J F, Cong Z W, Huang X L, et al. Soliseptide a, a cyclic hexapeptide possessing piperazic acid groups from *Streptomyces solisilvae* HNM30702[J]. Organic Letters, 2018, 20(5): 1371-1374.

[169] Wang J F, He W J, Huang X L, et al. Antifungal new oxepine-containing alkaloids and xanthones from the deep-sea-derived fungus *Aspergillus versicolor* SCSIO 05879[J]. Journal of Agricultural and Food Chemistry, 2016, 64(14): 2910-2916.

[170] Kong C H, Zhang S Z, Li Y H, et al. Plant neighbor detection and allelochemical response are driven by root-secreted signaling chemicals[J]. Nature Communications, 2018, 9(1): 3867.

[171] Chen L C, Wang S L, Wang P, et al. Autoinhibition and soil allelochemical (cyclic

dipeptide) levels in replanted Chinese fir (*Cunninghamia lanceolata*) plantations[J]. Plant Soil, 2014, 374(1-2): 793-801.

[172] Xia Z C, Kong C H, Chen L C, et al. Allelochemical-mediated soil microbial community in long-term monospecific Chinese fir forest plantations[J]. Applied Soil Ecology, 2015, 96: 52-59.

[173] Xia Z C, Kong C H, Chen L C, et al. A broadleaf species enhances an autotoxic conifers growth through belowground chemical interactions[J]. Ecology, 2016, 97(9): 2283-2292.

[174] Zhou J C, Zhang J Z, Cheng A X, et al. Highly rigid labdane-type diterpenoids from a Chinese liverwort and light-driven structure diversification[J]. Organic Letters, 2015, 17(14): 3560-3563.

[175] Wei W J, Song Q Y, Zheng Z Q, et al. Phytotoxic *ent*-isopimarane-type diterpenoids from *Euphorbia hylonoma*[J]. Journal of Natural Products, 2018, 81(11): 2381-2391.

[176] Bie Q, Chen C, Yu M, et al. Dongtingnoids A-G: fusicoccane diterpenoids from a *Penicillium* species[J]. Journal of Natural Products, 2019, 82(1): 80-86.

[177] Xu G B, Li L M, Yang T, et al. Chaetoconvosins A and B, alkaloids with new skeleton from fungus *Chaetomium convolutum*[J]. Organic Letters, 2012, 14(23): 6052-6055.

[178] Zhang S, Jin Y, Zhu W, et al. Baicalin released from *Scutellaria baicalensis* induces autotoxicity and promotes soilborn pathogens[J]. Journal of Chemical Ecology, 2010, 36(3): 329-338.

[179] Luo S H, Liu Y, Hua J, et al. Unique proline-benzoquinone pigment from the colored nectar of "bird's coca cola tree" functions in bird attractions[J]. Organic Letters, 2012, 14(16): 4146-4149.

[180] Song B, Chen G, Stocklin J, et al. A new pollinating seed-consuming mutualism between *Rheum nobile* and a fly fungus gnat, *Bradysia* sp., involving pollinator attraction by a specific floral compound[J]. New Phytologist , 2014, 203(4): 1109-1118.

[181] Chen C, Song Q, Proffit M, et al. Private channel: a single unusual compound assures specific pollinator attraction in *Ficus semicordata*[J]. Functional Ecology, 2009, 23(5): 941-950.

[182] Ma Z, Guo W, Guo X, et al. Modulation of behavioral phase changes of the migratory locust by the catecholamine metabolic pathway[J]. Proceedings of the National Academy of Sciences of the United States of America, 2011, 108(10): 3882-3887.

[183] Wu R, Wu Z, Wang X, et al. Metabolomic analysis reveals that carnitines are key regulatory metabolites in phase transition of the locusts[J]. Proceedings of the National Academy of Sciences of the United States of America, 2012, 109(9): 3259-3263.

[184] Ge J, Li N, Yang J N, et al. Female adult puncture-induced plant volatiles promote

mating success of the pea leafminer via enhancing vibrational signals[J]. Philosophical Transactions of the Royal Society B: Biological Sciences, 2019, 374(1767): 20180318.

[185] Wei J, Shao W, Cao M, et al. Phenylacetonitrile in locusts facilitates an antipredator defense by acting as an olfactory aposematic signal and cyanide precursor[J]. Science Advances, 2019, 5(1): eaav5495.

[186] Yang M, Wang Y, Liu Q, et al. A β-carotene-binding protein carrying a red pigment regulates body-color transition between green and black in locusts[J]. eLife, 2019, 8: e41362.

（撰稿人：赵勤实、黎胜红、冷颖、左之利、刘燕、朱勤凤；统稿人：赵勤实）

第六章
基于天然产物的化学生物学研究

第一节　化学生物学概述

一、什么是化学生物学

化学生物学是化学与生物学、医学等学科领域相互交叉融合的一门新兴学科。区别于传统的化学和生物学研究模式，这门学科主要以科学问题为中心，利用化学的理论、研究方法和手段来探索生命科学问题。化学生物学家利用化学的方法和工具来探索生命体系[1]。研究人员在两个学科的交叉点工作，在分子水平上探讨科学问题。该领域的研究范围广泛，主要包括如下方面：细胞信号转导过程的解析；蛋白质、核酸等生物大分子的合成；蛋白质结构和功能的解析；生物大分子翻译后修饰的发现和功能解析；活性天然产物的生物合成、功能与作用机制等。

化学生物学兴起于20世纪90年代。最初，这门学科只是研究生物系统如何合成活性小分子的一种方式。随后便快速发展，以哈佛大学的Staurt Schreiber为首的一批化学家将化学生物学的研究目标放在追求更好、更有效地理解生命体的本质中[2]。化学生物学家们尝试以生物活性小分子为对象，对其进行结构修饰和改造，合成有相似功能的探针分子，使其更精确、可预测地与生物系统相互作用，研究这些生物活性分子与生物体内靶标的相互作用，探讨其结构与活性关系和作用机制，阐明生理或病理过程的发生、发展与调控机制，揭示复杂生命过程中的深层机理，并进一步从中挖掘出新的诊断与治疗方法或药物。

二、化学生物学针对的重要科学问题

化学生物学的核心在于它是一门运用化学知识来探索和调控生命过程的前沿交叉学科；主要通过化学的手段与方法，在分子的层级上研究生命过程、探索生命方法，揭示细胞增殖、分化、凋亡、迁移及重编程等生命过程的分子机制，解析其与细胞信号转导通路和表观遗传调控的关系，揭示信号转导的调控规律；为攻克重大疾病提供新的先导结构、新的作用靶点和新的生物标志物等，为药物的创新和研发提供重要的基础 [3]。

回顾漫长的自然科学发展史，化学和生物学一直是相互交融、相互影响的。20 世纪中后期分子生物学、结构生物学等学科的兴起，带动了整个生物化学领域的蓬勃发展。特别是，90 年代基因组学的启动，以及随之诞生的蛋白质组学、代谢组学等各种组学技术，将生命科学的研究推向了一个前所未有的高度。与之相匹配的是各种仪器分析技术的飞速发展，从高通量测序到高分辨质谱及其他波谱技术等，无不支持着科研工作者分析和解决各种重大科学问题。与此同时，由于生命体的演化有无与伦比的复杂性、多样性及个体差异性，诸多无法通过常规生物学规律和基础思想解释的科学问题也如雨后春笋般出现，采用传统生物学方法和技术研究这些科学问题时显得困难重重 [4]。而此时，本质是基于化学思想和方法的化学生物学技术，就显得更有效和便捷，在诸多方法中脱颖而出，成为生命科学研究中不可或缺的关键方法和技术。利用化学生物学理念，探讨基因表达、细胞发育和分化调控的分子机制，阐明生物分子间相互识别、相互作用和信号转导的基本原理与机制，以天然化合物为模板，设计并合成有相应活性的分子探针，探究生命体中大小分子间的相互作用模式及如何对细胞生长发育等进行调控的分子机制等一系列重大科学问题，已经成为越来越多科研工作者的选择 [3]。

三、化学生物学的主要研究方法与手段

化学生物学研究生物过程中涉及化学和化学反应，并结合生物有机化

学、生物化学、细胞生物学和药理学等学科知识与手段。化学家发挥在化学合成方面的能力和利用分析技术，深入了解生物大分子（如糖脂质类、多肽类、核酸类）或有生理活性的天然产物及药物分子等在生理和病理条件下的生物学问题。化学分析方法与化学生物学关键问题的结合，促进了分析方法的进步，相继出现了化学遗传学、组合化学、高通量筛选、化学蛋白质组学、基因组（芯片）、单分子和单细胞、超高分辨荧光成像等一系列新技术和新方法。同时，这些领先的手段促进了对生命过程本质的深入理解[5]。

化学蛋白质组学为新一代的功能蛋白质组学技术。利用该技术，通过能够与细胞体内的靶标蛋白发生特异相互作用的化学小分子探针，在分子水平上系统性地揭示了特定蛋白质的功能及它们与化学小分子的相互作用，从而揭示有生理活性的化学小分子，特别是天然产物分子在生理和病理状态下的作用机制和变化规律，为疾病的诊断和治疗提供新的手段或药物[6,7]。

四、化学生物学的发展趋势

作为一门新兴的交叉前沿研究学科，化学生物学通过设计并合成新颖的生物活性小分子，研究和发现它们在生物体中的靶标分子，即对生理过程具有调控作用的蛋白质、核酸和糖脂质等生物大分子，进一步研究生物活性小分子与靶标分子间的分子识别、相互作用等过程，从而阐明各种生理和病理过程的分子机制，为医学和生命科学研究提供了重要的研究工具，同时也为新颖药物的开发、临床诊断和治疗提供了新的途径，为新药研发提供了丰富的先导化合物[4]。

与此同时，化学生物学与其他学科（分子生物学、结构生物学、细胞生物学、生物信息学等）的交叉合作越深入，研究优势就越明显，这也推动了化学、医学、药学、材料科学和生物学科相关前沿的探索研究[3]。化学生物技术与生命科学问题交叉融合，以化学生物学技术为手段，利用有机化学方法，通过开发一系列多样化的分子探针，结合生物化学、细胞生物学和结构生物学等策略，发展针对蛋白质、核酸和糖脂质等生物大分子的特异标记与操纵方法，揭示它们所参与的生命活动的调控机制[4]。在中药活性天然产物的靶标鉴定中，化学生物学发挥了其无可替代的作用。传统中药往往具有成分复杂、药理作用多样且具体机制尚不明确等特点。利用化学生物学策略对中药活性天然产物成分进行筛选，发现确切的作用靶标蛋白，研究分子层面的作用机制，诠释中药新药的科学内涵，是目前化学生物学研究中的一个重要方向，对传统中药的现代化起到巨大的推动作用 [7]。

第二节　基于天然产物的化学生物学研究

一、天然产物在化学生物学研究中的重要性

天然产物（natural product）是植物、动物和微生物等在生命活动中内源性合成的化学成分或其代谢产物 [8]。天然产物的发现、采集、使用和加工并用于疾病的治疗贯穿于整个人类文明史。古有神农尝百草，之后东汉的《神农本草经》、陶弘景的《名医别录》、葛洪的《肘后备急方》和李时珍的《本草纲目》等中药学著作都记录了古代中国劳动人民对天然产物药用功效的探索和开发 [9]。近代科学体系建立后，天然产物研究更侧重于分离和鉴定具有生理学活性的有效成分。自 19 世纪以来，紫杉醇、青蒿素、长春新碱、青霉素等有着多种多样的生理活性的天然产物被开发成药物，在相当长的时间内促进了新药的研发进步。随着有机化学和药物化学的发展，利用天然产物分子片段设计可控、有效的衍生物进行新药研发成为一种重要手段。因此，发现天然产物的作用靶点、阐明天然产物在细胞内的作用机制是基于天然产物进行药物开发的基础。

在目前天然产物化学的研究中，化学方法学与生物学功能的结合尚需加强。化学生物学的出现，为发现和明确天然产物活性分子的作用靶点提供了全新的思路。以活性小分子为工具，从化学的角度出发，探讨其结构与活性和作用机制的关系，从而改造和优化小分子结构，创制出有新颖活性的药物分子前体，是目前研究小分子与生物大分子相互作用、阐述生命科学问题的最重要手段之一。大量具有结构和活性新颖的化合物发现为化学生物学揭示这些分子的作用机制创造了机遇。

天然产物靶标蛋白的鉴定和相关研究在新药研发中具有重要的理论指导意义和实用价值。随着近年来基因组学和蛋白质组学技术的快速发展，以及

与有机化学、生物物理学、生物信息学等学科的进一步交融，多种小分子化合物策略应运而生。基于化学蛋白质组学的直接亲和富集的方法仍是目前小分子靶标鉴定的主流方案，而生物物理学技术的发展则为逆向策略非标记（label free）无偏见性寻靶提供了新的选择。此外，基于表型的正向靶标鉴定策略针对逆向策略的缺陷提供了很好的补充和辅助。这些新方法的应用更加明确地阐明了天然药物的作用机制及可能的毒副作用，从而为从分子水平上研发新药提供重要的理论基础[5]。

天然产物作用靶点的发现在新药研发中具有重要作用。化学蛋白质组学是筛选出与小分子发生相互作用的蛋白质作为药物靶点，这就将工作的重点从鉴定新靶点转移到寻找更易于确认的靶点，因此增加了成功的可能性。目前，已经有许多基于化学蛋白质组学的方法鉴别和验证药物靶标蛋白质的例子。

早在 20 世纪 80 年代，Stuart Schreiber 团队利用固载大环内酯小分子 FK506 的亲和层析方法在小牛胸腺和人脾细胞裂解液中分离出了该天然免疫抑制剂的结合蛋白 FKBP12 及其复合物[10]。随后，该课题组又发现小分子 rapamycin 与 FKBP12 紧密结合的复合物[11]，以及环肽天然产物 trapoxin 与组蛋白去乙酰化酶（HDAC）的特异性结合[12]。

新加坡国立大学林青松与利物浦热带医学院 S. A. Ward 等合成了含炔基标记的青蒿素类似物分子，通过化学蛋白质组学技术在疟原虫体内"钓"出所有与青蒿素结合的蛋白质，阐明了青蒿素对抗恶性疟原虫的重要作用机制[13, 14]。

都柏林圣三一大学生物化学教授 L. O'Neill 与华盛顿大学医学院 M. Artyomov 分别发现全新的切断炎症的代谢过程。他们发现来自葡萄糖的一种化合物 itaconate 是巨噬细胞的一种强有力开关，通过直接修饰许多炎症反应的关键蛋白，阻断炎症因子的产生，为诸多免疫性疾病的治疗提供了新的方向[15, 16]。

最近，慕尼黑理工大学 Sieber 课题组合成了一系列基于人内源性多肽激素强啡肽（dynorphin，DYN）的光亲和探针，通过化学蛋白质组学策略发现炎症感染过程中绿脓杆菌通过膜受体蛋白 ParS 介导相关防御机制[17]。在关键辅酶参与的代谢生物学研究方面，该课题组利用化学蛋白质组学技术在金黄色葡萄球菌中对磷酸吡哆醛依赖性酶（PLP-DEs）进行了代谢标记和蛋白质组学分析，并对一些底物进了功能验证和研究[18]。

基于活性的蛋白质组分析（activity-based protein profiling，AcBPP）是由 B. F. Cravatt 团队开发的研究蛋白质功能的技术[19]。它运用基于活性的探针（activity-based probe，AcBP）在蛋白质组中特异性地标记处于功能状态下的蛋白质，反映了蛋白质在生命体中的功能状态，在经典蛋白质组学与功能蛋白质组学之间起到桥梁作用。基于不同立体构型的胆固醇设计的光亲和分子探针，该课题组成功地在动物细胞中全面解析了胆固醇的互作蛋白质组[20]。

新加坡国立大学 Yao 课题组发展的体积小巧而效率更高的双吖丙啶（diazirine）基团在光亲和标记的天然产物衍生小分子探针方面得到越来越广泛的应用[21]。该课题组合成了天然非选择性激酶抑制剂星形孢菌素（staurosporine）衍生的光亲和探针，通过化学蛋白质组的策略解析了在HepG2 癌细胞中可能的靶标蛋白[22]。

二、我国天然产物化学生物学研究进展

（一）肿瘤病理机制

1. 腺花素生物活性及作用靶点

腺花素（adenanthin）[图 6-1(a)]是一种贝壳杉烷二萜类化合物，最初是从冬凌草的叶片中分离得到的。以往的研究表明，二萜类化合物具有广泛的抗肿瘤、抗炎、抗心血管疾病等生物活性。研究表明，adenanthin 在细胞浓度大于 4 $\mu mol/L$ 时，可以明显降低急性早幼粒细胞性白血病（APL）活力，同时低浓度时可诱导 APL 细胞系分化[图 6-1(b)]。通过对全反式维甲酸（ATRA）敏感和 ATRA 耐药的 APL 转基因小鼠模型的进一步研究表明，静脉注射 adenanthin（5 mg/kg，连续 5 天，每天 1 次），可以诱导白血病细胞体内分化并且抑制肿瘤细胞浸润，延长了这 2 种白血病小鼠的生存期。此外，在 ATRA 敏感白血病小鼠中，adenanthin 也能明显消除急性早幼粒细胞白血病起始祖细胞（$CD34^+$ $c\text{-}kit^+$ $Fc\gamma R\,III/II^+$ 和 $Gr1^{int}$）。

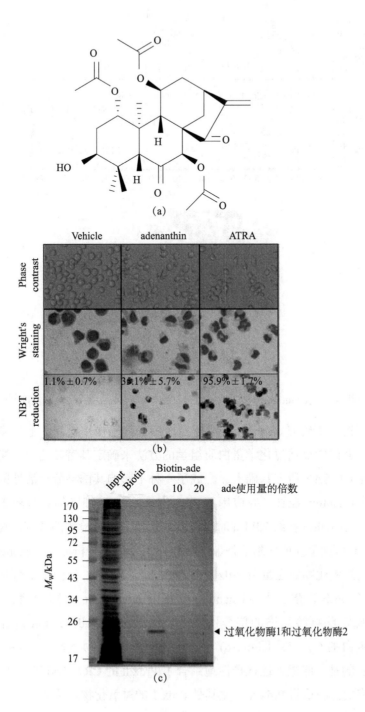

(a)

(b)

(c)

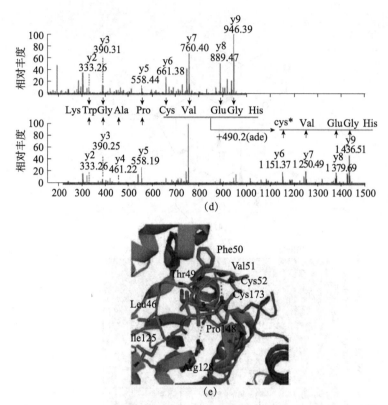

图 6-1   adenanthin 诱导急性早幼粒细胞白血病分化及其靶标的发现 [23]

为了进一步研究 adenanthin 治疗白血病的分子作用机制，上海交通大学陈国强课题组尝试通过化学蛋白质组学的方法来确定其潜在的蛋白靶点。在 adenanthin 的 SAR 研究基础上，合成了一种不影响其诱导分化活性的生物素标记的 adenanthin 探针，并应用于 APL 细胞系 NB4 细胞的裂解液中，发现生物素-adenanthin 在约 23kDa 时仅能明显析出一条可检测的条带，高浓度的 adenanthin 可竞争性地抑制该条带 [图 6-1(c)]。质谱分析显示，adenanthin 结合蛋白为过氧化物氧还蛋白 Prdx I 和 Prdx II。接下来，他们将重组 Prdx I 蛋白及重组 Prdx II 蛋白与 adenanthin 或不与 adenanthin 共同孵育，通过质谱分析确定腺嘌呤修饰的特异性残基。结果显示，adenanthin 共价修饰了 Prdx I 蛋白的 Cys173 [图 6-1(d) 和 (e)]，即 Prdx I 的共价结合残基（CR）。值得注意的是，腺嘌呤还选择性地结合了 Prdx II 的 CR（Cys172）。因此，腺嘌呤能有效抑制重组 Prdx II，尤其是 Prdx I 的过氧化物酶活性。

为了验证 adenanthin 靶向 Prdx Ⅰ/Ⅱ 蛋白是否与 adenanthin 诱导的分化直接相关，通过特异性的小干扰 RNA 敲除了 NB4 细胞中 Prdx Ⅰ 或 Prdx Ⅱ 的表达。结果发现，敲除 Prdx Ⅰ 或 Prdx Ⅱ 诱导了 NB4 细胞的分化，并且敲除 Prdx Ⅰ 或 Prdx Ⅱ 可以抑制 NB4 细胞增殖。进一步的研究表明，adenanthin 治疗可以适度增加细胞内过氧化氢水平和提高过氧化氢激活 signal-regulated 蛋白激酶 1 和 2（ERK1 和 ERK2），因此促进了 CCAAT 的增强子结合蛋白 protein-β（C/EBPβ）表达，诱导 APL 细胞分化[23, 24]。

2. 青蒿素抗肿瘤作用机制

从药用植物黄花蒿中分离得到的青蒿素以其独特的分子结构不仅长期作为一线的抗疟疾药物，而且具有多种其他生物活性。近年来，大量的体外或动物模型实验显示，青蒿素对多种癌细胞均有抑制作用，但人们对该药物的抗癌分子作用机制仍然不是很清楚。

中国科学院上海生命科学研究院植物生理生态研究所肖友利课题组通过设计合成的以青蒿素为骨架的小分子探针 ART-yne，利用经典的基于点击化学反应的化学蛋白质组学策略，在 HeLa 细胞蛋白质组中成功"钓"取并鉴定了 79 种潜在的青蒿素共价结合的蛋白质；进一步研究确证，亚铁血红素（Heme）在青蒿素过氧桥键激活、自由基产生及共价修饰蛋白的过程中发挥了重要作用，而高铁血红素在生理条件下对青蒿素没有任何激活效果。由此，他们提出了分别依赖于青蒿素和亚铁血红素两种化合物结合修饰蛋白的两种分子抑制机制的结论。相比于正常人体组织，癌细胞的生长需要更多、更快的铁元素摄入，其亚铁血红素的合成代谢水平也得到显著上调；青蒿素针对癌细胞的这一特有属性共价结合多个靶标蛋白，扰乱癌细胞的多个正常生理途径，从而抑制癌细胞的生长和增殖。该研究为揭示青蒿素的抗癌机制提供了新认识和思路（图 6-2）。

在此基础上，该课题组进一步发现了青蒿素分子（artemisinin）与恶性疟原虫翻译调节肿瘤蛋白（plasmodium falciparum translationally controlled tumor protein，PfTCTP）的特异结合肽段及作用氨基酸位点。由于青蒿素特殊的化学性质，其对蛋白质的共价修饰不具有位点特异性，因此在普通质谱条件下很难获得可信的结合位点信息。为了解决该问题，他们合成了体内活性更好的青蒿素探针 ART-P1，利用可酸解的生物正交反应片断叠氮生物素

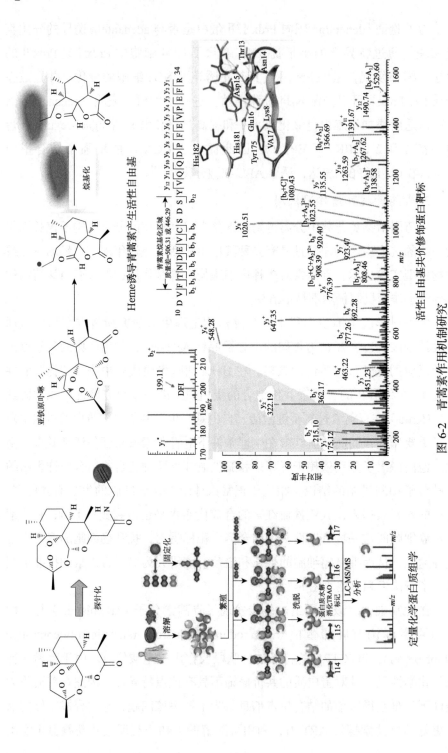

图 6-2　青蒿素作用机制研究

（DADPS）对青蒿素结合的肽段进行富集-洗脱操作，经过质谱实验发现了青蒿素结合区域位于肿瘤翻译控制蛋白（TCTP）N段的多个氨基酸残基上，从而揭示了青蒿素作用模式的深层次分子机制[25, 26]。

3. 藤黄酸抗肿瘤作用机制

藤黄属植物藤黄是一种来自东南亚的抗炎止血草药。藤黄树脂分泌的主要活性成分均具有笼状氧杂蒽醌结构。其中，藤黄酸（gambogic acid，GA）被认为具有最大的药用价值，在近几十年中被科学家确认具有抗肿瘤的潜力。实验研究表明，藤黄酸可以诱发细胞凋亡，抑制细胞增殖、黏附和转移，调节细胞周期，并逆转肿瘤细胞的耐药性，且具有抗血管生成的作用。与大多数多靶点天然产物相似，藤黄酸也具有多个作用靶点，如肿瘤细胞中的铁转运蛋白受体。但是，它的直接靶向目标分子仍不确定。

中国科学院上海生命科学研究院植物生理生态研究所肖友利课题组通过结合该组发展的定量化学蛋白质组学技术，深入开展了藤黄酸的分子活性方面的研究（图6-3）。首先，他们合成了基于藤黄酸分子骨架的活性探针GA-yne，通过经典的炔基-叠氮点击化学反应对靶标蛋白进行检测、富集和鉴定。结合定量蛋白质组学技术，他们在活细胞内筛选出100多种在生理条件下与藤黄酸分子特异结合的蛋白质；原位标记表明大部分藤黄酸靶标蛋白位于细胞质中。在这些潜在的靶标蛋白中，RPS27A蛋白在HeLa和K562细胞中均表现出极高的特异性。通过体内敲除实验，证明RPS27A蛋白对藤黄酸的抗肿瘤作用起到关键作用。前期研究发现，RPS27A可以促进慢性粒细胞白血病细胞增殖，其高表达与伊马替尼（imatinib）抗药性具有极强的相关性。该发现从分子上解释了藤黄酸能够逆转因RPS27A高表达引起的伊马替尼耐药的原因[27]。

4. 土荆皮乙酸抗肿瘤作用机制

土荆皮乙酸（pseudolaric acid B，PAB）是从金钱松根皮中提取出来的一种具有很强抗癌、抗真菌活性的复杂天然产物[28]。尽管十多年前已有报道PAB通过抑制微管聚合来抑制癌细胞的增殖，但并不能完全解释其生理活性机制[28]。中国科学院上海生命科学研究院植物生理生态研究所肖友利课题组综合运用多项蛋白质质谱技术，深入开展了PAB靶标蛋白和分子活性方面的研究（图6-4）[29]。

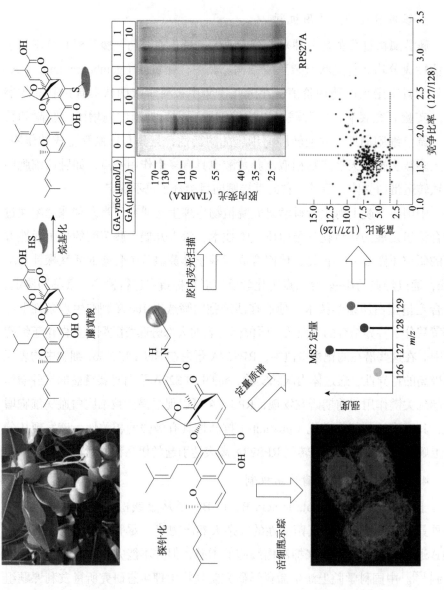

图 6-3　藤黄酸抗肿瘤活性作用机制研究

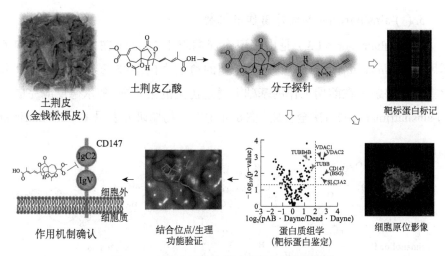

图 6-4 土荆皮乙酸抗肿瘤活性作用机制研究

首先,利用经典的化学蛋白质组学技术,他们在土荆皮乙酸母核分子中引入含有光亲和基团和端炔基团的双功能标签,其中光亲和基团双吖丙啶经紫外光照射可以使土荆皮乙酸与作用靶标蛋白形成共价键,从而便于通过经典的炔基-叠氮点击化学反应对靶标蛋白进行检测、富集和鉴定。他们进一步结合 TMT 标记的定量质谱,在验证微管蛋白(tubulin)的同时,发现了一种膜蛋白 basigin(或称 CD147),这是另一个潜在的 PAB 靶标蛋白。其次,在通过蛋白质印迹(Western blot)和重组蛋白标记等实验验证 CD147 是其特异性靶点后,他们利用高分辨质谱成功地鉴定出 PAB 与 CD147 的胞外免疫球蛋白 IgC2 区域结合。鉴于该区域与 CD147 的聚合及后续细胞功能-基质金属蛋白酶的表达和转运直接相关,他们进一步通过体内、体外实验验证了 PAB 抑制 CD147 聚合,并抑制 MMP-2、MMP-7 和 MMP-9 的表达。siRNA 敲除实验也验证了 CD147 是 PAB 的生理靶点之一。最后,通过定量比较蛋白质组学技术,他们在全蛋白质组层面检测 PAB 处理前后 HeLa 细胞蛋白的表达谱变化情况。利用经典的超滤辅助溶液酶切(FASP)及离线分级技术,他们鉴定了将近 6000 种蛋白质,其中包含 39 种显著上调和 13 种显著下调的蛋白质。值得注意的是,微管蛋白在 PAB 处理后显著下调,而一种与 CD147 功能类似的蛋白质 CYR61 则显著上调。研究人员推测,PAB 结合后可能导致微管蛋白的降解,而 CD147 被 PAB 抑制后,MMP 的表达受到抑制,因此细胞通过过量表达 CYR61 来抵御这样的抑制。

5. (−)-ainsliatrimer A 抗肿瘤作用机制

(−)-ainsliatrimer A（**3**）是由张卫东课题组于 2008 年在传统中药中甸兔耳风（*Ainsliaea fulvioides*）中分离得到的愈创木内酯类三聚体[30]，北京大学雷晓光课题组在前期工作的基础上通过仿生的第尔斯-阿尔德反应完成了(−)-ainsliatrimer A 的首次全合成［图 6-5(a)][31]。初期研究表明，(−)-ainsliatrimer

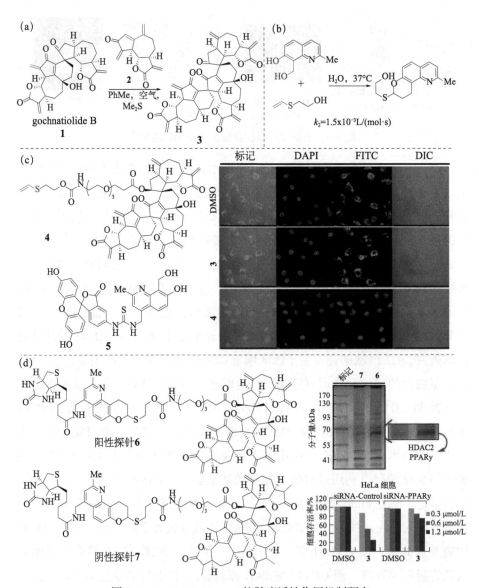

图 6-5　(−)-ainsliatrimer A 抗肿瘤活性作用机制研究

A 对黑色素瘤细胞有良好的抑制生长活性。为了深入探索其生物作用机制，首先通过多样合成策略（diverted total synthesis）合成了带有烯基硫醚报告基团的探针 TV-ainsliatrimer A（**4**），将探针 **4** 与 HeLa 细胞共孵育，再用荧光染料。QQM-fluorescein（**5**）处理，通过 TQ-生物正交反应[32][TQ-ligation，图 6-5(b)]完成荧光标记，发现天然产物活性分子主要集中在细胞核中［图 6-5(c)]。随后合成了直接连接生物素的天然产物阳性探针 **6** 和阴性探针 **7** 用于靶标蛋白分离纯化，经过质谱实验结合化学生物学实验的验证，最终证明过氧化物酶体增殖物活化受体 γ（PPARγ）是天然产物 (−)-ainsliatrimer A 的靶标蛋白，(−)-ainsliatrimer A 是通过直接激活靶标蛋白 PPARγ 而表现出生物活性的［图 6-5(d)][33]。

（二）信号通路的分子机制

1. (+)-ainsliadimer A 的作用机制

(+)-ainsliadimer A（**10**）是张卫东课题组在 2008 年从我国传统中药大头兔儿风（*Ainsliaea macrocephala*）中分离并鉴定出的一种愈创木内酯类二聚体。初步的细胞实验显示，它具有重要的抗炎和抗肿瘤活性[34]。鉴于其独特的化学结构骨架及较好的生物活性，2010 年，北京大学雷晓光课题组完成了对该天然产物的首次全合成工作[35]［图 6-6(a)]。在此基础上，通过生物活性筛选，该课题组发现 (+)-ainsliadimer A 具有抑制炎症反应和促进肿瘤细胞凋亡的活性。为了探索 (+)-ainsliadimer A 的生物作用靶点，他们采用了小分子亲和层析结合蛋白质组学的方法。通过构效关系研究，合成了 (+)-ainsliadimer A 的阳性探针 **11** 和用作对照的阴性探针 **12**［图 6-6(b)]。将探针分子与人的胚胎肾细胞裂解液充分结合过夜，通过免疫沉淀法和 SDS-PAGE 分离，银染显色，探针分子 **11** 可以特异性地沉淀出两个条带，胰蛋白酶消化和质谱鉴定后显示是 IKKα/β 蛋白［图 6-6(c)]。结合定点突变和质谱实验表明 (+)-ainsliadimer A 与 IKKα/β 上保守的 46 位半胱氨酸能形成共价键。计算模拟小分子与靶标蛋白的结合模式显示，(+)-ainsliadimer A 通过共价修饰靶标蛋白 46 位半胱氨酸变构抑制其生物功能主要表现在对底物的磷酸化及与底物的相互作用[36]［图 6-6(d)]。

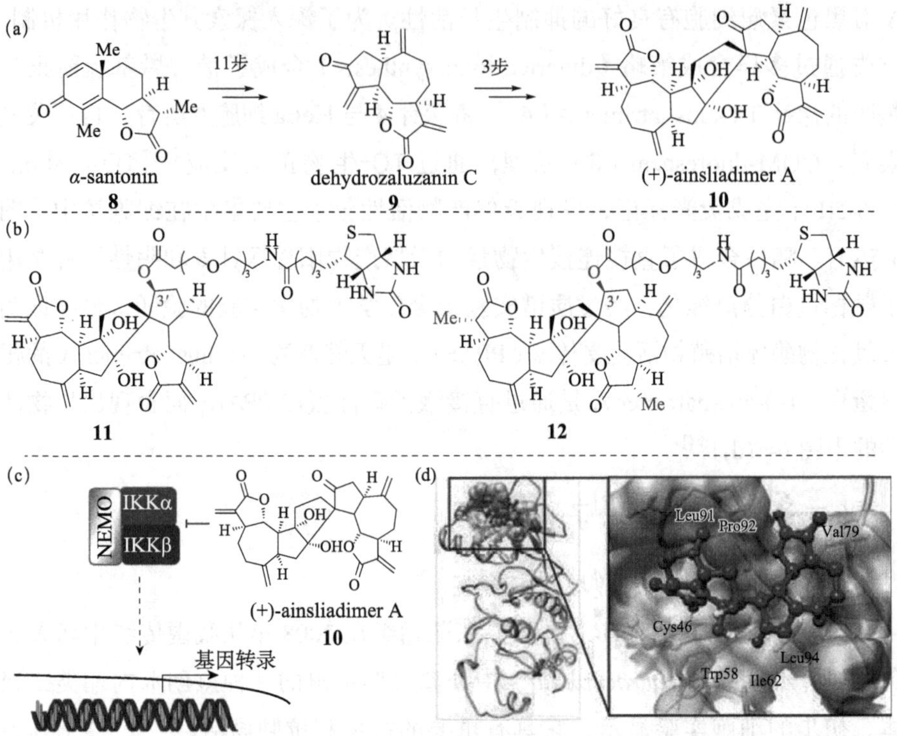

图 6-6　(+)-ainsliadimer A 的作用机制研究

2. kongensin A 抗细胞坏死作用机制

为了寻找到一系列全新的能够高效阻止细胞坏死发生的小分子化合物，北京大学雷晓光课题组和北京生命科学研究所沈志荣课题组针对细胞坏死通路，高通量筛选了 30 万种小分子化合物，发现越南巴豆（*Croton kongensis*）中分离得到的二萜类天然产物 kongensin A（KA，**13**）[37] 是一种非常高效的程序性坏死抑制剂及细胞凋亡诱导剂。通过雷晓光实验室开发的 TQ-生物正交反应 [30]，利用探针分子 Biotin-KA（**14**）揭示出 Hsp90 是 KA 的一个直接的细胞靶标 [图 6-7(a)]。通过体外生化实验和蛋白质质谱研究进一步证实 KA 共价结合 Hsp9 中间结构域中从前未确定特征的第 420 位半胱氨酸，进而将 HSP90 与它的协同伴侣分子 CDC37 分开，由此在多个细胞系中抑制了 RIP3 依赖性的程序性坏死并促进了其凋亡。该研究证明，Hsp9 和 CDC37 协同伴侣分子复合物介导的蛋白质折叠是程序性坏死过程中 RIP3 激活过程中的一个重要组成部分 [图 6-7(b)][38]。

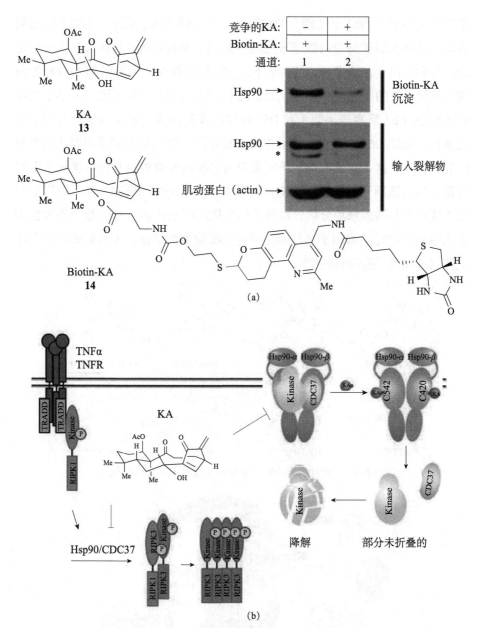

图 6-7 kongensin A 抗细胞坏死作用机制研究

3. 独脚金内酯信号转导分子机制

中国科学院遗传与发育生物学研究所李家洋等利用遗传学和生物化学等手段,在植物激素独脚金内酯(strigolactones,SLs,图 6-8)信号转导分子机制研究中发现 D53 是关键负调控因子，可与转录抑制因子（TPR）形成复合体，协同抑制独脚金内酯信号通路下游靶基因的表达，从而抑制该信号通路。他们提出，在缺少 SLs 的情形下，D53 稳定存在并且招募 TPL/TPR 蛋白共同抑制下游的反应。在有 SLs 的情况下，SL 与 D14（SL 受体）结合，诱导 D14 与 D3（E3 泛素连接酶）和 D53 互作形成复合体，导致 SCF 介导的 D53 泛素化，然后 D53 在蛋白酶体的作用下被降解，解除对下游基因表达的抑制（图 6-9）[39]。这一重要机制的研究发现为水稻的分蘖机制和育种提供了重要理论基础。该期刊同期发表了南京农业大学万建民等的研究工作，同样证明 D53 蛋白参与调控水稻分蘖，在遗传和生化层面上证实了 D53 蛋白作为独脚金内酯信号途径的抑制子参与调控植物分蘖的生长发育，为水稻亚种间杂种优势利用提供了遗传材料[40]。

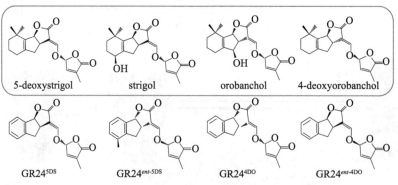

图 6-8　天然独脚金内酯（方框内）及其人工合成类似物

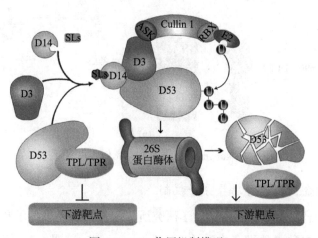

图 6-9　D53 作用机制模型

4. cytosporone B 的作用机制

厦门大学生命科学学院吴乔课题组与沈月毛课题组合作，从内生真菌 *Dothiorella* sp. 的菌丝中分离得到 cytosporone B（Csn-B），并通过 NMR 确定了这种化合物的结构（图 6-10），发现 Csn-B 能特异性地结合到 Nur77 的配体结合域（图 6-11），导致 Nur77 蛋白构象改变，激活 Nur77 的转录活性（图 6-12），并诱导 Nur77 从细胞核转运到线粒体（图 6-13）。功能研究表明，一方面，Csn-B 通过诱导 Nur77 转运到线粒体，促进细胞色素 C 的释放，诱导肿瘤细胞凋亡；另一方面，Csn-B 通过 Nur77 介导调控糖异生通路，提高 C57 小鼠的血糖水平[41]。Csn-B 在体内发挥调节血糖和抑制肿瘤的生理功能，很好地证明了天然产物可用于调节核受体功能和作为药物研发的潜在前景。在此基础上，他们以 Csn-B 为母体结构合成了衍生物，并从中分别发现了能够降低血糖、抑制黑色素瘤生长和败血症诱发的炎症死亡的 3 种小分子化合物[42-44]。这些研究成果反映了厦门大学生命科学学院在天然药物的筛选和利用及化学生物学所取得的一系列重要进展。

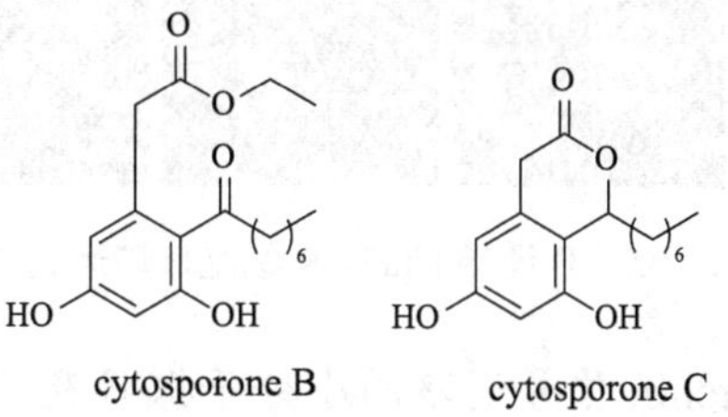

cytosporone B   cytosporone C

图 6-10 真菌天然产物 Csn-B 和 Csn-C 结构式

图 6-11 分子模拟 Csn-B 结合到 Nur77 的配体结合域

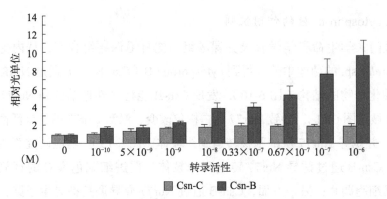

图 6-12　在胃癌细胞 BGC-823 中，Csn-B 激活 Nur77 的转录活性

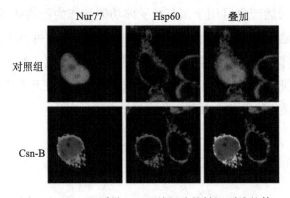

图 6-13　Csn-B 诱导 Nur77 从细胞核转运到线粒体

5. 调控 Wnt/β-catenin 信号通路的小分子探针及其作用机制

Wnt/β-catenin（β-连环蛋白）信号通路是一类在生物体进化过程中高度保守的信号转导通路，调节控制着众多生命活动过程。李林和郝小江课题组通过十多年的合作研究，发现了若干抑制或激活 Wnt/β-catenin 信号通路的小分子并进行了作用机制研究，对治疗肿瘤、骨损伤、干细胞机体再生、神经退化和糖尿病等疾病具有重要意义。

（1）抑制 Wnt 信号通路的小分子探针 S-3（NC-043）及其作用机制。S-3（15-氧代-绣线菊内酯）（图 6-14）的前体为绣线菊内酯（atisine 型二萜），分离自粉花绣线菊复合群植物，S-3 是作为仿生合成研究中的中间体制备的，最初发现具有较好的肿瘤细胞毒性而引起重视。以 S-3 为天然小分子探针，先后阐明了多种新颖的作用机制与作用靶点。

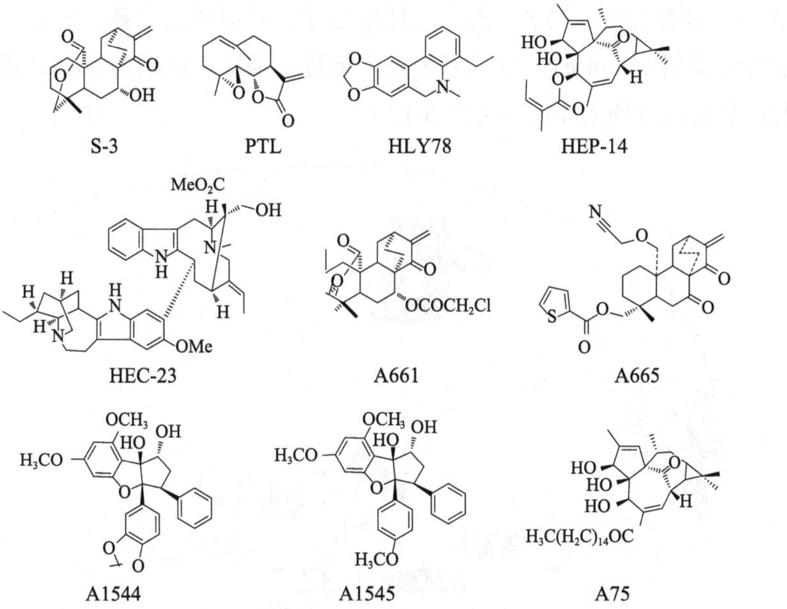

图 6-14 小分子探针结构式

S-3 是我国报道的第一个 Wnt/β-catenin 信号通路抑制剂，以 S-3 为探针发现其通过减弱转录复合物 β-catenin 和 TCF4 的相互作用，以间接的方式抑制 Wnt/β-catenin 信号通路。构效关系研究表明，S-3 分子中共轭羰基和内酯环的存在缺一不可。此外，当衍生物中含有氨基取代（如绣线菊生物碱的衍生物）时，Wnt 抑制活性显著下降甚至没有活性[45]。以 S-3-biotin 为小分子探针，发现 CARF 是其靶标蛋白之一。CARF 最早被发现能通过影响 p53 蛋白质水平和促进 p53 转录活性等多种方式促进 p53 信号转导途径。另外，也有报道称 CARF 能影响线粒体途径、Ras-MPK 激酶途径和 ATM-ATR DNA 损伤修复途径等，但具体机制都不清楚。它在整体动物水平上的生物学功能也不完全清楚。该项研究阐明了 S-3 能够通过其内酯环和迈克尔双键基团共价结合到 CARF 的第 516 位半胱氨酸上。进一步的研究发现，CARF 是经典 Wnt 信号转导途径的一种新的正向调控分子，能在 β-catenin 累积的下游层面发挥调控作用，并证明了 CARF 是 S-3 抑制 Wnt/β-catenin 信号通路的直接作用靶点之一。机制研究结果表明，CARF 能与 Dvl 在细胞核内结合，且这种结合依赖 RNA 的参与。在生物学功能方面的研究发现，CARF 存在全身性的母源性表达，参与斑马鱼早期胚胎发育的调控，并影响斑马鱼造血干细胞的增殖[46]。有趣的是，当 S-3 的内酯环被还原开环形成二羟基衍生物后，仍显示显著的抑制 Wnt/β-catenin 信号通路的活性，但却不能靶向 CARF 蛋白，提示其抑制活性依赖未知途径（图 6-15）。

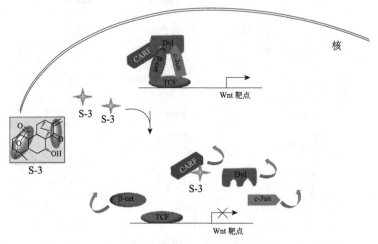

图 6-15　S-3（NC043）抑制 Wnt/β-catenin 信号通路示意图

（2）小白菊内酯抑制 Wnt/β-catenin 信号通路的作用机制。通过运用报告基因筛选系统发现了能够特异性抑制 Wnt/β-catenin 信号通路的小分子小白菊内酯（PTL）。研究结果表明，PTL 不仅可以剂量依赖性抑制 Wnt 信号通路报告基因 TOPFlash 的活性，而且抑制 Axin2 和 NKD1 等 Wnt 靶基因的表达。为了探究 PTL 抑制经典 Wnt 信号通路的特异性功能基团，合成了 PTL 的一系列衍生物，发现 PTL 分子结构上的迈克尔受体和 1（10）的双键是其发挥抑制经典 Wnt 信号通路所必需的。以 PTL-biotin 为小分子探针，发现 PTL 通过靶向核糖体 60S 的成员之一——RPL10，特异性地抑制了转录因子 TCF4 和 LEF1 的蛋白质合成，进而抑制经典 Wnt 信号通路[47]。

（3）小分子探针 HLY78 靶向 Axin，协同激活 Wnt/β-catenin 信号通路的机制。从具有广谱抗病毒活性（TMV/HBV/HCV）的石蒜生物碱衍生物中发现了全新的 Wnt/β-catenin 信号通路协同激活剂 HLY78（为啡啶类化合物）（图 6-14），是国内报道的第一种 Wnt/β-catenin 信号通路协同激动剂。HLY78 通过作用于 Axin 的 DIX 域，增强了 Axin 和 LRP6 的协同作用，从而促进 LRP6 磷酸化和 Wnt 信号转导。该研究还发现了 Axin 与 HLY78 相互耦合的关键残基，表明 HLY78 可以降低 Axin 的自抑性。HLY78 与 Wnt 的协同作用，影响斑马鱼胚胎的发育，增强了保守的造血干细胞（HSC）标志物，RUNX1和 CMYB 在斑马鱼胚胎中的表达。该项研究不仅提供了特定小分子对 Wnt/β-catenin 信号通路调节新的见解，而且发现其在保守造血干细胞等疾病治疗中具有潜在的应用前景。研究还对 HLY78 及其衍生物的构效关系进行了研究，阐明了该类化合物的有效基团和增效基团。研究发现，该类化合物抑制细胞内热休克蛋白 Hsc70 的合成、抑制 HCV 复制与其协同激活 Wnt 信号通路呈正相关，表明 Wnt 信号通路与 HCV 的复制有潜在的交叉影响（图 6-16）[48]。

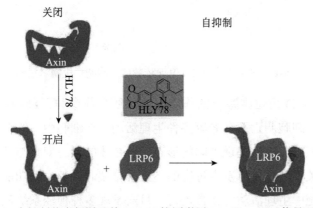

图 6-16　Axin 自抑制状态假说及其 HLY78 协同激活 Wnt/β-catenin 信号通路的示意图

6. 影响线粒体功能的小分子探针及其作用机制

线粒体是细胞有氧能量代谢中心，也是细胞凋亡调控中心。因此，线粒体质量调控是细胞维持正常生命活动的关键。线粒体质量异常与衰老相关疾病（如代谢综合征、神经退行性疾病）的发生密切相关。

（1）S-3 诱导非 Bax/Bak 依赖的细胞凋亡机制。已有很多报道认为 Bax/Bak 在细胞凋亡调控中不可或缺。经陈佺和郝小江课题组合作对具有细胞毒活性的天然小分子进行筛查，发现 S-3（图 6-17）等能够诱导 Bax$^{-/-}$/Bak$^{-/-}$ MEF 细胞株的凋亡[49]。以 S-3 为小分子探针，阐明了非 Bax/Bak 依赖的线粒体途径诱导细胞凋亡新机制。S-3 通过靶向线粒体途径的靶标蛋白硫氧环蛋白还原酶，产生 ROS 激活 Foxo3A，在小鼠体内外特异性地诱导促凋亡蛋白 Bim 的高表达[50]；机制研究表明，Bim 与 Bcl-2 在线粒体水平发生作用，引起 Bcl-2 构象改变而低聚化、由抗凋亡转换为促凋亡功能，从而插入线粒体膜，促进细胞色素 C（Cyt C）的释放、激活胞浆中的蛋白酶 caspase，诱导细胞的非 Bax/Bak 依赖的凋亡[51]。裸鼠移植瘤实验表明，30 mg/kg 的 S-3 对 Bax⁻/⁻Bak⁻/⁻MEF 和 Bax⁻/⁻ HCT116 细胞株移植瘤的抑制率可达 67% 左右，并在体外对多药耐药肿瘤株有显著抑制活性，耐药因子为 0.4（图 6-17）。

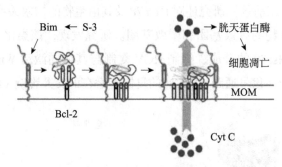

图 6-17　S-3 诱导非 Bax/Bak 依赖的细胞凋亡机制示意图

（2）S-3 促进线粒体融合的作用机制。线粒体参与了细胞中能量代谢、钙信号传导、细胞凋亡及衰老等多种生理活动。在细胞中，线粒体不断地进行着分裂和融合，由此呈现不同的形态。线粒体的形态变化与其功能的正常行使密切相关。当线粒体发生过度的不正常分裂时，其生理功能丧失，进而影响整个细胞中生理活动的正常进行。目前发现多种神经系统疾病的发病机制都与调控线粒体形态的蛋白发生突变有关。陈佺等在研究低浓度的 S-3 对线粒体的影响时，意外发现 S-3 能够诱导线粒体融合。以 S-3/S-3-biotin 为探针，发现 S-3 是线粒体膜定位的去泛素化酶 USP30 抑制剂，可以通过与 USP30 的活性位点结合，抑制 USP30 的去泛素化酶活性，提高线粒体融合素 Mfn1 和 Mfn2 的"非降解性"泛素化水平，从而促进线粒体融合[52]。相关论文发表在 *Cell Research* 上，同期配发了该领域著名学者 Escobar-Henriques 的专文述评。S-3 也被 *Nature Review* 认为是目前唯一靶向 USP30 的小分子化合物。该结果揭示了线粒体融合蛋白 Mfns "非降解性"泛素化促进线粒体融合的特殊功能（图 6-18）。有趣的是,S-3 在较高浓度时显示了抑制 Wnt/β-catenin 信号通路，诱导肿瘤细胞凋亡，并在裸鼠荷瘤实验中得以证实[45, 51]。但是，在低浓度时，S-3 则显示出诱导线粒体融合，可以恢复线粒体的正常功能。前后看起来似有矛盾。笔者认为：天然小分子的笼状分子骨架及其特定的药效团和溶液中的稳定构象，导致其干预细胞生命过程的方式既有选择性又显示了多靶向性。

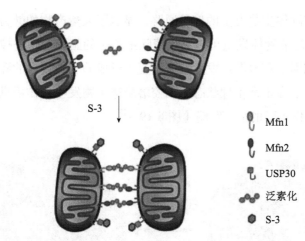

图 6-18　S-3 促进线粒体融合作用机制示意图

7. 影响溶酶体功能的小分子探针及其作用机制

溶酶体是细胞内物质降解的主要场所，在细胞的物质降解和代谢信号控制方面具有举足轻重的地位。溶酶体的生物发生、功能维持及对细胞各种信号响应的机制还未阐明。基于小分子探针开展针对溶酶体调控机制的研究尚十分匮乏。在国家自然科学基金重点项目的资助下，杨崇林与郝小江课题组合作，率先开展了溶酶体调控与干预的化学生物学研究，以筛选发现的植物源活性小分子为探针，研究了影响溶酶体降解功能、促进溶酶体生成的调控机制与作用靶点，并取得若干具有原创性的进展。

（1）小分子探针促进溶酶体生成的作用机制。经筛查 1209 个植物天然产物获得能够促进溶酶体生成的巨大烷型二萜 HEP-14 和 HEP-15（图 6-19），以其为小分子探针开展了促进溶酶体生成的机制研究，发现该类小分子的光亲和标志物能够靶向蛋白激酶 PKCα 和 PKCδ。HEP-14 激活 PKCα 和 PKCδ，使其在细胞中重新定位，迁移到细胞膜、溶酶体膜和细胞核附近，激活后的 PKCα 和 PKCδ 促使激酶 GSK3β 发生磷酸化，GSK3β 磷酸化失活后抑制了溶酶体转录因子 TFEB 的磷酸化，诱导转录因子 TFEB 入核。另外，活化的蛋白激酶 PKCδ 促进了激酶 JNK2 和 P38 的磷酸化，活化的 JNK2 和 P38 使溶酶体转录抑制因子 ZKSCAN3 磷酸化后诱导其出核，从而促进了溶酶体的生物发生。蛋白激酶在这一机制中通过两条平行的信号通路诱导转录因子 TFEB 入核和转录抑制因子 ZKSCAN3 出核，而小分子 HEP-14 同时调控了 2

条皆有利于溶酶体生物发生的信号通路，显示了天然产物的魅力。研究还表明：PKC 介导的溶酶体发生可以显著清除细胞中的脂滴，促进神经退行性疾病亨廷顿病和阿尔茨海默病发生发展过程中形成的变性蛋白的降解。研究成果第一次揭示了在正常生理状态下调控溶酶体生物发生的作用机制，为神经退行性疾病提供了新的治疗策略（图 6-19）[53]。

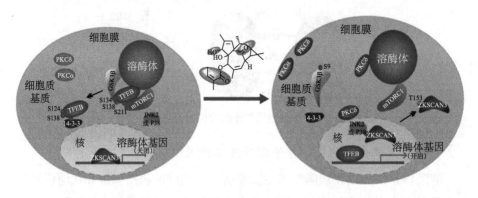

图 6-19　HEP-14 促进溶酶体生成的作用机制示意图

（2）小分子探针 HEC-23 抑制溶酶体降解功能、诱导细胞坏死的机制。为了研究溶酶体损伤的细胞效应，我们以秀丽线虫为模式，建立了筛选天然小分子化合物诱导溶酶体损伤的研究体系，最终发现了吲哚生物碱 HEC-23（伏波加明-依波格型吲哚生物碱二聚体）（图 6-14），能够引起秀丽线虫体内类巨噬细胞中的溶酶体增大，同时导致线虫生殖腺细胞死亡。有趣的是，此处的生殖腺细胞死亡的机制不同于经典的 CED-3/CED-4 细胞凋亡通路。在哺乳动物细胞，ervachinine A～D 引起一系列细胞生物学效应，包括因浓度增大而导致的溶酶体损伤、溶酶体内组织蛋白酶泄漏、自噬体降解抑制、细胞坏死等。进一步的研究表明，HEC-23 诱导的溶酶体损伤和组织蛋白酶依赖的细胞坏死依赖于 STAT3 信号通路，而不是 RIP1 或 RIP3 信号通路。这项研究表明，对于解析维持溶酶体稳态的信号传导机制，以及深入了解人类溶酶体相关的疾病机制，HEC-23 可以作为一种重要的辅助手段[54]。

8. 调控原癌基因 Fli-1 的小分子探针及其作用机制

Fli-1 是 ETS 基因家族的成员，在多种白血病中过表达，Friend 逆转录病毒插入突变激活 Fli-1，引发小鼠白血病。该基因在大多数人类尤因肉瘤中也发生易位，产生具有很强致癌活性的 EWS-Fli-1 融合蛋白。Yaacov Ben-David 等揭示了 Fli-1 的激活是多种癌症的标志，包括增殖、细胞凋亡、分化、血管生成、基因组不稳定性和免疫功能等。各种人类癌症（包括乳腺癌、黑素瘤、淋巴瘤和白血病）中都存在 Fli-1 的诱导表达。在乳腺癌中，Fli-1 表达与肿瘤发生、侵袭和转移相关。除了癌症，Fli-1 失调影响各种人类自身免疫疾病，包括系统性红斑狼疮（SLE）和系统性硬化 / 硬皮病。基于其多种生物学特性，Fli-1 是治疗由于高表达 ETS 因子引发的各种疾病和癌症的理想靶标。Yaacov Ben-David 与郝小江课题组合作，发现了若干靶向 Fli-1 和 EWS-Fli-1 的 DNA 或 RNA 结合活性的天然小分子，开展了作用机制研究。

（1）Fli-1 抑制剂 A661 和 A665 在过表达 Fli-1 的白血病细胞中的作用机制。A661 和 A665（图 6-14）是绣线菊二萜的衍生物，可以抑制白血病细胞中 Fli-1 的功能，通过诱导细胞凋亡和分化抑制红白血病细胞的增殖，对从 B 淋巴细胞白血病患者体内分离出的白血病细胞也有抑制作用；在体内实验中，能抑制红白血病小鼠模型的肿瘤进程，延长小鼠寿命。以其为小分子探针，揭示了其抗白血病的机制：即增加细胞内 miR145 的表达，通过 miR145 结合 Fli-1 的 3′ 末端抑制该蛋白质的合成。该类小分子是首次发现能够上调 miR145 进而产生抗癌活性的化合物。通过对 A661 和 A665 的抑癌机制研究，还发现了 Fli-1-miR145 自调节循环，揭示了 Fli-1 在白血病进程的重要作用 [55]。

（2）Fli-1 抑制剂 A1544 和 A1545 抗白血病的机制。A1544 和 A1545（图 6-14）是全合成的 flavagline 类外消旋体，以纳摩尔级浓度抑制红白血病细胞和其他类型白血病细胞的生长，可以显著延长红白血病小鼠的存活时间。以 A1544 和 A1545 为小分子探针，对其抗白血病活性的作用机制进行研究后发现，与 A611 和 A665 不同，A1544 和 A1545 化合物不能上调 miR145，而是通过抑制 c-Raf-MEK-MAPK/ERK 信号通路，进一步抑制翻译启动因子 4E（eIF4E）的磷酸化，导致 Fli-1 蛋白的下调，抑制 Fli-1 和 EWS-FLI1 的转录活性，为拮抗多种类型的白血病提供了新的模板 [56]。

（3）A75 等 PKC 激动剂通过激活 Fli-1 诱导红白血病细胞分化的机制。研究发现 A75（图 6-14）等巨大戟烷型二萜是 Fli-1 的激动剂，却同样表现出抗白血病的作用。机制研究表明，与 Fli-1 抑制剂诱导红细胞的分化相反，这些 Fli-1 激动剂通过激活 ERK/MAPK 信号通路的磷酸化，诱导红细胞向巨核细胞转化（EMC）。巨大戟烷型二萜作为PKC激动剂使PKC磷酸化，激活ERK/MAPK信号通路，活化了Fli-1，促进了基因表达，引起红细胞向巨核细胞的分化（EMD），促进了细胞贴壁和EMC转化。抑制PKC或ERK/MAPK信号通路，都将降低这些PKC激动剂的作用。Fli-1活化的白血病老鼠模型实验证明，这些PKC激动剂使白血病鼠脾脏中的CD41/CD61正性的巨核细胞大量增加，表明这些化合物具有强的抗癌活性[57]。该项研究为PKC激动剂提供了一个新颖的拮抗Fli-1诱导的白血病的新途径，其诱导EMC过程的特点也可考虑应用于PKC-MAPK-Fli-1通路过度激活的其他癌症的治疗。

（三）天然产物合成途径解析研究

经过长期的分子进化，植物天然产物以其多样独特的分子结构，在生命活动中扮演着重要角色，不仅在其宿主内源中发挥着信号传导、营养、抗逆和防御等生理作用，而且在异源也具有各种药理活性，是药物研发的重要来源。但是一些具有生物活性的植物次生代谢物（特殊营养成分）往往在植物中含量极少。对生物合成途径认识的不足，极大地阻碍了这些重要活性化合物通过现代合成生物学的方法进行规模化制造。不同于原核天然产物合成基因的成簇形式，与植物天然产物合成途径相关的基因元件相对离散性地分布在植物染色体上，极大地限制了利用基因敲除和突变的传统策略进行植物天然产物合成途径解析的效率。随着新一代高通量测序技术的高速发展，植物基因组和转录组数据得到快速富集，远远超出天然产物合成途径相关功能基因组的解析速度。

针对这一不对等的数据信息积累和发展，为获得植物天然产物的合成途径高效解析和新元件挖掘，肖友利课题组致力于发展功能分子探针进行合成途径相关蛋白酶和代谢物解析的新策略。作为一个案例初探，该课题组利用活性分子探针导向的定量化学蛋白质组学策略，以二萜贝壳杉烯骨架衍生的甜菊醇（steviol）为基本结构设计化学小分子探针，分别实现在非模式植物的富产甜菊糖苷同源宿主（甜叶菊）[58]和不产该类化合物异源模式植物（拟南芥）[59]的活性蛋白质组中简单快捷的标记目标作用蛋白，从与甜菊醇骨架结合的蛋白质中筛选具有特定催化活性的糖基转移酶。同时，他们还基于非模式植物的转录组数据构建了蛋白质组数据库，从而依托成熟的质谱技术解析蛋白质序列，高通量获取甜菊糖苷生物合成途径中的多种转糖酶元件。该研究发现，甜叶菊来源的 UGT73E1、UGT76G3 和拟南芥来源的 UGT73C1 等糖基转移酶可以作为潜在的生物合成元件获得新颖的代谢产物（图 6-20）。进一步利用光亲和探针标记技术，他们还成功解析了各转糖酶的底物结合位点，结合分子对接模拟计算对二萜化合物的糖基转移酶的底物专一性识别机制进行了解析。同时，基于分子探针的设计，他们通过先活性反应对代谢合成物富集然后解离代谢组分析的策略获得关键代谢相关信息。以上两方面有关功能蛋白酶和代谢物的解析信息实现了合成途径的成功绘制，建立了研究植物天然产物生物合成途径解析和元件挖掘的新颖化学生物学研究策略。

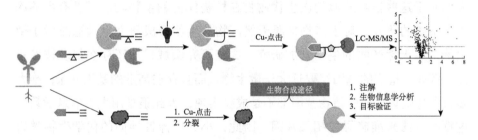

图 6-20 分子探针技术实现植物天然产物合成途径解析的新策略

（四）活性天然产物作用靶点的发现和研究

雷晓光与王初以天然胆酸分子结构为基础，设计了一系列可以模拟其生物学功能的光交联胆酸分子探针，然后结合定量蛋白质组学技术，在活细胞水平上全面探寻了哺乳动物体内可以和胆酸分子特异性结合的潜在蛋白靶点，并从生化水平上进行了验证[60]。王初等采用类似的策略，以重要传统中药成分黄芩苷分子进行化学衍生得到了生物活性光交联分子探针，在细胞内发现直接药效靶点 CPT1A，揭示了该分子在治疗代谢疾病的分子机制[61]。屠鹏飞等将中药苏木的抗神经炎症活性成分苏木酮 A 改造成生物素分子偶联的化学探针，进而从神经小胶质细胞中"钩钓"其直接作用靶标蛋白，结果发现肌苷-5′-单磷酸脱氢酶 2（IMPDH2）是其发挥抗神经炎症作用的一个关键靶点。进一步研究又发现，苏木酮 A 可以通过对靶标蛋白 IMPDH2 的共价修饰，进而诱导其变构失活，抑制靶标蛋白下游的多条炎症相关信号通路的激活，最终实现抗神经炎症作用[62]。

第三节　天然产物导向的化学生物学研究展望

天然产物化学生物学是天然产物研究的重要研究方向之一。目前国际上相关研究领域的前沿研究方向包括以下几个方面。

一、植物来源天然产物的化学生物学

植物为人类提供了很多作为创新药物的天然产物分子，但是一直以来，人们对于这些植物来源的次生代谢物在植物体内的生物功能还没有足够深入、系统的研究，对于植物来源天然产物的生物合成研究也远远滞后于微生物来源天然产物的生物合成研究。这些研究领域目前还存在很多技术瓶颈。例如，植物的基因组要远大于微生物，而且存在高度的基因冗余；绝大多数参与生物合成的植物基因都不是成簇出现，因此很难用生物信息学数据挖掘的方法来准确寻找相关基因。因此，小分子探针导向的化学生物学研究策略和手段有可能帮助克服这些研究瓶颈，进一步推进相关研究领域的发展。

我国有丰富的植物天然资源，其中蕴涵着无穷尽的结构多样的天然产物，因而是发现特异生物活性先导物进而创制新药的最佳来源。以植物为主体的中草药是我国传统文化的宝贵财富，以中药传统理论为指导，借助现代化的新的科学理论和技术手段，通过多种技术辅助、多角度切入、多学科交叉渗透，有利于全面、系统、正确地阐明中药的作用靶点和作用机制。以中药的化学成分为突破口，将化学生物学引入中药的研究领域，已经初步显现了其可行性和合理性，也极大地促进了中药化学成分开发成药物的进程。结合中药现代化研究，化学生物学可以用于中药有效成分的开发，有利于阐明中药治疗疾病的作用靶点和机理，在中药新药开发中有着广阔的应用前景。

二、人体内源性次生代谢分子的化学生物学

传统的天然产物研究都关注人体以外来源的次生代谢产物，包括植物、微生物等。但是，在人体内同样存在很多内源性的小分子化合物，如脂类、糖类分子等，他们直接调控和影响了很多生理、病理过程。因此，对于这些人体内源性天然产物分子的研究将帮助我们获得很多新的生物学发现，对于人类疾病的发生机制阐明与治疗具有重要意义。然而，研究人体内源性天然产物分子有很多技术瓶颈，如所需要的生物样本非常珍贵、很难获得。因此，发展新的化学检测技术，快速追踪、发现人体中的代谢小分子将是非常重要的研究方向。

三、微生物组化学生物学

随着国际微生物组计划的蓬勃发展，科学家逐渐发现人体内存在大量共生的微生物，包括细菌、真菌等。据估算，这些共生微生物的总细胞数目是人体细胞数量的 10 倍，所携带的基因组数量是人基因组的 100 倍。大量研究表明，这些共生微生物和人体的几乎所有生理活动都息息相关，而且和许多人类重大疾病（如癌症、自身免疫性疾病、代谢性疾病）甚至神经退行性疾病的发生、发展都密切相关。对于这些微生物究竟是如何与人体细胞相互作用，调控、影响重要生物通路的研究，已经成为领域中的焦点和前沿。其中，微生物通过产生特定的次生代谢小分子（天然产物分子），并利用这些分子进行微生物-微生物之间或微生物与宿主之间相互作用，是一个很重要的途径。因此，利用化学生物学手段研究该类天然产物的功能已经成为一个非常令人兴奋的前沿领域。

本章参考文献

[1] 吴厚铭 . 化学生物学——新兴的交叉前沿学科领域 [J]. 化学进展，2000，12(4): 423-430.

[2] Waldmann H, Janning P. Concepts and Case Studies in Chemical Biology[M]. New York: John Wiley & Sons, 2014.

[3] 席真，陈鹏，刘磊，等．我国化学生物学研究新进展 [J]．化学通报，2014,(7): 709-719.

[4] 陈鹏，杨财广，张艳，等．基于化学小分子探针的信号转导过程研究进展 [J]．中国科学基金，2017, 31(3): 211-221.

[5] 周怡青，肖友利．活性天然产物靶标蛋白的鉴定 [J]．化学学报，2018，76(3): 177-189.

[6] 王初，陈南．基于活性的蛋白质组分析 [J]．化学学报，2015，73(7): 657-668.

[7] 岳荣彩，单磊，赵静，等．化学蛋白质组学在中药现代化研究中的应用 [J]．世界科学技术－中医药现代化，2010,(4) : 502-510.

[8] Koehn F E, Carter G T. The evolving role of natural products in drug discovery[J]. Nature Reviews Drug discovery, 2005, 4(3): 206.

[9] 徐悦，程杰飞．基于天然产物衍生优化的小分子药物研发 [J]．科学通报，2017,(9): 908-919.

[10] Harding M W, Galat A, Uehling D E, et al. A receptor for the immuno-suppressant FK506 is a *cis-trans* peptidyl-prolyl isomerase[J]. Nature, 1989, 341: 758-760.

[11] Brown E J, Albers M W, Shin T B, et al. A mammalian protein targeted by G_1-arresting rapamycin-receptor complex[J]. Nature, 1994, 369: 756-758.

[12] Taunton J, Hassig C A, Schreiber S L. A mammalian histone deacetylase related to the yeast transcriptional regulator Rpd3p[J]. Science, 1996, 272: 408-411.

[13] Wang J, Zhang C J, Chia W N, et al. Haem-activated promiscuous targeting of artemisinin in *Plasmodium falciparum*[J]. Nature Communications, 2015, 6: 10111.

[14] Ismail H M, Barton V, Phanchana M, et al. Artemisinin activity-based probes identify multiple molecular targets within the asexual stage of the malaria parasites *Plasmodium falciparum* 3D7[J]. Proceedings of the National Academy of Sciences of the United States of America, 2016, 113(8): 2080-2085.

[15] Bambouskova M, Gorvel L, Lampropoulou V, et al. Electrophilic properties of itaconate and derivatives regulate the IκBζ-ATF3 inflammatory axis[J]. Nature, 2018, 556(7702): 501-504.

[16] Mills E L, Ryan D G, Prag H A, et al. Itaconate is an anti-inflammatory metabolite that activates Nrf2 via alkylation of KEAP1[J]. Nature, 2018, 556(7699): 113-117.

[17] Wright M H, Fetzer C, Sieber S A. Chemical probes unravel an antimicrobial defense response triggered by binding of the human opioid dynorphin to a bacterial sensor kinase[J]. Journal American Chemical Society, 2017, 139(17): 6152-6159.

[18] Hoegl A, Nodwell M B, Kirsch V C, et al. Mining the cellular inventory of pyridoxal phosphate-dependent enzymes with functionalized cofactor mimics[J]. Nature Chemistry, 2018, 10(12): 1234-1245.

[19] Barglow K T, Cravatt B F. Activity-based protein profiling for the functional annotation of

enzymes[J]. Nature Methods, 2007, 4: 822-827.

[20] Hulce J J, Cognetta A B, Niphakis M, et al. Proteome-wide mapping of cholesterol-interacting proteins in mammalian cells[J]. Nature Methods, 2012, 10: 259-264.

[21] Li Z, Wang D, Li L, et al. "Minimalist" cyclopropene-containing photo-cross-linkers suitable for live-cell imaging and affinity-based protein labeling[J]. Journal American Chemical Society, 2014, 136(28): 9990-9998.

[22] Shi H, Cheng X, Sze S K, et al. Proteome profiling reveals potential cellular targets of staurosporine using a clickable cell-permeable probe[J]. Chemical Communications, 2011, 47: 11306-11308.

[23] Liu C X, Yin Q Q, Zhou H C, et al. Adenanthin targets peroxiredoxin I and II to induce differentiation of leukemic cells[J]. Nature Chemical Biology, 2012, 8(5): 486-493.

[24] Chen G Q, Xu Y, Shen S M, et al. Phenotypes and targets-based chemical biology investigations in cancers[J]. National Science Review, 2018, 6(6): 17.

[25] Zhou Y Q, Li W C, Xiao Y L. Profiling of multiple targets of artemisinin activated by hemin in cancer cell proteome[J]. ACS Chemical Biology, 2016, 11(4): 882-888.

[26] Li W C, Zhou Y Q, Tang G H, et al. Characterization of the artemisinin binding site for translationally controlled tumor protein (TCTP) by bioorthogonal click chemistry[J]. Bioconjugate Chemistry, 2016, 27(12): 2828-2833.

[27] Zhou Y Q, Li W C, Zhang X X, et al. Global profiling of cellular targets of gambogic acid by quantitative chemical proteomics[J]. Chemical Communications, 2016, 52: 14035-14038.

[28] Chiu P, Leung L T, Ko B C. Pseudolaric acids: isolation, bioactivity and synthetic studies[J]. Natural Product Reports, 2010, 27: 1066-1083.

[29] Zhou Y Q, Di Z A, Li X M, et al. Chemical proteomics reveal CD147 as a functional target of pseudolaric acid B in human cancer cells[J]. Chemical Communications, 2017, 53: 8671-8674.

[30] Wang Y, Shen Y H, Jin H Z, et al. Ainsliatrimers A and B, the first two guaianolide trimers from Ainsliaea fulvioides[J]. Organic Letters, 2008, 10(24): 5517-5520.

[31] Li C, Dong T, Dian L L, et al. Biomimetic syntheses and structural elucidation of the apoptosis-inducing sesquiterpenoid trimers: (−)-ainsliatrimers A and B[J]. Chemical Science, 2013, 4: 1163-1167.

[32] Li Q, Dong T, Liu X H, et al. A Bioorthogonal ligation enabled by click cycloaddition of O-quinolinone quinone methide and vinyl thioether[J]. Journal American Chemical Society, 2013, 135(13): 4996-4999.

[33] Li C, Dong T, Li Q, et al. Probing the anticancer mechanism of (−)-ainsliatrimer a through

diverted total synthesis and bioorthogonal ligation[J]. Angewandte Chemie International Edition, 2014, 53(45): 12111-12115.

[34] Wu Z J, Xu X K, Shen Y H, et al. Ainsliadimer A, a new sesquiterpene lactone dimer with an unusual carbon skeleton from *Ainsliaea macrocephala*[J]. Organic Letters, 2008, 10(12): 2397-2340.

[35] Li C, Yu X L, Lei X G, A Biomimetic total synthesis of (+)-ainsliadimer A[J]. Organic Letters, 2010, 12(19): 4284-4287.

[36] Dong T, Li C, Wang X, et al. Ainsliadimer A selectively inhibits IKKα/β by covalently binding a conserved cysteine[J]. Natural Communications, 2015, 6: 6522.

[37] Chen W, Yang X D, Zhao J F, et al. Three new, 1-oxygenated *ent*-8, 9-secokaurane diterpenes from *Croton kongensis*[J]. Helvetica Chima Acta, 2006, 89(3): 537-540.

[38] Li D R, Li C, Li L, et al. Natural product kongensin A is a non-canonical HSP90 inhibitor that blocks RIP3-dependent necroptosis[J]. Cell Chemical Biology, 2016, 23(2): 257-266.

[39] Jiang L, Liu X, Xiong G. et al. DWARF 53 acts as a repressor of strigolactone signalling in rice[J]. Nature, 2014, 504(7480), 401-405.

[40] Zhou F, Lin Q, Zhu L H, et al. D14-SCF^{D3}-dependent degradation of D53 regulates strigolactone signaling[J]. Nature, 2013, 504(7480): 406-410.

[41] Zhan Y, Du X, Chen H, et al. Cytosporone B is an agonist for nuclear orphan receptor Nur77[J]. Nature Chemical Biology, 2008, 4(9): 548-556.

[42] Zhan Y, Chen Y, Zhang Q, et al. The orphan nuclear receptor Nur77 regulates LKB1 localization and activates AMPK[J]. Nature Chemical Biology, 2012, 8(11): 897-904.

[43] Wang W, Wang Y, Chen H, et al. Orphan nuclear receptor TR3 acts in autophagic cell death via mitochondrial signaling pathway[J]. Nature Chemical Biology, 2014, 10: 133-140.

[44] Li L, Liu Y, Chen H, et al. Impeding the interaction between Nur77 and p38 reduces LPS-induced inflammation[J]. Nature Chemical Biology, 2015, 11(5): 339-346.

[45] Wang W, Liu H Y, Wang S, et al. A diterpenoid derivative 15-oxospiramilactone inhibits Wnt/β-catenin signaling and colon cancer cell tumorigenesis[J]. Cell Research, 2011, 21: 730-740.

[46] He X L, Zhang W J, Yan C, et al. Chemical biology reveals CARF as a positive regulator of canonical Wnt signaling by promoting TCF/β-catenin transcriptional activity[J]. Cell Discovery, 2017, 3: 17003.

[47] Zhu X L, Yuan C M, Tian C Y, et al. The plant sequiterpene lactone parthenolide inhibits Wnt/β-catenin signaling by blocking synthesis of the transcriptional regurators TCF4/ LEF1[J]. Journal of Biological Chemistry, 2018, 293(14): 1054-1065.

[48] Wang S, Yin J L, Chen D Z, et al. Small-molecule modulation of Wnt signaling via

modulating the Axin-LRP5/6 interaction[J]. Nature Chemical Biology, 2013, 9: 579-585.

[49] Lei X B, Chem Y Y, Du G H, et al. Gossypol induces Bax/Bak-independent activation of apoptosis and cytochrome c release via a conformational change in Bcl-2[J]. FASEB Journal, 2006, 20(12): 2147-2149.

[50] Liu J H, Mu C L, Yue W, et al. A diterpenoid derivate compound targets selenocysteine of thioredoxin reductases and induces Bax/Bak-independent apoptosis[J]. Free Radical Biology and Medicine, 2013, 63: 485-494.

[51] Zhao L X, He F, Liu H Y, et al. Natural diterpenoid compound elevates expression of Bim protein, which interacts with antiapoptotic protein Bcl-2, converting it to proapoptotic Bax-like molecule[J]. Journal of Biological Chemistry, 2012, 287(2): 1054-1065.

[52] Yue W, Chen Z H, Liu H Y. A small natural molecule promotes mitochondrial fusion through inhibition of the deubiquitinase USP30[J]. Cell Research, 2014, 24: 482-496.

[53] Li Y, Xu M, Ding X, et al. Protein Kinase C controls lysosome biogenesis independent of mTORC1[J]. Nature Cell Biology, 2016, 18: 1065-1077.

[54] Li Y, Zhang Y, Gan Q W, et al. C. elegans-based screen identifies lysosome-damaging alkaloids that induce STAT3-dependent lysosomal cell death[J]. Protein & Cell, 2018, 9(12):1013-1026.

[55] Liu T J, Xia L, Yao Y, et al. Identification of diterpenoid compounds that interfere with Fli-1 DNA binding to suppress leukemogenesis[J]. Cell Death and Disease, 2019, 10: 117.

[56] Song J L, Yuan C M, Yang J, et al. Novel flavagline-like compounds with potent Fli-1 inhibitory activity suppress diverse types of leukemia[J]. FEBS Journal, 2018, 285: 4631-4645.

[57] Liu T J, Yao Y, Zhang G, et al. A screen for Fli-1 transcriptional modulators identifies PKC agonists that induce erythroid to megakaryocytic differentiation and suppress[J]. Oncotarget, 2017, 8: 16728-16743.

[58] Zhou Y, Li W, You W, et al. Discovery of Arabidopsis UGT73C1 as a steviol-catalyzing UDP-glycosyltransferase with chemical probes[J]. Chemical Communications, 2018, 54 7179-7182.

[59] Li W, Zhou Y, You W, et al. Development of photoaffinity probe for the discovery of steviol glycosides biosynthesis pathway in Stevia rebuadiana and rapid substrate screening[J]. ACS Chemical Biology, 2018, 13(8): 1944-1949.

[60] Zhuang S, Li Q, Cai L, et al. Chemoproteomic profiling of bile acid interacting proteins[J]. ACS Central Science, 2017, 3(5): 501-550.

[61] Dai J, Liang K, Zhao S, et al. Chemoproteomics reveals baicalin activates hepatic CPT1 to ameliorate diet-induced obesity and hepatic steatosis[J]. Proceedings of the National

Academy of Sciences of the United States of America, 2018, 115(25): 5896-5905.

[62] Liao L X, Song X M, Wang L C, et al. Highly selective inhibition of IMPDH2 provides the basis of antineuroinflammation therapy[J]. Proceedings of the National Academy of Sciences of the United States of America, 2017, 114(29): 5986-5994.

（撰稿人：雷晓光、肖友利、郝小江；统稿人：雷晓光）

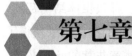

第七章
天然产物的资源获取与利用

第一节　天然产物获取技术的发展

　　天然产物是药物先导化合物的重要来源，但是生物资源的有限及天然含量的低微经常会限制天然产物的进一步开发，因此具有重要生物活性的天然产物全合成在天然产物功能研究中具有重要意义。天然产物全合成主要包括化学合成与生物合成。化学合成已有100多年的历史，合成方法学及新反应和新试剂的发展极大地促进了其在天然产物合成中的应用。生物合成则是近年来发展的新兴技术，随着分子生物学与技术的发展，生物合成逐步成为合成复杂活性天然产物的重要手段。在过去十年左右，中国科学家在这两个领域都取得了杰出的成就，实现了一系列重要天然产物尤其是一些天然药物化合物的合成，部分产品已经实现大量制备，推动了我国药物工业的发展。本章将重点总结我国科学家利用生物合成或化学与生物合成结合的策略和方案，实现的重要药物分子大量合成的研究成果，其中天然的药物分子包括青蒿素、喜树碱、红霉素、米尔贝霉素、四氢异喹啉家族生物碱、类胡萝卜素、灯盏乙素、红景天苷、天麻素、人参皂苷。

一、通过化学合成实现天然产物的获取

（一）青蒿素

　　青蒿素是20世纪60～70年代经中国科学家分离并用于治疗疟疾的有效

成分，其对脑型疟疾和抗氯喹疟疾具有速效和低毒的特点，以青蒿素为先导化合物衍生得到的蒿甲醚和青蒿琥酯等青蒿素类药物，是治疗疟疾唯一有效的药物，并成为世界卫生组织推荐的药品。青蒿素的抗疟机理与其他类型抗疟药不同，它主要通过干扰疟原虫的表膜-线粒体功能，导致虫体结构瓦解。我国科学家屠呦呦由于对青蒿素的发现及在治疗疟疾方面的杰出贡献获得了2015年诺贝尔生理学或医学奖。青蒿素主要来源于植物黄花蒿的叶和花蕾，目前市售的青蒿素主要来自植物黄花蒿的提取，而黄花蒿从育种、种植到企业收购及提取销售需要3年左右的时间，这也导致青蒿素的市场价格波动较大。因此，青蒿素的化学合成及工业化生产引起了化学家的高度关注。青蒿素是一种倍半萜内酯化合物，结构上最特殊的是具有过氧桥环，这也使其合成具有很大的挑战。经过30多年的研究，有关青蒿素人工合成的文献报道较多，我国合成化学家在这个领域也做出了突出的贡献。

自20世纪80年代开始，植物学家就对植物体内青蒿素的生物合成途径进行了研究。研究发现，青蒿酸是黄花蒿植物体内形成青蒿素的重要中间体。上海交通大学张万斌课题组成功发展了一种无光照高效合成青蒿素的方法（图7-1）[1]。以发酵制备的青蒿酸为原料，首先采用他们发展的面手性催化剂RuPHOX-Ru用于青蒿酸的不对称氢化，能够高收率、高选择性地完成二氢青蒿酸的合成。随后以过氧化氢为氧化剂，利用他们自主研发的过渡金属催化剂顺利实现过氧桥环形成及内酯化，经重结晶以60%~62%的收率完成青蒿素的合成。该反应目前已完成300 L规模的中试研究，成果已完成技术转让，相关企业正在进行产业化研究[1]。随着青蒿酸生物发酵技术的发展，由青蒿酸制备青蒿素的半合成工艺将会趋于完善，而由生物发酵与化学合成相结合的方式规模化制备青蒿素将有可能取代黄花蒿提取，成为青蒿素类抗疟药物的主要原料来源。

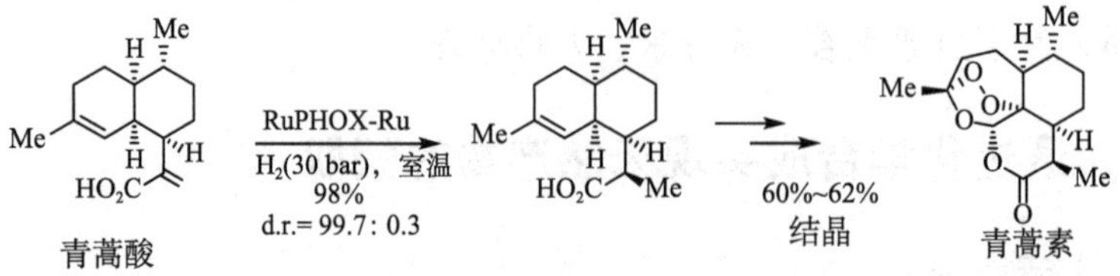

图7-1　无光照的青蒿素高效合成技术

（二）喜树碱

喜树碱（camptothecine）是 Wall 和 Wani 于 1966 年从我国特有植物喜树（*Camptotheca acuminata*）中提取到的，其结构于 1966 年通过 X 射线单晶衍射确认，含有喹啉 AB 环、吡咯并吡啶酮 CD 环及 α-羟基内酯 E 环。20-位羟基的立体化学对其生物活性至关重要。很快，喜树碱就因其优良的抗肿瘤活性而以开环钠盐的形式进入临床研究。但喜树碱表现出严重的副作用，而且其开环形式的活性也大大降低，临床上为了保持其活性，需要持续的静脉滴注。无论从喜树碱的用量考虑，还是从患者的身体承受力考虑，这些缺点无疑给喜树碱本身的成药之路带来困难。经过十年的沉积，1985 年喜树碱作为 DNA 拓扑异构酶 I（Topo I）的特异性抑制剂的报道，引起了合成化学家、药物化学家等的广泛关注。喜树碱通过与 Topo I-DNA 可络合中间体的可逆结合，形成了稳定的喜树碱-Topo I-DNA 三元复合物，使得 DNA 复制受阻，最终导致细胞死亡。由于肿瘤细胞中 Topo I 的含量远远超过正常细胞，因此更易受到喜树碱的攻击，从而达到杀死癌细胞的作用。通过合成化学家和药物化学家的努力，已经有多种喜树碱衍生物［如伊立替康（irinotecan）、拓扑替康（topotecan）、贝洛替康（belotecan）等］被批准上市，用于治疗特定的癌症患者。

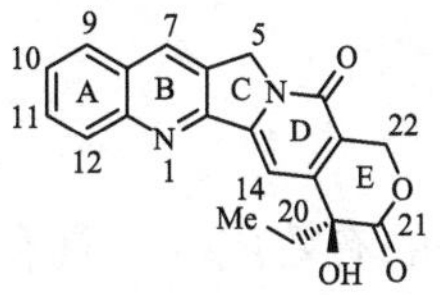

camptothecin

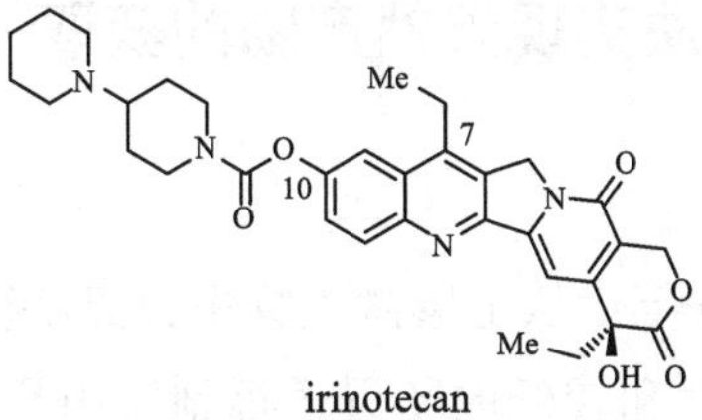

irinotecan

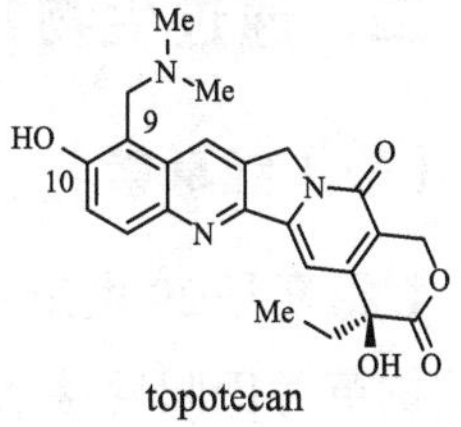

topotecan

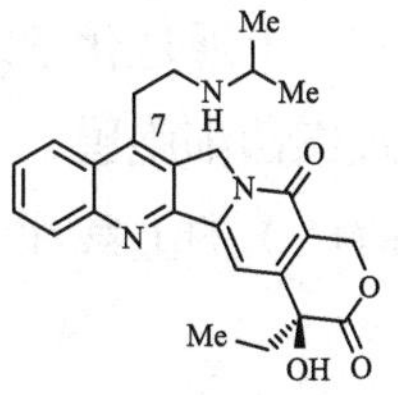

belotecan

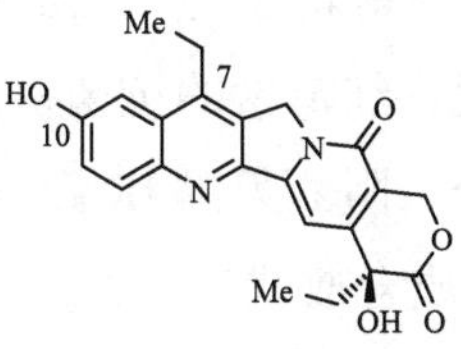

SN-38

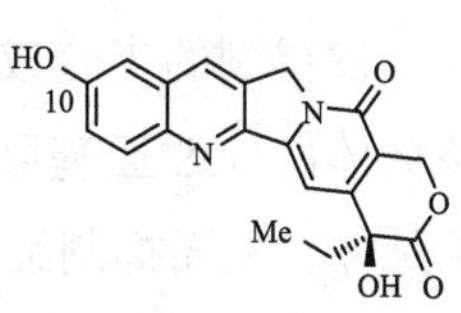

10-hydroxycamptothecin

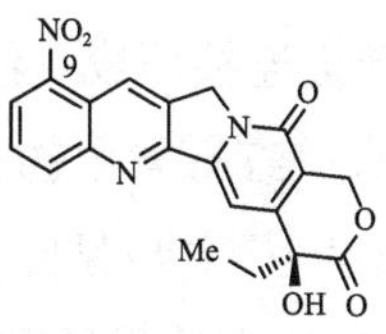

rubitecan

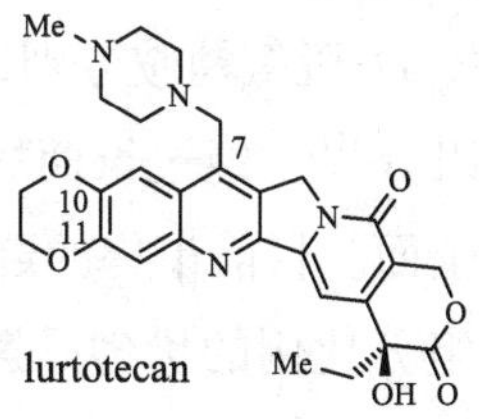

lurtotecan

陈芬儿课题组一直致力于喜树碱的不对称全合成[2-4]。他们的合成工作（图 7-2）从已知化合物 **1** 出发。该化合物已经含有喜树碱所要的 CD 环。在碱性条件下，对苄位的甲基进行官能团衍生和之后的氧化态调整，得到 E 环内酯化合物。内酯 α-位的不对称氧化是该路线中的第一个关键反应。运用 Davis 试剂作为立体选择性氧化试剂，以 82% 的产率（72% ee）得到。第二个关键反应即为 AB 喹啉环的构建，作者选用 Friedlander 喹啉合成法。最终在盐酸的强酸性条件下，脱保护同时缩合环化，完成喜树碱的不对称全合成。

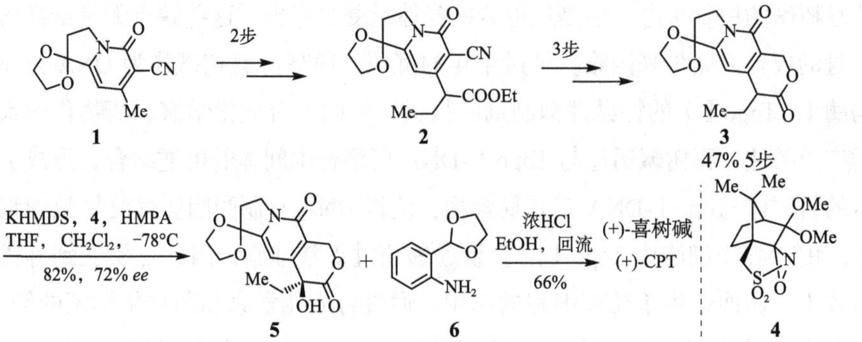

图 7-2　喜树碱的化学合成

二、通过生物方法实现天然产物的获取

（一）红霉素

红霉素是 20 世纪 60 年代从土壤微生物中分离获得的有效成分，具有良好的抗革兰氏阳性菌活性和较低的肠胃道毒副作用[5, 6]。临床常用的阿奇霉素[7]、克拉霉素[8]、泰利霉素[9]等都是在天然红霉素的基础上通过化学结构修饰开发得到的半合成抗生素。红霉素的抗菌机制是透过细菌细胞膜，与细菌核糖体的 50S 亚基可逆结合，阻断氨酰 tRNA（转运 RNA）的上载和多肽链的延伸，从而抑制细菌蛋白质合成[10]。

红霉素是 1 类十四元大环内酯类化合物，其化学结构主要由红霉内酯骨架与 L-碳霉糖、D-脱氧糖胺分别以 O-糖苷键连接而成。红霉素 A 是其中活性最好的天然组分[11]。经过长期的研究，有关红霉素生物合成机制的报道已经十分系统和全面。目前市售的红霉素类抗生素主要源自微生物发酵，发酵产量的高低、组分比例的优劣是影响红霉素类产品质量和价格的主要因素。

基于对红霉素生物合成机制的理解，可以从菌种遗传改造的层面实现红霉素类产品的更新换代，中国科学院上海有机化学研究所刘文课题组就红霉素生产菌种的优化做出了一系列出色的工作。

自 20 世纪 90 年代开始，生化学家就对红霉素的生物合成途径进行了深入的研究。研究发现，红霉素的生物合成途径包括骨架形成和后修饰两大步骤[12]：骨架的生物合成是在聚酮合酶的催化作用下以一分子丙酰辅酶 A（propionyl-CoA）（**7**）为起始单元，六分子甲基丙二酰辅酶 A（methylmalonyl-CoA）（**8**）为延伸单元，经过多轮克莱森缩合反应形成一个十四碳链的聚酮中间产物，并最终从复合酶系中解离下来，形成环化产物 6-脱氧红霉内酯（6-deoxyerythronolide B）（**9**）[13-15]。随后经过羟化、糖基化、甲基化等一系列后修饰反应，最终形成红霉素 A（erythromycin A）（**10**）及包括红霉素 B（erythromycin B）（**11**）、红霉素 C（erythromycin C）（**12**）、红霉素 D（erythromycin D）（**13**）、erythronolide B（**14**）和 3-O-mycarosyl erythronolide B（**15**）在内的一系列中间产物[16, 17]（图 7-3）。

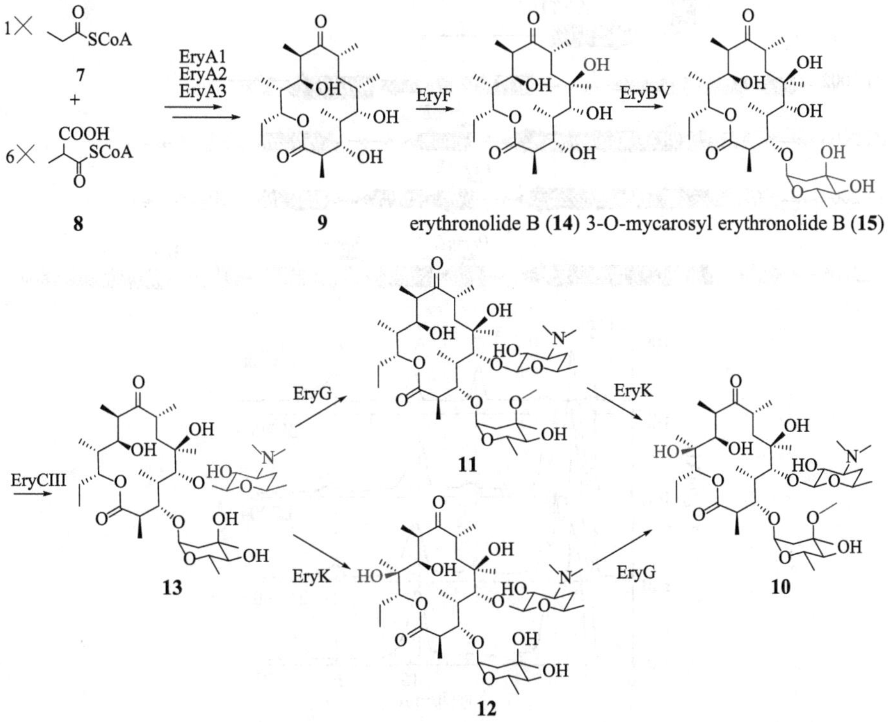

图 7-3　红霉素的生物合成途径

中国科学院上海有机化学研究所刘文课题组经过多年努力，从红霉素发酵产量提高、组分比例优化、发酵杂质去除等方面入手，在红霉素生产菌种的遗传改造方面取得了一系列成果。例如，他们利用红霉素 A 组分生物合成中控制组分比例的两个关键后修饰蛋白——细胞色素 P450 氧化酶 EryK 和 SAM 依赖的甲基化酶 EryG，通过向生产菌种的基因组导入额外拷贝的 *eryK* 和 *eryG* 基因，实现了红霉素 A 的产量提高和组分优化。研究发现，当羟化酶基因 *eryK* 与甲基化酶基因 *eryG* 的拷贝数为 3:2 时，杂质红霉素 B 和红霉素 C 完全消失，红霉素 A 的产量也提高了约 30%[18, 19]（图 7-4）。该研究成果已经在相关企业完成产业化。

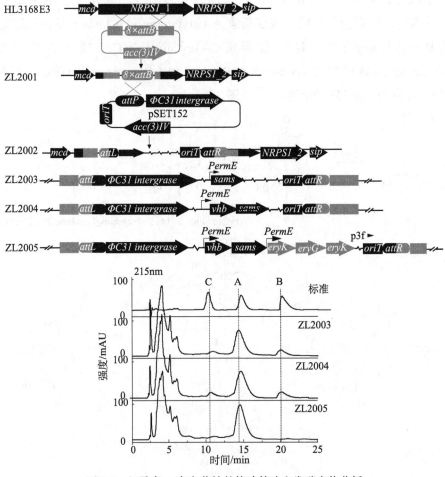

图 7-4　红霉素 A 高产菌株的构建策略和发酵产物分析

随着天然产物生物合成研究的日益深入及生物学技术方法的飞速发展，生物制造产业也迎来了巨大的发展机遇。结合基础研究成果开发实用的新型生产菌种，对于以红霉素为代表的生物制造产业而言，都将是产业升级不可或缺的部分。

（二）米尔贝霉素

农用抗生素米尔贝霉素（milbemycin 或 milbemycin A3、milbemycin A4）具有比阿维菌素更高的杀螨活性，被美国环境保护局认定为"危险性小的杀虫剂"，荷兰批准成为"GNO"（作物生产中的天然产物），属于生态友好型农药；适用有机农业害虫综合防治，是"现世界上最优良的杀螨剂"；已在美国、日本等 43 个国家和地区登记用于防治草莓、茶叶、苹果、柑橘等 24 种植物对阿维菌素、有机磷农药产生抗性的螨、斑潜蝇、蚜虫、粉虱。米尔贝霉素半合成产品乐平霉素（lepimectin）也已登记用于防治多种蔬菜、水果的鳞翅目、同翅目害虫。此外，半合成米尔贝肟（milbemycin oxime）被欧美评价为最安全抗寄生虫药物。自 1967 年日本申请产生米尔贝霉素菌株专利以来，由于产生菌株难以获得，米尔贝霉素原料药仅由日本 Sankyo 公司垄断生产。冰城链霉菌（*Streptomyces bingchenggensis*）是由东北农业大学向文胜课题组于 2007 年从哈尔滨土壤中分离获得的一株米尔贝霉素产生菌株[20]，它不仅可以生物合成米尔贝霉素，而且可以生物合成 12 种新的米尔贝霉素类和 1 种聚醚类新化合物[21]。该菌株的发现解决了我国生产农用抗生素产品米尔贝霉素系列原料药最核心的技术菌种问题。

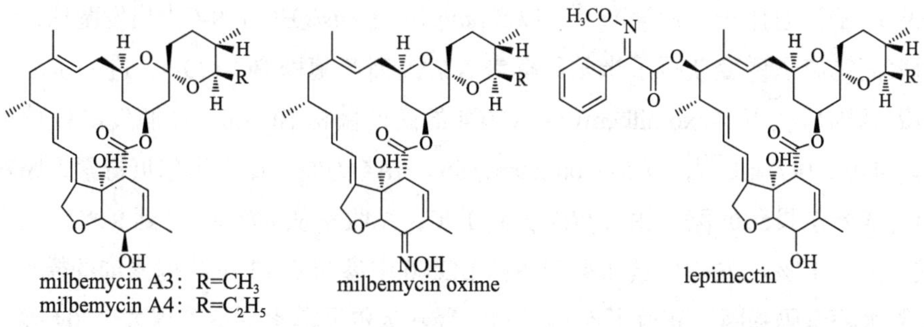

milbemycin A3: R=CH₃
milbemycin A4: R=C₂H₅
milbemycin oxime
lepimectin

为了提高米尔贝霉素的单位产量，经菌株诱变、推理选育、培养基优化及发酵条件优化等，最终获得摇瓶发酵效价为 1450 mg/mL 的高产菌株[21]，并于 2010 年完成了该高产菌株的全基因组测序，分析和鉴定了米尔贝霉素的生物合成基因簇及其生物合成途径[22]。米尔贝霉素生物合成基因簇（mil）与阿维菌素生物合成基因簇（ave）相似，包含 4 个大的开放阅读框（milA1～milA4），分别编码 4 个巨大的多功能蛋白，组成米尔贝霉素聚酮合酶（polyketide synthase，PKS），共含有 12 个不同的模块（module），每个模块能够催化特定循环中链的延伸。其中，milA1 中含有 1 个起始模块和负责聚酮化合物链延伸的两个延伸模块，与其他的聚酮合酶编码基因 milA2、milA4 和 milA3 之间有一段 62 kb、功能未知的插入序列，这与 ave 存在显著差异。米尔贝霉素的生物合成是以乙酰辅酶 A 和丙酰辅酶 A 为起始单元，不同的起始单元分别形成米尔贝霉素 A3 和米尔贝霉素 A4，延伸模块负责添加 5 个甲基丙二酰辅酶 A 和 7 个丙二酰辅酶 A 形成聚酮链，随后由 MilA4 中的硫酯酶（TE）催化聚酮链从 PKS 上解离并环化。milC 是 aveC 的同源基因，根据阿维菌素生物合成中 aveC 的功能[23]，可以推断 MilC 催化米尔贝霉素 C-17—C-25 螺缩醛酮的形成。milE 编码细胞色素 P450 羟化酶，催化 C-6 和 C-27 之间形成呋喃环；milF 编码 NADPH 依赖的 C-5-酮基还原酶，催化 C-5 位酮基形成羟基；milD 编码 C-5-O-甲基转移酶，催化 C-5 位 O-甲基化[24, 25]。

在明确米尔贝霉素生物合成机制的基础上，通过基因中断 milD，获得不产生 5-O-methylmilbemycins 的基因工程菌株，进一步中断冰城链霉菌中南昌霉素生物合成基因簇中起始模块的编码基因，最终获得不产生杂质米尔贝霉素和南昌霉素且主要产物为米尔贝霉素 A3/A4 的高产菌株 S. bingchenggensis BC-109-6，更适合用于工业生产[25]。以 S. bingchenggensis BC-109-6 为出发菌株，利用表面等离子诱变获得了米尔贝霉素 A3/A4 高产菌株 BC-120-4，进一步敲除 milF 基因后获得 5-oxomilbemycin A3/A4 的高产菌株 BCJ60，摇瓶发酵效价可达 (3470 ± 147) g/L[26]，以 5-oxomilbemycin A3/A4 为原料比以米尔贝霉素为原料半合成米尔贝肟的路线由 2 步减少到 1 步，总收率从 87% 提高到 94%，生产成本降低 17%。进一步敲除高产菌株 BCJ60 中参与 C-13 位结构修饰的模块 7 中脱水酶编码基因，获得了 5-酮基-13-羟基米尔贝霉素优良工程菌，70 t 罐发酵单位产量达到 2450 μg/mL，以 5-酮基-13-羟基米尔贝霉素为原料比以米尔贝霉素为原料半合成乐平霉素的路线从 4 步减少到 2 步，总收率从 23% 提高

89%，生产成本降低 82%，解决了乐平霉素产业化和应用的关键技术。

米尔贝霉素和阿维菌素具有相似的结构和生物合成机制，2015 年，向文胜课题组通过组合生物合成的方法将米尔贝霉素生物合成基因簇 *milA2* 中的 *milDH2-ER2-KR2* 替换阿维菌素产生菌 *S. avermitilis* NA-108 中阿维菌素生物合成基因簇 *aveA2* 中的 *aveDH2-KR2*，获得伊维菌素（ivermectin）的产生菌株，并进一步将阿维菌素生物合成的起始模块编码基因 *aveLAT-ACP* 替换为米尔贝霉素生物合成的起始模块编码基因 *milLAT-ACP*，最终获得的基因工程菌株能够生物合成两种新的阿维菌素结构类似物 25-甲基或 25-乙基伊维菌素，其对线虫和螨的杀虫活性是米尔贝霉素的 2.5～5.7 倍[27]。在米尔贝霉素生物合成基因簇中存在唯一的正向调控基因 *milR*，该基因与阿维菌素生物合成基因簇中的途径特异性基因 *aveR* 具有 49% 的同源性，同属于 LuxR 家族的转录调控因子，MilR 能够直接激活 *milA4-E* 和 *milF* 的转录，但是间接激活了基因簇内其他基因（*milA1*、*milA2*、*orf1* 和 *milC*）的转录。利用自身启动子单拷贝过表达 *milR* 使米尔贝霉素的产量从 2947 mg/L 提高到 4069 mg/L[28]。此外，在冰城链霉菌的基因组中还存在一对 ArpA/AfsA-like 的 γ-丁内酯（γ-butyrolactone，GBL）系统 SbbR/SbbA。SbbR 是一个多效调控因子，除了可以调控米尔贝霉素的生物合成外，还参与其他次级代谢及细胞分化等过程中 11 个途径特异性、多效性和全局性的调控因子的表达。SbbR 直接激活 *milR* 的转录但抑制自身及其上游基因 *sbbA* 的转录。SbbR 在 *milR* 启动子上的结合区域位于 *milR* 转录起始位点的-279～-252 碱基处，在 *sbbR/A* 间隔序列所保护的区域位于 *sbbR* 转录起始位点的-106～-71 碱基处，这一位置对应 *sbbA* 转录起始位点的-30～+5 碱基处。敲除 *sbbR* 可导致米尔贝霉素 A3/A4 产量下降 80%、生物量降低，但是孢子提前产生；敲除 *sbbA* 后，米尔贝霉素 A3/A4 的产量提高 25%、生物量降低，但不影响孢子的形成[29]。

冰城链霉菌的发现解决了我国米尔贝霉素产业化的关键核心菌种问题。随着米尔贝霉素生物合成及调控机理的研究深入，更高效、适合于工业化生产的优良工程菌将被用于米尔贝霉素及其系列产品的产业化。米尔贝霉素的成功也为我国其他基于天然产物药物研发提供了很好的思路和方法，对我国成为"发酵强国"具有重要的意义。

（三）四氢异喹啉家族生物碱

四氢异喹啉家族生物碱因其独特的化学结构和优良的生物活性，长期以来备受生物学、药物化学和有机化学的关注。该家族的代表性成员包括番红霉素 A（saframycin A，SFM-A）、番红菌素（safracin B，SAC-B）、萘啶霉素（naphthyridinomycin，NDM）、喹诺卡星（quinocarcin，QNC）及明星分子 ecteinascidin 743（ET-743）。后者作为抗肿瘤药物于 2007 年在欧洲上市（商品名为 Yondelis®），2015 被美国食品药品监督管理局（FDA）批准，用于治疗晚期软组织肉瘤，是第一例源于海洋天然产物的抗肿瘤新药。该家族中的许多成员含有非蛋白源氨基酸 3-羟基-5-甲基-O-甲基酪氨酸（3-OH-5-Me-OMe-Tyr），其生物合成途径包含 C-甲基化、O-甲基化和芳环羟基化［图 7-5(a)］。中国科学院上海有机化学研究所唐功利课题组研究表明 SfmD 属于一类特殊的血红素-半胱氨酸配体依赖的、以过氧化氢为氧化剂、过氧化酶类似的 Tyr 芳环羟化酶，催化 3mTyr 到 3h5mTyr 的转化，而 Tyr 羟基一旦被甲基化保护则不能识别。通过体外生化实验也证实了 SfmM2 催化酪氨酸芳环 C-甲基化[30]。

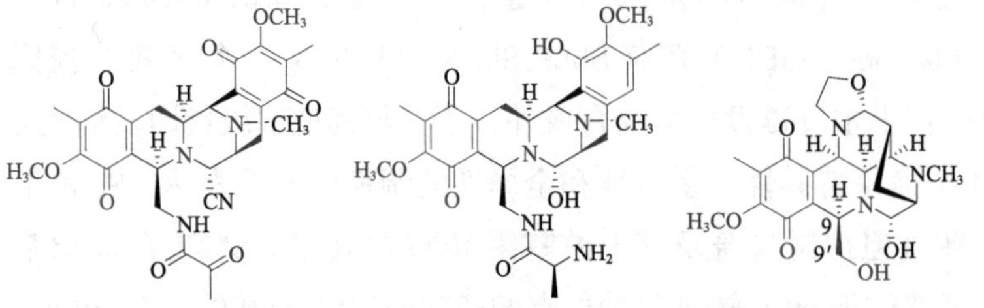

saframycin A (**SFM-A**)   safracin B (**SAC-B**)   naphthyridinomycin (**NDM**)

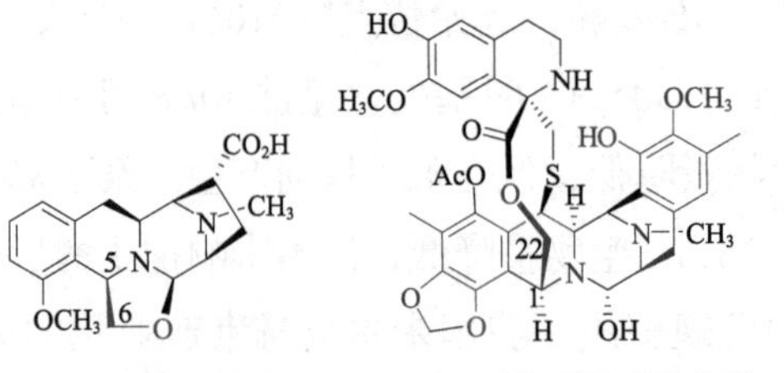

quinocarcin (**QNC**)   ecteinascidin 743 (**ET-743**)

研究人员在 SFM-A 生物合成中后修饰的研究中发现了膜蛋白 SfmE 负责催化脂肪酸链的脱除，而后的分泌型氧化还原酶 SfmCy2（FAD-共价结合，BBE 家族）催化了脱氨修饰［图 7-5(b)］。二者编码基因失活的突变株均丧失了 SFM-A 的合成能力，在突变株中可以检测到预期的中间体。研究人员在

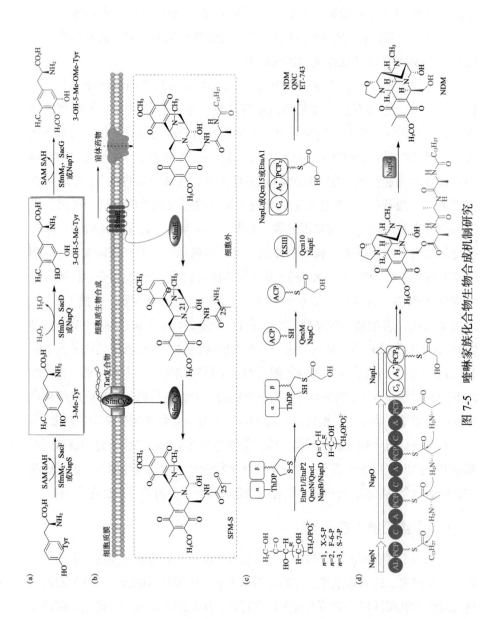

图 7-5　喹啉家族化合物生物合成机制研究

获得 SfmCy2 重组蛋白的基础上通过体外生化实验证实了 SfmCy2 可以催化丙氨酰边链氧化脱除氨基成酮。鉴于已知的生物脱氨反应主要包括转氨酶催化的氨基转移及氨基酸氧化酶催化的氧化脱氨，SfmCy2 酶功能的鉴定不仅揭示了复杂天然产物的生物合成中一种全新的胞外脱氨机制，而且拓宽了人们对 FAD 依赖的氧化还原酶功能的认识[31]。

作为四氢异喹啉生物碱家族中的一员，NDM 除具有四氢异喹啉分子的核心骨架外，还具有独特而复杂的多环结构。该化合物除具有抗肿瘤活性外，其抗菌活性也很高，特别是对一些临床的耐药菌仍然具有很强的杀伤效果。骨架结构形成的前体大多已经确定，但 C9-C9′ 来源一直是个谜；QNC 和 ET-743 也存在相同的问题。NDM 和 QNC 生物合成基因簇的克隆和比较研究为探索这一独特的 2C 单位的生物合成来源、途径及相关酶学机制提供了机会和研究素材。通过体内基因敲除、同源 / 异源互补，标记前体喂养，体外生化相结合的系统研究，唐功利课题组发现并揭示了：大自然采取一种丙酮酸脱氢酶类似的转酮酶（TKase）-非核糖体肽合成酶（NRPS）杂合体系，以木酮糖-5-磷酸（X-5-P）、果糖-6-磷酸（F-6-P）或景天庚糖-7-磷酸（S-7-P）为供体底物，通过辅基硫辛酰胺介导进而硫酯交换将羟基乙酰 2C 单元直接转到 ACP 上形成硫脂，从而为进一步的 NRPS 提供一种独特的延伸单元［图 7-5(c) 和 (d)］。该独特生化机制的阐明揭示了该家族化合物中多年来一直未解决的问题，预示着 ET-743 也采取类似的机制，为进一步四氢异喹啉家族化合物生物合成基因簇重组、设计并创造 ET-743 的合成生物学研究奠定了基础[32]。

在系统分析生物合成基因簇、体内遗传与体外生化相结合研究关键基因的基础上，提出并初步证明了一种核糖体肽生物合成常用的前导肽介导的非核糖体肽的生物合成机制，为进一步组合生物合成及合成生物学研究创造了条件[33]。

（四）类胡萝卜素

类胡萝卜素在医药、营养品、化妆品及食品领域具有重要用途。β-胡萝卜素、番茄红素、虾青素是代表性的类胡萝卜素。中国科学院天津工业生物技术研究所张学礼团队以类胡萝卜素为研究对象，从物质代谢调控、能量代谢调控和细胞生理调控这 3 个方面开展研究，较系统地解析了微生物高效合成萜类化合物的调控机制。在物质代谢方面，系统分析了萜类合成通用 MEP 途径的限速步骤。除了公认的 Dxs 和 Idi 这两个关键限速步骤，发现 IspG 和 IspH 是另外重要的限速步骤，并且这两个酶需要协同表达才能发挥作用。另外，IspG 的过表达会导致中间代谢物 HMBPP 积累，这是一种有毒代谢物，其积累会导致核酸和蛋白质合成相关的基因显著下调，严重抑制细胞生长代谢 [34]。该研究发现了萜类化合物合成途径中的新限速步骤和新有毒中间代谢物。在能量代谢方面，萜类化合物合成时需要消耗大量的 NADPH 型还原力。该研究系统研究了好氧条件下大肠杆菌合成 NADPH 的限制因素。通过对中央代谢途径（磷酸戊糖和 TCA）的多尺度模块化调控，该研究发现 TCA 途径的代谢通量是大肠杆菌好氧合成 NADPH 的最主要限制因素，并且 α-酮戊二酸脱氢酶和丁二酸脱氢酶是 TCA 途径中最主要的限速步骤。该研究解决了萜类化合物合成代谢中的还原力不平衡问题 [35]。在细胞生理调控方面，萜类化合物是在细胞中积累的，细胞的容量制约了萜类化合物的产量，细胞需要具备很好的存储能力才能获得高的产量。该研究系统研究了大肠杆菌细胞膜存储能力的限制因素，发现细胞膜形态和细胞膜组分合成能力是制约大肠杆菌细胞膜存储能力的关键因素。引入外源的膜折叠蛋白，能改变大肠杆菌的细胞膜形态，形成细胞膜向内的褶皱；增强甘油磷脂合成能力，可以进一步增加细胞膜向内的褶皱，从而进一步增强细胞膜存储能力并显著提高萜类化合物的产量 [36]。该研究发现了大肠杆菌细胞膜存储能力增强的新机制。在解析微生物高效合成萜类化合物的调控机制的基础上，他们构建出一系列高效生产类胡萝卜素的微生物细胞工厂。在 200 L 发酵罐中完成了番茄红素的中试验证，发酵 48 h，番茄红素产量达 7 g/L。

（五）灯盏乙素

灯盏花药品是治疗心脑血管疾病的必备药品，在中国心脑血管领域中灯盏花制剂产品已经占据约 7% 的市场份额。中国科学院天津工业生物技术研究所江会锋团队与云南农业大学西南中药材种质创新与利用国家地方联合工程研究中心和云南省药用植物生物学重点实验室主任杨生超团队合作，利用合成生物学和生物信息学技术，成功从灯盏花基因组中筛选了灯盏花素合成途径中的关键基因（P450 酶 EbF6H 和糖基转移酶 EbF7GAT），并在酿酒酵母底盘中成功构建了灯盏花素合成的细胞工厂。通过代谢工程改造与发酵工艺优化，灯盏花素的含量达到百毫克级，具有较高产业化价值 [37]（图 7-6）。

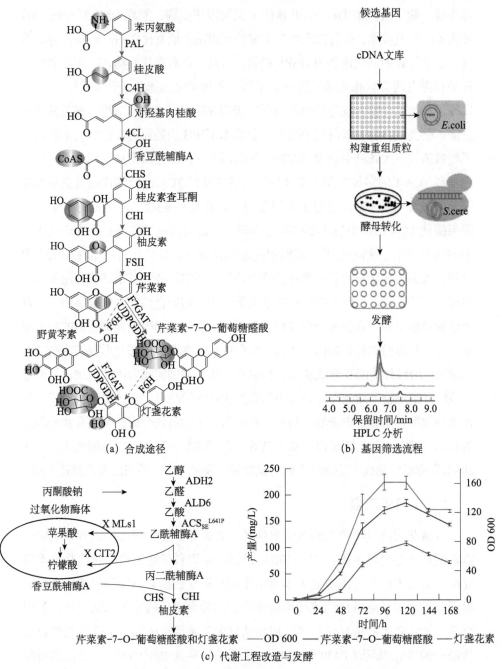

(a) 合成途径　　(b) 基因筛选流程

(c) 代谢工程改造与发酵

图 7-6　灯盏花素合成途径、基因筛选流程、代谢工程改造与发酵

（六）红景天苷

红景天苷是一种极具开发前景的环境适应药物。红景天生长于高寒环境，资源匮乏，不易种植，药用组分含量低且含有毒物质杂质。中国科学院天津工业生物技术研究所刘涛团队利用莽草酸通路酪氨酸合成前体对羟基苯丙酮酸（4-HPP），引入酿酒酵母来源的丙酮酸脱酸酶 ARO10，在大肠杆菌中构建了红景天苷苷元酪醇的合成通路，通过代谢调控，酪醇产量达 927 mg/L。进一步引入红景天来源的糖基转移酶 UGT73B6，在国际上首次实现了红景天苷的大肠杆菌异源合成，摇瓶发酵红景天苷产量达 57 mg/L，同时还合成一个糖加在酪醇酚羟基上的糖苷副产物淫羊藿次苷 D2。在此基础上，该团队通过对 UGT73B6 进行定向进化，筛选到一个对底物酪醇亲和力提高了 5 倍的突变体 UGT73B6MK，进一步对 UDP-葡萄糖代谢通路进行调控，并优化发酵条件，摇瓶发酵红景天苷产量达 409 mg/L。此外，利用定向进化、饱和突变等手段，获得一个区域选择性改善的糖基转移酶突变体，该突变体催化酪醇糖基化产物主要为红景天苷，淫羊藿次苷 D2 很少。进一步优化发酵条件，以葡萄糖为原料，30 L 发酵罐高密度发酵 60 h，红景天苷产量可达 10 g/L（图 7-7）。根据目前的技术水平，预计红景天的生产成本 800 元 /kg 以下，是植物提取成本的 1/60[38]。

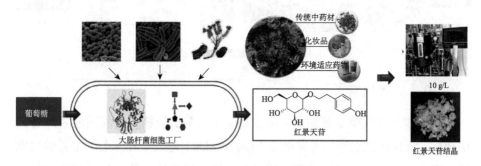

图 7-7　红景天苷的生物合成

（七）天麻素

天麻是我国公布的 34 种名贵中药材之一，属于国家三级保护物种，天麻素含量只有 0.4%。天麻素作为天麻的主要活性成分，临床上广泛应用于神经衰弱及神经衰弱综合征、眩晕、头痛及癫痫的辅助治疗。仅天麻素单体的年产值就超过 10 亿元。天麻资源珍稀，天麻素含量低，植物提取价格昂贵。化学合成方法存在成本较高和污染严重等缺点。植物中天麻素的生物合成通路至今还未解析清楚。中国科学院天津工业生物技术研究所刘涛团队以莽草酸通路的分支酸为前体，通过表达大肠杆菌内源分支酸-丙酮酸裂解酶 UbiC、来自诺卡氏菌的羧酸还原酶 CAR 及来自枯草芽孢杆菌的 CAR 辅因子 Sfp，并引入植物红景天来源的糖基转移酶 UGT73B6，在国际上首次创建了天麻素大肠杆菌合成通路，摇瓶发酵天麻素产量达 307 mg/L。进而通过定向进化，筛选到一个区域选择性改善和催化活性提高的糖基转移酶突变体 UGT73B6FS，将天麻素产量提高到 545 mg/L。该团队进一步通过调控莽草酸通路、UDP-葡萄糖通路、NADPH 还原力，对糖基转移酶进行突变和筛选，优化发酵条件，提高了天麻素产量。以葡萄糖为原料，5 L 发酵罐高密度发酵 60 h，天麻素产量可达 10 g/L（图 7-8）。根据现有技术水平，天麻素生产成本预计在 500 元 /kg 以下，是植物提取的 1/200、化学合成的 1/2[39]。

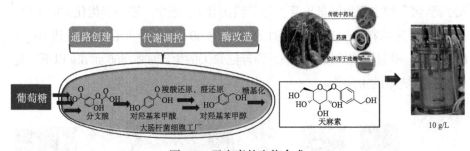

图 7-8　天麻素的生物合成

（八）人参皂苷

人参和三七同属于五加科（Araliaceae）人参属植物，是我国著名的名贵中药材。近代研究表明，人参皂苷（ginsenoside）是人参和三七的主要活性成分，它们大部分属于达玛烷型三萜类化合物。目前已经从人参属植物中分离出 100 多种皂苷。这些人参皂苷由于糖基结合位点、糖链的组成和长度不同而在生理功能和药用价值上产生了较大的差异。其中，稀有人参皂苷 CK 是口服人参或人参总皂苷后在血液中检测到的主要活性成分，被认为是人参在体内代谢后被吸收到血液并发挥作用的主要活性分子之一[40]。CK 被证实具有抗癌、保肝、抗炎症和治疗糖尿病等多种药用价值，在防治关节炎方面也有比较显著的效果，已经获得国家食品药品监督管理总局开展临床试验的批号（CDEL20130379）。稀有人参皂苷 Rh2 和 Rg3 具有诱导肿瘤细胞凋亡、抑制肿瘤细胞增殖及限制肿瘤细胞扩散和转移等抗肿瘤活性（图 7-9）。稀有人参皂苷 Rh1 可以明显提高体外培养的神经元的活力，具有促进周围神经轴突生长的作用，可以通过调节 JAK/STAT 和 ERK 信号通路来抑制神经小胶质细胞的激活，因此对于治疗各种神经退行性疾病有潜在疗效。稀有人参皂苷 F1 具有抗衰老、抗血小板凝集、减少紫外线对细胞的损伤等疗效[41]。由于 CK、Rg3、Rh2、Rh1 和 F1 等在人参中含量极低，目前主要是通过对人参总皂苷进行糖基水解来制备的，但是这类制备方法的缺点是需要依赖于人参总皂苷资源的供给。由于野生的人参资源已基本耗竭，而人参的人工栽培又面临生长周期长、病虫害和连作障碍等问题，使得人参总皂苷资源的供给、品质及安全性都面临挑战，因此近年来利用合成生物学方法来大量制备人参皂苷受到极大的关注。

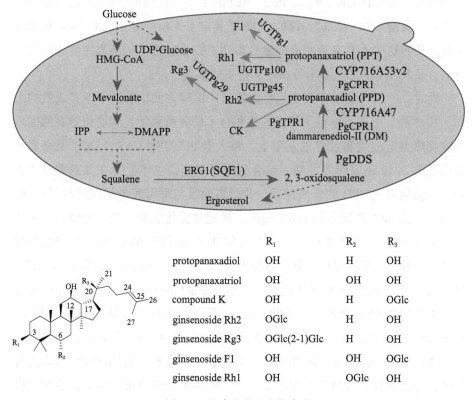

	R₁	R₂	R₃
protopanaxadiol	OH	H	OH
protopanaxatriol	OH	OH	OH
compound K	OH	H	OGlc
ginsenoside Rh2	OGlc	H	OH
ginsenoside Rg3	OGlc(2-1)Glc	H	OH
ginsenoside F1	OH	OH	OGlc
ginsenoside Rh1	OH	OGlc	OH

图 7-9 人参皂苷的生物合成

　　解析人参皂苷合成途径是实施合成生物学方法合成人参皂苷的必要条件。2011 年前后，我国科学家完成了人参属植物人参、三七和西洋参的转录组测序分析。近年来，中国科学家与韩国科学家又分别完成了人参和三七的基因组测序分析，这些组学数据为系统解析三萜皂苷的合成途径奠定了重要的基础 [42-47]。人参皂苷合成相关的 MVA 途径及从乙酰辅酶 A 到 2, 3-环氧角鲨烯（2, 3-oxidosqualene）的前体合成途径中催化酶的编码基因都已经有报道。合成人参皂苷的皂苷元的达玛烯二醇合成酶（PgDDS）及两个细胞色素 P450 元件 CYP716A47 和 CYP716A53v2 也分别由日本与韩国科学家完成了鉴定 [48-50]，但是人参皂苷合成途径中负责糖基修饰和糖链延伸的糖基转移酶却一直没有得到解析。中国科学院上海生命科学研究院的周志华课题组在973 项目"新功能人造生物器件的构建"（2012CB721103）的资助下，对人参属植物中的 UDP-糖基转移酶进行了系统的研究，从人参中克隆与鉴定了包括稀有人参皂苷 CK、Rg3、Rh2、Rh1 和 F1 在内多种人参皂苷合成途径中所需要的关键 UDP-糖基转移酶，同时还鉴定了人参中细胞色素 P450 还原酶元件，使得这些人参皂苷的合成途径得到了完全解析，从而为用合成生物学方法合成各种不同的人参皂苷奠定了坚实的基础 [51-53]。

　　同时，中国科学家在人参皂苷细胞工厂构建方面也展开了卓有成效的工作。2013 年，中国科学院天津工业生物技术研究所张学礼课题组等在韩国科学家克隆鉴定的生物元件的基础上，将人参 PgDDS、CYP716A47 及来源于拟南芥的 P450 还原酶元件基因整合到酿酒酵母染色体上，在酿酒酵母中重构了人参皂苷元 PPD 的合成途径，并对该途径与酵母底盘细胞进行了优化，摇瓶发酵的 PPD 产量达到 148.1 mg/L，再通过优化发酵工艺，PPD 的产量达到 1189 mg/L[54]。在此基础上，他们还构建了同时产 PPD、PPT 和齐墩果酸的"人参酵母"细胞工厂，其产量分别为 17.2 mg/L、15.9 mg/L 和 21.4 mg/L。2016 年，天津大学卢文玉课题组将人参来源的 P450 元件 CYP716A47 与拟南芥来源的 P450 还原酶元件 ATR1 进行不同方式的融合，显著提高了酿酒酵母中 DM 到 PPD 转化的效率 [55]。在此基础上，他们进一步通过增强细胞壁相关基因 SSD1 的表达，同时调控与细胞氧化压力相关基因 YBP1 的表达等策略，增加菌株发酵过程中细胞工厂对乙醇的耐受性及细胞活力，通过批次补料使 PPD 发酵产量提高为 4.25 g/L[56]。周志华课题组使用人参来源的 P450

还原酶元件替换了拟南芥来源的还原酶元件 ATR1，对 CYP716A47 元件进行优化，并同时对从乙酰辅酶 A 到角鲨烯的整个前体合成途径进行强化，最后通过批次补料发酵使得 PPD 的产量达到 11g/L[57]，周志华课题组在高产 PPD 或者 PPT 的酵母底盘细胞中导入她们从人参中鉴定的具有不同催化功能的 UDP-糖基转移酶就可以获得合成不同人参皂苷的酵母细胞工厂。通过持续的元件优化、底盘优化和代谢调控优化，人参皂苷 CK 酵母细胞工厂的产量从 1 mg/L 提高到 1 g/L 以上，其他 4 种稀有人参皂苷（Rg3、Rh2、Rh1 和 F1）的酵母细胞工厂的发酵产量均达到 1 g/L 以上。目前，人参皂苷 CK 已经完成了中试发酵和产物纯化，产品纯度高于 99.5%，在技术经济指标方面已经显著优于传统的人参总皂苷酶解方法，为稀有中药资源可持续利用提供了成功的范例，在国际上处于领先水平。其中，从头生物合成稀有人参皂苷 CK 的技术已经转让给 1 家生物制药企业。

第二节 基于天然产物的原创新药

一、基于天然产物的原创新药研制概况

为了适应国际医药产业发展趋势，我国积极推进药品审评制度改革。当前，我国新药研究的基本格局正逐步从仿制为主转变为创制为主。天然产物是新药发现的重要来源。我国拥有丰富的天然药物资源和数千年的中医药理论与临床用药实践，天然产物研究是具有中国特色新药创制的重要途径之一。2008～2018 年，我国天然产物的基础研究发展迅速，研究水平也得到显著的提高。我国基于天然产物研制的原创新药主要包括以下几种类型：直接以天然资源或发酵物中提取分离得到的天然产物分子开发的药物（化药 1.2 类或中药 1 类）；通过合成或半合成途径获得的天然产物分子开发的药物（化药 1.1 类）；以合成或半合成途径获得的天然产物衍生物开发的药物（化药 1.1 类）；从动物、植物、矿物等天然物质中提取的有效部位开发的药物（中药 5 类）；濒危动物药材高技术代用品（中药 3 类原创药物）。根据国家食品药品监督管理总局药品审评中心的公开信息进行统计，2008 年 1 月～2018 年 11 月，我国基于以上 4 种途径研制的原创新药申请共涉及 106 个品种，其中 7

种已经上市销售，13 种处于上市申请阶段，86 种处于不同临床研究阶段。适应证主要集中在癌症、心脑血管疾病、神经退行性疾病等国家重大疾病需求领域，为保障国民健康及促进我国医药卫生事业的发展起到重要的作用[58, 59]。

二、基于天然产物研制的原创化学新药

我国对天然产物的研究开始于 20 世纪上半叶。1924 年，我国学者陈克恢从中药麻黄中得到左旋麻黄碱（ephedrine），并首次阐明它的药理作用和临床疗效，引起全世界医药界的研究热潮，不久即作为治疗支气管哮喘的重要药物上市销售[60]。此后的几十年间，中国学者又先后从中草药中分离得到多个重要的天然产物分子，并相继开发成药物，取得了一批代表性的研究成果，如青蒿素、甲异靛、丁苯酞、小檗碱、双环醇等，在我国乃至世界医药健康领域产生了重要的影响。

据统计，自 2008 年 1 月至 2018 年 11 月，我国来源于天然产物或者天然产物衍生物的原创化学新药申请（1.1 类和 1.2 类）共涉及 56 个品种，详见图 7-10 与表 7-1。在这些原创新药中，部分药物具有独特的药理机制，满足了迫切的临床需求，不仅为相关药物研发开辟了新方向，并且提升了我国创新药物研究领域的国际地位，产生了重大的经济效益和社会效益。

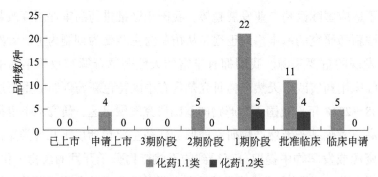

图 7-10　2008～2018 年中国基于天然产物研发的原创化学新药（化药 1.1 类和 1.2 类）

表 7-1　2008～2018 年中国基于天然产物研制的原创化学新药（化药 1.1 和 1.2 类）

编号	药品名称	注册分类	适应证	开发单位名称	天然基源	注册状态
1	甘露寡糖二酸	1.1 类	老年性痴呆	上海绿谷（本溪）制药有限公司 / 上海绿谷制药有限公司 / 中国海洋大学 / 中国科学院上海药物研究所	海藻	上市申请

续表

编号	药品名称	注册分类	适应证	开发单位名称	天然基源	注册状态
2	苯烯莫德	1.1 类	银屑病	广东中昊药业有限公司 / 北京文丰天济医药科技有限公司 / 深圳天济药业有限公司	土壤线虫共生菌的代谢物	上市申请
3	右旋莰醇	1.1 类	脑卒中	南京先声东元制药有限公司	龙脑	上市申请
4	可利霉素	1.1 类	细菌感染	沈阳同联集团有限公司 / 中国医学科学院医药生物技术研究所 / 北京首科集团公司	大环内酯类抗生素	上市申请
5	左黄皮酰胺	1.1 类	早老性痴呆、中期的认知功能障碍，老年人及脑血管病引起的记忆障碍	青岛黄海制药有限责任公司 / 广州诺浩医药科技有限公司 / 中国医学科学院药物研究所	黄皮	II期临床
6	匹诺塞林	1.1 类	急性缺血性卒中	石药集团中奇制药技术（石家庄）有限公司 / 中国医学科学院药物研究所	蜂胶	II期临床
7	布格呋喃	1.1 类	广泛性焦虑障碍	北京知药医疗科技有限公司 / 中国医学科学院药物研究所	沉香呋喃衍生物	II期临床
8	盐酸希明替康	1.1 类	晚期结直肠癌、晚期实体瘤	中国科学院上海药物研究所	喜树碱衍生物	II期临床
9	羟戊基苯甲酸钾	1.1 类	治疗急性缺血性脑卒中	云南生物谷创新药物投资有限公司 / 中国医学科学院药物研究所	丁苯酞衍生物	II期临床
10	9-硝基喜树碱	1.1 类	抗肿瘤药	成都耐切尔生物技术有限公司 / 上海艾斯可生物技术有限公司	喜树碱衍生物	I期临床
11	伪人参皂苷 GQ	1.1 类	心肌缺血、心绞痛	吉林华康药业股份有限公司 / 吉林大学再生医学科学研究院	人参	I期临床
12	黄芩素（百可利）	1.1 类	帕金森病	中国医学科学院药物研究所 / 江苏康缘药业股份有限公司	黄芩	I期临床
13	甲磺酸胺银内酯 B	1.1 类	急性缺血性脑血管疾病	南京柯菲平盛辉制药有限公司 / 江苏柯菲平医药股份有限公司 / 南京柯菲平医药科技有限公司	银杏	I期临床
14	康布斯汀	1.1 类	恶性实体瘤	南京卓泰医药科技有限公司 / 上海华理生物医药股份有限公司	南非植物 Combrctum caffrum	I期临床

编号	药品名称	注册分类	适应证	开发单位名称	天然基源	注册状态
15	芬乐胺	1.1类	轻、中度帕金森病	石家庄以岭药业股份有限公司/中国医学科学院药物研究所	番荔枝酰胺衍生物	I期临床
16	喜诺替康	1.1类	抗肿瘤	正大天晴药业集团股份有限公司/中国科学院上海药物研究所	喜树碱衍生物	I期临床
17	异噻氟定	1.1类	乙型肝炎	上海海和药物研究开发股份有限公司/中国科学院上海药物研究所	海洋天然产物Leucamide A衍生物	I期临床
18	迪安替康钠	1.1类	晚期结直肠癌	湖南方盛制药股份有限公司/湖南方盛华美医药科技有限公司	喜树碱衍生物	I期临床
19	华卟啉钠	1.1类	晚期实体瘤/食管癌	青龙高科技股份有限公司	卟啉衍生物	I期临床
20	注射用HPPH	1.1类	抗肿瘤药	浙江海正药业股份有限公司	二氢卟酚类	I期临床
21	马来酸蒿乙醚胺	1.1类	系统性红斑狼疮	中国科学院上海药物研究所	青蒿素衍生物	I期临床
22	M6G	1.1类	用于术后镇痛治疗	江苏恒瑞医药股份有限公司	吗啡在体内的活性代谢物	I期临床
23	替芬泰	1.1类	抗乙型肝炎病毒	贵州百灵企业集团制药股份有限公司/贵州省中国科学院天然产物化学重点实验室/天津药物研究院/中国人民解放军第三〇二医院	苗药马蹄金	I期临床
24	甲磺酸苦柯胺B	1.1类	脓毒症	天津红日药业股份有限公司/中国人民解放军第三军医大学第一附属医院	地骨皮	I期临床
25	HAO472	1.1类	急性髓性细胞白血病	江苏恒瑞医药股份有限公司/上海交通大学医学院附属瑞金医院/上海恒瑞医药有限公司	冬凌草甲素衍生物	I期临床
26	PEG-SN38	1.1类	转移性乳腺癌	浙江海正药业股份有限公司	喜树碱衍生物	I期临床
27	布罗佐喷钠	1.1类	轻、中度急性缺血性脑卒中	郑州大学/浙江奥翔药业股份有限公司	丁苯酞衍生物	I期临床
28	TQ-B3203	1.1类	晚期实体瘤	连云港润众制药有限公司/正大天晴药业集团股份有限公司	喜树碱衍生物	I期临床
29	SPT-07A	1.1类	急性缺血性脑卒中	苏州沪云肿瘤研究中心股份有限公司	天然小分子单体化合物	I期临床

编号	药品名称	注册分类	适应证	开发单位名称	天然基源	注册状态
30	ACT001	1.1类	晚期胶质瘤	天津尚德药缘科技股份有限公司	小白菊内酯的衍生物	I期临床
31	TPN-171H	1.1类	肺动脉高压	中国科学院上海药物研究所	淫羊藿黄酮衍生物	I期临床
32	丹参素钠	1.2类	心脑血管疾病	山东绿叶制药有限公司/山东绿叶天然药物研究开发有限公司	丹参素丹参	I期临床
33	埃博霉素B	1.2类	细菌感染	浙江海正药业股份有限公司	黏细菌亚目的纤维堆囊菌菌株发酵液	I期临床
34	熊果酸	1.2类	抗肿瘤药	武汉利元亨药物技术有限公司	五环三萜化合物	I期临床
35	绿原酸	1.2类	抗肿瘤药	四川九章生物科技有限公司	主要存在于忍冬科忍冬属和菊科蒿属植物中	I期临床
36	人参皂苷CK	1.2类	抗肿瘤药	浙江海正药业股份有限公司	人参	I期临床
37	汉黄芩素	1.1类	抗肿瘤药	中国药科大学/合肥合源医药科技股份有限公司	黄芩	批准临床
38	黄酮醇糖苷	1.1类	高脂血症	中国人民解放军第二军医大学基础部/上海捌加壹医药科技有限公司	黄酮类化合物	批准临床
39	去氧鬼白毒素	1.1类	晚期实体瘤	浙江尖峰药业有限公司/中国药科大学	中药桃儿七	批准临床
40	羟基雷公藤内酯醇	1.1类	类风湿关节炎	中国科学院上海药物研究所/上海医药集团股份有限公司	雷公藤	批准临床
41	硫酸益母草碱	1.1类	高脂血症	珠海横琴新区中珠正泰医疗管理有限公司/复旦大学	益母草	批准临床
42	吉马替康	1.1类	抗肿瘤	兆科（广州）肿瘤药物有限公司	喜树碱衍生物	批准临床
43	信立他赛	1.1类	抗肿瘤	深圳信立泰药业股份有限公司	紫杉醇衍生物	批准临床
44	非洛他赛	1.1类	抗肿瘤	江苏恒瑞医药股份有限公司/上海恒瑞医药有限公司	紫杉醇衍生物	批准临床

续表

编号	药品名称	注册分类	适应证	开发单位名称	天然基源	注册状态
45	马来酸TPN672	1.1类	抗精神分裂症	中国科学院上海药物研究所 / 苏州旺山旺水生物医药有限公司 / 山东特珐曼药业有限公司	延胡索	批准临床
46	康莫他赛	1.1类	抗肿瘤	中国医学科学院药物研究所	紫杉醇衍生物	批准临床
47	吗啡-6-葡萄糖苷酸	1.1类	镇痛	宜昌人福药业有限责任公司	吗啡衍生物	批准临床
48	丹酚酸A	1.2类	糖尿病周围神经病变	中国医学科学院药物研究所	丹参	批准临床
49	银杏内酯B	1.2类	治疗缺血性脑中风	黑龙江天宏药业股份有限公司	银杏	批准临床
50	柚皮苷	1.2类	止咳化痰	中山大学 / 广东中大天翼生物科技发展有限公司 / 广东华南新药创制中心	化橘红	批准临床
51	河豚毒素	1.2类	戒毒治疗	厦门朝阳生物工程有限公司 / 国家海洋局第三海洋研究所	河豚	批准临床
52	艾帕培南	1.1类	细菌感染	山东轩竹医药科技有限公司	碳青霉烯类抗生素	临床申请
53	吲哚醌	1.1类	帕金森病	武汉康丽源医药科技有限公司 / 武汉光谷新药孵化公共服务平台有限公司 / 青岛大学	爵床科植物马蓝等	临床申请
54	R-(-)-醋酸棉酚	1.1类	抗肿瘤	江苏亚盛医药开发有限公司	棉花种子	临床申请
55	吡普环素	1.1类	细菌感染	山东亨利医药科技有限责任公司	四环素类抗生素	临床申请
56	头孢妥仑钠	1.1类	细菌感染	四川科伦药物研究院有限公司 / 成都市考恩斯科技有限责任公司	头孢菌素类	临床申请

注：由于部分新药品种研究信息未披露，数据可能有遗漏。

（一）抗阿尔茨海默病药物——甘露寡糖二酸（GV-971）

甘露寡糖二酸是从海藻中提取的海洋寡糖类分子。不同于传统靶向抗体药物，甘露寡糖二酸能够多位点、多片段、多状态地捕获 β 淀粉样蛋白（Aβ），抑制 Aβ 纤丝形成，使已形成的纤丝解聚为无毒单体。最新研究发现，甘露寡糖二酸还通过调节肠道菌群失衡、重塑机体免疫稳态，进而降低脑内神经炎症，阻止阿尔茨海默病病程进展。由中国海洋大学、中国科学院上海药物研究所和上海绿谷制药有限公司联合研发的治疗阿尔茨海默病新药"甘露寡糖二酸"（GV-971）已完成临床 3 期试验。通过临床 36 周随机双盲、安慰剂对照研究，以用药 36 周后阿尔茨海默病评定量表认知部分的变化情况为主要疗效终点指标，评估甘露寡糖二酸治疗轻、中度阿尔茨海默病患者的有效性和安全性。结果显示，甘露寡糖二酸在认知功能改善的主要疗效指标上达到预期，具有显著的统计学意义和临床意义。不良事件发生率与安慰剂相似，特别是未发现抗体药物常出现的淀粉样蛋白相关成像异常的毒副作用。

甘露寡糖二酸新颖的作用模式与独特的多靶作用特征，为阿尔茨海默病药物研发开辟了新路径，有望成为全球首个基于多靶点协同机制的抗阿尔茨海默病药物，对提升我国创新药物研究领域的国际地位具有深远意义[61]。

（二）抗焦虑药——布格呋喃

沉香是传统名贵中药，有行气止痛、温中止呕、纳气平喘等功效。中医临床上常将含沉香的方剂用于治疗神经性焦虑和抑郁症。20 世纪 70 年代初，中国医学科学院药物研究所神经药理组已观察到沉香精油具有一定的镇静、催眠作用。他们对沉香进行了化学成分研究，发现了白木香酸、白木香醛、白木香醇和去氢白木香醇等一系列沉香呋喃类化合物（agarofuran）。随后，他们又对 9 个沉香呋喃天然化合物进行了立体选择性合成。初步的药理试验证明，其中多种 α-沉香呋喃化合物具有镇静作用，最终通过结构优化筛选出一种新的沉香呋喃衍生物布格呋喃（AF-5）。

临床前研究结果显示，布格呋喃主要在抗焦虑、镇静、催眠试验模型上呈阳性结果，而在戊四氮惊厥、肌松、镇痛、木僵、隔离打架、电击跳台条件反射等试验中无活性或活性很弱。在大鼠高架十字迷宫和大鼠群居接触动物模型上，布格呋喃抗焦虑活性与地西泮相当，较丁螺环酮强。安全性研究结果显示，该药品在中枢神经系统的作用较弱，心血管系统和呼吸系统均无明显影响，毒性较低。初步的依赖性试验未发现药物的依赖性。

在临床 I 期耐受性试验中，布格呋喃无严重不良发生。在布格呋喃胶囊的 II a 期治疗广泛性焦虑的临床试验中，初步的试验结果显示，布格呋喃的安全性和耐受性良好，无患者由于副作用退出试验。初步统计结果显示，药物组显著优于安慰剂组。

布格呋喃化学结构新颖，作用特点不同于已有的抗焦虑药，毒性低，不易产生耐药性和依赖性。如最终获批，将为医生提供新的用药选择，并为广大患者减轻因病造成的精神和身体痛苦[62]。

（三）脑卒中治疗药——新型丁苯酞类衍生物

针对急性缺血性脑卒中（AIS）的治疗，国内外缺乏较好的药物。中国医学科学院药物研究所科研人员经十余年研究，利用现代科技手段，从中草药芹菜籽中发掘出活性先导物丁基苯酞，并研制成具有自主知识产权的治疗急性缺血性脑卒中的创新药物恩比普（NBP）。恩比普是第一种作用于多个病理环节（多靶点）改善脑血流和保护脑组织以挽救半暗带的药物。该药于2003年上市以来，取得了显著的社会和经济效益（年销售额已超29亿元），对脑血管病领域的基础和临床研究发展有巨大贡献。该项目曾获2004年北京市科学技术一等奖、2009年国家科学技术进步奖二等奖、2009年中国专利优秀奖等多个重要奖项，成为基于天然产物研制创新药物的成功范例之一。

丁苯酞是油状物质，稳定性较差，且给携带运输和制剂生产带来较多困难。为了提高稳定性、水溶性和口服生物利用度，中国医学科学院药物研究所科研人员基于前体药物的设计理念，在丁苯酞的基础上开发出羟戊基苯甲酸钾（dl-PHPB）。dl-PHPB的I期临床研究结果显示，其口服或静脉给药后，能够快速、完全地转化为丁苯酞，安全性良好，且转化后的丁苯酞最大血药浓度和口服生物利用度较恩比普软胶囊分别提高2.8倍和3.6倍。研究结果显示，dl-PHPB经口服或静脉给药都具有确切的治疗脑缺血的药理学作用。dl-PHPB作为基于前体药物设计理念的应用范例，具有重要的理论意义和实践意义[63, 64]。

布罗佐喷钠（BZP）是郑州大学研究人员基于丁苯酞结构开发的又一种化药I类新药。它可以增加缺血区的脑流量，重建缺血区微循环，缩小脑梗死面积，保护线粒体，改善脑缺血后能量代谢，减轻局部脑缺血所致的脑水肿，作用靶点明确；是一种固体药物，溶解性好，制剂方便，成本较低，同时具有很好的生物利用度；能够提高药物对酶及酸水解的稳定性，在体内不易被氧化代谢，半衰期较长，有望在临床使用中减少肝功能异常、转氨酶升高及消化道反应等不良反应的发生。

（四）抗肿瘤药物——新型喜树碱类化合物

喜树碱类药物是细胞毒类药物的重要代表，也是当前临床使用最广泛的一类细胞毒类药物，在肿瘤临床治疗中占有不可替代的重要地位。中国科学院上海药物研究所等多家单位多年来致力于喜树碱类药物的抗肿瘤新药研发。当前，我国有希明替康、喜诺替康、9-硝基喜树碱、迪安替康钠、吉马替康、PEG-SN38、TQ-B3203 7种喜树碱衍生物处于不同新药申请阶段。

喜树碱类药物严重的毒性问题极大地制约了其临床应用。其中，迟发性腹泻是喜树碱类药物最严重的毒性反应，临床发生率高达40%，严重者可致患者死亡。中国科学院上海药物研究所的研究团队发现喜树碱类药物能引起肠道上皮细胞释放双链DNA（dsDNA），后者被外泌体（exosome）携带进入微环境的固有免疫细胞，激活AIM2介导的炎症小体反应，导致肠道局部炎性损伤。该研究首次揭示了喜树碱类药物导致腹泻的核心机制，发现喜树碱类药物的毒性标志物和缓解毒性发生的联合用药方案，为临床规避毒性发生、增加临床获益提供理论依据，也为细胞毒类药物的个性化治疗提供重要的理论依据，并在此基础上研发出喜树碱类新药盐酸希明替康。临床 Ⅰa 期试验显示，希明替康人体耐受性好、安全性高、低剂量显效、安全窗口广，具有良好的应用前景，有望为肿瘤患者提供一种新的用药选择[65]。

（五）系统性红斑狼疮治疗药物——青蒿素衍生物

系统性红斑狼疮（SLE）为自身免疫性疾病，会引起全身多个器官的病变，随着疾病发展，患者往往出现多系统受损，严重者常危及生命，目前临床缺乏有效的治疗药物。

1992年，在双氢青蒿素作为新型抗疟药被批准为一类新药后，屠呦呦带领团队开始重点研究青蒿素对自身免疫性疾病的治疗，发现双氢青蒿素片对红斑狼疮的治疗有明显效果，对盘状红斑狼疮的疗效超过90%，对系统性红斑狼疮的疗效超过80%。

双氢青蒿素片新适应证——用于系统性红斑狼疮的治疗，目前正在开展Ⅱ期临床研究，旨在通过多中心、随机、双盲、安慰剂平行对照、叠加设计的临床试验，初步探索双氢青蒿素片对系统性红斑狼疮患者的有效性、PK 特征及安全性[66]。

中国科学院上海药物研究所开发的马来酸蒿乙醚胺（SM934）是一种新型的口服吸收良好的水溶性青蒿素衍生物，与青蒿素相比具有更强的免疫抑制作用。SM934 通过抑制狼疮中 MyD88 依赖的 TLR7/9 信号介导的 B 细胞的活化、浆细胞的形成及自身抗体的分泌从而治疗狼疮的作用机制，为 SM934 及其他青蒿素类化合物治疗狼疮的研究提供了新的证据和思路。SM934 于 2015 年获得化药 1.1 类临床批件，目前正在开展临床 I 期试验[67]。

三、基于天然产物研制的原创中药新药

我国中药资源丰富，有着数千年的应用历史。《中华本草》中所记载的中药总数有 8980 种。《中医方剂大辞典》中收录的历代有名的方剂达到 96 592 首。中医药学具有独特的理、法、方、药、辨证论治体系。在中医理论和临床经验的基础上，结合现代化学和生物学的先进技术创制有中国特色的原创中药，是一条行之有效的新药研究之路。

随着中药注册法规的不断完善，我国中药研究水平也在不断提高。自 2008 年 1 月至 2018 年 11 月，我国原创中药新药（1 类、5 类和 3 类）共有 50 个品种。其中，7 种已上市，9 种处于申请上市阶段，34 种处于临床不同阶段（图 7-11、表 7-2）。其中，中药 1 类有 17 种，占总数的 34%；中药 5 类有 32 种，占总数的 64%。

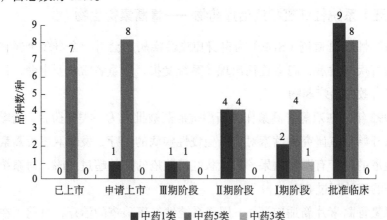

图 7-11　2008～2018 年原创中药新药（1 类、5 类和 3 类）

表 7-2 2008～2018 年原创中药新药（1 类、5 类和 3 类）注册申请

编号	药品名称	注册分类	开发单位名称	注册状态
1	黄芩茎叶总黄酮	中药 5 类	吉林省东北亚药业股份有限公司	已上市
2	小檗皮提取物	中药 5 类	武汉健民药业集团股份有限公司	已上市
3	郁乐胶囊（巴戟天寡糖）	中药 5 类	北京同仁堂股份有限公司同仁堂制药厂	已上市
4	克黄利胆胶囊（大黄总蒽醌）	中药 5 类	江西昌诺药业有限公司	已上市
5	淫羊藿总黄酮提取物	中药 5 类	酒泉大得利制药股份有限公司	已上市
6	龙血竭提取物（胶囊）	中药 5 类	江苏康缘药业股份有限公司	已上市
7	蒺藜果总皂苷（胶囊）	中药 5 类	长白山制药股份有限公司	已上市
8	银杏内酯 B 注射液	中药 1 类	中国人民解放军总医院	上市申请
9	漏芦总甾酮胶囊	中药 5 类	深圳太太药业有限公司	上市申请
10	贯叶金丝桃总黄酮（开郁宁片原料）	中药 5 类	武汉健民药业集团股份有限公司	上市申请
11	奥兰替胃康片（枳实总黄酮苷）	中药 5 类	江西青峰药业有限公司	上市申请
12	水仙子壳聚糖胶囊	中药 5 类	淄博顺达企业集团总公司	上市申请
13	栀子环烯醚萜总提物（依可定片）	中药 5 类	江西汇仁药业有限公司	上市申请
14	半枝莲总黄酮（胶囊）	中药 5 类	悦康药业集团安徽天然制药有限公司	上市申请
15	侧金盏口腔溃疡贴片（黄蜀葵花总黄酮）	中药 5 类	山东省药学科学院	上市申请
16	桑枝总生物碱	中药 5 类	广西五和博澳药业有限公司	上市申请
17	和厚朴酚（注射用脂质体冻干粉）	中药 1 类	成都金瑞基业生物科技有限公司	Ⅲ期临床
18	虫草多糖（胶囊）	中药 5 类	长兴制药股份有限公司	Ⅲ期临床
19	优欣定胶囊（S111）	中药 1 类	上海中药创新研究中心	Ⅱ期临床
20	奥生乐赛特胶囊（仙茅苷）	中药 1 类	中国科学院昆明植物研究所	Ⅱ期临床
21	阿可拉定软胶囊	中药 1 类	北京珅奥基医药科技有限公司	Ⅱ期临床
22	人参二醇组皂苷（派能达胶囊）	中药 5 类	浙江省中医院（浙江中医药大学附属第一医院）	Ⅱ期临床
23	普锐消胶囊（大豆甾醇）	中药 5 类	上海药谷药业有限公司	Ⅱ期临床

续表

编号	药品名称	注册分类	开发单位名称	注册状态
24	灯台叶碱（胶囊）	中药5类	中国科学院昆明植物研究所	II期临床
25	天麻有机多酸苄酯苷片	中药5类	北京科莱博医药开发有限责任公司	II期临床
26	染料木素	中药1类	中国人民解放军第四军医大学药物研究所	II期临床
27	菸花苷（复脑素注射液）	中药1类	江苏苏中药业集团股份有限公司	I期临床
28	连翘苷（胶囊）	中药1类	广东莱恩医药研究院有限公司	I期临床
29	山茱萸总萜	中药5类	苏州长征-欣凯制药有限公司	I期临床
30	胡黄连总苷（胶囊）	中药5类	天津药物研究院药业有限责任公司	I期临床
31	岩黄连总碱胶囊	中药5类	南京弘景医药科技有限公司	I期临床
32	贯叶金丝桃提取物	中药5类	山东绿叶制药有限公司	I期临床
33	人工熊胆粉	中药3类	中国医学科学院药物研究所/中山安士生物制药有限公司	I期临床
34	KPCXM18（二苯乙烯苷，注射用）	中药1类	昆药集团股份有限公司	批准临床
35	20(S)-原人参二醇	中药1类	上海中药创新研究中心	批准临床
36	黄芩素（片）	中药1类	中国药科大学	批准临床
37	大黄酸（胶囊）	中药1类	中国人民解放军南京军区南京总医院	批准临床
38	梓醇（开拓普片）	中药1类	苏州玉森新药开发有限公司	批准临床
39	五羟黄酮	中药1类	中国中医科学院中药研究所	批准临床
40	牡荆素（注射用）	中药1类	合肥七星医药科技有限公司	批准临床
41	丹酚酸B（注射用）	中药1类	南京虹桥医药技术研究所有限公司	批准临床
42	松果菊苷	中药1类	北京华医神农医药科技有限公司	批准临床
43	南五味子木脂素提取物（胶囊）	中药5类	苏州市思源医药科技有限公司	批准临床
44	大豆异黄酮提取物（片）	中药5类	北京宝泰宁堂生物技术有限公司	批准临床
45	虎杖提取物（血脂泰分散片）	中药5类	长沙创新中药现代化研究所	批准临床
46	地耳草总黄酮（肾可复胶囊）	中药5类	成都南山药业有限公司	批准临床
47	棉花花总黄酮（片）	中药5类	中国科学院新疆理化技术研究所	批准临床

编号	药品名称	注册分类	开发单位名称	注册状态
48	湖北海棠总多酚（片）	中药5类	山东大学	批准临床
49	祖师麻总香豆素（凝胶膏）	中药5类	天津药物研究院有限公司	批准临床
50	络石总木脂素（片）	中药5类	中国人民解放军军事医学科学院毒物药物研究所	批准临床

（一）糖尿病肾病 I 类新药——大黄酸

糖尿病肾病是糖尿病最主要的血管并发症之一，也是糖尿病患者致死、致残的重要原因。刘志红院士团队在研究糖尿病肾病分子发病机制过程中，首次发现大黄酸可以抑制葡萄糖转运蛋白1（GLUT1）的过度表达，拮抗TGFβ1的作用。大黄酸在体内可以抑制STZ大鼠肾脏早期高滤过及肥大，减轻蛋白尿，抑制多肽生长因子在肾脏的表达，减轻细胞外基质（ECM）的沉积，延缓肾功能衰竭，以及逆转胰岛素抵抗，改善胰岛β细胞功能的作用。大黄酸对于糖尿病肾病显示出很好的治疗前景。相关成果及糖尿病肾病发病机制的研究获得教育部自然科学一等奖并获美国和中国发明专利[68]。

目前大黄酸作为中药 I 类新药已获得临床研究批件，并获得国家科技重大专项课题资助，入选《中国制造2025》重点领域技术线路图。

（二）抗抑郁症 I 类新药——奥生乐赛特

抑郁症是一种常见精神疾病，因其较高的致残率、自杀率和疾病负担而被列为人类十大疾病之一。中国科学院昆明植物研究所陈纪军团队和昆明动物研究所徐林团队针对抑郁症进行了系列传统中药中抗抑郁症天然活性分子的筛选，从一种传统中药中发现了具有显著抗抑郁活性的小分子化合物奥生乐赛特（仙茅苷）。奥生乐赛特的抗抑郁症机理与现有抗抑郁症药物显著不同，安全性好、毒副作用不明显，有望成为全新作用机理的抗抑郁症新药。I 期临床试验中未发现严重不良反应，耐受性良好，安全性好，人体生物利用度高。II a 期临床试验中，已明确其人体治疗抑郁症的初步有效剂量和疗程。在试验过程中，未发生严重不良事件，初步明确了奥生乐赛特胶囊治疗抑郁症的安全性和有效性，为进一步临床研究提供重要的基础。奥生乐赛特胶囊研制成功,可望带来显著的经济效益和巨大的社会效益。

(三)抗晚期肝癌新药——阿可拉定

阿可拉定是从中药材淫羊藿中提取研制的具有自主知识产权的中药Ⅰ类原创药物。临床前和临床研究得到国家"十一五""十二五"重大专项的大力支持。临床前研究表明,阿可拉定可降低血液中白细胞介素 IL-6 浓度,抑制其下游信号通路 JAK2 和 STAT3 磷酸化,抑制免疫检查点分子程序性死亡配体 1(PD-L1)等基因的表达,可抑制肿瘤免疫逃逸,提高免疫系统对肿瘤的杀伤。部分研究结果已在《肿瘤靶点》(*Oncotarget*)上发表。美国的《自然评论临床肿瘤学》(*Nature Reviews Clinical Oncology*)已于 2015 年将阿可拉定列为抗肿瘤小分子免疫治疗药物。

在完成Ⅰ期临床研究的基础上,国家食品药品监督管理总局(CFDA)于 2013 年 1 月批准开展Ⅱ/Ⅲ期临床研究(批件号: 2013B00154)。在中国医学科学院肿瘤医院孙燕院士、中国人民解放军八一医院秦叔逵教授的领导下,已顺利完成一线治疗晚期肝细胞癌的Ⅱb 期单臂临床试验。结合Ⅱa 期试验分析显示,阿可拉定对晚期肝癌有明确的临床疗效和良好的安全性,并显示出免疫治疗的特点,更适用于体力状况差、肝功能差的晚期肝癌患者。目前,阿可拉定多中心Ⅲ期临床研究正在逾 30 家国内肝癌临床研究机构陆续开展。并根据前期临床研究中发现了 PD-L1 与阿可拉定临床疗效的相关性及阿可拉定机制研究结果,将患者基线肝癌组织免疫细胞中 PD-L1 的表达阳性纳入入组标准。这将是国际上首次在肝癌治疗中通过生物标志物富集有效人群的精准治疗研究,具有很强的创新性[69]。

(四)新一代糖苷酶抑制剂——桑枝总生物碱

在世界范围内,糖尿病发病率高且呈现逐年上升态势,我国的糖尿病患者更是逐年攀升。据统计,国内口服降糖药的年销售额已超过两百亿元,主要由各类不同作用机制的化学药品所主导,其中以 α-糖苷酶抑制剂"阿卡波糖"(拜唐苹)表现最为出色。

但作为第一代 α-糖苷酶抑制剂,拜唐苹对糖苷酶的选择性不够理想。它在抑制双糖酶的同时,对上游淀粉酶活性也有抑制,导致淀粉降解受到影响,易引起较为明显的胃肠胀气和排气，在一定程度上限制了其临床应用。寻找并研发选择性更高的新一代糖苷酶抑制剂，成为国内外广泛关注的热点。

中国医学科学院药物研究所的科学家对上百种植物提取物进行筛选，首次发现桑枝水提物具有良好的降血糖活性，并发现其降血糖活性成分为一组小分子多羟基生物碱。在多学科团队协作下，成功研发了具有自主知识产权的天然降血糖新药——桑枝总生物碱。它的物质基础明确，作用机制与拜唐苹类似，但对糖苷酶的选择性明显提高，仅选择性作用于双糖酶而不会抑制淀粉酶活性，因此胃肠胀气的副作用明显减轻，安全性更高。此外，该类有效成分不会导致低血糖，较少吸收入血，长期服用的肝肾毒性较小。

经过对桑枝总生物碱进行的一系列剂型优选，研究人员筛选设计出最适合老年人用药的口腔崩解片，剂型先进。由北京协和医院牵头，全国 30 余家临床中心参与，以糖尿病评价金指标"糖化血红蛋白"为疗效指标，至 2015 年底完成了 III 期临床研究，包括与拜唐苹比较的非劣效及与安慰剂比较的优效。结果显示，其降糖化血红蛋白疗效与化药拜唐苹相当，但胃肠胀气不良反应发生率显著下降，安全性优势突显。

该项成果是国内外首创，先后获我国发明专利和美国、日本 PCT 专利授权，同时 PCT 专利还进入欧洲、印度等 10 个国家。该项目临床研究先后获国家"十二五"科技重大专项"三重"课题、北京市中医药"十病十药"专项及重大转化项目的重点支持，是现代天然降糖药物研发的成功范例[70]。

（五）抗抑郁新药——优欣定胶囊

优欣定胶囊是我国精神疾病领域中第一个源于中药的 1 类新药，由上海中药创新研究中心研制，拥有包括工艺和应用专利在内的自主知识产权，专利范围涵盖中国、美国、德国、法国、英国、意大利、瑞典、日本、韩国等国。该新药获得了国家"十一五"及"十二五"新药创制重大专项的支持。优欣定的研制起源于传统中药人参的临床抗抑郁作用，从口服人参后的肠道代谢物中得到该化合物结构。优欣定是以人参类植物为原料经过半合成方法获得的高纯度单一化合物。大量的临床前试验证明，优欣定具有高度的抗抑郁活性且与现有的抗抑郁药物不同的作用机制。优欣定通过激活神经细胞的 AKT 激酶系统而达到保护神经细胞并有促进神经发生（neurogenesis）的作用。该作用机制与对抑郁症发病机制的最新研究甚为吻合。

多中心随机双盲安慰剂对照的Ⅱa期临床试验已经完成。结果表明，优欣定胶囊在主要剂量范围内显示出良好的量效关系，且中、高剂量组疗效表现出优于安慰剂组的趋势。同时，优欣定各剂量组（含最高剂量组）均未见与药物相关的严重不良事件，其他不良事件发生率低且程度轻微。优欣定凸显的良好的临床安全性，为其下一步临床研究提供了重要的基础和依据。该药物的成功研制，有可能为抑郁症的临床治疗提供一种毒副作用较小的选择。

（六）心脑血管疾病治疗新药——虎杖苷注射液

虎杖苷注射液为中药Ⅰ类创新药。虎杖苷是从传统中药中提取的单体有效成分，主要用于治疗心肌缺血、脑缺血、休克等心脑血管疾病，尤其是针对抗休克的治疗。目前市场上尚无专门针对抗休克的临床专用药品。"虎杖苷注射液"项目是由深圳市海王生物工程股份有限公司自主立项、独立完成、拥有完全自主知识产权的Ⅰ类创新项目，属于国家"重大新药创制科技重大专项""十二五"立项课题。目前，该项目已有12项发明专利获得国家知识产权局授权，并申请国际专利（PCT）6项，已陆续在澳大利亚、新加坡等国获得授权。虎杖苷注射液是我国首个在美国提交临床申请研究的中药一类创新药物，美国FDA已受理其Ⅱ期临床试验的申请。受理后，FDA将对该新药进行技术审评，审评通过后即将开展美国临床研究[71]。

（七）人工熊胆粉

熊胆具有清热、平肝、明目的功效，用于惊风抽搐，外治目赤肿痛、咽喉肿痛等症，是中国临床常用的名贵药材之一。目前市场上使用的引流熊胆粉由于动物伦理问题而饱受质疑与诟病。同时，由于熊的生存状况、身体状态、地域与饲养管理条件存在差异，引流熊胆粉的质量参差不齐。因此，亟须研制新的熊胆药材代用品。

中国医学科学院药物研究所研究团队在充分研究野生熊胆和引流熊胆粉的基础上，全面揭示了熊胆和引流熊胆粉的成分构成，阐明了其中的药效物质，由此研制出熊胆和熊胆粉的药效物质或药效物质的代用品。通过对比试验和正交试验，筛选出最佳配方，研制出人工熊胆粉。临床前的研究结果表明，人工熊胆粉有效成分的组成及比例与熊胆基本一致。产品质量稳定、可控，药效等同于目前使用的引流熊胆粉，且安全性良好。目前，人工熊胆粉已获得国家药品监督管理局核准签发的药物临床试验批件，正在开展临床研究。人工熊胆粉的研制成功，有望解决熊胆不能供应、引流熊胆粉质量不稳定的重大难题，同时为促进祖国中药事业的可持续发展和保护濒危动物做出贡献。

第三节　展　　望

一、我国基于天然产物创制新药的优势

据统计，1981~2014 年全世界范围内上市的 1211 种小分子实体药物中有 791 种来源于天然产物、天然产物衍生物或包含天然产物药效团的类似物，约占总数量的 65%。天然产物为新药创制提供具有结构和活性多样性的先导化合物，是新药创造的灵感源泉。与人工合成产物相比，天然产物往往具有更多的手性中心，更多的稠环、桥环、螺环，分子刚性更强，从而产生较少的脱靶效应。此外，天然产物还是发现新药物靶标和新分子机制的重要工具，对天然产物作用机制的深入研究有助于更好地理解疾病的发生、发展机制，进而推动源头创新药物的研究与开发[72, 73]。

我国拥有丰富的天然药物资源和数千年的中医药理论与临床用药实践。有药用记载的传统中药约有 9000 种，包括植物、微生物、动物及矿物等，经过配伍之后的药用复方更加数不胜数。因此，充分利用我国的天然药物资源，发挥中医药传统优势，研制创新药物，解决中国乃至世界的重大临床需求，具有巨大的特色与优势。

二、天然产物研究对我国新药发现的推动作用

（一）发现先导化合物，为我国创新药物发展提供源泉

随着科学技术的进步，HPLC-MS"、HLPC-MS/NMR 等新的分离分析技

术的普及应用，天然产物的分离获取逐步向微量化、快速化发展。大量新颖结构天然产物的发现和现代活性筛选及药效评价技术的应用将大大提高发现新药先导化合物的速度和成功率，为我国创新药物的研制不断提供新源头。

（二）阐明中药药效物质，推动中药现代化和创新中药的开发

中医药是中华文化的瑰宝，对中华民族的繁衍生息做出了巨大的贡献。数千种中药和大量的复方制剂都是长期实践应用的产物，具有确切的疗效和较好的安全性。因此，开展中药和中药复方的有效成分深入研究，对阐明传统中药的物质基础，提高中药的安全性、有效性和质量稳定性，解决中药研究和应用中的关键科学问题，以及研制创新中药具有极其重要的意义。

（三）多学科交叉融合，为药物研究提供新的思路和方向

随着当前生命科学和生物技术的迅猛发展，天然产物研究的内涵正在发生重要变化，学科领域不断拓展。例如，采用合成生物学的方法已成功在酵母中构建青蒿酸等天然产物的合成通路，可以实现在酵母中的大量生产，大大降低青蒿素等药物的治疗成本，造福更多的患者；天然产物与化学蛋白质组学结合阐明了青蒿素等一批天然产物的作用靶点和作用机制。天然产物研究与其他学科如生命科学的交叉融合、互相促进，为原创药物研究提供新的思路和方向[74, 75]。

本章参考文献

[1] 刘德龙, 张万斌. 青蒿素可工业化合成研究进展 [J]. 科学通报, 2017, 62(18): 1997-2006.

[2] Zhang L P, Bao Y, Kuang Y Y, et al. Synthetic studies on camptothecins. Part 1: an improved asymmetric total synthesis of (20S)-camptothecin[J]. Helvetica Chimica Acta, 2008, 91: 2057-2061.

[3] Kuang Y Y, Chen F E. Synthesis and molecular structure of ethyl [N-tosyl-(R)-prolyloxy]-2(S)-[4-cyano-8, 8-ethylenedioxy-5-oxo-5, 6, 7, 8-tetrahydroindolizin-3-yl] acetate, a key intermediate in the total synthesis of (20S)-camptothecins[J]. Molecules, 2007, 12: 2507-2514.

[4] Zhao L, Xiong F J, Chen W X, et al. A novel and enantioselective total synthesis of (20S)-

camptothecin via a sharpless asymmetric dihydroxylation strategy[J]. Synthesis, 2011, 24: 4045-4049.

[5] McGuire J M, Bunch R L, Anderson R C, et al. Ilotycin, a new antibiotic[J]. Antibiot Chemother (Northfield), 1952, 2: 281-283.

[6] Labeda D P. Transfer of the type strain of *Streptomyces erythraeus* (Waksman 1923) Waksman and Henrici 1948 to the genus *Saccharopolyspora* Lacey and Goodfellow 1975 as *Saccharopolyspora erythraea* sp. nov., and designation of a neotype strain for *Streptomyces erythraeus*[J]. International Journal of Systematic Bacteriology, 1987, 37: 19-22.

[7] Bright G M, Nagel A A, Bordner J, et al. Synthesis, *in vitro* and *in vivo* activity of novel 9-deoxo-9a-AZA-9a-homoerythromycin A derivatives; a new class of macrolide antibiotics, the azalides[J]. Journal of antibiotics, 1988, 41: 1029-1047.

[8] Morimoto S, Takahashi Y, Watanabe Y, et al. Chemical modification of erythromycins. I. Synthesis and antibacterial activity of 6-*O*-methylerythromycins A[J]. Journal of Antibiotics, 1984, 37: 187-189.

[9] Denis A, Agouridas C, Auger J M, et al. Synthesis and antibacterial activity of HMR 3647 a new ketolide highly potent against erythromycin-resistant and susceptible pathogens[J]. Bioorganic & Medicinal Chemistry Letters, 1999, 9: 3075-3080.

[10] Schlunzen F, Zarivach R, Harms J, et al. Structural basis for the interaction of antibiotics with the peptidyl transferase centre in eubacteria[J]. Nature, 2001, 413: 814-821.

[11] Kibwage I O, Hoogmartens J, Roets E, et al. Antibacterial activities of erythromycins A, B, C, and D and some of their derivatives[J]. Antimicrobial Agents Chemotherapy, 1985, 28: 630-633.

[12] Staunton J, Wilkinson B. Biosynthesis of erythromycin and rapamycin[J]. Chemical Reviews, 1997, 97: 2611-2630.

[13] Donadio S, Staver M, McAlpine J, et al. Modular organization of genes required for complex polyketide biosynthesis[J]. Science, 1991, 252: 675-679.

[14] Cortes J, Haydock S F, Roberts G A, et al. An unusually large multifunctional polypeptide in the erythromycin-producing polyketide synthase of *Saccharopolyspora erythraea*[J]. Nature, 1990, 348: 176-178.

[15] Khosla C, Tang Y, Chen A Y, et al. Structure and mechanism of the 6-deoxyerythronolide B synthase[J]. Annual Review of Biochemistry, 2007, 76: 195-221.

[16] Stassi D, Donadio S, Staver M J, et al. Identification of a *Saccharopolyspora erythraea* gene required for the final hydroxylation step in erythromycin biosynthesis[J]. Journal of Bacteriology, 1993, 175: 182-189.

[17] Summers R G, Donadio S, Staver M J, et al. Sequencing and mutagenesis of genes from the

erythromycin biosynthetic gene cluster of *Saccharopolyspora erythraea* that are involved in *L*-mycarose and *D*-desosamine production[J]. Microbiology, 1997, 143: 3251-3262.

[18] Chen Y, Deng W, Wu J, et al. Genetic modulation of the overexpression of tailoring genes *eryK* and *eryG* leading to the improvement of erythromycin A purity and production in *Saccharopolyspora erythraea* fermentation[J]. Applied & Environmental Microbiology, 2008, 74: 1820-1828.

[19] Wu J, Zhang Q, Deng W, et al. Toward improvement of erythromycin A production in an industrial *Saccharopolyspora erythraea* strain via facilitation of genetic manipulation with an artificial attB site for specific recombination[J]. Applied & Environmental Microbiology, 2011, 77: 7508-7516.

[20] 高爱丽, 王相晶, 向文胜, 等. 吸水链霉菌新种的筛选和鉴定 [J]. 东北农业大学学报, 2007, 38(3): 361-364.

[21] Wang X J, Wang X C, Xiang W S. Improvement of milbemycin-producing *Streptomyces bingchenggensis* by rational screening of ultraviolet and chemically induced mutants[J]. World Journal of Microbiology and Biotechnology, 2009, 25: 1051-1056.

[22] Wang X J, Yan Y J, Zhang B, et al. Genome sequence of the milbemycin-producing bacterium *Streptomyces bingchenggensis*[J]. Journal of Bacteriology, 2010, 192: 4526-4527.

[23] Sun P, Zhao Q, Yu F, et al. Spiroketal formation and modification in avermectin biosynthesis involves a dual activity of AveC[J]. Journal of the American Chemical Society, 2013, 135: 1540-1548.

[24] Wang X J, Wang C Q, Sun X L, et al. 5-ketoreductase from *Streptomyces bingchengensis*: overexpression and preliminary characterization[J]. Biotechnology Letters, 2010, 32: 1497-1502.

[25] Zhang J, An J, Wang J J, et al. Genetic engineering of *Streptomyces bingchenggensis* to produce milbemycins A3/A4 as main components and eliminate the biosynthesis of nanchangmycin[J]. Applied Microbiology and Biotechnology, 2013, 97: 10091-10101.

[26] Wang H Y, Zhang J, Zhang Y J, et al. Combined application of plasma mutagenesis and gene engineering leads to 5-oxomilbemycins A3/A4 as main components from *Streptomyces bingchengensis*[J]. Applied Microbiology and Biotechnology, 2014, 98: 9703-9712.

[27] Zhang J, Yan Y J, An J, et al. Designed biosynthesis of 25-methyl and 25-ethyl ivermectin with enhanced insecticidal activity by domain swap of avermectin polyketide synthase[J]. Microbial Cell Factories, 2015, 14: 152.

[28] Zhang Y, He H, Liu H, et al. Characterization of a pathway-specific activator of milbemycin biosynthesis and improved milbemycin production by its overexpression in *Streptomyces bingchenggensis*[J]. Microbial Cell Factories, 2016, 15: 152.

[29] He H, Ye L, Li C, et al. SbbR/SbbA, an important ArpA/AfsA-like system, regulates milbemycin production in *Streptomyces bingchenggensis*[J]. Frontiers in Microbiology, 2018, 9: 1064.

[30] Tang M C, Fu C Y, Tang G L. Characterization of SfmD as a heme peroxidase that catalyzes the regioselective hydroxylation of 3-methyltyrosine to 3-hydroxy-5-methyltyrosine in saframycin A biosynthesis[J]. Journal of Biological Chemistry, 2012, 287: 5112-5121.

[31] Peng C, Pu J Y, Song L Q, et al. Hijacking a hydroxyethyl unit from a central metabolic ketose into a nonribosomal peptide assembly line[J]. Proceedings of the National Academy of Sciences of the United States of America, 2012, 109: 8540-8545.

[32] Pu J Y, Chao P, Tang M C, et al. Naphthyridinomycin biosynthesis revealing the use of leader peptide to guide nonribosomal peptide assembly[J]. Organic Letters, 2013, 15: 3674-3677.

[33] Song L Q, Zhang Y Y, Pu J Y, et al. Catalysis of extracellular deamination by a FAD-linked oxidoreductase after prodrug maturation in the biosynthesis of saframycin A[J]. Angewandte Chemie International Edition, 2017, 56: 9116-9120.

[34] Li Q, Fan F, Gao X, et al. Balanced activation of IspG and IspH to eliminate MEP intermediate accumulation and improve isoprenoids production in *Escherichia coli*[J]. Metabolic Engineering, 2017, 44: 13-21.

[35] Zhao J, Li Q, Sun T, et al. Engineering central metabolic modules of *Escherichia coli* for improving β-carotene production[J]. Metabolic Engineering, 2013, 17: 42-50.

[36] Wu T, Ye L, Zhao D D, et al. Membrane engineering-a novel strategy to enhance the production and accumulation of β-carotene in *Escherichia coli*[J]. Metabolic Engineering, 2017, 43: 85-97.

[37] Liu X N, Cheng J, Zhang G H, et al. Engineering yeast for the production of breviscapine by genomic analysis and synthetic biology approaches[J]. Nature Communications, 2018, 9: 448.

[38] Bai Y, Bi H, Zhuang Y, et al Production of salidroside in metabolically engineered *Escherichia coli*[J]. Scientific Reports, 2014, 4: 6640.

[39] Bai Y, Yin H, Bi H, et al. *De novo* biosynthesis of gastrodin in *Escherichia coli*[J]. Metabolic Engineering, 2016, 35: 138-147.

[40] Hasegawa H, Sung J H, Matsumiya S, et al. Main ginseng saponin metabolites formed by intestinal bacteria[J]. Planta Medica, 1996, 62: 453-457.

[41] Shibata S. Chemistry and cancer preventing activities of ginseng saponins and some related triterpenoid compounds[J]. Journal of Korean Medical Science, 2001, 16: 28-37.

[42] Chen S. Luo H, Li Y, et al. 454 EST analysis detects genes putatively involved in

ginsenoside biosynthesis in *Panax ginseng*[J]. Plant Cell Reports, 2011, 30: 1593-1601.

[43] Chen S X. Liu J, Liu X Y, et al. *Panax notoginseng* saponins inhibit ischemia-induced apoptosis by activating PI3K/AKT pathway in cardiomyocytes[J]. Journal of Ethnopharmacology, 2011, 137: 263-270.

[44] Sen S, Chen S L, Feng B, et al. American ginseng (*Panax quinquefolius*) prevents glucose-induced oxidative stress and associated endothelial abnormalities[J]. Phytomedicine, 2011, 18: 1110-1117.

[45] Xu J, Yang C, Liao B S, et al. *Panax ginseng* genome examination for ginsenoside biosynthesis[J]. Gigascience, 2017, 6(11): 1-15.

[46] Chen W, Kui L, Zhang G, et al. Whole-genome sequencing and analysis of the Chinese herbal plant *Panax notoginseng*[J]. Molecular Plant, 2017, 10: 899-902.

[47] Zhang D, Zhang Y, Yuan Y T, et al. The medicinal herb *Panax notoginseng* genome provides insights into ginsenoside biosynthesis and genome evolution[J]. Molecular Plant, 2017, 10: 903-907.

[48] Han J Y, Hwang H S, Choi S W, et al. Cytochrome P450 CYP716A53v2 catalyzes the formation of protopanaxatriol from protopanaxadiol during ginsenoside biosynthesis in *Panax Ginseng*[J]. Plant and Cell Physiology, 2012, 53: 1535-1545.

[49] Han J Y, Kim H J, Kwon Y S, et al. The Cyt P450 enzyme CYP716A47 catalyzes the formation of protopanaxadiol from dammarenediol-Ⅱ during ginsenoside biosynthesis in *Panax ginseng*[J]. Plant and Cell Physiology, 2011, 52: 2062-2073.

[50] Tansakul P, Shibuya M, Kushiro T, et al. Dammarenediol-Ⅱ synthase, the first dedicated enzyme for ginsenoside biosynthesis, in *Panax ginseng*[J]. FEBS Letters, 2006, 580: 5143-5149.

[51] Yan X. Fan Y, Wei W, et al. Production of bioactive ginsenoside compound K in metabolically engineered yeast[J]. Cell Research, 2014, 24: 770-773.

[52] Wang P P, Wei Y J, Fan Y, et al. Production of bioactive ginsenosides Rh2 and Rg3 by metabolically engineered yeasts[J]. Metabolic Engineering, 2015, 29: 97-105.

[53] Wei W, Wang P P, Wei Y J, et al. Characterization of *Panax ginseng* UDP-glycosyltransferases catalyzing protopanaxatriol and biosyntheses of bioactive ginsenosides F1 and Rh1 in metabolically engineered yeasts[J]. Molcular Plant, 2015, 8: 1412-1424.

[54] Dai Z, Liu Y, Zhang X N, et al. Metabolic engineering of *Saccharomyces cerevisiae* for production of ginsenosides[J]. Metabolic Engineering, 2013, 20: 146-156.

[55] Zhao F, Bai P, Liu T, et al. Optimization of a cytochrome P450 oxidation system for enhancing protopanaxadiol production in *Saccharomyces cerevisiae*[J]. Biotechnology and Bioengineering, 2016, 113: 1787-1795.

[56] Zhao F, Du Y H, Bai P, et al. Enhancing *Saccharomyces cerevisiae* reactive oxygen species and ethanol stress tolerance for high-level production of protopanoxadiol[J]. Bioresource Technology, 2017, 227: 308-316.

[57] Wang P, Wei W, Ye W. Synthesizing ginsenoside Rh2 in *Saccharomyces cerevisiae* cell factory at high-efficiency[J]. Cell Discoveryvolume, 2019, 5: 5.

[58] 杨鸣华, 刘祎, 孔令义. 基于中药有效单体成分的新药研究 [J]. 世界科学技术－中医药现代化, 2016, 18: 329-336.

[59] 陈凯先. 创新药物研发的前沿动向与中国创新药物的发展近况 [J]. 生物产业技术, 2018, 2: 16-24.

[60] 丁光生. 陈克恢——国际著名药理学家 [J]. 生理科学进展, 2009, 40: 289-291.

[61] Wang X, Sun G, Feng T, et al. Sodium oligomannate therapeutically remodels gut microbiota and suppresses gut bacterial amino acid-shaped neuroinflammation to inhibit Alzheimer's disease progression [J]. Cell Research, 2019, 29: 787-803.

[62] 肖琼, 刘畅, 尹大力. 布格呋喃体内代谢产物的合成 [J]. 中国药科大学学报, 2016, 47: 673-677.

[63] Li J, Xu S, Peng Y, et al. Conversion and pharmacokinetics profiles of a novel pro-drug of 3-*N*-butylphthalide, potassium 2-(1-hydroxypentyl)-benzoate, in rats and dogs[J]. Acta Pharmacologica Sinica, 2018, 39: 275-285.

[64] Abdoulaye I A, Guo Y J. A review of recent advances in neuroprotective potential of 3-*N*-butylphthalide and its derivatives[J]. BioMed Research International, 2016, 5012341.

[65] Lian Q, Xu J, Yan S, et al. Chemotherapy-induced intestinal inflammatory responses are mediated by exosome secretion of double-strand DNA via AIM2 inflammasome activation[J]. Cell Research, 2017, 27: 784-800.

[66] Mu X, Wang C. Artemisinins-a promising new treatment for systemic lupus erythematosus: a descriptive review[J]. Current Rheumatology Reports, 2018, 20: 55.

[67] Wu Y, He S, Bai B, et al. Therapeutic effects of the artemisinin analog SM934 on lupus-prone MRL/lpr mice via inhibition of TLR-triggered B-cell activation and plasma cell formation[J]. Cellular & Molecular Immunology, 2016, 13: 379-390.

[68] 朱加明, 刘志红, 黄燕飞, 等. 大黄酸对 *db/db* 小鼠糖尿病肾病疗效的观察 [J]. 肾脏病与透析肾移植杂志, 2002, 11: 3-10.

[69] Lu P H, Chen M B, Liu Y Y, et al. Identification of sphingosine kinase 1 (SphK1) as a primary target of icaritin in hepatocellular carcinoma cells[J]. Oncotarget, 2017, 8: 22800-22810.

[70] 宋宜来, 刘玉玲, 申竹芳, 等. 桑枝总生物碱片治疗 2 型糖尿病的临床研究 [J]. 中国临床药理学杂志, 2019, 35: 943-945.

[71] 郭胜蓝, 孙莉莎, 欧阳石, 等. 虎杖苷对大鼠急性脑缺血再灌注损伤的保护作用 [J]. 时珍国医国药, 2005, 16: 414-416.

[72] Nweman D J, Cragg G M. Natural products as sources of new drugs from 1981 to 2014[J]. Journal of Natural Products, 2016, 79: 629-661.

[73] Cragg G M, Newman D J. Natural products: a continuing source of novel drug leads[J]. Biochimica et Biophysica Acta, 2013, 1830: 3670-3695.

[74] Ro D K, Paradise E M, Ouellet M, et al. Production of the antimalarial drug precursor artemisinic acid in engineered yeast[J]. Nature, 440: 940-943.

[75] Gersch M, Kreuzer J, Sieber S A. Electrophilic natural products and their biological targets[J]. Natural Product Reports, 2012, 29: 659-682.

（撰稿人：庾石山、陈纪军、张万斌、高栓虎、李勇；统稿人：庾石山）